本书 2004 年被评为"北京高等教育精品教材"

内 容 简 介

本书是全国高等职业、高等专科教育"高等数学"基础课教材.本书依照教育部颁布的高职、高专"高等数学"教学大纲,并结合作者多年来为经济类、管理类和工科类高职、高专学生讲授"高等数学"课所积累的教学经验编写而成.全书分上、下两册,供经济类、管理类和工科类一年级学生两学期使用.上册共分五章,内容包括函数、极限、连续,导数与微分,中值定理与导数的应用,不定积分,定积分及其应用;下册共分四章,内容包括微分方程,向量代数与空间解析几何,多元函数微积分,无穷级数.**书中加"＊"号的内容**,对非工科类学生不讲授,仅对工科类学生讲授,有的内容任课教师可酌情选用.每章按节配置足够数量的习题,书末附有答案和必要的提示.为便于学生学习,书末附录给出了常用的数学公式、曲线图形.

本书作者长期为高职、高专学生讲授"高等数学"课,深知高职、高专学生在学习高等数学内容时的疑难与困惑,因此本书能针对学生的接受能力、理解程度按大纲要求讲述"高等数学"课的基本内容,叙述通俗易懂、例题丰富、图形直观、富有启发性,便于自学,注重对学生基础知识的训练和综合能力的培养.

本书可作为高等职业、高等专科经济类、管理类和工科类学生"高等数学"课的教材,也可作为参加自学考试、文凭考试(仅用本书上册)、职大师生讲授和学习"高等数学"课程的教材或教学参考书.对数学爱好者本书也是较好的自学教材.

全国高职、高专教育高等数学系列教材

高 等 数 学

（上 册）

主　编　刘书田

副主编　胡显佑　高旅端

编著者　刘书田　侯明华

北京大学出版社

·北　京·

图书在版编目（CIP）数据

高等数学（上册）/刘书田，侯明华编著.—北京：北京大学出版社，2001.6

（全国高职高专教育高等数学系列教材）

ISBN 978-7-301-05054-5

Ⅰ.①高…　Ⅱ.①刘…②侯…　Ⅲ.①高等数学—高等学校：技术学校—教材　Ⅳ.①O13

中国版本图书馆 CIP 数据核字（2001）第 031067 号

书　　　名	高等数学（上册）
	Gaodeng Shuxue
著作责任者	刘书田　侯明华　编著
责 任 编 辑	刘　勇
标 准 书 号	ISBN 978-7-301-05054-5
出 版 发 行	北京大学出版社
地　　　址	北京市海淀区成府路 205 号　100871
网　　　址	http://www.pup.cn
电 子 信 箱	zpup@pup.cn
新 浪 微 博	@北京大学出版社
电　　　话	邮购部 62752015　发行部 62750672　编辑部 62752021
印 刷 者	北京大学印刷厂
经 销 者	新华书店
	850 毫米×1168 毫米　32 开本　12 印张　300 千字
	2001 年 6 月第 1 版　2003 年 7 月第 2 次修订
	2017 年 7 月第 18 次印刷
印　　　数	81401—84400 册
定　　　价	28.00 元

修 订 说 明

　　根据教育部最新颁布的高等职业教育"高等数学课程教学基本要求",以及使用本书的教师、同学反馈的意见,我们对全书内容进行了修订。此次修订主要是对部分重点内容进行调整,改写了一些定理的叙述和证明,增加了例题;对各节习题统一配置了"单项选项题",并给出答案;删去了部分较难或繁琐的定理证明,给出直观的几何或物理解释。此次修订更正了原书中的排版、印刷错误。

编　者

2003 年 7 月于北京

高职、高专教育高等数学系列教材出版委员会

主　任：刘　林

副主任：关淑娟

委　员(以姓氏笔画为序)：

刘　林　　刘书田　　刘雪梅　　田培源

关淑娟　　林洁梅　　周惠芳　　胡显佑

赵佳因　　侯明华　　高旅端

全国高职、高专教育高等数学系列教材

前　　言

为了适应我国高等职业教育、高等专科教育的迅速发展,满足当前高职教育高等数学课程教学上的需要,我们依照教育部颁布的高等职业教育"高等数学"教学大纲,为高职、高专经济类、管理类及工科类学生编写了本套高等数学系列教材.本套书分为教材三个分册:《高等数学》(上、下册)、《线性代数》、《概率统计》;配套辅导教材三个分册:《高等数学学习辅导》(上、下册)、《线性代数学习辅导》、《概率统计学习辅导》,总共 6 分册.需要向任课老师和读者说明的是,《高等数学》(上、下册)是供经济类、管理类和工科类一年级学生两学期使用,上册需讲授 64～68 学时,下册需讲授 32～36 学时.**书中加"＊"号的内容**,对非工科类学生可不讲授,仅对工科类学生讲授,这些内容任课教师也可酌情选用.《线性代数》讲授 30～32 学时,《概率统计》讲授 36～40 学时.以上建议仅供授课老师参考.

编写本套系列教材的宗旨是:以提高高等职业教育教学质量为指导思想,以培养高素质应用型人才为总目标,力求教材内容"涵盖大纲、易学、实用".因此,我们综合了高等院校高职、高专经济类、管理类及工科类高等数学教学大纲的要求,在三个分册的主教材中分别系统介绍了"微积分"、"线性代数"、"概率统计"的基本理论、基本方法及其应用.本套系列教材具有以下特点:

1. 教材的编写紧扣教学大纲,慎重选择教材内容.既考虑到高等数学本学科的科学性,又能针对高职班学生的接受能力和理解程度,适当选取教材内容的深度和广度;既注重从实际问题引入基本概念,揭示概念的实质,又注重基本概念的几何解释、经济背景和物理意义,以使教学内容形象、直观,便于学生理解和掌握,并

1

达到"学以致用"的目的.

2. 为使学生更好地掌握教材的内容,我们编写了配套的辅导教材,教材与辅导教材的章节内容同步,但侧重点不同.辅导教材每章按照教学要求、内容提要与解题指导、自测题与参考解答三部分内容编写.教学要求指明学生应掌握、理解或了解的知识点;内容提要把重要的定义、定理、性质以及容易混淆的概念给出提示,解题指导是通过典型例题的解法给出点评、分析与说明,指出初学者易犯的错误,教会学生数学思维的方法,总结出解题规律;自测题是为学生配置的适量的、难易程度适中的训练题,目的是检测学生在理解本章内容提要与解题指导的基础上,独立解题的能力.教材与辅导教材相辅相成,同步使用,以达到培养学生的思维、逻辑推理能力,运算能力及运用所学知识分析问题和解决问题的能力.

3. 本套教材叙述通俗易懂、简明扼要、富有启发性,便于自学;注意用语确切,行文严谨.教材每节后配有适量习题,书后附有习题答案和解法提示.辅导教材按章配有自测题并给出较详细的参考解答,便于教师和学生使用.

本套系列教材的编写和出版,得到了北京大学出版社的大力支持和帮助,同行专家和教授提出了许多宝贵的建议,在此一并致谢!

限于编者水平,书中难免有不妥之处,恳请读者指正.

编　者

2001 年 5 月于北京

目　　录

3

第一章 函数·极限·连续

函数是高等数学最基本的概念.本章从讨论函数概念开始,通过对一般函数特性的概括,并引进本教材主要讨论的初等函数,为学习"高等数学"打下基础.

极限与连续也是高等数学最基本的概念.在高等数学中,极限是深入研究函数和解决各种问题的基本思想方法.为了便于理解和掌握极限概念,我们从讨论一种最简单的情况——数列的极限入手,进而讨论函数的极限.函数的连续性与函数的极限密切相关,这里要讨论函数连续性概念和连续函数的重要性质.连续函数是高等数学中着重要研究的一类函数.

§1.1 函 数

一、实数概述

高等数学主要在实数范围内研究函数,我们先讲述学习本课程必须具备的一些实数知识.

1. 实数与数轴

实数由有理数与无理数两大类组成.有理数包括零、正负整数和正负分数.有理数都可用分数形式 $\frac{p}{q}$(p,q 为整数,$q \neq 0$)表示,也可用有限小数或无限循环小数表示.无限不循环小数是无理数.全体实数构成的集合称为实数集,记作 **R**.

若在一直线上(通常画水平直线)确定一点为原点,标以 O,指定一个方向为正方向(通常把指向右方为正方向),并规定一个单位长度,则称这样的直线为**数轴**.任一实数都对应数轴上惟一的一点;反之,数轴上每一点都惟一地表示一个实数.正由于全体实数与数轴上的所有点有一一对应关系,所以在以下的叙述中,将把"实数 a"与"数轴上的点 a"两种说法看作有相同的含义,而不加以区别.

2. **实数的绝对值**

设 a 是一个实数,则记号 $|a|$ 称为 a 的**绝对值**,定义为

$$|a| = \begin{cases} a, & a \geqslant 0, \\ -a, & a < 0. \end{cases}$$

例如,数 0 的绝对值 $|0|=0$;数 $5(5>0)$ 的绝对值 $|5|=5$;数 $-5(-5<0)$ 的绝对值 $|-5|=-(-5)=5$.

数 a 的绝对值 $|a|$ 的**几何意义**:在数轴上,$|a|$ 表示点 a 到原点的距离.不论点 a 在原点的左侧($a<0$),还是点 a 在原点的右侧($a>0$),还是在原点($a=0$),都如此(图 1-1).

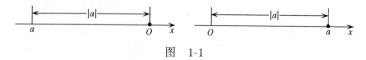

图　1-1

设 a,b 是两个实数,则由上述绝对值的定义可得

$$|a - b| = \begin{cases} a - b, & a \geqslant b, \\ b - a, & a < b. \end{cases}$$

由绝对值的定义,易得下列**绝对值的性质**:

(1) $|a| = \sqrt{a^2}$;

(2) $|a| = |-a| \geqslant 0$,当且仅当 $a=0$ 时等号成立;

(3) $-|a| \leqslant a \leqslant |a|$.

这是因为

当 $a<0$ 时,有 $-|a|=a<|a|$;

当 $a>0$ 时,有 $-|a|<a=|a|$;

当 $a=0$ 时,有 $-|a|=a=|a|$.

将上三式合并在一起,就是 $-|a| \leqslant a \leqslant |a|$.

2

（4）设 $h>0$，则

$|a|<h$ 等价于不等式 $-h<a<h$；

$|a|>h$ 等价于不等式 $a<-h$ 或 $a>h$.

从绝对值的几何意义看（图 1-2），这个性质是显然的. 因 $|a|$ $<h$ 表示到原点的距离小于 h 的所有点 a 的集合；而这正是不等式 $-h<a<h$ 的几何说明. 同样可解释后一个等价的两个关系式（图 1-3）.

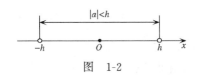

图　1-2

图　1-3

（5）对实数 a,b 有不等式

$$|a+b|\leqslant|a|+|b|,\quad |a-b|\geqslant|a|-|b|,$$

即和的绝对值不大于各项绝对值的和，差的绝对值不小于各项绝对值的差.

（6）对实数 a 和 b，有等式

$$|a\cdot b|=|a||b|,\quad \left|\frac{a}{b}\right|=\frac{|a|}{|b|}\quad (b\neq 0),$$

即乘积的绝对值等于绝对值的乘积，商的绝对值等于绝对值的商.

例 1　解绝对值不等式 $|x-5|<3$.

解　根据绝对值的性质（4），由 $|x-5|<3$ 得

$$-3<x-5<3\quad 即\quad 2<x<8.$$

由图 1-4 知，$|x-5|<3$ 的几何意义是，表示数轴上与点 5 的距离小于 3 个单位的所有点 x 的集合.

一般言之，$|x-x_0|$ 表示两点 x 与 x_0 之间的距离；而 $|x-x_0|$

3

$<h(h>0)$ 则表示数轴上到点 x_0 的距离小于 h 个单位的所有点 x 的集合(图 1-5).

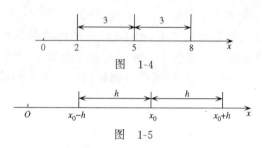

图 1-4

图 1-5

例 2 解绝对值不等式 $|x+1|\geqslant2$.

解 根据绝对值的性质(4),由 $|x+1|\geqslant2$ 得

$$x+1\leqslant-2 \text{ 或 } x+1\geqslant2,$$

即 $$x\leqslant-3 \text{ 或 } x\geqslant1.$$

由上述结果表明,$|x+1|\geqslant2$ 的几何意义是,表示数轴上与点 -1 的距离不小于 2 个单位的所有点 x 的集合.

一般言之,$|x-x_0|\geqslant h(h>0)$ 表示数轴上到点 x_0 的距离不小于 h 个单位的所有点 x 的集合.

3. 区间

(1)区间

区间可理解为实数集 **R** 的子集. 区间分为有限区间和无限区间.

有限区间 设 $a,b\in\mathbf{R}$,且 $a<b$(图 1-6).

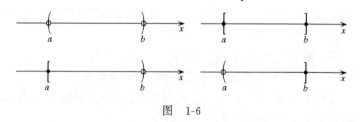

图 1-6

集合 $\{x|a<x<b\}$ 可记作 (a,b),称为以 a,b 为端点的**开区间**.

集合$\{x\,|\,a{\leqslant}x{\leqslant}b\}$可记作$[a,b]$,称为以$a,b$为端点的**闭区间**.

集合$\{x\,|\,a{\leqslant}x{<}b\}$和$\{x\,|\,a{<}x{\leqslant}b\}$可记作$[a,b)$和$(a,b]$,这是**半开区间**.

以上各有限区间的长度都为$b-a$.

无限区间

集合$\{x\,|\,a{<}x{<}+\infty\}=\{x\,|\,a{<}x\}$,记作$(a,+\infty)$,这是无限区间;类似的记号$[a,+\infty),(-\infty,b),(-\infty,b]$都是无限区间;实数集**R**记作$(-\infty,+\infty)$.

本教材在以后的叙述中,若我们所讨论的问题在任何一个区间上都成立时,将用**字母 I**表示这样一个泛指的区间.

(2) 邻域

设δ为某一个正数,称开区间$(x_0-\delta,x_0+\delta)$为**点 x_0 的 δ 邻域**,x_0称为邻域的**中心**,δ称为邻域的**半径**.邻域的长度为2δ,点x_0的δ邻域用不等式表示为(图 1-7)

$$x_0-\delta{<}x{<}x_0+\delta \quad \text{或} \quad |x-x_0|{<}\delta.$$

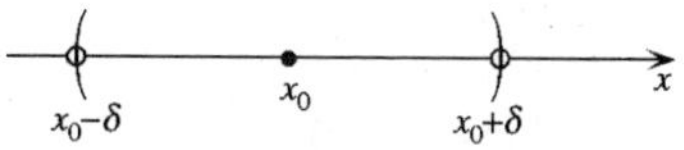

图　1-7 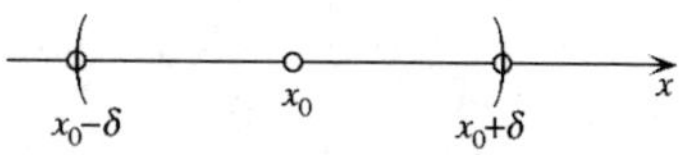　　　　　　图　1-8

若把邻域$(x_0-\delta,x_0+\delta)$中的中心点x_0去掉,由余下的点构成的集合,称为点x_0的空心邻域,常表示为(图 1-8)

$$(x_0-\delta,x_0){\bigcup}(x_0,x_0+\delta) \quad \text{或} \quad 0{<}|x-x_0|{<}\delta.$$

二、函数概念

1. 函数的定义

在我们的周围,变化无处不在.我们所看到的事物都在变化.这些变化着的现象中的许多现象可以用数学有效地来描述.其中,有一些变化着的现象中存在着两个变化的量,简称变量.这两个变化着的量不是彼此孤立的,而是相互联系、相互制约的.观察下面的例子.

例3 圆的半径 r 和它的面积 A 之间有关系

$$A = \pi r^2 \quad (r > 0),$$

其中，r 和 A 是变量，只要 r 取定一个正数值，面积 A 就有一个确定的值与之对应.因此，上述公式表明了变量 r 和 A 之间的数量关系.

例4 在气象观测站，气温自动记录仪把某一天的气温变化描绘在记录纸上，如图1-9所示的曲线.曲线上某一点 $P_0(t_0, \theta_0)$ 表示时刻 t_0 的气温是 θ_0.观察这条曲线，可以知道在这一天内，时间 t 从0点到24点气温 θ 的变化情形.时间 t 和气温 θ 都是变量，这两个变量之间的数量关系是由一条曲线确定的.

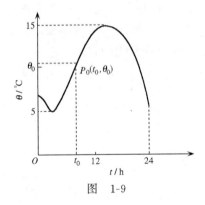

图 1-9

例5 银行储蓄，1年定期整存整取，年利率为 2.25%，存款金额与一年所得利息列表如下：

存款金额 k(元)	100	500	1000	2000	5000	10000
一年利息 r(元)	2.25	11.25	22.5	45	112.5	225

存款金额 k 和1年所得利息 r 都是变量.由该表，已知表中列出的 k，就有惟一确定的 r 与之对应，r 随 k 取不同的值而取不同的值.r 与 k 之间的数量关系由上表确定.

例6 现行出租汽车收费标准为：乘车不超过 4 千米，收费 10 元，若超过 4 千米，超过里程每千米(不足 1 千米按 1 千米计)加收 1.2 元.

由于乘车里程不超过 4 千米与超过 4 千米的收费标准不同，乘客的费用 P 与乘车的里程 x 之间的数量关系应用两个数学式来表示，即

$$P = \begin{cases} 10, & 0 < x \leqslant 4, \\ 10 + 1.2(x-4), & 4 < x. \end{cases}$$

该问题中，乘车里程 x 与费用 P 是变量. x 在其取值范围内每取定一个值，按上式，P 就有惟一确定的一个值与之对应.

以上列举的问题，虽是来自不同的领域，而且具有不同的表示形式，有公式、图形、表格，但它们的共性是：都反映了在同一过程中有着两个相互依赖的变量，当其中一个量在某数集内取值时，按一定的规则，另一个量有惟一确定的值与之对应. 变量之间的这种数量关系就是**函数关系**.

定义 1.1 设 x 和 y 是两个变量，D 是一个给定的**非空数集**. 若对于每一个数 $x \in D$，按照某一确定的**对应法则** f，变量 y 总有惟一确定的数值与之对应，则称 y **是** x **的函数**，记作

$$y = f(x), \quad x \in D,$$

其中，x 称为**自变量**，y 称为**因变量**；数集 D 称为该函数的**定义域**.

定义域 D 是自变量 x 的取值范围，也就是使函数 $y = f(x)$ 有意义的数集. 由此，若 x 取数值 $x_0 \in D$ 时，则称该函数在 x_0 **有定义**，与 x_0 对应的 y 的数值称为函数在点 x_0 的**函数值**，记作 $f(x_0)$ 或 $y|_{x=x_0}$. 当 x 遍取数集 D 中的所有数值时，对应的函数值全体构成的数集

$$Z = \{y \mid y = f(x), x \in D\}$$

称为函数的**值域**. 若 $x_0 \overline{\in} D$，则称该函数在点 x_0 没有定义.

上述定义，简言之，**函数是从自变量的输入值产生出输出值的一种法则或过程**.

由函数的定义可知,决定一个函数有三个因素:定义域 D,对应法则 f 和值域 Z.注意到每一个函数值都可由一个 $x \in D$ 通过 f 而惟一确定,于是给定 D 和 f,Z 就相应地被确定了;从而 D 和 f 就是决定一个函数的**两个要素**.正因为如此,函数一般记作

$$y = f(x), \quad x \in D,$$

即只给出定义域 D 和对应法则 f,而没写出值域 Z.

若一个函数的对应法则可以用一个数学式子来表达,其定义域是使这一"式子"有意义的自变量所取值的全体,这时定义域也可省略不写.比如,由数学式 $y = \sqrt{\ln x}$ 所表示的函数,其定义域 D 是指区间 $[1, +\infty)$.这样看来,表示一个函数最主要的就是对应法则 f.

本书除了用字符"f"表示函数的对应法则外,还用字符"φ"、"g"、"F"等等来表示.它们是可以任意使用的,但若同时讨论几个不同的函数时,为了避免混淆,就用不同的字母表示不同的函数.

由于定义域和对应规则是决定一个函数的两个要素,因此,在高等数学中两个函数相同是指它们的定义域和对应法则分别相同.例如,函数

$$f(x) = \ln x^2 \quad \text{与} \quad g(x) = 2\ln|x|$$

是相同的函数.因为这两个函数的定义域都是 $(-\infty, 0) \cup (0, +\infty)$,根据对数的性质知

$$\ln x^2 = 2\ln|x|,$$

即这两个函数的对应法则是一致的.而函数

$$f(x) = \ln x^2 \quad \text{与} \quad g(x) = 2\ln x$$

是不同的函数,前者的定义域为 $(-\infty, 0) \cup (0, +\infty)$,而后者的定义域为 $(0, +\infty)$.

若一个函数仅用一个数学式子给出,而要求确定函数的定义域,这时,应考虑两种情况:其一是,确定使这一式子有意义的自变量取值的全体;其二是,对实际问题还应根据问题的实际意义来

确定.

例 7 求函数 $y=\dfrac{\sqrt{9-x^2}}{\ln(x+2)}$ 的定义域.

解 这是分式. 对分子、分母分别讨论.

对分子 $\sqrt{9-x^2}$, 因偶次根的根底式应非负, 所以有 $9-x^2 \geqslant 0$, 即

$$-3 \leqslant x \leqslant 3,$$

写成区间则是 $[-3,3]$.

对分母 $\ln(x+2)$, 因对数符号下的式子应为正, 且分母不能为零, 所以有

$$\begin{cases} x+2 > 0, \\ x+2 \neq 1\,(\ln 1 = 0), \end{cases} \quad \text{即} \quad \begin{cases} x > -2, \\ x \neq -1. \end{cases}$$

写成区间则是 $(-2,-1)\bigcup(-1,+\infty)$.

分子、分母自变量取值范围的公共部分为函数的定义域, 即所求的定义域是 $(-2,-1)\bigcup(-1,3]$.

例 8 设 $y=f(x)=x^2-3x+2$, 求 $f(1)$, $f(0)$, $f(-1)$, $f(a)$, $f(-x)$, $f(f(x))$.

解 这是已知函数的表达式, 求函数在指定点的函数值. 易看出该函数对 x 取任何数值都有意义.

$f(1)$ 是当自变量 x 取 1 时函数 $f(x)$ 的函数值. 为求 $f(1)$, 须将 $f(x)$ 的表示式中的 x 换为数值 1, 得

$$f(1) = 1^2 - 3 \cdot 1 + 2 = 0,$$

或记作

$$y\big|_{x=1} = (x^2 - 3x + 2)\big|_{x=1} = 1^2 - 3 \cdot 1 + 2 = 0.$$

同理可得

$$f(0) = 0^2 - 3 \cdot 0 + 2 = 2,$$

或

$$y\big|_{x=0} = 0^2 - 3 \cdot 0 + 2 = 2,$$

$$f(-1) = (-1)^2 - 3 \cdot (-1) + 2 = 6,$$

或

$$y\big|_{x=-1} = (-1)^2 - 3 \cdot (-1) + 2 = 6.$$

为求 $f(a)$，须将 $f(x)$ 的表示式中的 x 换为 a，得
$$f(a) = a^2 - 3a + 2.$$
同理，将 x 换为 $-x$，得
$$f(-x) = (-x)^2 - 3(-x) + 2 = x^2 + 3x + 2.$$
将 $f(x)$ 的表示式中的 x 换为 $f(x)$ 的表示式，得
$$\begin{aligned}
f(f(x)) &= [f(x)]^2 - 3f(x) + 2 \\
&= (x^2 - 3x + 2)^2 - 3(x^2 - 3x + 2) + 2 \\
&= x^4 - 6x^3 + 10x^2 - 3x.
\end{aligned}$$

例 9 设函数 $f(x) = \sin x$，求 $f(x_0 + \Delta x) - f(x_0)$.

解 这里，x_0 与 $x_0 + \Delta x$ 都理解为一个指定的实数. 如前题所述，
$$f(x_0 + \Delta x) = \sin(x_0 + \Delta x), \quad f(x_0) = \sin x_0,$$
于是 $\quad f(x_0 + \Delta x) - f(x_0) = \sin(x_0 + \Delta x) - \sin x_0.$

在上式中，若 $x_0 = 0, x_0 = \dfrac{\pi}{2}$，则分别有
$$f(0 + \Delta x) - f(0) = \sin(0 + \Delta x) - \sin 0 = \sin \Delta x,$$
$$\begin{aligned}
f\left(\frac{\pi}{2} + \Delta x\right) - f\left(\frac{\pi}{2}\right) &= \sin\left(\frac{\pi}{2} + \Delta x\right) - \sin \frac{\pi}{2} \\
&= \sin\left(\frac{\pi}{2} + \Delta x\right) - 1.
\end{aligned}$$

例 10 设函数
$$y = f(x) = [x] = n, \quad n \leqslant x < n + 1,$$
其中 n 是整数.

这里，记号 $y = [x]$ 表示"y 是不超过 x 的最大整数". 由于 y 只取整数，也称为**取整函数**.

由于 n 是整数，且 $n \leqslant x < n + 1$，所以该函数的定义域 $D = (-\infty, +\infty)$. 若 x 是整数，即 $x = n$ 时，则 $y = n$；若 x 不是整数，可把 x 看作是一个整数和一个非负小数之和，其函数值取 x 的整数部分. 显然它的值域 Z 是全体整数. 比如

当 $x = -3$ 时，按定义，$[-3] = -3$；

当 $x=-4.3$ 时,因 $x=-5+0.7$,故 $[-4.3]=-5$;

当 $x=3$ 时,按定义,$[3]=3$;

当 $x=2.8$ 时,因 $x=2+0.8$,故 $[2.8]=2$.

该函数的图形如图 1-10 所示,这图形呈阶梯形,在 x 取整数值处,图形有跳跃度为 1 的跳跃.

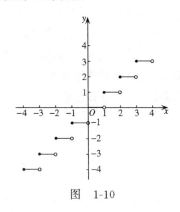

图 1-10

2. 函数的表示方法

表示函数的方法主要有三种:列表法,图形法和公式法.

(1) 列表法

若变量 x 与 y 之间有函数关系,将一系列自变量 x 的值与对应的函数值 y 列成表,称为**列表法**.如前述例 5 就是用列表法表示一年所得利息 r 与存款金额 k 之间的函数关系.又如,我们所用的对数表、三角函数表等均是用列表法表示函数.列表法的优点是使用方便,在实际工作中经常使用.它的局限性是不能完全反映两个变量之间的函数关系.

(2) 图形法

用几个图形表示变量 x 与 y 之间的函数关系,称为**图形法**.在平面直角坐标系中,对于函数 $y=f(x)$,以自变量 x 的取值为横坐标,与其对应的 y 值为纵坐标,这样一些点 (x,y) 的轨迹形成一条曲线,便是该函数的几何图形.如前述例 4 就是用图形法表示一天 24 小时内,时间 t 与气温 θ 之间的函数关系.用图形法表示函数关系,形象直观,易看到函数的变化趋势.

(3) 公式法

变量 x 与 y 之间的函数关系用数学表达式表示,称**公式法**或**解析法**.如前述例 3 就是用公式法表示圆的面积 A 与半径 r 之间的函数关系.用该法表示函数,便于理论分析和计算.

在用公式法表示的函数中,有以下两种需要指明的情形:

(i) 分段函数　两个变量之间的函数关系有的要用两个或多于两个的数学式子来表达,即对一个函数,在其定义域的不同部分用不同数学式子来表达,称为**分段函数**.

例 11　函数

$$y = \begin{cases} x^2, & -2 \leqslant x < 0, \\ 2, & x = 0, \\ 1+x, & 0 < x \leqslant 3 \end{cases}$$

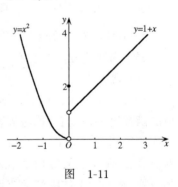

就是分段函数.它的定义域是 $[-2,3]$,其对应法则是:若自变量 x 在区间 $[-2,0)$ 内取值,则相对应的函数值用 $y=x^2$ 计算;若 x 取 0,则对应的函数值是 $y=2$;若 x 在 $(0,3]$ 内取值,则对应的函数值用 $y=1+x$ 计算(图 1-11).又如,前述例 6 也是分段函数.

图　1-11

例 12　函数

$$f(x) = \operatorname{sgn} x = \begin{cases} 1, & x > 0, \\ 0, & x = 0, \\ -1, & x < 0 \end{cases}$$

称为**符号函数**,这也是分段函数,它的定义域 $D=(-\infty,+\infty)$;值域 $Z=\{-1,0,1\}$.它的图形如图 1-12 所示.

对于任何实数 x,下述关系式总成立:

$$x = \operatorname{sgn}x \cdot |x|.$$

例如,当 $x=4$ 时,$\operatorname{sgn}4 \cdot |4| = 1 \cdot 4 = 4$;当 $x=-4$ 时,$\operatorname{sgn}(-4)$ $\cdot |-4| = -1 \cdot 4 = -4$.

(ii) 显函数与隐函数 若因变量 y 用自变量 x 的数学式直接表示出来,即等号一端只有 y,而另一端是 x 的解析表示式,这样的函数称为**显函数**. 例如

$y = \sqrt{1-x^2}$, $y = \log_a(3x+1)$

都是显函数.

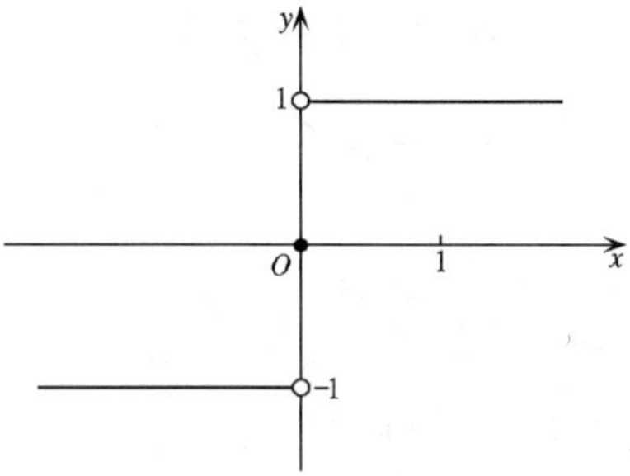

若两个变量 x 与 y 之间的

图 1-12

函数关系用方程 $F(x,y)=0$ 来表示,则称为**隐函数**. 例如 $ax+y+c=0$,$xy-\mathrm{e}^{x+y}=0$ 都是隐函数. 在这样的函数中,哪个变量作自变量都可以;若指定 x 为自变量,则当 x 取定一个值后,变量 y 的值就相应地被确定了,即 y 是 x 的函数.

有的隐函数,可以从关系式 $F(x,y)=0$ 中解出 y 来,表示为显函数. 如由 $ax+y+c=0$ 解出 y,得显函数 $y=-ax-c$,但多数情况是不能从关系式 $F(x,y)=0$ 中解出 y,从而不能表示为显函数. 函数 $xy-\mathrm{e}^{x+y}=0$ 就是如此.

在本课程中,主要是讨论用公式法表示的函数,而以函数的图形作为辅助工具.

三、函数的几何特性

1. 函数的奇偶性

由图 1-13 看到,曲线 $y=x^3$ 关于坐标原点对称,即自变量取一对相反的数值时,相对应的一对函数值也恰是相反数,这时称 $y=x^3$ 为奇函数. 图 1-14 表明,曲线 $y=x^2$ 关于 y 轴对称,即自变量取一对相反的数值时,相对应的函数值却相等,这时,称 $y=x^2$ 为

偶函数.

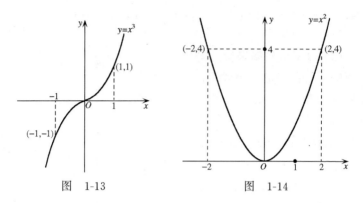

图 1-13   图 1-14

定义 1.2 设函数 $y=f(x)$ 的定义域 D 关于**原点对称**,若对任一 $x\in D$,有

(1) $f(-x)=-f(x)$,则称 $f(x)$ 为**奇函数**;

(2) $f(-x)=f(x)$,则称 $f(x)$ 为**偶函数**.

奇函数的图形关于坐标原点对称;偶函数的图形关于 y 轴对称.

例 13 判断下列函数的奇偶性:

(1) $f(x)=\mathrm{e}^{-\frac{1}{x^2}}$;   (2) $f(x)=\ln\dfrac{1-x}{1+x}$;

(3) $f(x)=x^3+\sin x+1$.

解 用奇偶函数的定义判断函数的奇偶性,应先算出 $f(-x)$,然后与 $f(x)$ 对照.

(1) 函数的定义域是 $(-\infty,0)\bigcup(0,+\infty)$.因为

$$f(-x)=\mathrm{e}^{-\frac{1}{(-x)^2}}=\mathrm{e}^{-\frac{1}{x^2}}=f(x),$$

所以 $f(x)=\mathrm{e}^{-\frac{1}{x^2}}$ 是偶函数.

(2) 可以算得该函数在 $(-1,1)$ 内有意义,对任意的 $x\in(-1,1)$,由于

$$f(-x)=\ln\frac{1-(-x)}{1+(-x)}=\ln\frac{1+x}{1-x}=-\ln\frac{1-x}{1+x}=-f(x),$$

14

所以 $f(x)$ 是奇函数.

（3）函数的定义域是 $(-\infty, +\infty)$. 对任意的 x, 有
$$f(-x) = (-x)^3 + \sin(-x) + 1 = -x^3 - \sin x + 1.$$
由于 $\qquad f(-x) \neq -f(x), \quad f(-x) \neq f(x),$
所以该函数既不是奇函数, 也不是偶函数.

例 14 设函数 $f(x) = \begin{cases} 1-x, & x<0, \\ 1, & x=0, \\ 1+x, & x>0, \end{cases}$ 判断其奇偶性.

解 函数的几何图形如图 1-15 所示, 直观上, 图形对称于 y 轴, 它是偶函数. 下面用定义判断.

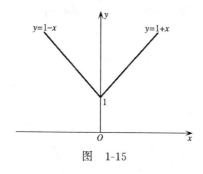

图 1-15

函数的定义域是 $(-\infty, +\infty)$, 对任意 $x \in (-\infty, +\infty)$, 由于
$$f(-x) = \begin{cases} 1-(-x), & -x<0, \\ 1, & -x=0, \\ 1+(-x), & -x>0, \end{cases}$$
即 $\qquad f(-x) = \begin{cases} 1+x, & x>0, \\ 1, & x=0, \\ 1-x, & x<0. \end{cases}$

显然, $f(-x) = f(x)$, 所以 $f(x)$ 是偶函数.

2. 函数的单调性

观察函数 $y = x^3$ 的图形（图 1-13）, 若从左向右看（沿着 x 轴的正方向）, 这是一条上升的曲线, 即函数值随着自变量的值增大

15

而增大. 这样的函数称为单调增加的. 在区间$(-\infty,0)$内,观察函数 $y=x^2$ 的图形(图 1-14),我们会看到,情况完全相反,这是一条下降的曲线,即函数值随自变量的值增大而减少. 这时,称函数 $y=x^2$ 在区间$(-\infty,0)$内是单调减少的.

定义 1.3 设函数 $f(x)$ 在区间 I 上有定义,若对于 I 中的任意两点 x_1 和 x_2,当 $x_1 < x_2$ 时,总有

(1) $f(x_1) < f(x_2)$,则称函数 $f(x)$ 在 I 上是**单调增加的**;

(2) $f(x_1) > f(x_2)$,则称函数 $f(x)$ 在 I 上是**单调减少的**.

单调增加的函数和单调减少的函数统称为**单调函数**.

若沿着 x 轴的正方向看,单调增加函数的图形是一条上升的曲线;单调减少函数的图形是一条下降的曲线.

由图 1-16 知,在区间$(-\infty,+\infty)$内,函数 $y=2^x$ 是单调增加的;而函数 $y=\left(\dfrac{1}{2}\right)^x$ 则是单调减少的.

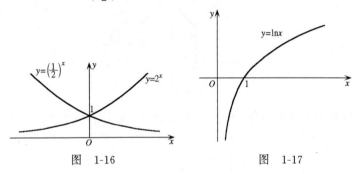

图 1-16　　　　　　　图 1-17

例 15 判断函数 $f(x)=\ln x$ 的单调性.

解 函数的定义域是$(0,+\infty)$,在其定义域内任取两点 x_1,x_2,且 $x_1 < x_2$. 由于

$$f(x_2)-f(x_1)=\ln x_2-\ln x_1=\ln\frac{x_2}{x_1}>0,$$

$\left(\text{因}\dfrac{x_2}{x_1}>1\right)$ 所以,$f(x_2)-f(x_1)>0$,即函数 $f(x)=\ln x$ 在 $(0,+\infty)$ 内是单调增加的(图 1-17).

16

前面提到,函数 $y=x^2$ 在 $(-\infty,0)$ 内是单调减少的;由图 1-14 也知,函数 $y=x^2$ 在 $(0,+\infty)$ 内是单调增加的,因而函数 $y=x^2$ 在 $(-\infty,+\infty)$ 内不具备单调性.

由定义 1.3 及所举例题知,必须就自变量的某个取值范围内讨论函数的单调增减性.用定义 1.3 来判别一个函数在区间 I 上的单调性,对较为简单的函数可行,对有些函数是困难的.我们将在 §3.3 节讲述判别函数在区间上单调性的一般方法.

3. 函数的周期性

我们已经知道,正弦函数 $y=\sin x$ 是周期函数,即有

$$\sin\left(\frac{\pi}{6}+2\pi\right)=\sin\frac{\pi}{6}, \quad \sin(x+2\pi)=\sin x,$$

$$\sin(x+2n\pi)=\sin x, \quad n=\pm1,\pm2,\cdots,$$

即 $\pm2\pi,\pm4\pi,\cdots$ 都是函数 $y=\sin x$ 的周期,而 2π 是它的最小正周期,一般称 2π 为正弦函数的周期(图 1-18).

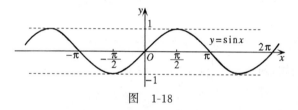

图 1-18

定义 1.4 设函数 $f(x)$ 的定义域为 D,若存在一个非零常数 T,对于 D 内所有 x

$$f(x+T)=f(x)$$

都成立,则称 $f(x)$ 是**周期函数**,称 T 是它的一个**周期**.

若 T 是函数的一个周期,则 $\pm2T,\pm3T,\cdots$ 也都是它的周期.通常,我们称周期中的**最小正周期**为周期函数的周期.

周期为 T 的周期函数,在长度为 T 的各个区间上,其函数的图形有相同的形状.对正弦函数 $y=\sin x$,在长度为 2π 的各个区间上,其图形的形状显然是相同的.

若 $f(x)$ 是以 T 为周期的周期函数,则 $f(ax)(a>0)$ 是以 $\dfrac{T}{a}$ 为

周期的周期函数. 例如, 函数 $y=\sin x, y=\cos x$ 的周期是 2π, 则 $y=\sin\omega x, y=\cos\omega x$ 的周期是 $\dfrac{2\pi}{\omega}(\omega>0)$.

4. 函数的有界性

在区间 $(-\infty, +\infty)$ 上, 函数 $y=\sin x$ 的图形(图 1-18)介于两条直线 $y=-1$ 和 $y=1$ 之间, 即有 $|\sin x|\leqslant 1$, 这时称 $y=\sin x$ 在 $(-\infty, +\infty)$ 内是有界函数. 在区间 $(-\infty, +\infty)$ 内, 函数 $y=x^3$ 的图形(图 1-13)向上、向下都可以无限延伸, 不可能找到两条平行于 x 轴的直线, 使这个图形介于这两条直线之间, 这时称 $y=x^3$ 在区间 $(-\infty, +\infty)$ 内是无界函数.

定义 1.5 设函数在区间 I 上有定义, 若存在正数 M, 使得对任意的 $x\in I$, 有
$$|f(x)|\leqslant M \quad (\text{可以没有等号}),$$
则称 $f(x)$ 在 I 上是**有界函数**; 否则称 $f(x)$ 在 I 上是**无界函数**.

有界函数的图形必介于两条平行于 x 轴的直线 $y=-M(M>0)$ 和 $y=M$ 之间.

由定义 1.5 知, 必须就自变量的某个取值范围讨论函数的有界性. 例如, 函数 $y=\dfrac{1}{x}$ 在区间 $[2, +\infty)$ 内有界:
$$\left|\dfrac{1}{x}\right|\leqslant\dfrac{1}{2}.$$
而在区间 $(0,1)$ 内无界(图 1-19).

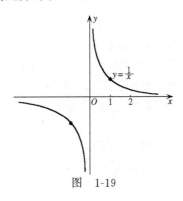

图 1-19

18

四、反函数

对函数 $y=f(x)=x^3$，x 是自变量，y 是因变量. 若由此式解出 x，得到关系式

$$x = \sqrt[3]{y}.$$

在上式中，若把 y 看作是自变量，x 看作是因变量，则由 $x=\sqrt[3]{y}$ 所确定的函数称为已知函数 $y=x^3$ 的反函数. 习惯上，用 x 表示自变量，y 表示因变量，通常把 $x=\sqrt[3]{y}$ 改写作 $y=\sqrt[3]{x}$. 由图 1-20 知，函数 $y=x^3$ 与其反函数 $y=\sqrt[3]{x}$ 的图形关于直线 $y=x$ 对称.

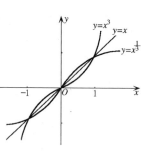

图 1-20

把这样的问题一般化，便有

定义 1.6 已知函数

$$y = f(x), \quad x \in D, \quad y \in Z.$$

若对每一个 $y \in Z$，D 中只有一个 x 值，使得

$$f(x) = y$$

成立，这就以 Z 为定义域确定了一个函数，这个函数称为函数 $y=f(x)$ 的**反函数**，记作

$$x = f^{-1}(y), \quad y \in Z.$$

按习惯记法，x 作自变量，y 作因变量，函数 $y=f(x)$ 的反函数记作

$$y = f^{-1}(x), \quad x \in Z.$$

若函数 $y=f(x)$ 的反函数是 $y=f^{-1}(x)$，则 $y=f(x)$ 也是函数 $y=f^{-1}(x)$ 的反函数，或者说它们互为反函数，且

$$f^{-1}(f(x)) = x, \quad f(f^{-1}(y)) = y.$$

由反函数定义知，若函数 $y=f(x)$ 具有反函数，这意味着它的定义域 D 与值域 Z 之间按对应法则 f 建立了一一对应关系. 易判断单调函数有这一特性，即

单调函数必有反函数，而且单调增加(减少)函数的反函数也是单调增加(减少)的.

若从几何图形看，一个函数当且仅当它的图形与任意一条水平直线至多相交一次时，才具有反函数.

例如，函数(图 1-21)

$$y = e^x, \quad x \in (-\infty, +\infty)$$

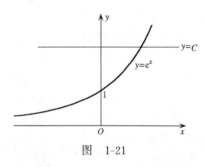

图 1-21

在其定义域内是单调增加的，所以它有反函数. 我们已经知道，它的反函数是(图 1-17)

$$y = \ln x, \quad x \in (0, +\infty), \quad y \in (-\infty, +\infty).$$

对水平直线 $y = C$，当 $C > 0$ 时，曲线 $y = e^x$ 与它相交于一点；而当 $C \leqslant 0$ 时，曲线 $y = e^x$ 与它不相交，即曲线 $y = e^x$ 与直线 $y = C$ 至多相交一次.

而函数

$$y = x^2, \quad x \in (-\infty, +\infty), \quad y \in [0, +\infty)$$

在其定义域内不是单调的，则它没有反函数. 事实上，对同一个 $y_0, y_0 \in (0, +\infty)$，将有两个不同的 x 值：

$$x_1 = \sqrt{y_0}, \quad x_2 = -\sqrt{y_0}$$

都满足关系式 $x^2 = y$(图 1-14). 显然，曲线 $y = x^2$ 与水平直线 $y = C(C > 0)$ 有两个交点.

遇到这种情况，可以限制自变量的取值范围，使得在这个范围内,函数具有单调性,从而求得反函数. 例如, 对 $y = x^2$, 若限制 $x \in [0, +\infty)$, 则它有反函数(图 1-22)

$$y = \sqrt{x}, \quad x \in [0, +\infty).$$

若限制 $x \in (-\infty, 0]$, 则可得到反函数(图 1-22)

$$y = -\sqrt{x}, \quad x \in [0, +\infty).$$

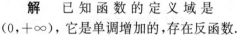

例 16 求函数 $y = \log_2 x + 2$ 的反函数.

解 已知函数的定义域是 $(0, +\infty)$, 它是单调增加的, 存在反函数.

图 1-22

首先, 由已知式解出 x, 得

$$y - 2 = \log_2 x, \quad x = 2^{y-2}.$$

其次, 将上式中的 x 与 y 互换, 得到按习惯记法的反函数

$$y = 2^{x-2}.$$

由于函数 $y = f(x)$ 与 $x = f^{-1}(y)$ 的图形是同一条曲线, 将关系式 $x = f^{-1}(y)$ 中的字母 x 与 y 互换, 便得到关系式 $y = f^{-1}(x)$. 由此, 若点 $M(x_0, y_0)$ 在曲线 $x = f^{-1}(y)$ 上(也就是在曲线 $y = f(x)$ 上), 则点 $M_1(y_0, x_0)$ 必在曲线 $y = f^{-1}(x)$ 上;而点 $M(x_0, y_0)$ 与点 $M_1(y_0, x_0)$ 关于直线 $y = x$ 对称, 从而我们有如下**结论**:

在同一直角坐标系下, 函数 $y = f(x)$ 与其反函数 $y = f^{-1}(x)$ 的图形**关于直线 $y = x$ 对称**(图 1-23).

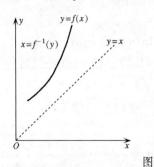
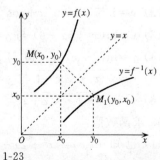

图 1-23

1. 解下列不等式,并用区间表示不等式的解,再将解画在数轴上:

(1) $|2x+1|<3$;　　　　(2) $|2x+1|\geqslant 3$;

(3) $x^2+2x-8>0$;　　　(4) $x^2-x-2<0$;

(5) $0<|x-2|<0.1$;　　(6) $1<|x-2|<3$;

(7) $0<(x-2)^2<4$;　　(8) $|x^2-3x+2|>x^2-3x+2$.

2. 求下列函数的定义域:

(1) $y=\dfrac{x}{x^2+3x}$;　　　　(2) $y=\sqrt{x^2-9}$;

(3) $y=\sqrt{x^2-x-2}$;　　(4) $y=\dfrac{1}{\sqrt{|x|-1}}$;

(5) $y=\sqrt{4-|x-3|}$;　　(6) $y=\dfrac{1}{\ln(x-5)}$;

(7) $y=\arcsin\dfrac{x-1}{2}$;　　(8) $y=\sqrt{\lg\dfrac{5x-x^2}{4}}$;

(9) $y=\dfrac{1}{\ln(2-x)}+\sqrt{100-x^2}$;

(10) $y=(x-2)\sqrt{\dfrac{1+x}{1-x}}$.

3. 判断下列各对函数是否是相同的函数关系,并说明理由:

(1) $y=\cos x$ 与 $y=\sqrt{1-\sin^2 x}$;

(2) $y=1$ 与 $y=\sin^2 x+\cos^2 x$;

(3) $y=\ln(x^2-5x+6)$ 与 $y=\ln(x-2)+\ln(x-3)$;

(4) $y=\ln(2-x)(x-1)$ 与 $y=\ln(2-x)+\ln(x-1)$;

(5) $y=\sqrt{x}\cdot\sqrt{x-1}$ 与 $y=\sqrt{x(x-1)}$;

(6) $y=\sqrt{1-x}\cdot\sqrt{2+x}$ 与 $y=\sqrt{(1-x)(2+x)}$.

4. 求函数值:

(1) 已知 $f(x)=x^2+2x-1$,求 $f(0),f(-2),f(-x)$,

22

$f\left(\dfrac{1}{x}\right)$, $f(x-1)$；

(2) 已知 $f(x)=\dfrac{2^x-1}{2^x+1}$，求 $f(0)$，$f(1)$，$f(-1)$，$f\left(\dfrac{1}{x}\right)$，$f(x-1)$.

5. 求 $f(x+h)-f(x)$：

设 (1) $f(x)=ax+b$； (2) $f(x)=x^2$.

6. 若 $f(0)=-2$，$f(3)=5$，求线性函数 $f(x)=ax+b$，并求 $f(1)$ 及 $f(2)$.

7. 设 $f(x)=ax^2+bx+c$，证明：

$$f(x+3)-3f(x+2)+3f(x+1)-f(x)=0.$$

8. 设函数 $f(x)=\begin{cases} x^2+1, & 0\leqslant x<1, \\ 2-x, & 1\leqslant x<2, \\ x, & x\geqslant 2, \end{cases}$ 求

(1) $f(x)$ 的定义域； (2) $f(0)$，$f(1)$，$f\left(\dfrac{1}{2}\right)$，$f(3)$.

9. 设函数 $f(x)=\begin{cases} 4x^2, & 0<x<2, \\ 1, & 2<x\leqslant 4, \\ \dfrac{x^2}{4}, & x>4, \end{cases}$ 求

(1) $f(x)$ 的定义域； (2) $f(1)$，$f(3)$，$f(4)$，$f(5)$；

(3) $f(x)$ 的值域； (4) 画出 $y=f(x)$ 的图形.

10. 将下列函数用分段函数形式表示，并确定其定义域：

(1) $y=\dfrac{|x|}{x}$； (2) $y=5-|2x-1|$.

11. 确定下列函数的奇偶性：

(1) $f(x)=\mathrm{e}^{-x^2}+1$； (2) $f(x)=\mathrm{e}^x-\mathrm{e}^{-x}$；

(3) $f(x)=\dfrac{a^x-1}{a^x+1}$； (4) $f(x)=x^2\arcsin x$；

(5) $f(x)=\log_a(\sqrt{x^2+1}+x)$； (6) $f(x)=x\left(\dfrac{1}{2^x-1}+\dfrac{1}{2}\right)$.

12. 设函数 $f(x)$ 在区间 $[-a,a]$ 上有定义，证明：

(1) $f(x)+f(-x)$是偶函数；(2) $f(x)-f(-x)$是奇函数；

(3) $f(x)$可表示成偶函数与奇函数和的形式.

13. 指出下列函数的单调性：

(1) $y=\left(\dfrac{1}{2}\right)^x$；

(2) $y=\ln(2+x)$；

(3) $y=\text{arccot}\, x$；

(4) $y=\log_a x(a>0,a\neq 1)$.

14. 指出下列函数的周期：

(1) $y=\sin 2x$；

(2) $y=\cos\dfrac{x}{2}$；

(3) $y=|\sin x|$；

(4) $y=\tan 3x$.

15. 指出下列函数是否有界：

(1) $y=\dfrac{x^2}{1+x^2}$；

(2) $y=\sin\dfrac{1}{x}$；

(3) $y=\mathrm{e}^{-\frac{1}{x^2}}$；

(4) $y=\dfrac{1}{1+x}$.

16. 求下列函数的反函数：

(1) $y=\dfrac{1-x}{1+x}$；

(2) $y=\dfrac{1}{2}(\mathrm{e}^x-\mathrm{e}^{-x})$；

(3) $y=3+\ln(x+1)$；

(4) $y=\sqrt[3]{2x-1}$；

(5) $y=\begin{cases} x^2, & 0\leqslant x\leqslant 1, \\ x^3, & x>1. \end{cases}$

(6) $y=\begin{cases} \dfrac{x}{2}, & -2<x<1, \\ x^2, & 1\leqslant x\leqslant 2, \\ 2^x, & 2<x\leqslant 4. \end{cases}$

17. 求下列函数的值域：

(1) $y=\mathrm{e}^{\frac{1}{x}}$；

(2) $y=\dfrac{\mathrm{e}^x}{1+\mathrm{e}^x}$；

(3) $y=\sqrt{x^2-2}$；

(4) $y=\dfrac{1-x^2}{1+x^2}$.

18. 单项选择题：

(1) 若函数 $y=\sqrt{(x+2)^2}$ 与 $y=x+2$ 表示相同的函数,则它们有定义的区间是( ).

(A) $(-\infty,+\infty)$；

(B) $(-\infty,2)$；

(C) $[-2,+\infty)$；

(D) $[2,+\infty)$.

(2) 设 $f(x)=\ln 5$，则 $f(x+2)-f(x)=($　　$)$．

(A) $\ln \dfrac{7}{5}$；　　(B) $\ln 5$；　　(C) $\ln 7$；　　(D) 0．

(3) 设函数 $f(x)=\begin{cases}1,&0\leqslant x\leqslant 1,\\2,&1<x\leqslant 2,\end{cases}$ 则函数 $\varphi(x)=f(2x)+f(x-2)$ 是($　　$)．

(A) 无意义；　　　　　　　(B) 在区间 $[0,2]$ 上有意义；

(C) 在区间 $[0,4]$ 上有意义；　　(D) 在区间 $[2,4]$ 上有意义．

(4) 设函数 $f(x)$ 在 $(-\infty,+\infty)$ 内有定义，则下列函数中必为偶函数的是($　　$)．

(A) $y=|f(x)|$；　　　　　　(B) $y=\cos x\cdot f(x^2)$；

(C) $y=[f(x)]^2$；　　　　　(D) $y=-f(-x)$．

(5) 下列函数中，单调增加的是($　　$)．

(A) $\left(\dfrac{1}{\mathrm{e}}\right)^x$；　　　　　　(B) $|\ln x|$；

(C) $\arccos x$；　　　　　(D) $\arcsin x$．

(6) 函数 $y=\ln(x+3)$ 的反函数的值域是($　　$)．

(A) $(-3,+\infty)$；　　　　(B) $(3,+\infty)$；

(C) $(0,+\infty)$；　　　　　(D) $(0,1)$．

(7) 函数 $y=\dfrac{x+1}{x+2}$ 的值域是($　　$)．

(A) $y\neq 1$；　　　　　　　(B) $y\neq -1$；

(C) $y\neq -2$；　　　　　　(D) $y\neq -1$ 且 $y\neq -2$．

(8) 设 $f(x)=\dfrac{4x}{x-1}$，则 $f^{-1}(3)=($　　$)$．

(A) 3；　　(B) -3；　　(C) 4；　　(D) -4．

§1.2　初　等　函　数

一、基本初等函数

下列六类函数称为基本初等函数.

1. 常量函数
$$y = C \text{（常数）}, \quad x \in (-\infty, +\infty),$$
其图形见图 1-24.

2. 幂函数
$$y = x^\alpha \quad (\alpha \text{ 为实数}).$$

该函数的定义域随 α 而异，但不论 α 取何值，它在区间 $(0, +\infty)$ 内总有定义，且其图形均过点 $(1,1)$. 例如

$\alpha = 1$ 时，$y = x$，$x \in (-\infty, +\infty)$，见图 1-25.

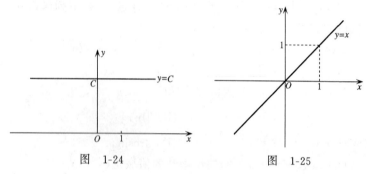

图 1-24　　　　　图 1-25

$\alpha = 2$ 时，$y = x^2$，$x \in (-\infty, +\infty)$，见图 1-14.

$\alpha = 3$ 时，$y = x^3$，$x \in (-\infty, +\infty)$，见图 1-13.

$\alpha = 4$ 时，$y = x^4$，$x \in (-\infty, +\infty)$，见图 1-26.

$\alpha = -1$ 时，$y = x^{-1} = \dfrac{1}{x}$，$x \in (-\infty, 0) \bigcup (0, +\infty)$，见图 1-19.

$\alpha = -2$ 时，$y = x^{-2} = \dfrac{1}{x^2}$，$x \in (-\infty, 0) \bigcup (0, +\infty)$，见图 1-27.

$\alpha = \dfrac{1}{2}$ 时，$y = x^{\frac{1}{2}} = \sqrt{x}$，$x \in [0, +\infty)$，见图 1-22.

$\alpha = \dfrac{1}{3}$ 时，$y = x^{\frac{1}{3}} = \sqrt[3]{x}$，$x \in (-\infty, +\infty)$，见图 1-20.

$\alpha = \dfrac{2}{3}$ 时，$y = x^{\frac{2}{3}} = \sqrt[3]{x^2}$，$x \in (-\infty, +\infty)$，见图 1-28.

这些函数及其图形，我们以后将要用到.

3. 指数函数
$$y = a^x \quad (a > 0, a \neq 1),$$

$$x \in (-\infty, +\infty), \quad y \in (0, +\infty).$$

该函数,当 $a>1$ 时,是单调增加的;当 $a<1$ 时,是单调减少的.因 $a^0=1$,且总有 $y>0$,所以,指数函数的图形过 y 轴上的点 $(0,1)$ 且位于 x 轴的上方(图1-29).

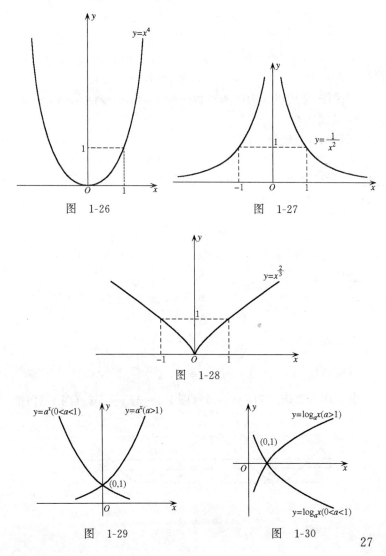

图 1-26

图 1-27

图 1-28

图 1-29

图 1-30

本课程,常用以 e 为底的指数函数 $y=e^x$(见图 1-21). e 是一个无理数,e=2.718281828459….

4. 对数函数

$$y = \log_a x \quad (a > 0, a \neq 1),$$
$$x \in (0, +\infty), \quad y \in (-\infty, +\infty),$$

对数函数与指数函数互为反函数.当 $a > 1$ 时,是单调增加的;当 $a < 1$ 时,是单调减小的,因 $\log_a 1 = 0$ 且总有 $x > 0$,所以,它的图形过 x 轴上的点(1,0)且位于 y 轴的右侧(图 1-30).

本课程,常用以 e 为底的对数函数 $y = \ln x$(见图 1-17).

5. 三角函数

三角函数是统称,分别为:

正弦函数　$y = \sin x$, $x \in (-\infty, +\infty)$, $y \in [-1, 1]$.

余弦函数　$y = \cos x$, $x \in (-\infty, +\infty)$, $y \in [-1, 1]$.

正切函数

$$y = \tan x, \quad x \neq n\pi + \frac{\pi}{2},$$
$$n = 0, \pm 1, \pm 2, \cdots, \quad y \in (-\infty, +\infty).$$

余切函数

$$y = \cot x; \ x \neq n\pi, \ n = 0, \pm 1, \pm 2, \cdots,$$
$$y \in (-\infty, +\infty).$$

正割函数　　　　$y = \sec x = \dfrac{1}{\cos x}.$

余割函数　　　　$y = \csc x = \dfrac{1}{\sin x}.$

由上述诸表达式知,$y = \sin x$(图 1-18)与 $y = \cos x$(图 1-31)都

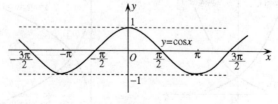

图　1-31

28

是以 2π 为周期的周期函数,且都是有界函数: $|\sin x| \leqslant 1$, $|\cos x| \leqslant 1$.

$y = \sin x$ 是奇函数, $y = \cos x$ 是偶函数.

$y = \tan x$(图 1-32)与 $y = \cot x$(图 1-33)都是以 π 为周期的周期函数,且都是奇函数.

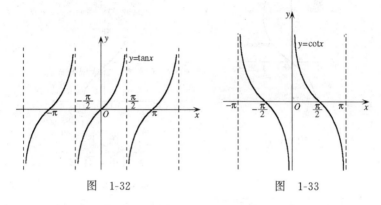

图 1-32   图 1-33

6. 反三角函数

反三角函数是三角函数的反函数. 只给出如下四种:

反正弦函数 $y = \arcsin x$, $x \in [-1,1]$, $y \in \left[-\dfrac{\pi}{2}, \dfrac{\pi}{2}\right]$.

反余弦函数 $y = \arccos x$, $x \in [-1,1]$, $y \in [0,\pi]$.

反正切函数

$$y = \arctan x, \quad x \in (-\infty, +\infty), \quad y \in \left(-\frac{\pi}{2}, \frac{\pi}{2}\right).$$

反余切函数

$$y = \operatorname{arccot} x, \quad x \in (-\infty, +\infty), \quad y \in (0,\pi).$$

我们来看反正弦函数. 正弦函数 $y = \sin x$ 在其定义域 $(-\infty, +\infty)$ 内不具备单调性,不存在反函数. 若限制自变量 x 在区间 $\left[-\dfrac{\pi}{2}, \dfrac{\pi}{2}\right]$ 上取值,则它是单调增加的,因而它存在反函数. 由此得到的正弦函数的反函数,称为反正弦函数的**主值**(图

1-34),记作

$$y = \arcsin x, \quad x \in [-1, 1],$$

其值域是区间 $\left[-\dfrac{\pi}{2}, \dfrac{\pi}{2} \right]$.

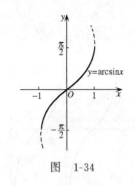

图 1-34

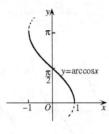

图 1-35

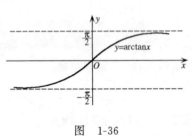

图 1-36

类似的,函数 $y = \cos x$,$y = \tan x$,$y = \cot x$ 分别在其单调区间 $[0, \pi]$,$\left(-\dfrac{\pi}{2}, \dfrac{\pi}{2} \right)$,$(0, \pi)$ 内得到相应的反余弦函数 $y = \arccos x$(图 1-35),反正切函数 $y = \arctan x$(图 1-36),反余切函数 $y = \text{arccot} x$(图 1-37).

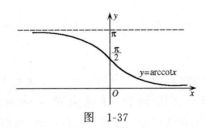

图 1-37

二、复合函数

对函数 $y = \sin x^2$,x 是自变量,y 是 x 的函数.为了确定 y 值,

30

对给定的 x 值,应先计算 x^2;若令 $u=x^2$,再由已求得的 u 值计算 $\sin u$,便得到 y 值: $y=\sin u$。

这里,可把 $y=\sin u$ 理解成 y 是 u 的函数;把 $u=x^2$ 理解成 u 是 x 的函数。那么函数 $y=\sin x^2$ 就是把函数 $u=x^2$ 代入函数 $y=\sin u$ 中而得到的。按这种理解,函数 $y=\sin x^2$ 就是由 $y=\sin u$ 和 $u=x^2$ 这两个函数复合在一起构成的,称为复合函数。

定义 1.7 已知两个函数

$$y=f(u), \quad u\in D_1, \quad y\in Z_1,$$
$$u=\varphi(x), \quad x\in D_2, \quad u\in Z_2,$$

则函数 $y=f(\varphi(x))$ 是由函数 $y=f(u)$ 和 $u=\varphi(x)$ 经过复合而成的**复合函数**。通常称 $f(u)$ 是**外层函数**,称 $\varphi(x)$ 是**内层函数**,称 u 为**中间变量**。

函数 $y=f(\varphi(x))$ 看作是将函数 $\varphi(x)$ 代换函数 $y=f(u)$ 中的 u 得到的。

复合函数不仅可用两个函数复合而成,也可以有多个函数相继进行复合而成。

例 1 已知函数 $y=f(u)=\mathrm{e}^u, u=\varphi(x)=\cos x$,则函数

$$y=f(\varphi(x))=\mathrm{e}^{\cos x}$$

就是由已知的两个函数复合而成的复合函数。

例 2 已知函数 $y=f(u)=\sqrt{u}, u=\varphi(v)=\ln v, v=\psi(x)=\sin x$,则函数

$$y=f(\varphi(\psi(x)))=\sqrt{\ln\sin x}$$

就是由已知的三个函数复合而成的复合函数。

需要指出,不是任何两个函数都能构成复合函数。按定义 1.7 中所给的两个函数,只有当内层函数 $u=\varphi(x)$ 的值域 Z_2 与外层函数 $y=f(u)$ 的定义域 D_1 的交集非空时,即 $Z_2\bigcap D_1\neq\varnothing$ 时,这两个函数才能复合成复合函数 $y=f(\varphi(x))$。例如,函数

$$y=\arcsin u, \quad u\in[-1,1], \quad y\in\left[-\frac{\pi}{2},\frac{\pi}{2}\right],$$

$$u = 2 + x^2, \quad x \in (-\infty, +\infty), \quad u \in [2, +\infty)$$

虽然能写成 $y = \arcsin(2+x^2)$,但它却无意义. 因为

$$[2, +\infty) \bigcap [-1, 1] = \varnothing.$$

例 3 已知 $f(x) = \dfrac{1}{1-x}$, $\varphi(x) = 1 + x^3$, 求 $f(\varphi(x))$, $\varphi(f(x))$.

解 求 $f(\varphi(x))$ 时,应将 $\varphi(x)$ 代换 $f(x)$ 中的 x,得

$$f(\varphi(x)) = \frac{1}{1 - (1 + x^3)} = -\frac{1}{x^3}.$$

求 $\varphi(f(x))$ 时,应将 $f(x)$ 代换 $\varphi(x)$ 中的 x,得

$$\varphi(f(x)) = 1 + \left(\frac{1}{1-x}\right)^3 = 1 + \frac{1}{(1-x)^3}.$$

复合函数的本质就是一个函数. 为了研究函数的需要,今后经常要将一个给定的函数看成是由若干个基本初等函数复合而成的形式,从而把它分解成若干个基本初等函数.

例 4 下列函数由哪些基本初等函数复合而成:

(1) $y = e^{\cos^2 x}$;　　　　(2) $y = (\arctan x^2)^3$.

解 (1) 由内层函数向外层函数分解,就是按由 x 确定 y 的运算顺序进行:

对给定的 x,先计算 $\cos x$,令 $v = \cos x$;

再由 v 计算幂函数 v^2,令 $u = v^2$;

最后,由 u 计算指数函数 e^u,得 $y = e^u$.

于是,$y = e^{\cos^2 x}$ 是由以下三个基本初等函数复合而成:

$$y = e^u, \quad u = v^2, \quad v = \cos x.$$

(2) 由外层函数向内层函数分解,由最外层函数起,层层向内进行,直到自变量 x 的基本初等函数为止.

令 $y = u^3$(幂函数),则 $u = \arctan x^2$;

令 $u = \arctan v$(反正切函数),则 $v = x^2$.

因 $v = x^2$(幂函数)已是自变量 x 的基本初等函数,所以,$y = (\arctan x^2)^3$ 是由基本初等函数

$$y = u^3, \quad u = \arctan v, \quad v = x^2$$

复合而成.

三、初等函数

由基本初等函数经过有限次四则运算和复合所构成的函数,统称为**初等函数**.

例如,以下都是初等函数:

$$f(x) = \sqrt{1 + \sin^2 x},$$

$$\varphi(x) = x^2 \cdot 2^{\tan x} + \ln(x + e^{x^2}).$$

初等函数的构成既有函数的四则运算,又有函数的复合;我们必须掌握把初等函数按基本初等函数的四则运算和复合形式分解.

例 5 将下列函数按基本初等函数的复合与四则运算形式分解:

(1) $y = \left(x^2 \sin \dfrac{1}{x} \right)^{-2}$; (2) $y = \ln(x + \sqrt{1 + x^2})$.

解 (1) 令 $u = x^2 \sin \dfrac{1}{x}$,则 $y = u^{-2}$;令 $v = x^2, w = \sin \dfrac{1}{x}$,则 $u = vw$;令 $t = \dfrac{1}{x}$,则 $w = \sin t$. 于是 $y = \left(x^2 \sin \dfrac{1}{x} \right)^{-2}$ 由下列各式构成:

$$y = u^{-2}, \quad u = vw, \quad v = x^2, \quad w = \sin t, \quad t = \frac{1}{x}.$$

(2) 令 $u = x + \sqrt{1 + x^2}$,则 $y = \ln u$;令 $v = \sqrt{1 + x^2}$,则 $u = x + v$;令 $t = 1 + x^2$,则 $v = \sqrt{t}$. 于是 $y = \ln(x + \sqrt{1 + x^2})$ 由下列函数构成:

$$y = \ln u, \quad u = x + v, \quad v = \sqrt{t}, \quad t = 1 + x^2.$$

例 6 已知 $f\left(\dfrac{1}{x} - 1 \right) = \dfrac{x}{2x - 1}$,求 $f(x)$.

解 已知式 $f\left(\dfrac{1}{x} - 1 \right) = \dfrac{x}{2x - 1}$ 可理解成由函数 $f(u)$ 和 $u =$

$\dfrac{1}{x}-1$ 复合而成. 本题是已知 $f\left(\dfrac{1}{x}-1\right)$ 求 $f(u)$.

设 $u=\dfrac{1}{x}-1$,则 $x=\dfrac{1}{u+1}$,于是,将 $f\left(\dfrac{1}{x}-1\right)$ 中之 $\dfrac{1}{x}-1$ 换为 u,将 $\dfrac{x}{2x-1}$ 中之 x 换为 $\dfrac{1}{u+1}$,便得

$$f(u)=\dfrac{\dfrac{1}{u+1}}{\dfrac{2}{u+1}-1}=\dfrac{1}{1-u},$$

故所求函数 $f(x)=\dfrac{1}{1-x}$.

本课程研究的函数,主要是初等函数.凡不是初等函数的函数,皆称为非初等函数.

例如,函数
$$f(x)=1+2x+3x^2+\cdots+nx^{n-1}+\cdots$$
就是非初等函数.

习 题 1.2

1. 下列函数能否构成复合函数 $y=f(\varphi(x))$？若能,试写出复合函数的表达式,求函数的定义域:

(1) $y=f(u)=\sqrt{u}$, $u=\varphi(x)=x-x^2$;

(2) $y=f(u)=\sin u$, $u=\varphi(x)=e^x$;

(3) $y=f(u)=\ln u$, $u=\varphi(x)=\sin x-1$;

(4) $y=f(u)=\arccos u$, $u=\varphi(x)=1+2^x$.

2. 将 y 表示成 x 的函数:

(1) $y=\sqrt{1+u^2}$, $u=\sin v$, $v=\log_a x$;

(2) $y=e^u$, $u=v^2$, $v=\sin t$, $t=\dfrac{1}{x}$;

(3) $y=\arctan u$, $u=\sqrt{v}$, $v=x^2+1$;

(4) $y=\ln u$, $u=\arcsin v$, $v=x+e^x$.

3. 下列函数由哪些基本初等函数复合而成:

(1) $y=\sin x^3$;   (2) $y=\cos\dfrac{1}{x}$;

(3) $y=\sqrt{\ln x}$;   (4) $y=\mathrm{e}^{\sqrt{x}}$;

(5) $y=\mathrm{e}^{\tan\frac{1}{x}}$;   (6) $y=\mathrm{e}^{\mathrm{e}^{x^2}}$;

(7) $y=\ln\ln\sin x$;   (8) $y=\ln\tan\dfrac{1}{x^2}$;

(9) $y=(\arcsin\mathrm{e}^x)^2$;   (10) $y=\sin^2(\ln x)$.

4. 将下列函数按基本初等函数复合及四则运算形式分解:

(1) $y=\sqrt[3]{3+2x}$;   (2) $y=(3+x+2x^2)^3$;

(3) $y=2^{2x^2+1}$;   (4) $y=(x+\tan x)^{-1}$;

(5) $y=\ln\dfrac{1+\sqrt{x}}{1-\sqrt{x}}$;   (6) $y=(\arcsin\sqrt{1-x^2})^2$;

(7) $y=\arctan^2\dfrac{2x}{1-x^2}$;   (8) $y=\log_a\mathrm{e}^{\sqrt{x^2+1}}$;

(9) $y=\left(a^x\sin\dfrac{1}{x}\right)^{-3}$;   (10) $y=\ln[\ln^2(\ln 3x)]$.

5. 设函数 $y=f(x)$,下列函数是否为复合函数? 若是,指出它的内层函数、外层函数及中间变量:

(1) y^2;   (2) $\cos y$;   (3) $\ln y$;   (4) e^y.

6. 设 $\varphi(x)=x^3+1$,求 $\varphi(x^2)$,$[\varphi(x)]^2$,$\varphi(\varphi(x))$,$\varphi\left(\dfrac{1}{\varphi(x)}\right)$.

7. 设 $f(x)=x^2,\varphi(x)=2^x$,求 $f(f(x)),f(\varphi(x)),\varphi(f(x))$.

8. 由已知条件求 $f(x)$:

(1) $f(x-1)=x(x-1)$;   (2) $f\left(\dfrac{1}{x}\right)=\dfrac{x}{1+x}$;

(3) $f(\sqrt[3]{x}-1)=x-1$;   (4) $f\left(x+\dfrac{1}{x}\right)=x^2+\dfrac{1}{x^2}+3$.

9. 由已知条件求 $f(x)$:

(1) $f^{-1}(\log_a x)=x^2+1$;

(2) $0<a<1,f(\log_a x)=\dfrac{a(x^2-1)}{x(a^2-1)}$.

10. 设函数 $f(x)$ 的定义域是区间 $(0,1]$,试求下列函数的定义域：

(1) $f(2^x)$；   (2) $f(\sqrt{1-x^2})$；

(3) $f\left(x+\dfrac{1}{4}\right)$；   (4) $f\left(x+\dfrac{1}{4}\right)+f\left(x-\dfrac{1}{4}\right)$.

11. (1) 形如 $y=f(x)^{g(x)}$ 的函数称为幂指函数, 设 $f(x)(>0)$，$g(x)$ 都是初等函数, 试将其写成以 e 为底的指数函数形式；

(2) 将 $y=(\sin x)^{\cos x}(\sin x>0)$ 写成以 e 为底的指数函数形式.

12. 单项选择题

(1) 设函数 $f(x)$ 的定义域是 $(0,1)$，则 $f(x^2)$ 的定义域是（   ）.

(A) $(0,1)$；   (B) $(-1,1)$；

(C) $(-1,0)\bigcup(0,1)$；   (D) $(-1,0)$.

(2) 已知 $f(\sin x)=\cos 2x$，则 $f(x)=$（   ）.

(A) $1-x^2$；   (B) $1-2x^2$；

(C) $1+2x^2$；   (D) $2x^2-1$.

(3) 设 $f(x^2+1)=x^4+5x^2+3$，则 $f(x^2-1)=$（   ）.

(A) x^4-x^2-3；   (B) x^4+x^2+3；

(C) x^4-x^2+3；   (D) x^4+x^2-3.

(4) 设 $g(x)=1+x$，且当 $x\neq 0$ 时, $f(g(x))=\dfrac{1-x}{x}$，则 $f(1/2)=$（   ）.

(A) 0；   (B) 1；   (C) 3；   (D) -3.

(5) 设 $f(x)=2^{\cos x}$，$g(x)=\left(\dfrac{1}{2}\right)^{\sin x}$，在区间 $\left(0,\dfrac{\pi}{2}\right)$ 内（   ）.

(A) $f(x)$ 是增函数, $g(x)$ 是减函数；

(B) $f(x)$ 是减函数, $g(x)$ 是增函数；

(C) $f(x)$，$g(x)$ 都是增函数；

(D) $f(x)$，$g(x)$ 都是减函数.

§1.3 极 限 概 念

一、数列的极限

1. 数列极限的定义

先看一个实例.

战国时期哲学家庄周所著的《庄子·天下篇》引用过一句话：
"一尺之棰,日取其半,万世不竭."这是说一根长为一尺的棒头,每天截去一半,这样的过程可以无限地进行下去.

每天截后剩下的棒的长度是(单位为尺)：

第 1 天剩下 $\frac{1}{2}$；第 2 天剩下 $\frac{1}{2^2} = \frac{1}{4}$；第 3 天剩下 $\frac{1}{2^3} = \frac{1}{8}$；…；第 21 天剩下 $\frac{1}{2^{21}} = \frac{1}{2097152}$；第 22 天剩下 $\frac{1}{2^{22}} = \frac{1}{4194304}$；…；第 n 天剩下 $\frac{1}{2^n}$；…,这样就得到一列数

$$\frac{1}{2}, \frac{1}{2^2}, \frac{1}{2^3}, \cdots, \frac{1}{2^{21}}, \frac{1}{2^{22}}, \cdots, \frac{1}{2^n}, \cdots,$$

即

$$\frac{1}{2}, \frac{1}{4}, \frac{1}{8}, \cdots, \frac{1}{2097152}, \frac{1}{4194304}, \cdots, \frac{1}{2^n}, \cdots.$$

这是无穷多个数,是按正整数时间(天)顺序排列的,这样的一列数就是一个数列.

按函数定义看,若将全体正整数的集合 N_+ 理解成函数的定义域,即自变量取 $1, 2, 3, \cdots, n, \cdots$,数列中的"数",即 $\frac{1}{2}, \frac{1}{2^2}, \frac{1}{2^3}, \cdots, \frac{1}{2^n}, \cdots$ 理解成因变量,则数列中的"数"就是它所在"序号"的函数.按这样理解,并以 $\frac{1}{2^n}$ 作函数的表达式,则上述数列可记作

$$y_n = f(n) = \frac{1}{2^n}, \quad n \in N_+.$$

一般,按正整数顺序 $1, 2, 3, \cdots$ 排列的无穷多个数,称为**数列**. 数列通常记作

$$y_1, y_2, y_3, \cdots, y_n, \cdots,$$

或简记作 $\{y_n\}$. 数列的每个数称为数列的**项**,依次称为第一项,第二项,$\cdots$. 第 n 项 y_n 称为**通项**或**一般项**.

若以函数表示数列:全体正整数的集合记作 N_+,则函数

$$y_n = f(n), \quad n \in N_+$$

称为数列.

对于前述数列,不难看到,随着自变量 n(天数)的增大,相应的函数值(剩下的棒的长度)越来越接近 0;而当 n 无限增大时,数列的通项 $\dfrac{1}{2^n}$ 将无限地接近常数 0.

这个例子反映了一类数列的一种性质:对数列 $\{y_n\}$,存在某一常数 A,随着 n 无限增大,它的通项 y_n 无限接近于这一常数 A,这时称数列 $\{y_n\}$ 以 A 为极限.

定义 1.8   设数列 $\{y_n\}$:

$$y_1, y_2, y_3, \cdots, y_n, \cdots,$$

若当 n 无限增大时,y_n 趋于定数 A,则称**数列 $\{y_n\}$ 以 A 为极限**,记作

$$\lim_{n \to \infty} y_n = A \quad \text{或} \quad y_n \to A \quad (n \to \infty).$$

前式读作“当 n 趋于无穷大时,y_n 的极限等于 A”;后式读作“当 n 趋于无穷大时,y_n 趋于 A”.

例 1   观察下列数列是否有极限:

$$\left\{\frac{1}{n}\right\}: 1, \frac{1}{2}, \frac{1}{3}, \frac{1}{4}, \cdots, \frac{1}{n}, \cdots,$$

$$\left\{1 + \frac{(-1)^n}{n}\right\}: 0, 1 + \frac{1}{2}, 1 - \frac{1}{3}, 1 + \frac{1}{4}, \cdots, 1 + \frac{(-1)^n}{n}, \cdots,$$

$$\{2n\}: 2, 4, 6, 8, \cdots, 2n, \cdots,$$

$$\{(-1)^{n+1}\}: 1, -1, 1, -1, \cdots, (-1)^{n+1}, \cdots.$$

可以看出,随着 n 无限增大:

数列 $\left\{\dfrac{1}{n}\right\}$ 的通项无限接近于数 0,即它以 0 为极限,按极限定义记作

$$\lim_{n\to\infty}\frac{1}{n}=0 \quad 或 \quad \frac{1}{n}\to 0 \quad (n\to\infty).$$

数列 $\left\{1+\dfrac{(-1)^n}{n}\right\}$ 的通项无限接近于数 1,即它以 1 为极限,记作

$$\lim_{n\to\infty}\left[1+\frac{(-1)^n}{n}\right]=1 \quad 或 \quad \left[1+\frac{(-1)^n}{n}\right]\to 1 \quad (n\to\infty).$$

数列 $\{2n\}$ 的通项无限增大,从而不能无限接近任何一个常数,即它没有极限.

至于数列 $\{(-1)^{n+1}\}$,则在数值 $+1$ 和 -1 上跳来跳去,也不能接近某一常数.这样的数列没有极限.

有极限的数列称为**收敛数列**;没有极限的数列称为**发散数列**.

例 2 已知数列的通项,试写出数列,并观察判定数列是否有极限:

(1) $y_n=\dfrac{n+1}{n}$; (2) $y_n=\dfrac{1+(-1)^n}{n}$; (3) $y_n=2^{(-1)^n n}$.

解 已知数列的通项 y_n,令其中的 n 按正整数顺序取值,便得到数列:

$$y_1,\ y_2,\ y_3,\ \cdots,\ y_n,\ \cdots.$$

(1) 由 $y_n=\dfrac{n+1}{n}$ 可得到数列:

$$\frac{2}{1},\frac{3}{2},\frac{4}{3},\frac{5}{4},\cdots,\frac{n+1}{n},\cdots.$$

该数列有极限,当 n 无限增大时,数列是从大于 1 无限接近于 1,即

$$\lim_{n\to\infty}\frac{n+1}{n}=1.$$

(2) 由 $y_n=\dfrac{1+(-1)^n}{n}$ 可得到数列:

$$0,1,0,\frac{1}{2},0,\frac{1}{3},\cdots,\frac{1+(-1)^n}{n},\cdots.$$

该数列有极限,随着 n 无限增大,它的偶数项趋于 0,而奇数

项始终取 0,即

$$\lim_{n\to\infty} \frac{1+(-1)^n}{n} = 0.$$

（3）由 $y_n = 2^{(-1)^n n}$ 可得到数列：

$$\frac{1}{2}, 4, \frac{1}{8}, 16, \frac{1}{32}, 64, \cdots, 2^{(-1)^n n}, \cdots.$$

随着 n 无限增大,数列的奇数项趋于 0,而偶数项却无限增大,数列无极限,是发散的.

前面已说明,数列 $\{y_n = 2n\}$ 没有极限,但随着 n 无限增大,$y_n = 2n$ 取正值且无限地增大.这种数列虽没有极限,而它有确定的变化趋势.对这种情况,我们借用极限的记法表示它的变化趋势,记作

$$\lim_{n\to\infty} 2n = +\infty \quad \text{或} \quad 2n \to +\infty \quad (n\to\infty),$$

并称该数列的极限是正无穷大.

同样,数列 $\{y_n = -\sqrt{n}\}$,$\{y_n = (-1)^n n\}$ 则可分别记作

$$\lim_{n\to\infty} (-\sqrt{n}) = -\infty,$$

$$\lim_{n\to\infty} (-1)^n n = \infty.$$

前者称数列的极限是负无穷大,后者称数列的极限是无穷大.

请注意,上述数列都是发散的,只是借用极限记法和说法表明它们的变化趋势.

所谓"当 n 无限增大时,y_n 趋于某一定数 A"应如何理解呢?

从几何上看,在数轴上,定数 A 是一个定点,数列 $y_1, y_2, y_3, \cdots, y_n, \cdots$ 的对应点可看作是动点."当 n 无限增大时,y_n 趋于某一定数 A"正是数轴上的动点 y_n 与定点 A 可以任意接近,而且要多近就能有多近.或者说,动点 y_n 与定点 A 的距离可以任意小,要多小,就有多小.如果给定一个正数 ε,作点 A 的 ε 邻域(图 1-38),那么数列 $\{y_n\}$ 总可以从某一项起,比如说从第 N 项 y_N 起,以后的无穷多项 $y_{N+1}, y_{N+2}, \cdots$ 所对应的无穷多个点都落在这个邻域内;落在这个邻域之外的最多只有前 N 项:$y_1, y_2, \cdots, y_{N-1}, y_N$ 所对应

的 N 个(有限个)点.

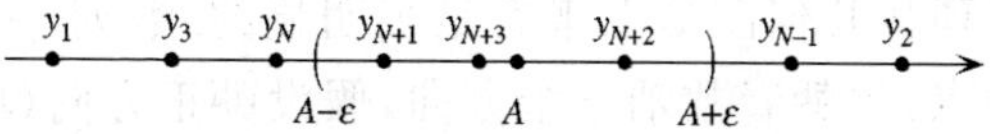

图　1-38

正数 ε 是作为一个标准,用来衡量动点 y_n 与定点 A 之间的距离的.正数 ε 不管给的多么小,只要 N 充分大,上述几何事实总是存在的,只不过 ε 给的越小,相应的 N 越大罢了.

若用数学式子表示上述几何事实,可以描述为:对任意给定的正数 ε,总可以找到 N,当 $n > N$ 时,即对数列的 $y_{N+1}, y_{N+2}, \cdots$ 这无穷多项,都有

$$|y_n - A| < \varepsilon.$$

这里,ε 虽是给定的,但却是可以任意给的.

极限定义反映了人们通过有限去认识无限的辩证思想.变量 y_n 接近常数 A 是一个无限接近过程,但就过程中的每一步而言,这种接近又是有限的.对给定的正数 ε,$|y_n - A| < \varepsilon$,表达了 y_n 与 A 之间的接近程度是有限的.但 ε 可以任意给定,要多小,就可以给定多小;这种任意性,就使 $|y_n - A| < \varepsilon$ 表达了 y_n 与 A 之间这种无限接近的程度.有限与无限就是这样矛盾着,而又通过任意给定 ε,从有限向无限过渡.

2. 数列极限存在的准则

对数列 $\{y_n\}$ 的一切项 y_n:

(1) 若有 $y_n \leqslant y_{n+1}$,则称数列是**单调增加的**;

(2) 若有 $y_n \geqslant y_{n+1}$,则称数列是**单调减少的**.

单调增加与单调减少的数列,统称为**单调数列**.例如,数列 $\left\{\dfrac{n}{n+1}\right\}$ 单调增加;数列 $\left\{\dfrac{1}{n}\right\}$ 单调减少.

定理 1.1　单调有界数列必有极限.

单调有界数列包括两种情形:一种是单调增加而有上界;一

种是单调减少而有下界.

上述定理从几何图形上来看是很明显的. 数列 $\{y_n\}$ 可看成是数轴上的动点, 恒朝着数轴一个方向, 假设朝正方向 (单调增加数列) 运动, 但又不超越某个界限的动点, 必然要无限接近某个定点. 如图 1-39 所示.

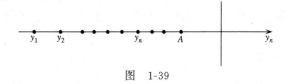

图　1-39

例如, 数列 $\left\{\dfrac{n}{n+1}\right\}$:

$$\frac{1}{2}, \frac{2}{3}, \frac{3}{4}, \cdots, \frac{n}{n+1}, \cdots,$$

由于后一项总大于前一项, 所以它是单调增加; 又因为一般项 $\dfrac{n}{n+1} < 1$, 所以它有上界, 由定理 1.1 知, 极限 $\lim\limits_{n\to\infty}\dfrac{n}{n+1}$ 存在. 事实上, 易判定

$$\lim_{n\to\infty}\frac{n}{n+1} = 1.$$

数列 $\{n^2\}$:

$$1^2, 2^2, 3^2, \cdots, n^2, \cdots$$

是单调增加的, 但无上界, 它没有极限.

对于单调数列, 若有界, 则它一定收敛. 对一般数列, 有界只是它收敛的必要条件, 因为有界数列也可能是发散的. 如数列 $\{(-1)^n\}$ 就如此.

二、函数的极限

1. $x\to\infty$ 时函数 $f(x)$ 的极限

x 在这里作为函数 $f(x)$ 的自变量. 若 x 取正值且无限增大,

记作 $x \to +\infty$，读作"x 趋于正无穷大"；若 x 取负值且其绝对值 $|x|$ 无限增大，记作 $x \to -\infty$，读作"x 趋于负无穷大". 若 x 既取正值又取负值，且其绝对值无限增大，记作 $x \to \infty$，读作"x 趋于无穷大".

由于数列 $y_n = f(n)$ 是自变量取正整数 n 的函数. 数列的极限也是函数极限的一种类型. 前述数列 $y_n = f(n)$ 的极限问题，就是讨论当自变量取正整数 n 且无限增大，即 $n \to +\infty$ 时，对应的函数值 $f(n)$ 的变化趋势. 若 $f(n)$ 无限接近定数 A，即该数列以 A 为极限.

这里，所谓"当 $x \to \infty$ 时函数 $f(x)$ 的极限"，就是讨论当自变量 x 趋于无穷大这样一个变化过程中，函数 $f(x)$ 的变化趋势；若 $f(x)$ 无限接近定数 A，就称当 x 趋于无穷大时，函数 $f(x)$ 以 A 为极限.

例 3 设函数 $f(x) = \dfrac{1}{2^x}$，讨论当 $x \to \infty$ 时，$f(x)$ 的极限.

容易理解，当 $x \to +\infty$ 时，函数 $f(x) = \dfrac{1}{2^x}$ 无限接近常数 0. 这时，称函数 $\dfrac{1}{2^x}$ 在 x 趋于正无穷大时以 0 为极限，并记作

$$\lim_{x \to +\infty} \frac{1}{2^x} = 0.$$

从图形上看（见图 1-16），曲线 $y = \dfrac{1}{2^x}$ 沿着 x 轴的正向无限远伸时，将越来越接近直线 $y = 0$，用形象的语言说，由于直线 $y = 0$ 是水平的，就称直线 $y = 0$ 是曲线 $y = \dfrac{1}{2^x}$ 的水平渐近线.

当 $x \to -\infty$ 时，函数 $f(x) = \dfrac{1}{2^x} = 2^{-x}$（见图 1-16）的值无限增大，它不趋于任何定数，就称函数 $\dfrac{1}{2^x}$ 当 $x \to -\infty$ 时没有极限. 这种情况，也称函数的极限是无穷大，并记作

$$\lim_{x \to -\infty} \frac{1}{2^x} = +\infty.$$

例4 设函数 $f(x)=1+\dfrac{1}{x}$,讨论当 $x\to\infty$ 时,$f(x)$ 的极限.

不难想到,当 $x\to+\infty$ 时,函数 $f(x)$ 趋于定数 1,则说该函数当 $x\to+\infty$ 时以 1 为极限,记作

$$\lim_{x\to+\infty}\left(1+\frac{1}{x}\right)=1. \tag{1.1}$$

当 $x\to-\infty$ 时,同样,该函数也趋于定数 1,就说函数 $f(x)$ 当 $x\to-\infty$ 时以 1 为极限,记作

$$\lim_{x\to-\infty}\left(1+\frac{1}{x}\right)=1. \tag{1.2}$$

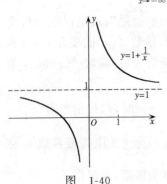

图　1-40

若(1.1)式和(1.2)式同时成立,按前述"$x\to\infty$"的含义,这就是当 $x\to\infty$ 时,函数 $\left(1+\dfrac{1}{x}\right)$ 趋于定数 1,或者说它以 1 为极限,并记作

$$\lim_{x\to\infty}\left(1+\frac{1}{x}\right)=1.$$

观察图 1-40,曲线 $y=1+\dfrac{1}{x}$ 有两个分支.它的右侧分支沿着 x 轴的正向无限远伸时,它的左侧分支沿着 x 轴的负向无限远伸时,都以直线 $y=1$ 为水平渐近线.

例5 设函数 $f(x)=\sin x$(见图 1-18),试讨论当 $x\to\infty$ 时函数的极限.

由正弦函数的周期性,可得到如下结论:当 $x\to\infty$ 时,函数 $f(x)=\sin x$ 的值在 -1 和 $+1$ 之间无休止地来回摆动,不趋向任何定数,从而就说该函数当 $x\to\infty$ 时没有极限.

一般情况如下定义.

定义 1.9 设函数 $f(x)$ 在 $|x|>a$ $(a>0)$ 时有定义,若当 $x\to\infty$ 时,函数 $f(x)$ 趋于定数 A,则称**函数 $f(x)$ 当 x 趋于无穷大时以 A 为极限**,记作

$$\lim_{x \to \infty} f(x) = A \quad \text{或} \quad f(x) \to A \quad (x \to \infty).$$

定义 1.9 的几何意义：曲线 $y = f(x)$ 沿着 x 轴的正向和负向无限远伸时，都以直线 $y = A$ 为水平渐近线(图 1-41).

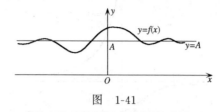

图 1-41

当 $x \to -\infty$ 时，当 $x \to +\infty$ 时，函数 $f(x)$ 以 A 为极限的定义，分别记作

$$\lim_{x \to -\infty} f(x) = A \quad \text{或} \quad f(x) \to A \quad (x \to -\infty);$$

$$\lim_{x \to +\infty} f(x) = A \quad \text{或} \quad f(x) \to A \quad (x \to +\infty).$$

由上述定义，可知有下述**结论**：

极限 $\lim\limits_{x \to \infty} f(x)$ 存在且等于 A 的**充分必要条件**是极限 $\lim\limits_{x \to -\infty} f(x)$ 与 $\lim\limits_{x \to +\infty} f(x)$ 都存在且等于 A. 即

$$\lim_{x \to \infty} f(x) = A \Leftrightarrow \lim_{x \to -\infty} f(x) = A = \lim_{x \to +\infty} f(x). \quad (1.3)$$

例 6 由反正切函数的性质知(见图 1-36)，

$$\lim_{x \to -\infty} \arctan x = -\frac{\pi}{2}, \qquad \lim_{x \to +\infty} \arctan x = \frac{\pi}{2}.$$

由极限存在的充分必要条件(1.3)式知，极限

$$\lim_{x \to \infty} \arctan x \text{ 不存在}.$$

例 7 设函数 $y = e^{\frac{1}{x}}$，试讨论当 $x \to \infty$ 时函数的极限.

由于当 $x \to -\infty$ 时，$\frac{1}{x} \to 0$；当 $x \to +\infty$ 时，$\frac{1}{x} \to 0$，所以(图 1-42)

$$\lim_{x \to -\infty} e^{\frac{1}{x}} = 1, \qquad \lim_{x \to +\infty} e^{\frac{1}{x}} = 1.$$

由极限存在的充分必要条件(1.3)式知，有

$$\lim_{x \to \infty} e^{\frac{1}{x}} = 1.$$

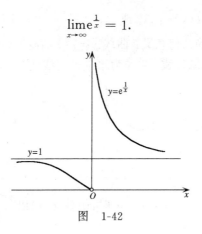

图 1-42

2. $x \to x_0$ 时函数 $f(x)$ 的极限

(1) 极限定义

这里，x_0 是一个有限值. 若 $x < x_0$ 且 x 趋于 x_0，记作 $x \to x_0^-$；若 $x > x_0$ 且 x 趋于 x_0，记作 $x \to x_0^+$. 若 $x \to x_0^-$ 和 $x \to x_0^+$ 同时发生，则记作 $x \to x_0$(图 1-43).

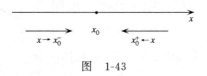

图 1-43

"$x \to x_0$ 时函数 $f(x)$ 的极限"，就是讨论当自变量 x 无限接近有限数 x_0(但 x 不取 x_0)时，函数 $f(x)$ 的变化趋势. 根据我们已有的函数极限的概念，容易理解，若当 x 趋于 x_0 时，函数 $f(x)$ 的对应值趋于定数 A，则称当 $x \to x_0$ 时，函数 $f(x)$ 以 A 为极限.

下面举例说明函数 $f(x)$ 以 A 为极限.

例 8 设 $f(x) = x + 1$，试讨论当 $x \to 1$ 时函数的变化情况.

首先要明确，虽然函数 $f(x)$ 在 $x = 1$ 处有定义，但这不是求 $x = 1$ 时函数 $f(x)$ 的函数值；其次，$x \to 1$，是 x 无限接近 1，但 x 始终不取 1.

46

当 $x \to 1$ 时,函数 $f(x) = x + 1$ 相应的函数值的变化情况见下表.

x	0	0.5	0.8	0.9	0.99	0.999	0.9999	0.99999	0.999999	⋯
$f(x)$	1	1.5	1.8	1.9	1.99	1.999	1.9999	1.99999	1.999999	⋯
x	2	1.5	1.2	1.1	1.01	1.001	1.0001	1.00001	1.000001	⋯
$f(x)$	3	2.5	2.2	2.1	2.01	2.001	2.0001	2.00001	2.000001	⋯

从表中可以看出,当 x 越来越接近 1 时,相应的函数值越来越接近 2. 可以想到,当 x 无限接近于 1 时,函数 $f(x)$ 的相应的函数值将无限地接近于 2.

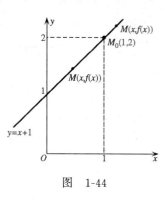

图 1-44

由图 1-44 也可以观察到,对曲线 $y = x + 1$ 上的动点 $M(x, f(x))$,当其横坐标无限接近 1 时,即 $x \to 1$,而点 M 将向定点 $M_0(1, 2)$ 无限接近,即 $f(x) \to 2$.

这种情况,就称当 $x \to 1$ 时,函数 $f(x) = x + 1$ 以 2 为极限,并记作

$$\lim_{x \to 1}(x + 1) = 2.$$

例 9 设 $f(x) = \dfrac{x^2 - 1}{x - 1}$,讨论当 $x \to 1$ 时,函数 $f(x)$ 的变化情况.

该例函数与前例函数的不同之处,就在于函数 $f(x)$ 在 $x = 1$ 处没有定义.

由于在 $x \to 1$ 的变化过程中,不取 $x = 1$;而当 $x \neq 1$ 时,

$$\frac{x^2 - 1}{x - 1} = \frac{(x - 1)(x + 1)}{x - 1} = x + 1,$$

所以,当 $x \to 1$ 时,函数 $f(x)$ 的对应值也趋于 2(图 1-45),即 $f(x)$ 以 2 为极限. 这时,记作

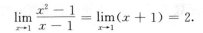

$$\lim_{x \to 1} \frac{x^2 - 1}{x - 1} = \lim_{x \to 1}(x + 1) = 2.$$

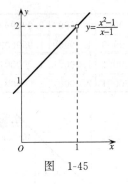

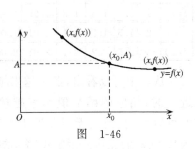

图 1-45　　　　　　　　　　图 1-46

一般情况,定义如下.

定义 1.10　设函数 $f(x)$ 在点 x_0 的某邻域内有定义(在 x_0 可以没有定义),若当 $x \to x_0$(但始终不等于 x_0)时,函数 $f(x)$ 趋于定数 A,则称**函数 $f(x)$ 当 x 趋于 x_0 时以 A 为极限**,记作

$$\lim_{x \to x_0} f(x) = A \quad \text{或} \quad f(x) \to A \quad (x \to x_0).$$

定义 1.10 的几何意义:曲线 $y = f(x)$ 上的动点 $(x, f(x))$,在其横坐标无限接近 x_0 时,它趋向于定点 (x_0, A)(图 1-46).

必须强调指出,在定义极限 $\lim\limits_{x \to x_0} f(x)$ 时,函数 $f(x)$ 在点 x_0 可以有定义,也可以没有定义;极限 $\lim\limits_{x \to x_0} f(x)$ 是否存在,与函数 $f(x)$ 在点 x_0 有没有定义及有定义时其值是什么都毫无关系. 这一点,请读者再考察例 8 和例 9.

例 10　由图 1-47 易看出 $\lim\limits_{x \to x_0} x = x_0$.

事实上,函数 $f(x) = x$ 的图形是直线 $y = x$,当 $x \to x_0$ 时,直线上的动点 (x, y) 将无限接近于直线上的定点 (x_0, y_0),而 $y_0 = x_0$,故 $\lim\limits_{x \to x_0} x = x_0$.

例 11　类似于例 10 的几何解释,由图 1-48 易得到

$$\lim_{x \to x_0} c = c \quad (c \text{ 是常数}).$$

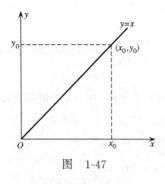
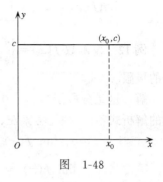

图 1-47　　　　　　　图 1-48

（2）左极限与右极限

有些函数在其定义域上的某些点,它的左侧与右侧所用的表示其对应法则的解析式不同(如分段函数中的分段点),或函数仅在某一点的一侧有定义(如在其有定义区间端点上,函数 $\ln x$ 仅在 $x>0$ 时有定义),这时,函数在这样点上的极限问题只能单侧地加以讨论.

若当 $x \to x_0^-$ 时,函数 $f(x)$ 趋于定数 A,则称函数 $f(x)$ 以 A 为**左极限**,记作

$$\lim_{x \to x_0^-} f(x) = A \quad 或 \quad f(x) \to A \quad (x \to x_0^-).$$

若当 $x \to x_0^+$ 时,函数 $f(x)$ 趋于定数 A,则称函数 $f(x)$ 以 A 为**右极限**,记作

$$\lim_{x \to x_0^+} f(x) = A \quad 或 \quad f(x) \to A \quad (x \to x_0^+).$$

函数 $f(x)$ 在点 x_0 的左极限和右极限也分别记作 $f(x_0-0)$ 和 $f(x_0+0)$.

依据 $x \to x_0$ 的含义,函数 $f(x)$ 在点 x_0 的左、右极限与该函数在点 x_0 的极限有如下**结论**:

极限 $\lim\limits_{x \to x_0} f(x)$ 存在且等于 A 的**充分必要条件**是极限 $\lim\limits_{x \to x_0^-} f(x)$ 与 $\lim\limits_{x \to x_0^+} f(x)$ 都存在且等于 A,即

$$\lim_{x \to x_0} f(x) = A \Leftrightarrow \lim_{x \to x_0^-} f(x) = A = \lim_{x \to x_0^+} f(x). \quad (1.4)$$

例 12 设函数 $f(x) = \begin{cases} x+1, & x \geqslant 0, \\ e^x, & x < 0, \end{cases}$ 试讨论该函数在 $x=0$ 处的极限.

解 这是分段函数,$x=0$ 是分段点. 由于在 $x=0$ 的两侧,函数的解析式不同,须先考察左、右极限. 由图 1-49 易看出

$$\lim_{x \to 0^-} f(x) = \lim_{x \to 0^-} e^x = 1,$$

$$\lim_{x \to 0^+} f(x) = \lim_{x \to 0^+} (x+1) = 1.$$

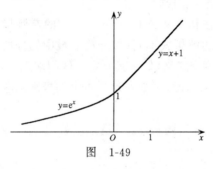

图 1-49

由于在 $x=0$ 处的左、右极限皆存在且相等,所以函数 $f(x)$ 在 $x=0$ 处的极限存在,且

$$\lim_{x \to 0} f(x) = 1.$$

例 13 设函数 $f(x) = \begin{cases} (x-1)^2, & x \geqslant 1, \\ -x+2, & x < 1, \end{cases}$ 试讨论在 $x=1$ 处的极限.

解 $x=1$ 是分段函数的分段点,观察图 1-50 易知:

$$\lim_{x \to 1^-} f(x) = \lim_{x \to 1^-} (-x+2) = 1,$$

$$\lim_{x \to 1^+} f(x) = \lim_{x \to 1^+} (x-1)^2 = 0.$$

由极限存在的充分必要条件(1.4)式,极限

$$\lim_{x \to 1} f(x) \text{ 不存在}.$$

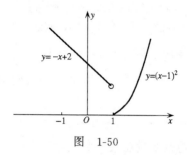

图 1-50

例 14 函数 $f(x)=\mathrm{e}^{\frac{1}{x}}$ 在 $x=0$ 处存在左极限,不存在右极限.这是因为(见图 1-42)

当 $x\to0^-$ 时,$\dfrac{1}{x}\to-\infty$,于是 $\mathrm{e}^{\frac{1}{x}}\to0$,即 $\lim\limits_{x\to0^-}\mathrm{e}^{\frac{1}{x}}=0$;

当 $x\to0^+$ 时,$\dfrac{1}{x}\to+\infty$,于是 $\mathrm{e}^{\frac{1}{x}}\to+\infty$,即 $\lim\limits_{x\to0^+}\mathrm{e}^{\frac{1}{x}}=+\infty$.

说明 以上我们引入了下述七种类型的极限,即

(1) $\lim\limits_{n\to\infty}y_n$;

(2) $\lim\limits_{x\to\infty}f(x)$;

(3) $\lim\limits_{x\to-\infty}f(x)$;

(4) $\lim\limits_{x\to+\infty}f(x)$;

(5) $\lim\limits_{x\to x_0}f(x)$;

(6) $\lim\limits_{x\to x_0^-}f(x)$;

(7) $\lim\limits_{x\to x_0^+}f(x)$.

为了统一地论述它们共有的性质和运算法则,本书若不特别指出是其中的哪一种,将用 $\lim f(x)$ 或 $\lim y$ 泛指其中的任何一种,其中的 $f(x)$ 或 y 常称为**变量**.若需要论证某命题时,只就一种情形 $x\to x_0$ 来证明.

三、无穷小与无穷大

在有极限的变量中,以零为极限的变量;在极限不存在的变量中,极限为无穷大的变量,这两种变量极为重要.这里,我们来论述这两种变量的有关问题.

51

定义 1.11 极限为零的变量称为**无穷小**.

若 $\lim y = 0$,则称变量 y 是无穷小. 例如

因为 $\lim\limits_{n\to\infty}\dfrac{1}{2^n}=0$,所以,当 $n\to\infty$ 时,变量 $\dfrac{1}{2^n}$ 是无穷小.

因为 $\lim\limits_{x\to1}(x-1)^2=0$,所以,当 $x\to1$ 时,变量 $(x-1)^2$ 是无穷小.

理解无穷小概念时,须特别注意:

(1) 无穷小是就变量在某一变化过程中而言. 例如,$\sin x$ 在 $x\to0$ 时是无穷小;但在 $x\to\infty$ 时,它不是无穷小,而是有界变量.

(2) 无穷小是指变量的绝对值无限地变小,而不是变量无限地变小.

在常量中,**惟有数 0 是无穷小**,因为 $\lim 0=0$,这吻合无穷小的定义.

定义 1.12 绝对值无限增大的变量称为**无穷大**.

若 $\lim y = \infty$,则称变量 y 是无穷大.

前面已经说明,当变量 y 没有极限,但它有确定的变化趋势,当它的绝对值无限地增大时,我们用记号"$\lim y=\infty$"表示这种变量的变化趋势. 为了便于叙述这种变化趋势,也说变量 y 的极限是无穷大.

例 15 由图 1-51 易看出,当 $x\to1$ 时,$y=\dfrac{1}{x-1}$ 是无穷大,即

$$\lim_{x\to1}\frac{1}{x-1}=\infty.$$

当 $x\to1$ 时,变量 $\dfrac{1}{x-1}$ 是无穷大,从几何上看(图 1-51),是曲线 $y=\dfrac{1}{x-1}$ 向上、向下无限延伸且越来越接近直线 $x=1$. 通常说直线 $x=1$ 是曲线 $y=\dfrac{1}{x-1}$ 的**铅垂**(因直线 $x=1$ 垂直于 x 轴)**渐近线**.

例 16 由图 1-52 易看出,当 $x\to2$ 时,$\dfrac{1}{(x-2)^2}$ 是无穷大,它

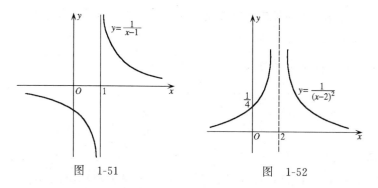

图 1-51   图 1-52

只取正值;由图 1-17 知,当 $x \to 0^+$ 时,$\ln x$ 也是无穷大,它取负值.
它们可分别记作

$$\lim_{x \to 2} \frac{1}{(x-2)^2} = +\infty, \quad \lim_{x \to 0^+} \ln x = -\infty.$$

当 $x \to 2$ 时,变量 $\frac{1}{(x-2)^2}$ 是正无穷大,从几何上看(图 1-52),
曲线 $y = \frac{1}{(x-2)^2}$ 在直线 $x = 2$ 的两侧向上无限延伸时,都以直线
$x = 2$ 为铅垂渐近线.

当 $x \to 0^+$ 时,变量 $\ln x$ 是负无穷大,从几何上看(图 1-17),曲
线 $y = \ln x$,在 $x = 0$ 的右侧向下无限延伸时,以直线 $x = 0$ 为铅垂
渐近线.

函数的极限与无穷小之间有下述关系.

定理 1.2 极限 $\lim f(x)$ 存在且等于 A 的充分必要条件是函
数 $f(x)$ 可表示为常数 A 与无穷小 α 的和,即

$$\lim f(x) = A \Leftrightarrow f(x) = A + \alpha \quad (\alpha \to 0).$$

例如,因 $f(x) = \frac{x+1}{x} = 1 + \frac{1}{x}$,而当 $x \to \infty$ 时,$\frac{1}{x} \to 0$,即当 x
$\to \infty$ 时,函数 $f(x)$ 可表示为常数 1 和无穷小 $\frac{1}{x}$ 的和,所以

$$\lim_{x \to \infty} \frac{x+1}{x} = 1 \Leftrightarrow \frac{x+1}{x} = 1 + \frac{1}{x} \quad (当 \ x \to \infty \ 时,\frac{1}{x} \to 0).$$

由无穷小与无穷大的定义可以得到二者之间有如下**结论**.

在同一变化过程中:

(1) 若 y 是无穷大,则 $\dfrac{1}{y}$ 是无穷小;

(2) 若 y 是无穷小且 $y \neq 0$,则 $\dfrac{1}{y}$ 是无穷大.

例如,当 $x \to +\infty$ 时,$y = \mathrm{e}^x$ 是无穷大,而 $\dfrac{1}{y} = \mathrm{e}^{-x}$ 是无穷小(参照图 1-29).

例 17 直观判断下列变量,当 $x \to$? 时是无穷小;当 $x \to$? 时是无穷大:

(1) $y = \dfrac{x}{x-1}$;　　　　　　(2) $y = \ln(1+x)$.

解 (1) 当 $x \to 0$ 时,$\dfrac{x}{x-1} \to 0$,所以它是无穷小;

当 $x \to 1$ 时,$\dfrac{1}{y} = \dfrac{x-1}{x} \to 0$,所以 $y = \dfrac{x}{x-1}$ 是无穷大.

(2) 将曲线 $y = \ln x$ 向左平移一个单位得曲线 $y = \ln(1+x)$,如图 1-53 所示. 易看出:

当 $x \to 0$ 时,$\ln(1+x) \to \ln 1 = 0$,它是无穷小;

当 $x \to +\infty$ 时,$\ln(1+x) \to +\infty$,它是无穷大;

当 $x \to -1^+$ 时,$\ln(1+x) \to -\infty$,它也是无穷大.

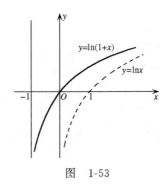

图　1-53

四、极限的性质

这里仅给出在以下的章节中,需要用到的极限性质.

定理 1.3(局部有界性) 有极限的变量是有界变量.

这里所说的有界,如果变量是数列 $\{y_n\}$,是指数列 $\{y_n\}$ 有界;如果变量是 $f(x)$,是指 $f(x)$ 局部有界,即指在其定义域的某个局部范围内有界,而不是在其定义域内有界.

比如,若 $\lim\limits_{n\to\infty} y_n = \lim\limits_{n\to\infty} \dfrac{1}{n} = 0$,则 $|y_n| \leqslant 1 (n = 1, 2, \cdots)$;若 $\lim\limits_{x\to x_0} f(x) = A$,则函数 $f(x)$ 在 x_0 的某空心邻域内是有界的;若 $\lim\limits_{x\to+\infty} f(x) = A$,则函数 $f(x)$ 必在某个无限区间 $[a, +\infty)$ 内有界.

定理 1.4(局部保号性)

(1) 若 $\lim\limits_{x\to x_0} f(x) = A$,且 $A > 0$(或 $A < 0$),则在 x_0 的某空心邻域内,恒有 $f(x) > 0$(或 $f(x) < 0$);

(2) 若 $\lim\limits_{x\to x_0} f(x) = A$,且在 x_0 的某空心邻域内总有 $f(x) \geqslant 0$(或 $f(x) \leqslant 0$),则必有 $A \geqslant 0$(或 $A \leqslant 0$).

用该定理的第一款,由函数 $f(x)$ 在 x_0 处极限值的正负号,可判定在该点的空心邻域内函数值的正负号.

用该定理的第二款,由函数 $f(x)$ 在 x_0 的空心邻域内函数值的正负号,可判定函数在 x_0 处极限值的正负号.

定理 1.5(夹逼性质) 设在点 x_0 的某空心邻域内,有
$$h(x) \leqslant f(x) \leqslant g(x),$$
且
$$\lim_{x\to x_0} h(x) = \lim_{x\to x_0} g(x) = A,$$
则极限 $\lim\limits_{x\to x_0} f(x)$ 存在,且
$$\lim_{x\to x_0} f(x) = A.$$

习 题 1.3

1. 已知数列的通项,试写出数列,并观察判定是否收敛:

(1) $y_n = (-1)^n n$;   (2) $y_n = \dfrac{n+(-1)^{n+1}}{n}$;

(3) $y_n = \dfrac{\sqrt{n^2-1}}{n}$;   (4) $y_n = \dfrac{1}{1 \cdot 2} + \dfrac{1}{2 \cdot 3} + \cdots + \dfrac{1}{n(n+1)}$.

2. 试写出下列数列的通项,并观察判定是否收敛,若收敛,写出其极限:

(1) $1, \dfrac{1}{3}, \dfrac{1}{9}, \dfrac{1}{27}, \dfrac{1}{81}, \cdots$;   (2) $0, 1, 0, \dfrac{1}{2}, 0, \dfrac{1}{3}, \cdots$;

(3) $1, -\dfrac{1}{2}, \dfrac{1}{3}, -\dfrac{1}{4}, \dfrac{1}{5}, -\dfrac{1}{6}, \cdots$;   (4) $0, \dfrac{1}{3}, \dfrac{2}{4}, \dfrac{3}{5}, \dfrac{4}{6}, \cdots$.

3. 回答下列问题:

(1) 设 $\lim\limits_{n \to \infty} x_n = A$, $\lim\limits_{n \to \infty} y_n = B$, 且 $A \neq B$, 问数列

$$x_1, y_1, x_2, y_2, \cdots, x_n, y_n, \cdots$$

是否收敛?为什么?

(2) 设 $\lim\limits_{n \to \infty} y_n = A$, 若把数列 $\{y_n\}$ 的有限项换成新的数,问新得到的数列是否有极限?若有,极限是什么?

(3) 有界数列是否一定收敛?收敛数列是否一定有界?

(4) 无界数列是否一定发散?发散数列是否一定无界?

4. 下面各对函数是否相同;观察判定 $\lim\limits_{x \to 1} f(x)$ 与 $\lim\limits_{x \to 1} g(x)$ 是否相同?为什么?

(1) $f(x) = \dfrac{x^2 + 2x - 3}{x^2 - 3x + 2}$ 与 $g(x) = \dfrac{x+3}{x-2}$;

(2) $f(x) = x^2 + 1$ 与 $g(x) = \begin{cases} x^2 + 1, & x \neq 1, \\ -2, & x = 1. \end{cases}$

5. 设函数 $f(x) = \begin{cases} 1 + \sin x, & x < 0, \\ a + e^x, & x > 0, \end{cases}$ 问 a 为何值时, $\lim\limits_{x \to 0} f(x)$ 存在?

6. 求 $\lim\limits_{x \to 0^-} f(x)$, $\lim\limits_{x \to 0^+} f(x)$, $\lim\limits_{x \to 0} f(x)$:

(1) $f(x) = |x|$;   (2) $f(x) = \dfrac{|x|}{x}$;

(3) $f(x) = \begin{cases} e^{\frac{1}{x}}, & x < 0, \\ \ln x, & x > 0; \end{cases}$ (4) $f(x) = \begin{cases} x^3 + 1, & x < 0, \\ 0, & x = 0, \\ 3^x, & x > 0. \end{cases}$

7. 指出下列变量,当 $x\to?$ 时,是无穷小:

(1) $\dfrac{x-2}{x^2+1}$;   (2) $\ln(x-1)$;

(3) $e^{-\frac{1}{x}}$;   (4) $\arcsin x$.

8. 指出下列变量,当 $x\to?$ 时,是无穷大:

(1) $\dfrac{x+1}{x^2-4}$;   (2) $\ln(1-x)$;

(3) $e^{-\frac{1}{x}}$;   (4) $\dfrac{1}{\dfrac{\pi}{2}-\arctan x}$.

9. 下列函数当 $x\to\infty$ 时有极限,试把各函数表为常数(极限)与当 $x\to\infty$ 时的无穷小之和的形式:

(1) $\dfrac{x}{x-1}$;   (2) $\dfrac{1-x^2}{1+x^2}$.

10. 单项选择题:

(1) 数列 $0,1,2,0,1,2,\cdots($ $)$.

(A) 收敛于 0;   (B) 收敛于 1;   (C) 收敛于 2;   (D) 发散.

(2) 函数 $f(x)$ 在点 x_0 处有定义是它在该点处存在极限的(   ).

(A) 必要条件但非充分条件; (B) 充分条件但非必要条件;

(C) 充分必要条件;   (D) 无关条件.

(3) $\lim\limits_{x\to1}\dfrac{|x-1|}{x-1}($ $)$.

(A) 等于 -1;   (B) 等于 1;   (C) 等于 0;   (D) 不存在.

(4) 设函数 $f(x)=\begin{cases}2, & x\neq2\\0, & x=2,\end{cases}$ 则 $\lim\limits_{x\to2}f(x)($ $)$.

(A) 等于 0;   (B) 等于 2;   (C) 等于 ∞;   (D) 不存在.

(5) 当 $x\to0$ 时,下列变量中无穷小是(   ).

(A) $\ln|\sin x|$;   (B) e^{-1/x^2};   (C) $\arccos x$;   (D) $\left(\dfrac{1}{2}\right)^x$.

(6)“当 $x\to x_0$ 时,$f(x)-A$ 是一个无穷小”是“函数 $f(x)$ 在 $x=x_0$ 以 A 为极限的”(   ).

(A) 必要条件但非充分条件;(B) 充分条件但非必要条件;

(C) 充分必要条件；　　　　　(D) 无关条件.

§1.4　极　限　运　算

一、极限运算法则

由无穷小的定义可以推得下述无穷小的运算法则.

定理 1.6（无穷小运算法则）　对同一变化过程中的无穷小与有界变量,则

(1) 两个无穷小的和仍是无穷小；

(2) 无穷小与有界变量的乘积是无穷小.

特别有

(i) 无穷小与常量的乘积是无穷小；

(ii) 两个无穷小的乘积是无穷小.

定理 1.7（四则运算法则）　设 $\lim f(x) = A, \lim g(x) = B$,则

(1) 和（差）的极限 $\lim[f(x) \pm g(x)]$ 存在,且

$$\lim[f(x) \pm g(x)] = \lim f(x) \pm \lim g(x) = A \pm B.$$

(2) 乘积的极限 $\lim[f(x) \cdot g(x)]$ 存在,且

$$\lim[f(x) \cdot g(x)] = \lim f(x) \cdot \lim g(x) = AB.$$

特别有

(i) 常数因子 C 可提到极限符号的前面,即

$$\lim Cg(x) = C\lim g(x) = CB.$$

(ii) 若 n 是正整数,有

$$\lim[f(x)]^n = [\lim f(x)]^n = A^n.$$

(3) 若 $\lim g(x) \neq 0$,商的极限 $\lim \dfrac{f(x)}{g(x)}$ 存在,且

$$\lim \frac{f(x)}{g(x)} = \frac{\lim f(x)}{\lim g(x)} = \frac{A}{B}.$$

下面只证明乘法法则,其他法则可类似证明.

证　由题设 $\lim f(x) = A$, $\lim g(x) = B$.

根据函数的极限与无穷小间的关系,即定理 1.2,有
$$f(x) = A + \alpha, \quad g(x) = B + \beta,$$
其中 α, β 均是无穷小. 于是
$$f(x) \cdot g(x) = (A + \alpha)(B + \beta) = AB + \alpha B + \beta A + \alpha\beta.$$
由定理 1.6 知,$\alpha B + \beta A + \alpha\beta$ 是无穷小.

再由定理 1.2,便有
$$\lim[f(x) \cdot g(x)] = AB. \quad \square$$

定理 1.8(复合函数的极限) 设 $\lim\limits_{x \to x_0} \varphi(x) = a$,且当 $x \neq x_0$ 时,$\varphi(x) \neq a$,对复合函数 $f(\varphi(x))$:

(1) 若 $\lim\limits_{u \to a} f(u) = A$,则
$$\lim\limits_{x \to x_0} f(\varphi(x)) = \lim\limits_{u \to a} f(u) = A; \quad (1.5)$$

(2) 特别,若 $\lim\limits_{u \to a} f(u) = f(a)$,则
$$\lim\limits_{x \to x_0} f(\varphi(x)) = \lim\limits_{u \to a} f(u) = f(a) = f(\lim\limits_{x \to x_0} \varphi(x)). \quad (1.6)$$

(1.5)式表明,求 $\lim\limits_{x \to x_0} f(\varphi(x))$ 时,若作**变量替换** $u = \varphi(x)$,当 $\lim\limits_{x \to x_0} \varphi(x) = a$ 时,就转化为求极限 $\lim\limits_{u \to a} f(u)$. 正因为如此,在求复合函数的极限时,可用变量替换的方法.

(1.6)式表明,求复合函数的极限时,若满足上述条件,则函数符号 "f" 与极限符号 "$\lim\limits_{x \to x_0}$" 可以交换,即**极限运算可移到内层函数上去施行**.

推论(幂指函数的极限) 设 $\lim f(x) = A (A > 0), \lim g(x) = B$,则幂指函数 $f(x)^{g(x)}$ 的极限 $\lim f(x)^{g(x)}$ 存在,且
$$\lim f(x)^{g(x)} = \lim f(x)^{\lim g(x)} = A^B.$$

例 1 求 $\lim\limits_{x \to 2}(3x^2 - 2x + 1)$.

解 由极限的四则运算法则
$$\lim\limits_{x \to 2}(3x^2 - 2x + 1) = \lim\limits_{x \to 2} 3x^2 - \lim\limits_{x \to 2} 2x + \lim\limits_{x \to 2} 1$$
$$= 3 \lim\limits_{x \to 2} x^2 - 2 \lim\limits_{x \to 2} x + 1 = 3\left(\lim\limits_{x \to 2} x\right)^2 - 2 \cdot 2 + 1$$

$$= 3 \cdot 2^2 - 2 \cdot 2 + 1 = 9.$$

由该题计算结果知,对多项式

$$P_n(x) = a_0 x^n + a_1 x^{n-1} + \cdots + a_{n-1} x + a_n,$$

有

$$\lim_{x \to x_0} P_n(x) = a_0 x_0^n + a_1 x_0^{n-1} + \cdots + a_{n-1} x_0 + a_n = P_n(x_0).$$

例 2　求 $\lim\limits_{x \to 1} \dfrac{2x^2 - 1}{3x^2 - 2x + 4}$.

解　因分母的极限

$$\lim_{x \to 1} (3x^2 - 2x + 4) = 3 \cdot 1^2 - 2 \cdot 1 + 4 = 5 \neq 0,$$

用商的极限法则

$$\lim_{x \to 1} \frac{2x^2 - 1}{3x^2 - 2x + 4} = \frac{\lim\limits_{x \to 1} (2x^2 - 1)}{\lim\limits_{x \to 1} (3x^2 - 2x + 4)} = \frac{1}{5}.$$

例 3　求 $\lim\limits_{x \to 3} \dfrac{x - 4}{x^2 - 2x - 3}$.

解　易看出,分母的极限为 0,不能用商的极限法则,但分子的极限为 $-1 \neq 0$,可将分式的分母与分子颠倒后再用商的极限法则,即

$$\lim_{x \to 3} \frac{x^2 - 2x - 3}{x - 4} = \frac{0}{-1} = 0.$$

由无穷小与无穷大的倒数关系,得

$$\lim_{x \to 3} \frac{x - 4}{x^2 - 2x - 3} = \infty.$$

例 4　求 $\lim\limits_{x \to 1} \dfrac{x^2 + 2x - 3}{x^2 - 3x + 2}$.

解　显然,分母与分子的极限都是 0. 由于当 $x \to 1$ 时,$(x-1) \to 0$,这说明分母与分子有以 0 为极限的公因子 $(x-1)$:

$$x^2 + 2x - 3 = (x - 1)(x + 3),$$

$$x^2 - 3x + 2 = (x - 1)(x - 2).$$

将分母、分子因式分解,消去公因子后,再求极限

$$\lim_{x \to 1} \frac{x^2 + 2x - 3}{x^2 - 3x + 2} = \lim_{x \to 1} \frac{(x-1)(x+3)}{(x-1)(x-2)}$$

$$= \lim_{x \to 1} \frac{x+3}{x-2} = \frac{4}{-1} = -4.$$

例 2、例 3、例 4 的计算方法与结果，可推广到一般情况. 若 $R(x)$ 是有理分式

$$R(x) = \frac{P_n(x)}{Q_m(x)} = \frac{a_0 x^n + a_1 x^{n-1} + \cdots + a_{n-1} x + a_n}{b_0 x^m + b_1 x^{m-1} + \cdots + b_{m-1} x + b_m},$$

在求 $\lim\limits_{x \to x_0} R(x)$ 时，

（1）若 $Q_m(x_0) \neq 0$，则

$$\lim_{x \to x_0} R(x) = \frac{P_n(x_0)}{Q_m(x_0)} = R(x_0);$$

（2）若 $Q_m(x_0) = 0$，而 $P_n(x_0) \neq 0$，则

$$\lim_{x \to x_0} R(x) = \infty;$$

（3）若 $Q_m(x_0) = 0$ 且 $P_n(x_0) = 0$，则 $Q_m(x)$，$P_n(x)$ 一定有以 0 为极限的 $(x - x_0)$ 型公因子，将 $Q_m(x)$，$P_n(x)$ 因式分解，约去公因子后，再求极限.

求分式的极限时，若分母与分子的极限都是 0，通常称为 $\dfrac{\mathbf{0}}{\mathbf{0}}$ 型**未定式**.

例 5 求 $\lim\limits_{x \to 3} \dfrac{\sqrt{x+1} - 2}{x - 3}$.

解 分母、分子都以 0 为极限，这时可将分母、分子同乘上分子 $(\sqrt{x+1} - 2)$ 的共轭因子，再求极限.

$$\lim_{x \to 3} \frac{\sqrt{x+1} - 2}{x - 3} = \lim_{x \to 3} \frac{(\sqrt{x+1} - 2)(\sqrt{x+1} + 2)}{(x-3)(\sqrt{x+1} + 2)}$$

$$= \lim_{x \to 3} \frac{x + 1 - 4}{(x-3)(\sqrt{x+1} + 2)}$$

$$= \lim_{x \to 3} \frac{1}{\sqrt{x+1} + 2} = \frac{1}{4}.$$

例 6　求 $\lim\limits_{x\to\infty}\dfrac{3x^2-4x+2}{2x^2+3x-1}$.

解　显然,分母、分子的极限都不存在,实际上分母与分子都是无穷大.用无穷小与无穷大的倒数关系,将分母与分子同除以 x 的最高次幂 x^2,再用定理 1.7,

$$\lim_{x\to\infty}\frac{3x^2-4x+2}{2x^2+3x-1}=\lim_{x\to\infty}\frac{3-\dfrac{4}{x}+\dfrac{2}{x^2}}{2+\dfrac{3}{x}-\dfrac{1}{x^2}}$$

$$=\frac{3-0+0}{2+0-0}=\frac{3}{2}.$$

例 7　求 $\lim\limits_{x\to\infty}\dfrac{2x^2-x+3}{4x^3+2x-1}$.

解　用 x 的最高幂 x^3 除分母、分子,再用定理 1.7,

$$\lim_{x\to\infty}\frac{2x^2-x+3}{4x^3+2x-1}=\lim_{x\to\infty}\frac{\dfrac{2}{x}-\dfrac{1}{x^2}+\dfrac{3}{x^3}}{4+\dfrac{2}{x^2}-\dfrac{1}{x^3}}$$

$$=\frac{0-0+0}{4+0-0}=0.$$

例 8　求 $\lim\limits_{x\to\infty}\dfrac{3x^2-2x-3}{x+4}$.

解　用 x^2 除分母与分子,并利用例 7 的思路,

$$\lim_{x\to\infty}\frac{3x^2-2x-3}{x+4}=\lim_{x\to\infty}\frac{3-\dfrac{2}{x}-\dfrac{3}{x^2}}{\dfrac{1}{x}+\dfrac{4}{x^2}}=\infty.$$

根据例 6、例 7、例 8,可得如下一般结论:

若 $R(x)=\dfrac{P_n(x)}{Q_m(x)}$,其中

$$P_n(x)=a_0x^n+a_1x^{n-1}+\cdots+a_{n-1}x+a_n,$$

$$Q_m(x)=b_0x^m+b_1x^{m-1}+\cdots+b_{m-1}x+b_m,$$

则

$$\lim_{x\to\infty}R(x) = \lim_{x\to\infty}\frac{P_n(x)}{Q_m(x)} = \begin{cases} \dfrac{a_0}{b_0}, & \text{当 } n = m \text{ 时,} \\ 0, & \text{当 } n < m \text{ 时,} \\ \infty, & \text{当 } n > m \text{ 时.} \end{cases}$$

求分式的极限时,若分母、分子的极限都是无穷大 ∞,通常称为 $\dfrac{\infty}{\infty}$ 型未定式.

例 9 求 $\lim\limits_{x\to+\infty}\dfrac{\sqrt{x^2+3x+2}}{3x-2}$.

解 这里出现了无理式,但仍用前例的方法,用最高次幂 x 除分母与分子,并用复合函数的极限法则

$$\lim_{x\to+\infty}\frac{\sqrt{x^2+3x+2}}{3x-2} = \lim_{x\to+\infty}\frac{\sqrt{1+\dfrac{3}{x}+\dfrac{2}{x^2}}}{3-\dfrac{2}{x}} = \frac{1}{3}.$$

例 10 求 $\lim\limits_{x\to 2}\left(\dfrac{1}{2-x}-\dfrac{4}{4-x^2}\right)$.

解 当 $x\to 2$ 时, $\dfrac{1}{2-x}\to\infty$, $\dfrac{4}{4-x^2}\to\infty$. 而 $\infty-\infty$ 不能运算. 先通分化成一个分式,再求极限.

$$\lim_{x\to 2}\left(\frac{1}{2-x}-\frac{4}{4-x^2}\right) = \lim_{x\to 2}\frac{2+x-4}{4-x^2}$$
$$= \lim_{x\to 2}\frac{x-2}{(2-x)(2+x)} = -\frac{1}{4}.$$

例 11 求 $\lim\limits_{x\to\infty}\dfrac{x+2}{x^2+x}(3+\cos x)$.

解 当 $x\to\infty$ 时, $\dfrac{x+2}{x^2+x}\to 0$, 而 $|3+\cos x|\leqslant 4$, 由无穷小与有界变量乘积的极限,有

$$\lim_{x\to\infty}\frac{x+2}{x^2+x}(3+\cos x) = 0.$$

注意,下述写法是错误的:

$$\lim_{x\to\infty}\frac{x+2}{x^2+x}(3+\cos x) = \lim_{x\to\infty}\frac{x+2}{x^2+x}\cdot\lim_{x\to\infty}(3+\cos x) = 0.$$

二、两个重要极限

1. 极限 $\lim\limits_{x \to 0} \dfrac{\sin x}{x} = 1$.

作单位圆,如图 1-54 所示. 设圆心角 $\angle AOB = x$(弧度),$x \in \left(0, \dfrac{\pi}{2}\right)$,则

$$\sin x = BC, \quad x = \overset{\frown}{AB}(\text{圆弧 } AB).$$

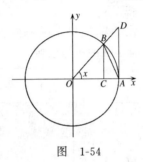

图 1-54

直接计算 $\dfrac{\sin x}{x}$ 得下表:

x	$\dfrac{\sin x}{x}$
1	0.841471
0.3	0.985067
0.2	0.993347
0.1	0.998334
0.05	0.999583
0.02	0.999933
0.01	0.999983
0.009	0.999986
0.0005	0.999999

由表易看出,当 $x(x>0)$ 取值越接近 0,则相应的 $\dfrac{\sin x}{x}$ 的取值越接近 1,从直观上我们得到

64

$$\lim_{x \to 0} \frac{\sin x}{x} = 1.$$

这个极限要作为一个公式来用,若在极限式中有三角函数或反正弦函数、反正切函数,且为 $\frac{0}{0}$ 型未定式,求极限时,常用到该公式.

2. 极限 $\lim\limits_{n \to \infty} \left(1 + \dfrac{1}{n}\right)^n = \mathrm{e}$.

这是数列的极限. 对数列 $\left\{\left(1 + \dfrac{1}{n}\right)^n\right\}$ 取值计算列出下表:

n	$\left(1 + \dfrac{1}{n}\right)^n$
1	2.000000
10	2.593742
10^2	2.704814
10^3	2.716924
10^4	2.718146
10^5	2.718268
10^6	2.718280

由表看出,该数列是单调增加的;若再仔细分析表中的数值会发现,随着 n 增大,数列后项与前项的差值在减少,而且减少得相当快. 可以看出它是有界的:$y_n = \left(1 + \dfrac{1}{n}\right)^n < 3$. 事实上,可以严格证明,它是有界的. 根据数列极限存在准则定理 1.1,该数列有极限,且

$$\lim_{n \to \infty} \left(1 + \frac{1}{n}\right)^n = \mathrm{e}.$$

将该极限中的 n,改为实数 x 时,同样有

$$\lim_{x \to \infty} \left(1 + \frac{1}{x}\right)^x = \mathrm{e},$$

或写作

$$\lim_{x \to 0} (1 + x)^{\frac{1}{x}} = \mathrm{e}.$$

这个极限,通常称为**第二个重要极限**.

由于当 $x \to \infty$ 时, $\left(1+\dfrac{1}{x}\right) \to 1$,这看作是 1^{∞} 型. 在求幂指函数 $f(x)^{g(x)}$ 的极限时,若 $\lim f(x)=1$,$\lim g(x)=\infty$,这看作是 **1^{∞} 型未定式**,常考虑用第二个重要极限.

例 12 求 $\lim\limits_{x \to 0} \dfrac{\tan x}{x}$.

解 注意到 $\tan x = \dfrac{\sin x}{\cos x}$,于是,由乘积的极限法则

$$\lim_{x \to 0} \frac{\tan x}{x} = \lim_{x \to 0} \frac{\sin x}{x} \cdot \frac{1}{\cos x} = 1 \times 1 = 1.$$

该极限式也可作为一个公式来用.

例 13 求 $\lim\limits_{x \to 0} \dfrac{\sin 5x}{x}$.

解 由于 $\dfrac{\sin 5x}{x} = 5\dfrac{\sin 5x}{5x}$;令 $t=5x$,则当 $x \to 0$ 时,$t \to 0$. 于是

$$\lim_{x \to 0} \frac{\sin 5x}{x} = 5 \lim_{x \to 0} \frac{\sin 5x}{5x} = 5 \lim_{t \to 0} \frac{\sin t}{t} = 5 \times 1 = 5.$$

例 14 求 $\lim\limits_{x \to 0} \dfrac{1-\cos x}{x^2}$.

解 注意到 $(1-\cos x)(1+\cos x)=1-\cos^2 x=\sin^2 x$. 于是

$$\lim_{x \to 0} \frac{1-\cos x}{x^2} = \lim_{x \to 0} \frac{1-\cos^2 x}{x^2(1+\cos x)}$$

$$= \lim_{x \to 0} \left(\frac{\sin x}{x}\right)^2 \frac{1}{1+\cos x} = 1^2 \cdot \frac{1}{1+1} = \frac{1}{2}.$$

例 15 求 $\lim\limits_{x \to 0} \dfrac{\arcsin x}{2x}$.

解 用变量替换转化反正弦函数 $\arcsin x$.

设 $t=\arcsin x$,则 $x=\sin t$;当 $x \to 0$ 时,$t \to 0$. 于是

$$\lim_{x \to 0} \frac{\arcsin x}{2x} = \lim_{t \to 0} \frac{t}{2\sin t} = \frac{1}{2} \lim_{t \to 0} \frac{1}{\dfrac{\sin t}{t}} = \frac{1}{2} \cdot \frac{1}{1} = \frac{1}{2}.$$

若将极限 $\lim\limits_{x \to 0} \dfrac{\sin x}{x}=1$ 中的**自变量 x 换成 x 的函数 $\varphi(x)$**,则有公式

$$\lim_{\varphi(x) \to 0} \frac{\sin\varphi(x)}{\varphi(x)} = 1. \tag{1.7}$$

例 16 求 $\lim_{x \to 0} \dfrac{\sin(\sin x)}{x}$.

解 由于 $\dfrac{\sin(\sin x)}{x} = \dfrac{\sin(\sin x)}{\sin x} \cdot \dfrac{\sin x}{x}$.

若将上式右端第一个因子中的 $\sin x$ 理解为推广公式(1.7)中的 $\varphi(x)$，且当 $x \to 0$ 时，$\sin x \to 0$. 于是

$$\lim_{x \to 0} \frac{\sin(\sin x)}{x} = \lim_{x \to 0} \frac{\sin(\sin x)}{\sin x} \cdot \frac{\sin x}{x} = 1 \times 1 = 1.$$

例 17 求 $\lim_{x \to 1} \dfrac{\sin(x^2 - 1)}{x - 1}$.

解 应用公式(1.7)

$$\lim_{x \to 1} \frac{\sin(x^2 - 1)}{x - 1} = \lim_{x \to 1} \frac{\sin(x^2 - 1)}{x^2 - 1}(x + 1)$$
$$= 1 \times 2 = 2.$$

例 18 求 $\lim_{x \to \infty} \left(1 - \dfrac{1}{x}\right)^x$.

解 注意到 $\left(1 - \dfrac{1}{x}\right)^x$ 与 $\left(1 + \dfrac{1}{x}\right)^x$ 差一个符号，不能直接用第二个重要极限.

令 $t = -\dfrac{1}{x}$，则 $x = -\dfrac{1}{t}$；则当 $x \to \infty$ 时，$t \to 0$. 这时

$$\left(1 - \frac{1}{x}\right)^x = (1 + t)^{-\frac{1}{t}} = [(1 + t)^{\frac{1}{t}}]^{-1},$$

于是，用第二个重要极限，便有

$$\lim_{x \to \infty} \left(1 - \frac{1}{x}\right)^x = \lim_{t \to 0}[(1 + t)^{\frac{1}{t}}]^{-1} = \left[\lim_{t \to 0}(1 + t)^{\frac{1}{t}}\right]^{-1} = e^{-1}.$$

例 19 求 $\lim_{x \to \infty} \left(1 + \dfrac{2}{x}\right)^{2x}$.

解 令 $t = \dfrac{2}{x}$，则 $2x = \dfrac{4}{t}$；当 $x \to \infty$ 时，$t \to 0$，于是

$$\lim_{x \to \infty} \left(1 + \frac{2}{x}\right)^{2x} = \lim_{t \to 0}(1 + t)^{\frac{4}{t}} = \lim_{t \to 0}[(1 + t)^{\frac{1}{t}}]^4$$

$$= \left[\lim_{t \to 0} (1 + t)^{\frac{1}{t}} \right]^4 = e^4.$$

例 20　求 $\lim\limits_{x \to \infty} \left(\dfrac{x}{1+x} \right)^x$.

解　由于

$$\left(\frac{x}{1+x} \right)^x = \frac{1}{\left(\dfrac{1+x}{x} \right)^x} = \frac{1}{\left(1 + \dfrac{1}{x} \right)^x},$$

所以　　　　$$\lim_{x \to \infty} \left(\frac{x}{1+x} \right)^x = \lim_{x \to \infty} \frac{1}{\left(1 + \dfrac{1}{x} \right)^x} = \frac{1}{e}.$$

例 21　求 $\lim\limits_{x \to 0} \dfrac{\ln(1+x)}{x}$.

解　用对数性质,并由复合函数的极限法则

$$\lim_{x \to 0} \frac{\ln(1+x)}{x} = \lim_{x \to 0} \ln(1+x)^{\frac{1}{x}}$$
$$= \ln \lim_{x \to 0} (1+x)^{\frac{1}{x}} = \ln e = 1.$$

例 22　求 $\lim\limits_{x \to 0} \dfrac{x}{e^x - 1}$.

解　令 $t = e^x - 1$,则 $x = \ln(t+1)$,当 $x \to 0$ 时,$t \to 0$,故

$$\lim_{x \to 0} \frac{x}{e^x - 1} = \lim_{t \to 0} \frac{\ln(t+1)}{t} \xlongequal{\text{由例 21}} 1.$$

若将第二个重要极限中的**自变量 x 换成 x 的函数 $\varphi(x)$**,则有公式

$$\lim_{\varphi(x) \to \infty} \left(1 + \frac{1}{\varphi(x)} \right)^{\varphi(x)} = e, \qquad (1.8)$$

或

$$\lim_{\varphi(x) \to 0} (1 + \varphi(x))^{\frac{1}{\varphi(x)}} = e. \qquad (1.9)$$

例 23　求 $\lim\limits_{x \to 1} (1 + \ln x)^{\frac{3}{\ln x}}$.

解　注意到 $x \to 1$ 时,$\ln x \to 0$,这是 1^∞ 未定式. 应用公式 (1.9),有

$$\lim_{x \to 1}(1 + \ln x)^{\frac{3}{\ln x}} = \lim_{x \to 1}\big[(1 + \ln x)^{\frac{1}{\ln x}}\big]^3 = \mathrm{e}^3.$$

作为公式 $\lim\limits_{n \to \infty}\Big(1 + \dfrac{1}{n}\Big)^n = \mathrm{e}$ 在经济方面的应用,在此介绍**复利与贴现**问题.

现有本金 A_0,以年利率 r 贷出,若以复利计息,t 年末 A_0 将增值到 A_t,试计算 A_t.

所谓复利计息,就是将每期利息于每期之末加入该期本金,并以此为新本金再计算下期利息. 说得通俗些,就是利滚利.

若以年为 1 期计算利息,一年终的本利和为
$$A_1 = A_0(1 + r),$$

二年终的本利和为
$$A_2 = A_1(1 + r) = A_0(1 + r)(1 + r)$$
$$= A_0(1 + r)^2,$$

类推,t 年终的本利和为
$$A_t = A_0(1 + r)^t. \tag{1.10}$$

若仍以年利率为 r,一年不是计息 1 期,而是一年计息 n 期,且以 $\dfrac{r}{n}$ 为每期的利息来计算. 在这种情况下,易推得,t 年终的本利和为

$$A_t = A_0\Big(1 + \frac{r}{n}\Big)^{nt}. \tag{1.11}$$

上述计息的"期"是确定的时间间隔,因而一年计息次数为有限次. 公式(1.11)可认为是按离散情况计算 t 年末本利和 A_t 的**复利公式**.

若计息的"期"的时间间隔无限缩短,从而计息次数 $n \to \infty$. 这时,由于

$$\lim_{n \to \infty}A_0\Big(1 + \frac{r}{n}\Big)^{nt} = A_0\lim_{n \to \infty}\Big[\Big(1 + \frac{r}{n}\Big)^{\frac{n}{r}}\Big]^{rt} = A_0\mathrm{e}^{rt},$$

所以,若以连续复利计算利息,其**复利公式**是

$$A_t = A_0\mathrm{e}^{rt}. \tag{1.12}$$

例 24 已知现有本金 100 元,年利率 $r=8\%$,$t=1$ 年,则一年计息 1 期,一年终的本利和

$$A_1 = 100 \times (1 + 0.08) = 108(\text{元});$$

一年计息 2 期,一年终的本利和

$$A_1 = 100 \times \left(1 + \frac{0.08}{2}\right)^2 = 108.16(\text{元});$$

一年计息 12 期,一年终的本利和

$$A_1 = 100 \times \left(1 + \frac{0.08}{12}\right)^{12} = 108.30(\text{元}),$$

一年计息 100 期,一年终的本利和

$$A_1 = 100 \times \left(1 + \frac{0.08}{100}\right)^{100} = 108.325(\text{元}),$$

连续复利计算,一年终的本利和

$$A_1 = 100 e^{0.08} \approx 108.329(\text{元}).$$

由例 24 知,年利率相同,而一年计息期数不同时,一年所得之利息也不同. 如一年计息 1 期,是按 8% 计息;一年计息 12 期,实际所得利息是按 8.30% 计算;一年计息 100 期,实际所得利息是按 8.325% 计算;若连续复利计算,实际所得利息是按 8.329% 计算.

这样,若年利率给定,对于年期以下的复利,称年利率 8% 为名义利率或虚利率,而实际计息之利率为实利率. 如,8.325% 为一年复利 100 期的实利率,8.329% 为一年连续复利的实利率.

在上述按离散情况计算复利的公式(1.10),(1.11)和按连续情况计算复利的公式(1.12)中,现有本金 A_0 称为**现在值**,t 年终的本利和 A_t 称为**未来值**. 已知现在值 A_0 求未来值 A_t 是**复利问题**. 若已知未来值 A_t,求现在值 A_0,则称**贴现问题**,这时,利率 r 称为**贴现率**.

由复利公式(1.10)易推得,若以年为期贴现,**贴现公式**是

$$A_0 = A_t(1 + r)^{-t}. \tag{1.13}$$

若一年均分 n 期贴现,由复利公式(1.11)可得,**贴现公式**是

$$A_0 = A_t \left(1 + \frac{r}{n} \right)^{-nt}. \tag{1.14}$$

由复利公式(1.12)可得,连续**贴现公式**是

$$A_0 = A_t \mathrm{e}^{-rt}. \tag{1.15}$$

例 25 设年贴现率为 6.5%,按连续复利计息,现投资多少元,16 年之末可得 1200 元.

解 这是已知未来值求现在值的问题,是贴现问题.

已知贴现率 $r = 6.5\%$,未来值 $A_t = 1200$ 元,$t = 16$ 年,所以,由公式(1.15),现在值

$$A_0 = A_t \mathrm{e}^{-rt} = 1200 \times \mathrm{e}^{-0.065 \times 16}$$

$$= \frac{1200}{\mathrm{e}^{1.04}} = \frac{1200}{2.8292} = 424.15(元).$$

三、无穷小的比较

我们已经知道,以零为极限的变量称为无穷小. 不过,不同的无穷小收敛于零的速度有快有慢;当然,快慢是相对的. 对此,我们通过考察两个无穷小之比,引进无穷小阶的概念.

例如,当 $x \to 0$ 时,$x^2, x^{\frac{1}{3}}, 2x, \sin x$ 都是无穷小. 我们若以 x 收敛于零的速度作为标准,将上述无穷小与 x 相比较. 由于

$$\lim_{x \to 0} \frac{x^2}{x} = 0, \quad \lim_{x \to 0} \frac{x^{\frac{1}{3}}}{x} = \infty,$$

$$\lim_{x \to 0} \frac{2x}{x} = 2, \quad \lim_{x \to 0} \frac{\sin x}{x} = 1.$$

显然,当 $x \to 0$ 时,它们收敛于零的速度与 x 相比是不同的,其中

x^2 较 x 为快,这时,称 x^2 是比 x 较高阶的无穷小;

$x^{\frac{1}{3}}$ 较 x 为慢,称 $x^{\frac{1}{3}}$ 是比 x 较低阶的无穷小;

$2x$ 与 x 只是相差一个倍数,称 $2x$ 与 x 是同阶无穷小;

$\sin x$ 与 x 应该说几乎是一致的,称 $\sin x$ 与 x 是等价无穷小.

定义 1. 13 设 $\alpha(\alpha \neq 0)$ 和 β 是同一变化过程中的无穷小:

若 $\lim \dfrac{\beta}{\alpha} = 0$,则称 β 是比 α 较**高阶**的无穷小,记作 $\beta = o(\alpha)$;

若 $\lim \dfrac{\beta}{\alpha} = \infty$,则称 β 是比 α 较**低阶**的无穷小;

若 $\lim \dfrac{\beta}{\alpha} = C$ (C 是不为零的常数),则称 β 与 α 是**同阶无穷小**;

若 $\lim \dfrac{\beta}{\alpha} = 1$,则称 β 与 α 是**等价**无穷小,记作 $\beta \sim \alpha$.

例 26 当 $x \to 0$ 时,试将下列无穷小与无穷小 x^2 进行比较:

(1) $\tan x - \sin x$;　　　　　　(2) $\sin \sqrt{x^2}$;

(3) $\ln(1-x^2)$;　　　　　　(4) $1 - \sqrt{1-2x^2}$.

解 根据定义 1.13.

(1) $\displaystyle\lim_{x\to 0} \frac{\tan x - \sin x}{x^2} = \lim_{x\to 0} \tan x \cdot \frac{1-\cos x}{x^2}$

$$= 0 \cdot \frac{1}{2} = 0,$$

所以 $(\tan x - \sin x)$ 是比 x^2 较高阶的无穷小,即

$$(\tan x - \sin x) = o(x^2).$$

(2) $\displaystyle\lim_{x\to 0} \frac{\sin \sqrt{x^2}}{x^2} = \lim_{x\to 0} \frac{\sin \sqrt{x^2}}{\sqrt{x^2}} \cdot \frac{1}{\sqrt{x^2}}$, 而

$$\lim_{x\to 0} \frac{\sin \sqrt{x^2}}{\sqrt{x^2}} = 1, \quad \lim_{x\to 0} \frac{1}{\sqrt{x^2}} = \infty,$$

所以　　　　　　　　$\displaystyle\lim_{x\to 0} \frac{\sin \sqrt{x^2}}{x^2} = \infty,$

即 $\sin \sqrt{x^2}$ 是比 x^2 较低阶的无穷小.

(3) $\displaystyle\lim_{x\to 0} \frac{\ln(1-x^2)}{x^2} = \lim_{x\to 0} \ln(1-x^2)^{\frac{1}{x^2}}$

$$= \lim_{x\to 0} \ln(1-x^2)^{-\frac{1}{x^2}(-1)} = \ln e^{-1} = -1,$$

所以,$\ln(1-x^2)$ 与 x^2 是同阶无穷小.

(4) $\displaystyle\lim_{x\to 0} \frac{1-\sqrt{1-2x^2}}{x^2} = \lim_{x\to 0} \frac{1-(1-2x^2)}{x^2(1+\sqrt{1-2x^2})} = 1,$

所以,$(1-\sqrt{1-2x^2})$ 与 x^2 是等价无穷小,即 $(1-\sqrt{1-2x^2})\sim x^2$.

等价无穷小有下述的**代换性质**和**传递性质**.

定理 1.9 设 $\lim\alpha=0$, $\lim\beta=0$, $\lim\gamma=0$.

(1) 若 $\alpha\sim\gamma$,则

$$\lim\alpha\beta=\lim\gamma\beta, \quad \lim\frac{\beta}{\alpha}=\lim\frac{\beta}{\gamma}, \quad \lim\frac{\alpha}{\beta}=\lim\frac{\gamma}{\beta}.$$

(2) 若 $\alpha\sim\gamma$, $\beta\sim\gamma$,则 $\alpha\sim\beta$.

定理 1.9 之(1)说明,在乘、除的极限运算中,可以用等价无穷小代换,而不改变其极限.但请读者注意,在和、差的极限中,不宜用等价无穷小代换.请见例 30.

例 27 求 $\lim\limits_{x\to 0}\dfrac{1-\cos x}{x\sin x}$.

解 因当 $x\to 0$ 时,$\sin x\sim x$,$1-\cos x\sim\dfrac{1}{2}x^2$(见例 14),所以

$$\lim\limits_{x\to 0}\frac{1-\cos x}{x\sin x}=\lim\limits_{x\to 0}\frac{\dfrac{1}{2}x^2}{x\cdot x}=\frac{1}{2}.$$

例 28 求 $\lim\limits_{x\to 0}\dfrac{\sin(\sin x)}{\tan 2x}$.

解 当 $x\to 0$ 时,因 $\sin(\sin x)\sim x$,$\tan 2x\sim 2x$,所以

$$\lim\limits_{x\to 0}\frac{\sin(\sin x)}{\tan 2x}=\lim\limits_{x\to 0}\frac{x}{2x}=\frac{1}{2}.$$

例 29 求 $\lim\limits_{x\to 0}\dfrac{e^{\sin x}-1}{\ln(1+x)}$.

解 当 $x\to 0$ 时,$\ln(1+x)\sim x$,又 $\sin x\sim x$,$e^x-1\sim x$(见例 22),故 $e^{\sin x}-1\sim\sin x$.于是

$$\lim\limits_{x\to 0}\frac{e^{\sin x}-1}{\ln(1+x)}=\lim\limits_{x\to 0}\frac{\sin x}{x}=1.$$

例 30 求 $\lim\limits_{x\to 0}\dfrac{\tan x-\sin x}{x^3}$.

解 $\lim\limits_{x\to 0}\dfrac{\tan x-\sin x}{x^3}=\lim\limits_{x\to 0}\dfrac{\sin x\left(\dfrac{1}{\cos x}-1\right)}{x^3}$

$$=\lim_{x \to 0} \frac{\sin x}{x} \cdot \frac{1-\cos x}{x^2 \cos x} = \lim_{x \to 0} \frac{\dfrac{x^2}{2}}{x^2 \cos x} = \frac{1}{2}.$$

再看下面解法：

因 $\sin x \sim x$，$\tan x \sim x$，所以

$$\lim_{x \to 0} \frac{\tan x - \sin x}{x^3} = \lim_{x \to 0} \frac{x - x}{x^3} = 0.$$

显然，这种解法是错误的.

习 题 1.4

1. 求下列函数的极限：

(1) $\lim\limits_{x \to \infty} \dfrac{\sin x}{x}$；

(2) $\lim\limits_{x \to 0} x \sin \dfrac{1}{x}$；

(3) $\lim\limits_{x \to \infty} \dfrac{\arctan x}{x}$；

(4) $\lim\limits_{x \to 0} (x^2 + x) \cos \dfrac{1}{x}$；

(5) $\lim\limits_{x \to \infty} \dfrac{x}{x^2+1}(2 + \cos x)$；

(6) $\lim\limits_{x \to \infty} \sin \dfrac{1}{x} (\sin x + \cos x)$.

2. 求下列函数的极限：

(1) $\lim\limits_{x \to 2} (x^2 + 5x + 3)$；

(2) $\lim\limits_{x \to 1} \dfrac{x^2 - 2}{2x^2 + x - 1}$；

(3) $\lim\limits_{x \to 2} \dfrac{4x^2 + 5}{x - 2}$；

(4) $\lim\limits_{x \to 2} \dfrac{x^2 - 4}{x - 2}$；

(5) $\lim\limits_{x \to 2} \dfrac{x^2 - 3x + 2}{x - 2}$；

(6) $\lim\limits_{x \to 1} \dfrac{x^2 - 1}{2x^2 - x - 1}$；

(7) $\lim\limits_{x \to 4} \dfrac{x^2 - 16}{\sqrt{x} - 2}$；

(8) $\lim\limits_{x \to 4} \dfrac{x - 4}{\sqrt{x+5} - 3}$；

(9) $\lim\limits_{x \to 0} \dfrac{x^2}{1 - \sqrt{1+x^2}}$；

(10) $\lim\limits_{x \to 0} \dfrac{\sqrt{2+x} - \sqrt{2-x}}{2x}$；

(11) $\lim\limits_{h \to 0} \dfrac{(x+h)^2 - x^2}{h}$；

(12) $\lim\limits_{\Delta x \to 0} \dfrac{\sqrt{x + \Delta x} - \sqrt{x}}{\Delta x}$；

(13) $\lim\limits_{x \to 1} \left(\dfrac{2}{x^2-1} - \dfrac{1}{x-1} \right)$；

(14) $\lim\limits_{x \to 1} \left(\dfrac{1}{1-x} - \dfrac{3}{1-x^3} \right)$.

3. 已知 $\lim\limits_{x \to 1} \dfrac{x^2 + ax + b}{1-x} = 5$，求 a 和 b 的值.

4. 求下列函数的极限：

（1）$\lim\limits_{x\to\infty}\dfrac{x^2+x-3}{3(x-1)^2}$；

（2）$\lim\limits_{x\to\infty}\dfrac{2x^2-4}{3x^3-x+5}$；

（3）$\lim\limits_{x\to\infty}\dfrac{x^2-3x+4}{x+3}$；

（4）$\lim\limits_{x\to\infty}\dfrac{(4x-1)^{30}(3x-2)^{20}}{(4x+2)^{50}}$；

（5）$\lim\limits_{x\to+\infty}\dfrac{\sqrt[3]{2x^3+3}}{\sqrt{x^2-2}}$；

（6）$\lim\limits_{x\to\infty}\dfrac{\sqrt[4]{1+x^3}}{1+x}$；

（7）$\lim\limits_{n\to\infty}\dfrac{2n^2-3n+4}{3n^2+n-5}$；

（8）$\lim\limits_{n\to\infty}\dfrac{\sqrt{3n^3+5n}}{2n^2-3}$；

（9）$\lim\limits_{x\to+\infty}x(\sqrt{x^2-1}-x)$；

（10）$\lim\limits_{x\to\infty}(\sqrt{x^4+1}-x^2)$；

（11）$\lim\limits_{x\to+\infty}(\sqrt{x^2+x+1}-\sqrt{x^2-x+1})$.

5. 求下列极限：

（1）$\lim\limits_{n\to\infty}\dfrac{1+2+3+\cdots+n}{n^2}$；

（2）$\lim\limits_{n\to\infty}\dfrac{1+\dfrac{1}{2}+\dfrac{1}{4}+\cdots+\dfrac{1}{2^n}}{1+\dfrac{1}{3}+\dfrac{1}{9}+\cdots+\dfrac{1}{3^n}}$；

（3）$\lim\limits_{n\to\infty}\left(\dfrac{1}{1\cdot 6}+\dfrac{1}{6\cdot 11}+\dfrac{1}{11\cdot 16}+\cdots+\dfrac{1}{(5n-4)(5n+1)}\right)$.

6. 由已知条件确定 a,b 的值：

（1）$\lim\limits_{x\to\infty}\left(\dfrac{x^2+1}{x+1}-ax-b\right)=0$；

（2）$\lim\limits_{x\to+\infty}(\sqrt{x^2-x+1}-ax-b)=0$.

7. 设 $f(x)=\dfrac{x^2-4}{3x^2+5x-2}$，求下列极限：

（1）$\lim\limits_{x\to 2}f(x)$；

（2）$\lim\limits_{x\to-2}f(x)$；

（3）$\lim\limits_{x\to\frac{1}{3}}f(x)$；

（4）$\lim\limits_{x\to\infty}f(x)$.

8. 求下列函数的极限：

（1）$\lim\limits_{x\to 0}\dfrac{\sin 3x}{x}$；

（2）$\lim\limits_{x\to 0}\dfrac{\sin 3x}{\sin 2x}$；

（3）$\lim\limits_{x\to 0}\dfrac{\tan 2x+\sin x}{x}$；

（4）$\lim\limits_{x\to\pi}\dfrac{\sin x}{\pi-x}$；

（5）$\lim\limits_{x\to\infty}x\sin\dfrac{1}{x}$；

（6）$\lim\limits_{x\to 0}\dfrac{x+\sin x}{x-2\sin x}$；

$(7)\ \lim\limits_{x\to 0}\dfrac{2\arctan x}{x}$;

$(8)\ \lim\limits_{x\to 0}\dfrac{\arcsin x}{\arctan x}$;

$(9)\ \lim\limits_{x\to 0}\dfrac{\tan x}{\sqrt{1+x}-1}$;

$(10)\ \lim\limits_{x\to 0}\dfrac{\sqrt{1+x}-\sqrt{1-x}}{\sin x}$.

9. 若 $\lim\limits_{x\to 1}\dfrac{x^2+ax+b}{\sin(x^2-1)}=3$, 试确定 a,b 的值.

10. 求下列函数的极限:

$(1)\ \lim\limits_{n\to\infty}\left(1+\dfrac{1}{n}\right)^{n+1}$;

$(2)\ \lim\limits_{n\to\infty}\left(1+\dfrac{x}{n}\right)^{n}$;

$(3)\ \lim\limits_{x\to\infty}\left(1+\dfrac{1}{x}\right)^{-x}$;

$(4)\ \lim\limits_{x\to\infty}\left(1+\dfrac{2}{x}\right)^{-2x}$;

$(5)\ \lim\limits_{x\to 0}(1-2x)^{\frac{1}{x}}$;

$(6)\ \lim\limits_{x\to 0}\left(\dfrac{2-x}{2}\right)^{\frac{2}{x}-1}$;

$(7)\ \lim\limits_{x\to\infty}\left(\dfrac{x-1}{x+1}\right)^{x}$;

$(8)\ \lim\limits_{x\to\infty}\left(\dfrac{2x+3}{2x+1}\right)^{x}$;

$(9)\ \lim\limits_{x\to\infty}\left(\dfrac{x^2}{x^2-1}\right)^{x}$;

$(10)\ \lim\limits_{x\to +\infty}\left(1-\dfrac{1}{x}\right)^{\sqrt{x}}$;

$(11)\ \lim\limits_{x\to 0}(1-\tan x)^{3\cot x}$;

$(12)\ \lim\limits_{x\to 0}(1+3\sin x)^{\csc x}$;

$(13)\ \lim\limits_{x\to 0}\dfrac{a^x-1}{x}$;

$(14)\ \lim\limits_{x\to 0}\dfrac{\ln(1+2x)}{\tan 4x}$.

11. 当 $x\to 0$ 时, 试将下列无穷小与 x 进行比较:

$(1)\ \sqrt[3]{x}+\sin x$;

$(2)\ x^3+2x$;

$(3)\ \ln(1+x^2)$;

$(4)\ \sqrt{1+x}-\sqrt{1-x}$.

12. 当 $x\to 0$ 时, 证明:

$(1)\ \sqrt{1+x}-1\sim\dfrac{x}{2}$;

$(2)\ 1-\cos x\sim\dfrac{1}{2}x^2$;

$(3)\ \arcsin x\sim\ln(1+x)$;

$(4)\ \sqrt{1+\sin x}-\sqrt{1-\sin x}\sim x$.

13. 求下列函数的极限:

$(1)\ \lim\limits_{x\to 0}\dfrac{\ln(1+x)}{e^x-1}$;

$(2)\ \lim\limits_{x\to 0}\dfrac{e^{2x}-1}{\sin x}$;

$(3)\ \lim\limits_{x\to 0}\dfrac{(e^{\sin x}-1)^2\cos x}{\tan^2 x}$;

$(4)\ \lim\limits_{x\to 0}\dfrac{\ln(1+xe^x)}{\sqrt{1+x}-1}$.

14. 1000 元按年利率 6% 进行连续复利, 20 年后, 本利和为多少元?

15. 若 10 年后可收取的款额为 704.83 万元,已知贴现率为 7%,按连续贴现计算,问这笔款的现值是多少?

16. 单项选择题:

(1) 若 $\lim\limits_{x \to -3} \dfrac{x-a}{x^3+27} = b$,则( ).

(A) $a=3$,$b=-\dfrac{1}{27}$;　　　　(B) $a=-3$,$b=\dfrac{1}{27}$;

(C) $a=3$,$b=-\dfrac{1}{9}$;　　　　(D) $a=-3$,$b=\dfrac{1}{9}$.

(2) 若 $\lim\limits_{x \to 2} \dfrac{3-\sqrt{x+a}}{x^2-4} = b$,则( ).

(A) $a=2$,$b=-\dfrac{1}{24}$;　　　　(B) $a=7$,$b=-\dfrac{1}{24}$;

(C) $a=7$,$b=\dfrac{1}{24}$;　　　　(D) $a=7$,$b=-24$.

(3) 若 $\lim\limits_{x \to \infty} \dfrac{x^4(1+a)+2+bx^3}{x^3+x^2-1} = -2$,则( ).

(A) $a=-3$,$b=0$;　　　　(B) $a=0$,$b=-2$;

(C) $a=-1$,$b=0$;　　　　(D) $a=-1$,$b=-2$.

(4) $\lim\limits_{n \to \infty} n^3 \tan \dfrac{x}{n^3} = ($).

(A) 0;　　(B) $+\infty$;　　(C) x;　　(D) 1.

(5) 下列等式成立的是( ).

(A) $\lim\limits_{n \to \infty} \left(1+\dfrac{1}{n}\right)^{2n} = \mathrm{e}$;　　　　(B) $\lim\limits_{n \to \infty} \left(1+\dfrac{2}{n}\right)^{n} = \mathrm{e}$;

(C) $\lim\limits_{n \to \infty} \left(1+\dfrac{1}{2n}\right)^{n} = \mathrm{e}$;　　　　(D) $\lim\limits_{n \to \infty} \left(1+\dfrac{1}{n}\right)^{n+2} = \mathrm{e}$.

(6) 若 $\lim\limits_{x \to \infty} \left(1+\dfrac{k}{x}\right)^{x} = \sqrt{\mathrm{e}}$,则 $k=($).

(A) 2;　　(B) -2;　　(C) $\dfrac{1}{2}$;　　(D) $-\dfrac{1}{2}$.

§1.5 函数的连续性

一、连续性概念

1. 函数在一点连续的定义

客观世界的许多现象都是连续变化的,所谓连续就是不间断.例如,物体运动时,路程是随时间连续增加的;气温是随时间不间断的上升或下降的.若从函数的观点看,路程是时间的函数,气温是时间的函数,当时间——自变量——变化很微小时,路程、气温——函数——相应地变化也很微小.在数学上,这就是连续函数,它反映了变量逐渐变化的过程.从图形上看,图1-55所示的一段曲线在 x_0 处没有出现间断,在 x_1 处却断开了,作为区间 $[a,b]$ 上的曲线就不是连续的,是有间断点的曲线.

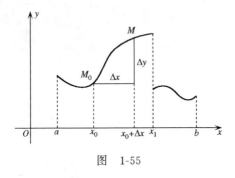

图　1-55

数学上的连续性概念,正是人们头脑中已存在着的这些连续或间断形象的抽象.

我们用图1-55来阐明函数在一点连续与间断最本质的数量特征.

在 x_1 处,曲线断开,作为曲线 $y=f(x)$ 上的点的横坐标 x 从 x_1 左侧近旁变到右侧近旁时,曲线上的点的纵坐标 y 呈现跳跃,即在 x_1 处,当自变量有微小改变时,相应的函数值有显著改变.在

78

点 x_0 处, 曲线是连续的, 情况则不同: 曲线 $y=f(x)$ 上的点的横坐标 x 自 x_0 向左或向右作微小移动时, 其相应的纵坐标 y 呈渐变. 换言之, 自变量 x 在 x_0 处有微小改变时, 相应的函数值 y 也有微小改变.

我们用数学式子来表达上述说法. 对函数 $y=f(x)$, 假设自变量由 x_0 改变到 $x_0+\Delta x$, 自变量实际改变了 Δx, 这时, 函数值**相应地**由 $f(x_0)$ 改变到 $f(x_0+\Delta x)$, 若记 Δy 为函数相应地改变量, 则

$$\Delta y = f(x_0 + \Delta x) - f(x_0).$$

按这种记法, 在 x_0 处, 当 Δx 很微小时, Δy 也很微小. 特别当 $\Delta x \to 0$ 时, 也有 $\Delta y \to 0$. 这就是函数 $y=f(x)$ 在点 x_0 处连续的实质.

由以上分析得到函数在一点连续的定义.

定义 1.14 设函数 $y=f(x)$ 在点 x_0 的某邻域内有定义, 若

$$\lim_{\Delta x \to 0} \Delta y = \lim_{\Delta x \to 0} [f(x_0 + \Delta x) - f(x_0)] = 0, \qquad (1.16)$$

则称**函数 $f(x)$ 在点 x_0 连续**, 称 x_0 为函数的**连续点**.

若记 $x=x_0+\Delta x$, 则 $\Delta x = x - x_0$, 相应地函数的改变量为

$$\Delta y = f(x) - f(x_0),$$

当 $\Delta x \to 0$ 时, 即 $x \to x_0$; $\Delta y \to 0$, 即 $[f(x) - f(x_0)] \to 0$, 也即 $f(x) \to f(x_0)$. 于是, 函数 $y=f(x)$ 在点 x_0 连续定义的 (1.16) 式, 又可记作

$$\lim_{x \to x_0} f(x) = f(x_0). \qquad (1.17)$$

依 (1.17) 式, 函数 $f(x)$ 在点 x_0 连续须下述三个条件皆满足:

(1) 在点 x_0 的某邻域内有定义;

(2) 极限 $\lim\limits_{x \to x_0} f(x)$ 存在;

(3) 极限 $\lim\limits_{x \to x_0} f(x)$ 的值等于该点的函数值 $f(x_0)$.

我们常用 (1.17) 式, 即上述三个条件来讨论函数 $f(x)$ 在某点处是否连续.

例 1 讨论函数 $f(x) = \begin{cases} \dfrac{x^2 - 3x + 2}{x-2}, & x \neq 2, \\ 1, & x = 2 \end{cases}$ 在 $x=2$ 处是

否连续?

解 用(1.17)式来判定. 首先, $f(x)$ 在 $x=2$ 处有定义, 且 $f(2)=1$;

其次, 求极限

$$\lim_{x \to 2} f(x) = \lim_{x \to 2} \frac{x^2 - 3x + 2}{x - 2}$$

$$= \lim_{x \to 2} \frac{(x-2)(x-1)}{x-2} = 1.$$

于是 $\qquad\qquad \lim_{x \to 2} f(x) = f(2),$

所以, 函数 $f(x)$ 在 $x=2$ 处连续.

由函数 $f(x)$ 在点 x_0 左极限与右极限的定义, 立即得到函数 $f(x)$ 在点 x_0 左连续与右连续的定义.

若 $\lim\limits_{x \to x_0^-} f(x) = f(x_0)$, 则称函数 $f(x)$ 在点 x_0 **左连续**;

若 $\lim\limits_{x \to x_0^+} f(x) = f(x_0)$, 则称函数 $f(x)$ 在点 x_0 **右连续**.

由此可知, 函数 $f(x)$ 在点 x_0 连续的**充分必要条件**是: 函数 $f(x)$ 在点 x_0 既左连续, 又右连续, 即

$$\lim_{x \to x_0} f(x) = f(x_0) \Leftrightarrow \lim_{x \to x_0^-} f(x) = f(x_0) = \lim_{x \to x_0^+} f(x).$$

例 2 讨论函数 $f(x) = \begin{cases} \dfrac{\sin 2x}{x}, & x < 0, \\ 2, & x = 0, \\ e^x + 1, & x > 0 \end{cases}$ 在 $x = 0$ 处的连续性.

解 这是分段函数, 在分段点 $x = 0$ 处的左右两侧须分别讨论左连续和右连续.

因为 $f(0) = 2$, 当 $x < 0$ 时

$$\lim_{x \to 0^-} f(x) = \lim_{x \to 0^-} \frac{\sin 2x}{x} = 2 = f(0);$$

当 $x > 0$ 时

80

$$\lim_{x \to 0^+} f(x) = \lim_{x \to 0^+} (e^x + 1) = 2 = f(0),$$

即函数 $f(x)$ 在点 $x = 0$ 既左连续,又右连续,所以它在 $x = 0$ 处连续.

例 3 讨论函数 $f(x) = \begin{cases} x + 2, & x \geqslant 0, \\ x - 2, & x < 0 \end{cases}$ 在 $x = 0$ 处的连续性.

解 因 $f(0) = 2$,又

$$\lim_{x \to 0^-} f(x) = \lim_{x \to 0^-} (x - 2) = -2,$$

$$\lim_{x \to 0^+} f(x) = \lim_{x \to 0^+} (x + 2) = 2,$$

所以函数在 $x = 0$ 处右连续,但不左连续,从而它在 $x = 0$ 不连续.

该题也可如下表述:因为

$$\lim_{x \to 0^-} f(x) \neq \lim_{x \to 0^+} f(x),$$

即极限 $\lim_{x \to 0} f(x)$ 不存在,故 $f(x)$ 在 $x = 0$ 不连续.

函数在一点连续的定义,很自然的可以拓广到一个区间上.

若函数 $f(x)$ 在区间 I 上每一点都连续,则称函数 $f(x)$ **在 I 上连续**,或称 $f(x)$ 为 I 上的**连续函数**. 对闭区间 $[a, b]$,区间端点的连续性,按左、右连续来确定:

$$\lim_{x \to b^-} f(x) = f(b), \qquad \lim_{x \to a^+} f(x) = f(a).$$

例如,函数 $f(x) = \dfrac{1}{x}$ 在开区间 $(1, 2)$ 内是连续的;在闭区间 $[1, 2]$ 内也是连续的;但是闭区间 $[0, 1]$ 上就不连续了. 这是因为它在 $x = 0$ 处没有定义.

2. 间断点及其分类

若函数 $f(x)$ 在点 x_0 不满足连续的定义,则称这一点是函数 $f(x)$ 的**不连续点或间断点**.

若 x_0 是函数 $f(x)$ 的间断点,按 (1.17) 式,所有可能出现的情况是:

或者函数 $f(x)$ 在 x_0 的左、右邻近有定义,而在 x_0 没有定义;

或者极限 $\lim\limits_{x \to x_0} f(x)$ 不存在；

或者极限 $\lim\limits_{x \to x_0} f(x)$ 存在，但不等于 $f(x_0)$.

间断点通常分为第一类间断点和第二类间断点.

(1) 第一类间断点

设 x_0 是函数 $f(x)$ 的间断点，若函数 $f(x)$ 在 x_0 处的左、右极限都存在，则称点 x_0 是**第一类间断点**. 其中，左、右极限不相等的，称点 x_0 为**跳跃间断点**，如前述例 3 中的函数，$x=0$ 就是跳跃间断点；左、右极限相等的，即存在极限 $\lim\limits_{x \to x_0} f(x) = A$，则称点 x_0 为函数 $f(x)$ 的**可去间断点**.

若 x_0 是可去间断点，其间断的原因：或者函数 $f(x)$ 在 x_0 的左、右邻近有定义，而在 x_0 没有定义；或者 $f(x)$ 在 x_0 有定义，但极限 $\lim\limits_{x \to x_0} f(x)$ 的值 A 不等于函数值 $f(x_0)$.

例 4 函数 $f(x) = \begin{cases} \dfrac{1-x^2}{1-x}, & x \neq 1 \\ 0, & x = 1 \end{cases}$ 在 $x=1$ 处，因为

$$\lim\limits_{x \to 1} f(x) = \lim\limits_{x \to 1} \frac{1-x^2}{1-x} = \lim\limits_{x \to 1} \frac{(1-x)(1+x)}{1-x} = 2,$$

而 $f(1)=0$，所以 $x=1$ 是函数的可去间断点.

这时，改变函数在 $x=1$ 处的函数值，使其等于极限值，即令 $f(1)=2$，有[①]

$$f(x) = \begin{cases} \dfrac{1-x^2}{1-x}, & x \neq 1 \\ 2, & x = 1. \end{cases}$$

则函数 $f(x)$ 在 $x=1$ 处就由间断变为连续了.

例 5 函数 $f(x) = \sin x \cdot \cos \dfrac{1}{x}$ 在 $x=0$ 处没有定义，$x=0$ 是

---

① 此处的函数与原给函数 $f(x)$ 已经不相同，但从问题的性质出发，此处仍记作 $f(x)$，以下均如此.

其间断点. 由于

$$\lim_{x \to 0} \sin x \cdot \cos \frac{1}{x} = 0,$$

所以, $x=0$ 是函数的可去间断点.

这时, 在 $x=0$ 补充定义函数值, 令其函数值等于极限值: $f(0)=0$, 即

$$f(x) = \begin{cases} \sin x \cdot \cos \dfrac{1}{x}, & x \neq 0, \\ 0, & x = 0. \end{cases}$$

显然, 函数 $f(x)$ 在 $x=0$ 就连续了.

（2）第二类间断点

除第一类间断点, 函数所有其他形式的间断点, 即函数在点 x_0 至少有一侧极限不存在, 统称为**第二类间断点**.

例如, 函数 $y=\dfrac{1}{x}$ 在 $x=0$ 的左、右邻近有定义, 而在 $x=0$ 处没有定义, 这是间断点. 由于当 $x \to 0$ 时, $y=\dfrac{1}{x} \to \infty$, 显然, 这是第二类间断点. 这种间断点（因为极限为 ∞）也称为**无穷型间断点**. 由图 1-19 看到, 这时, 曲线 $y=\dfrac{1}{x}$ 以直线 $x=0$ 为铅垂渐近线. 由此, 启发我们可在函数的间断点处去寻求曲线的铅垂渐近线.

又如, $x=0$ 是函数 $y=\sin \dfrac{1}{x}$ 的间断点. 当 $x \to 0$ 时, $y=\sin \dfrac{1}{x}$ 在 -1 和 $+1$ 之间无限次振荡, 这也是第二类间断点.

二、连续函数的运算性质

定理 1.10（四则运算性质） 若函数 $f(x)$ 和 $g(x)$ 在点 x_0 连续, 则这两个函数的和（或差）$f(x) \pm g(x)$, 乘积 $f(x) \cdot g(x)$, 商 $\dfrac{f(x)}{g(x)}$ $(g(x_0) \neq 0)$ 在点 x_0 也连续.

由极限四则运算法则直接可推得上述结论.

定理 1.11（复合函数的连续性） 设函数 $u=\varphi(x)$ 在点 x_0 连

续，且 $\varphi(x_0) = u_0$；又函数 $y = f(u)$ 在点 u_0 连续，则复合函数 $f(\varphi(x))$ **在点** x_0 **连续**，即

$$\lim_{x \to x_0} f(\varphi(x)) = f(\varphi(x_0)).$$

例如，函数 $y = e^{\sin x}$，可理解为由 $y = e^u$ 和 $u = \sin x$ 复合而成. 因为 $\sin x$ 在 $x = \dfrac{\pi}{2}$ 处连续，且 $\sin \dfrac{\pi}{2} = 1$；而 e^u 在 $u = 1$ 处连续，所以函数 $e^{\sin x}$ 在 $x = \dfrac{\pi}{2}$ 处连续，即

$$\lim_{x \to \frac{\pi}{2}} e^{\sin x} = e^{\sin \frac{\pi}{2}} = e.$$

定理 1.12（反函数的连续性） 单调增加（减少）且连续的函数，其反函数也是单调增加（减少）且连续的.

从几何上理解，见图 1-23. 假如 $y = f(x)$ 是一条连续上升的曲线，则与该曲线关于直线 $y = x$ 对称的曲线 $y = f^{-1}(x)$ 也必然是一条连线上升的曲线.

例如，函数 $y = e^x, x \in (-\infty, +\infty), y \in (0, +\infty)$，在区间 $(-\infty, +\infty)$ 内单调增加且连续，其反函数 $y = \ln x$ 在区间 $(0, +\infty)$ 内也是单调增加且连续.

三、初等函数的连续性

可以证明基本初等函数在其定义域内都是连续的.

由初等函数的定义、基本初等函数的连续性和定理 1.10、定理 1.11 可得到一个重要结论：

初等函数在其有定义的区间内都是连续的.

根据这一结论，求初等函数在其定义区间内某点 x_0 的极限时，只要求出该点的函数值即可.

例如，求 $\lim\limits_{x \to 0} \dfrac{\ln(e + x^2)}{a^x \cos x}$ 时，由于该函数是初等函数，且 $x = 0$ 在其定义区间内，故由初等函数的连续性，有

$$\lim_{x \to 0} \frac{\ln(e + x^2)}{a^x \cos x} = \frac{\ln(e + 0)}{a^0 \cos 0} = \frac{\ln e}{1 \times 1} = 1.$$

四、闭区间上连续函数的性质

函数 $f(x)$ 在点 x_0 连续,意味着 $f(x)$ 在点 x_0 有定义,有极限且极限值等于函数值.这是函数的局部性质.现在我们来介绍函数在整个区间上的性质,这可理解为整体性质.

先给出最大值与最小值的概念.

若 $x_1, x_2 \in [a, b]$,且对该区间内的一切 x,有
$$f(x_1) \leqslant f(x) \leqslant f(x_2),$$
则称 $f(x_1), f(x_2)$ 分别为函数 $f(x)$ 在闭区间 $[a, b]$ 上的**最小值**与**最大值**.

定理 1.13(最大值、最小值定理)　若函数 $f(x)$ 在闭区间 $[a, b]$ 上连续,则 $f(x)$ 在 $[a, b]$ 上有**最大值与最小值**.

从图形上看(图 1-56),定理的结论成立是显然的.包括端点的一段连续曲线,必定有一点 $(x_1, f(x_1))$ 最低,也有一点 $(x_2, f(x_2))$ 最高.

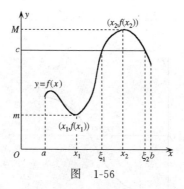

图 1-56

注意　若函数 $f(x)$ 在开区间内连续,它不一定有最大值与最小值.如,$y = x^2$ 在区间 $(0, 1)$ 内连续,它在该区间内既无最大值也无最小值.

定理 1.14(有界定理)　若函数 $f(x)$ 在闭区间 $[a, b]$ 上连续,则 $f(x)$ 在 $[a, b]$ 上有**界**.

由定理 1.13 立即可得该定理的结论：在闭区间上有最大值与最小值的函数必然是有界函数.

定理 1.15（介值定理） 设函数 $f(x)$ 在闭区间 $[a,b]$ 上连续，m 和 M 分别为函数 $f(x)$ 在 $[a,b]$ 上的最小值与最大值，则对介于 m 和 M 之间的任一数 c：$m<c<M$，在开区间 (a,b) 内至少存在一点 ξ，使得

$$f(\xi) = c.$$

由图 1-56 看出，连续曲线 $y=f(x)$ 与直线 $y=c$ 交于两点，其横坐标分别为 ξ_1 和 ξ_2. 于是

$$f(\xi_1) = f(\xi_2) = c.$$

定理 1.16（零点定理） 若函数 $f(x)$ 在闭区间 $[a,b]$ 上连续，且 $f(a)$ 与 $f(b)$ 异号，则在 (a,b) 内至少存在一点 ξ，使得

$$f(\xi) = 0.$$

由图 1-57 我们可以看出这一结论：若点 $A(a,f(a))$ 与点 $B(b,f(b))$ 分别在 x 轴的上下两侧，则连接点 A 与点 B 的连续曲线 $y=f(x)$ 至少与 x 轴有一个交点. 若交点为 $(\xi,0)$，则显然 $f(\xi)=0$.

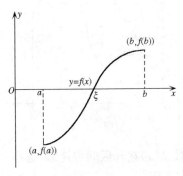

图 1-57

零点定理说明方程 $f(x)=0$ 在区间 (a,b) 内至少存在一个根.

例6 证明方程 $x \cdot 3^x = 1$ 至少有一个小于 1 的正根.

证 这是要证明所给方程在区间 $(0,1)$ 内有根.

设 $f(x) = x \cdot 3^x - 1$, 则它在闭区间 $[0,1]$ 上连续, 并且

$$f(0) = -1 < 0, \quad f(1) = 2 > 0.$$

由零点定理知, 在 $(0,1)$ 内至少存在一点 ξ, 使得 $f(\xi) = 0$, 即方程 $x \cdot 3^x = 1$ 至少有一个小于 1 的正根.

习 题 1.5

1. 讨论下列函数在 $x = 0$ 处的连续性:

(1) $f(x) = \begin{cases} x\sin\dfrac{1}{x}, & x \neq 0, \\ 0, & x = 0; \end{cases}$ (2) $f(x) = \begin{cases} \dfrac{\sin x}{|x|}, & x \neq 0, \\ 1, & x = 0; \end{cases}$

(3) $f(x) = \begin{cases} \mathrm{e}^{-\frac{1}{x^2}}, & x \neq 0, \\ 0, & x = 0; \end{cases}$

(4) $f(x) = \begin{cases} \dfrac{x}{1 - \sqrt{1 - x}}, & x < 0, \\ x + 2, & x \geqslant 0. \end{cases}$

2. 确定常数 k 的值, 使下列函数在指定点处连续:

(1) $f(x) = \begin{cases} \dfrac{\ln(1 + 2x)}{x}, & x > 0, \\ k, & x = 0, \\ \mathrm{e}^x + 1, & x < 0 \end{cases}$ 在 $x = 0$ 处;

(2 $f(x) = \begin{cases} \dfrac{x^2 - 4}{x - 2}, & x \neq 2, \\ k, & x = 2 \end{cases}$ 在 $x = 2$ 处.

3. 确定 a, b 的值, 使函数

$$f(x) = \begin{cases} x^2 + x + b, & x < -1, \\ ax + 1, & -1 \leqslant x \leqslant 1, \\ x^2 + x + b, & x > 1 \end{cases}$$

在 $x = -1$ 和 $x = 1$ 处连续.

4. 函数 $f(x)=\begin{cases} x^2-1, & x\leqslant 1, \\ x+1, & x>1 \end{cases}$ 在 $x=\dfrac{1}{2}$，$x=1$，$x=2$ 处是否连续？

5. 讨论下列函数在 $x=0$ 处是否连续，并作出其图形：

(1) $f(x)=|x|$；　　　　　(2) $f(x)=x|x|$.

6. 求下列函数的间断点，并说明这些间断点属于哪一类？是可去间断点的，设法使其变成连续函数：

(1) $f(x)=\dfrac{1}{(x+3)^2}$；　　　　(2) $f(x)=x\cdot\cos\dfrac{1}{x}$；

(3) $f(x)=(1+x)^{\frac{1}{x}}$；　　　　(4) $f(x)=\dfrac{x-1}{x^2-1}$；

(5) $f(x)=\begin{cases} \dfrac{x^2-1}{x-1}, & x\neq 1, \\ 1, & x=1; \end{cases}$ 　(6) $f(x)=\begin{cases} \dfrac{1}{1+2^{\frac{1}{x}}}, & x\neq 0, \\ 0, & x=0. \end{cases}$

7. 讨论下列函数在给定区间上的连续性：

(1) $f(x)=\begin{cases} 2x, & 0\leqslant x\leqslant 1, \\ 3-x, & 1<x\leqslant 3; \end{cases}$

(2) $f(x)=\begin{cases} 2, & x<1, \\ 3-x, & 1\leqslant x<3, \\ (x-3)^3, & x\geqslant 3. \end{cases}$

8. 确定 a,b 的值，使函数 $f(x)=\begin{cases} x+2, & x\leqslant 0, \\ x^2+a, & 0<x<1, \\ bx, & x\geqslant 1 \end{cases}$ 在其定义域内连续.

9. 证明方程 $x^5-3x=1$ 至少有一个根介于 1 与 2 之间.

10. 证明方程 $x=a\sin x+b\ (a>0,b>0)$ 至少有一个正根，且不超过 $a+b$.

11. 单项选择题：

(1) 函数 $f(x)$ 在 x_0 处有定义，是 $f(x)$ 在 x_0 处连续的（　　）.

(A) 必要条件但非充分条件；(B) 充分条件但非必要条件；

(C) 充分必要条件；   (D) 无关条件.

（2）函数 $f(x)$ 在 x_0 处极限存在是 $f(x)$ 在 x_0 处连续的（   ）.

(A) 必要条件但非充分条件；(B) 充分条件但非必要条件；

(C) 充分必要条件；   (D) 无关条件.

（3）设函数 $f(x)=\begin{cases} (1+kx)^{\frac{m}{x}}, & x\neq 0, \\ a, & x=0 \end{cases}$ 在 $x=0$ 处连续，则常数 $a=(\quad)$.

(A) e^m；   (B) e^k；   (C) e^{-km}；   (D) e^{km}.

（4）当 $x\neq\dfrac{\pi}{2}$ 时，$f(x)=\dfrac{\cos x}{\dfrac{\pi}{2}-x}$，若 $f(x)$ 在 $x=\dfrac{\pi}{2}$ 处连续，则

$f\left(\dfrac{\pi}{2}\right)=(\quad)$.

(A) -1；   (B) 1；   (C) 0；   (D) $\dfrac{\pi}{2}$.

（5）设函数 $f(x)$ 在 $[a,b]$ 上有定义，则方程 $f(x)=0$ 在 (a,b) 内有惟一实根的条件是（   ）.

(A) $f(x)$ 在 $[a,b]$ 上连续；

(B) $f(x)$ 在 $[a,b]$ 上连续，且 $f(a)\cdot f(b)<0$；

(C) $f(x)$ 在 $[a,b]$ 上单调，且 $f(a)\cdot f(b)<0$；

(D) $f(x)$ 在 $[a,b]$ 上连续单调，且 $f(a)\cdot f(b)<0$.

§1.6　曲线的渐近线

若曲线 $y=f(x)$ 上的点 $P(x,f(x))$ 沿着曲线无限地远离原点时，点 P 与某条定直线的距离趋于零，则称该直线是曲线 $y=f(x)$ 的**渐近线**.

前面我们已经讲到，极限 $\lim\limits_{x\to\infty}f(x)=A$ 的几何意义是曲线 y

$=f(x)$ 以直线 $y=A$ 为水平渐近线;极限 $\lim\limits_{x \to x_0} f(x)=\infty$ 的几何意义是曲线 $y=f(x)$ 以直线 $x=x_0$ 为铅垂渐近线. 这里,把求曲线渐近线的一般方法归纳如下.

1. 水平渐近线

对曲线 $y=f(x)$,若

$$\lim\limits_{x \to -\infty} f(x) = b \quad \text{或} \quad \lim\limits_{x \to +\infty} f(x) = b,$$

则直线 $y=b$ 是曲线 $y=f(x)$ 的**水平渐近线**.

例 1 对曲线 $y=\arctan x$,由于(参阅图 1-36)

$$\lim\limits_{x \to -\infty} \arctan x = -\frac{\pi}{2}, \quad \lim\limits_{x \to +\infty} \arctan x = \frac{\pi}{2},$$

所以,曲线 $y=\arctan x$ 沿 x 轴的负方向有水平渐近线 $y=-\frac{\pi}{2}$;

沿 x 轴的正方向有水平渐近线 $y=\frac{\pi}{2}$.

例 2 对曲线 $y=\mathrm{e}^{-\frac{1}{x}}$,由于(图 1-58)

$$\lim\limits_{x \to -\infty} \mathrm{e}^{-\frac{1}{x}} = 1, \quad \lim\limits_{x \to +\infty} \mathrm{e}^{-\frac{1}{x}} = 1,$$

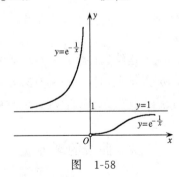

图 1-58

即

$$\lim\limits_{x \to \infty} \mathrm{e}^{-\frac{1}{x}} = 1,$$

所以,曲线 $y=\mathrm{e}^{-\frac{1}{x}}$ 沿着 x 轴的负方向、沿着 x 轴的正方向无限延伸时都以直线 $y=1$ 为水平渐近线.

例 3 对曲线 $y=\mathrm{e}^{-x}$,由于仅有

$$\lim_{x \to +\infty} \mathrm{e}^{-x} = 0,$$

所以，曲线 $y = \mathrm{e}^{-x}$ 仅沿 x 轴的正方向无限延伸时，以直线 $y = 0$(即 x 轴)为水平渐近线.

2. 铅垂渐近线

对曲线 $y = f(x)$，若

$$\lim_{x \to x_0^-} f(x) = \infty \qquad \text{或} \qquad \lim_{x \to x_0^+} f(x) = \infty,$$

则直线 $x = x_0$ 是曲线 $y = f(x)$ 的**铅垂渐近线**.

上述极限中的点 x_0 可能是函数 $f(x)$ 的**间断点**，也可能是函数 $f(x)$ 有定义区间的**端点**(在端点处无定义).

例 4 对曲线 $y = \dfrac{x^2}{2x-1}$，$x = \dfrac{1}{2}$ 是其间断点，由于

$$\lim_{x \to \frac{1}{2}^-} \frac{x^2}{2x-1} = -\infty, \qquad \lim_{x \to \frac{1}{2}^+} \frac{x^2}{2x-1} = +\infty,$$

所以，曲线 $y = \dfrac{x^2}{2x-1}$ 沿 y 轴的负方向、正方向延伸都以直线 $x = \dfrac{1}{2}$ 为铅垂渐近线(见图 1-59).

例 5 对曲线 $y = \mathrm{e}^{-\frac{1}{x}}$，由于 $x = 0$ 是其间断点，且仅有

$$\lim_{x \to 0^-} \mathrm{e}^{-\frac{1}{x}} = +\infty,$$

所以，曲线 $y = \mathrm{e}^{-\frac{1}{x}}$ 沿着 y 轴的正方向以直线 $x = 0(y$ 轴)为铅垂渐近线(图 1-59).

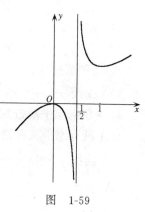

图 1-59

例 6 函数 $y = \ln x$ 在区间 $(0, +\infty)$ 内有定义，在区间端点 $x = 0$ 处，由于

$$\lim_{x \to 0^+} \ln x = -\infty,$$

所以，曲线 $y = \ln x$ 沿 y 轴的负方向延伸以直线 $x = 0$ 为铅垂渐近线(见图 1-17).

例 7 对曲线 $y = 3 + \dfrac{2x+1}{(x-1)^2}$,由于

$$\lim_{x \to \infty}\left[3 + \frac{2x+1}{(x-1)^2}\right] = 3, \qquad \lim_{x \to 1}\left[3 + \frac{2x+1}{(x-1)^2}\right] = \infty,$$

所以,直线 $y=3$ 为其水平渐近线;直线 $x=1$ 为其铅垂渐近线.

习 题 1.6

1. 求下列曲线的水平或铅垂渐近线:

(1) $y = 1 + \dfrac{1}{x}$; (2) $y = e^{\frac{1}{x}}$;

(3) $y = \ln(x-2)$; (4) $y = \operatorname{arccot} x$;

(5) $y = \dfrac{1}{(x+2)^2}$; (6) $y = \dfrac{x^2-1}{x^2+2x-3}$;

(7) $y = \dfrac{2x-1}{(x-1)^2}$; (8) $y = \dfrac{1}{\sqrt{2\pi}} e^{-\frac{x^2}{2}}$.

2. 确定下列结论的正确性:

(1) 曲线 $y = |\ln x|$ 向上延伸有铅垂渐近线 $x=0$;

(2) 曲线 $y = \ln|x|$ 向上延伸有铅垂渐近线 $x=0$.

3. 单项选择题:

(1) 曲线 $y = e^{\frac{1}{x^2}}$ (   ).

(A) 仅有水平渐近线; (B) 仅有铅垂渐近线;

(C) 既有水平又有铅垂渐近线; (D) 没有渐近线.

(2) 曲线 $y = 2\ln\dfrac{x+3}{x} - 3$ 的水平渐近线方程是(   ).

(A) $y=2$; (B) $y=1$; (C) $y=0$; (D) $y=-3$.

第二章　导数与微分

研究导数理论,求导数与微分的方法及其应用的科学称为微分学.本章讲述微分学中的两个基本概念——导数与微分——及其计算方法.

§2.1　导 数 概 念

一、两个实例

几何学中的切线概念和力学中的瞬时速度概念,这是我们已学过的知识.这里,我们将用函数极限的概念来精确地描述它们.从历史上看,导数概念就起源于几何学中的切线问题和力学中的速度问题.现从这两个实际问题谈起.

1. 切线问题

先定义曲线的切线:

设 M_0 是曲线 L 上的任一点,M 是曲线上与点 M_0 邻近的一点,作割线 M_0M.当点 M 沿着曲线 L 无限趋于点 M_0 时的极限位置 M_0T 称为过点 M_0 处的切线(图 2-1).

我们现在的问题是:已知曲线方程 $y=f(x)$,要确定过曲线上点 $M_0(x_0,y_0)$ 处的切线斜率.

按上述切线定义,在曲线 $y=f(x)$ 上取邻近于点 M_0 的点 $M(x_0+\Delta x,y_0+\Delta y)$,割线 M_0M 的倾角为 φ(图 2-2),其斜率是点 M_0 的纵坐标的改变量 Δy 与横坐标的改变量 Δx 之比

$$\tan\varphi=\frac{\Delta y}{\Delta x}=\frac{f(x_0+\Delta x)-f(x_0)}{\Delta x},$$

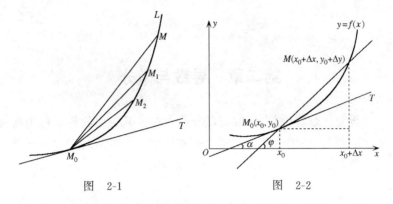

图 2-1 图 2-2

用割线 M_0M 的斜率表示切线斜率,这是近似值;显然,Δx 越小,即点 M 沿曲线越接近于点 M_0,其近似程度越好.

现在让点 $M(x_0+\Delta x, y_0+\Delta y)$ 沿着曲线移动并无限趋于点 $M_0(x_0, y_0)$,即当 $\Delta x \to 0$ 时,割线 M_0M 将绕着点 M_0 转动通过点 $M_1, M_2, \cdots$ 而达到极限位置成为切线 M_0T(见图 2-1 和图 2-2).所以割线 M_0M 的斜率的极限

$$\tan\alpha = \lim_{\Delta x \to 0} \tan\varphi = \lim_{\Delta x \to 0} \frac{f(x_0+\Delta x) - f(x_0)}{\Delta x}$$

就是曲线 $y=f(x)$ 在点 $M_0(x_0, y_0)$ 处切线 M_0T 的斜率,上式中的 α 是切线 M_0T 的倾角.

以上计算过程:先作割线,求出割线斜率;然后通过取极限,从割线过渡到切线,从而求得切线斜率.

由上述推导可知,曲线 $y=f(x)$ 在点 $M_0(x_0, y_0)$ 与点 $M(x_0+\Delta x, y_0+\Delta y)$ 的割线斜率 $\frac{\Delta y}{\Delta x}$,是曲线上的点的纵坐标 y 对横坐标 x 在区间 $[x_0, x_0+\Delta x]$ 上的平均变化率;而在点 M_0 处的切线斜率是曲线上的点的纵坐标 y 对横坐标 x 在 x_0 处的变化率.显然,后者反映了曲线的纵坐标 y 随横坐标 x 变化而变化,且在横坐标为 x_0 处变化的快慢程度.

2. 速度问题

若物体作匀速直线运动,以 t 表示经历的时间,s 表示所走过的路程,则运动的速度

$$v = \frac{\text{所走路程}}{\text{经历时间}} = \frac{s}{t}.$$

现假设物体作变速直线运动,所走过的路程 s 是经历的时间 t 的函数,其运动方程为 $s = f(t)$.

我们的问题是:已知物体作变速直线运动,运动方程为 $s = f(t)$,要确定该物体在时刻 t_0 的运动速度.

为此,可取邻近于 t_0 的时刻 $t = t_0 + \Delta t$,在 Δt 这一段时间内,物体走过的路程是

$$\Delta s = f(t_0 + \Delta t) - f(t_0),$$

物体运动的平均速度是

$$\bar{v} = \frac{\Delta s}{\Delta t} = \frac{f(t_0 + \Delta t) - f(t_0)}{\Delta t}.$$

用在 Δt 这一段时间内的平均速度表示物体在时刻 t_0 的运动速度,这是近似值;显然,Δt 越小,即时刻 t 越接近于时刻 t_0,其近似程度越好.

现令 $\Delta t \to 0$,平均速度 $\bar{v}$ 的极限自然就是物体在时刻 t_0 运动的瞬时速度

$$v(t_0) = \lim_{\Delta t \to 0} \frac{\Delta s}{\Delta t} = \lim_{\Delta t \to 0} \frac{f(t_0 + \Delta t) - f(t_0)}{\Delta t}.$$

以上计算过程:先在局部范围内求出平均速度;然后通过取极限,由平均速度过渡到瞬时速度.

若物体作变速直线运动,其运动方程为 $s = f(t)$,则在时刻 t_0 到时刻 $t_0 + \Delta t$(即在 Δt 这一段时间间隔)的平均速度 $\frac{\Delta s}{\Delta t}$ 是运动的路程 s 对运动的时间 t 的平均变化率;而在 t_0 的瞬时速度 $v(t_0)$ 是运动的路程 s 对运动的时间 t 在时刻 t_0 的变化率.显然,后者反映了运动的路程 s 随运动的时间 t 变化而变化,且在时刻 t_0 变化的

快慢程度.

以上两个实际问题,其一是曲线的切线斜率,其二是运动的瞬时速度.这两个问题实际意义虽然不同,一个是几何问题,一个是物理问题,但从数学上看,解决它们的方法却完全一样,都是计算同一类型的极限:函数的改变量与自变量的改变量之比,当自变量的改变量趋于零时的极限,即对函数 $y=f(x)$,要计算极限

$$\lim_{\Delta x \to 0} \frac{\Delta y}{\Delta x} = \lim_{\Delta x \to 0} \frac{f(x_0 + \Delta x) - f(x_0)}{\Delta x}.$$

上式中,分母 Δx 是自变量 x 在点 x_0 取得的改变量,要求 $\Delta x \neq 0$;分子 $\Delta y = f(x_0 + \Delta x) - f(x_0)$ 是与 Δx **相对应的**函数 $f(x)$ 的改变量.因此,若上述极限存在,这个极限是函数在点 x_0 处的变化率,它描述了函数 $f(x)$ 在点 x_0 变化的快慢程度.

在实际中,凡是考察一个变量随着另一个变量变化的变化率问题,都归结为计算上述类型的极限.正因为如此,上述极限表述了自然科学、工程技术、经济科学中很多不同质的现象在量方面的共性,正是这种共性的抽象而引出函数的导数概念.

二、导数概念

1. 导数定义

对函数 $y=f(x)$,若以 $\Delta x(\neq 0)$ 记自变量 x 在点 x_0 取得的改变量,而因变量 y 相对应的改变量记作 Δy:

$$\Delta y = f(x_0 + \Delta x) - f(x_0),$$

则如下定义函数 $y=f(x)$ 在点 x_0 的导数.

定义 2.1 设函数 $y=f(x)$ 在点 x_0 的某邻域内有定义,若极限

$$\lim_{\Delta x \to 0} \frac{\Delta y}{\Delta x} = \lim_{\Delta x \to 0} \frac{f(x_0 + \Delta x) - f(x_0)}{\Delta x} \tag{2.1}$$

存在,则称函数 $f(x)$ 在**点 x_0 可导**,并称此极限值为函数 $f(x)$ 在**点 x_0 的导数**,记作

$$f'(x_0), \quad y'\big|_{x=x_0}, \quad \frac{\mathrm{d}y}{\mathrm{d}x}\bigg|_{x=x_0}, \quad \frac{\mathrm{d}f}{\mathrm{d}x}\bigg|_{x=x_0}.$$

按定义 2.1 所述,记号 $f'(x_0)$ 或 $y'\big|_{x=x_0}$ 等表示函数 $f(x)$ 在点 x_0 的导数,它表示一个数值,并有

$$f'(x_0) = \lim_{\Delta x \to 0} \frac{f(x_0 + \Delta x) - f(x_0)}{\Delta x}. \tag{2.2}$$

若记 $x = x_0 + \Delta x$,则上式又可写作

$$f'(x_0) = \lim_{x \to x_0} \frac{f(x) - f(x_0)}{x - x_0}. \tag{2.3}$$

以后讨论函数 $f(x)$ 在点 x_0 的导数问题时,可以采用(2.2)式,也可采用(2.3)式.

若极限(2.1)式不存在,则称函数 $f(x)$ 在**点 x_0 不可导**. 在极限不存在的情况下,若极限为 ∞,即

$$\lim_{\Delta x \to 0} \frac{f(x_0 + \Delta x) - f(x_0)}{\Delta x} = \infty,$$

也称函数 $f(x)$ 在点 x_0 的导数为无穷大.

例 1 求函数 $y = f(x) = \dfrac{1}{x}$ 在 $x = 2$ 的导数.

解 用(2.2)式. 在 $x = 2$ 处,当自变量有改变量 Δx 时,函数相应的改变量

$$\Delta y = f(2 + \Delta x) - f(2) = \frac{1}{2 + \Delta x} - \frac{1}{2} = \frac{-\Delta x}{2(2 + \Delta x)},$$

于是,在 $x = 2$ 处 $f(x) = \dfrac{1}{x}$ 的导数

$$f'(2) = \lim_{\Delta x \to 0} \frac{f(2 + \Delta x) - f(2)}{\Delta x} = \lim_{\Delta x \to 0} \frac{-1}{4 + 2\Delta x} = -\frac{1}{4}.$$

用(2.3)式. 当自变量由 2 改变到 x 时,$\Delta x = x - 2$,相应的函数的改变量

$$\Delta y = f(x) - f(2) = \frac{1}{x} - \frac{1}{2} = \frac{2 - x}{2x},$$

于是 $\qquad f'(2) = \lim\limits_{x \to 2} \dfrac{f(x) - f(2)}{x - 2} = \lim\limits_{x \to 2} \dfrac{-1}{2x} = -\dfrac{1}{4}.$

既然极限问题有左极限、右极限之分,而函数 $f(x)$ 在点 x_0 的导数是用一个极限式定义的,自然就有左导数和右导数问题.

若以 $f'_-(x_0)$ 和 $f'_+(x_0)$ 分别记函数 $f(x)$ 在点 x_0 的**左导数**和**右导数**,则应如下定义

$$f'_-(x_0) = \lim_{\Delta x \to 0^-} \frac{\Delta y}{\Delta x} = \lim_{\Delta x \to 0^-} \frac{f(x_0 + \Delta x) - f(x_0)}{\Delta x},$$

或

$$f'_-(x_0) = \lim_{x \to x_0^-} \frac{f(x) - f(x_0)}{x - x_0},$$

$$f'_+(x_0) = \lim_{\Delta x \to 0^+} \frac{\Delta y}{\Delta x} = \lim_{\Delta x \to 0^+} \frac{f(x_0 + \Delta x) - f(x_0)}{\Delta x},$$

或

$$f'_+(x_0) = \lim_{x \to x_0^+} \frac{f(x) - f(x_0)}{x - x_0}.$$

由函数极限存在的充分必要条件可知,函数在点 x_0 的导数与在该点的左右导数的关系有下述**结论**:

函数 $f(x)$ 在点 x_0 可导且 $f'(x_0) = A$ 的**充分必要条件**是它在点 x_0 的左导数 $f'_-(x_0)$ 和右导数 $f'_+(x_0)$ 皆存在且都等于 A,即

$$f'(x_0) = A \Longleftrightarrow f'_-(x_0) = A = f'_+(x_0). \tag{2.4}$$

例 2 讨论函数 $f(x) = |x|$ 在 $x = 0$ 处是否可导.

解 按绝对值定义,$|x| = \begin{cases} x, & 0 \leqslant x, \\ -x, & x < 0, \end{cases}$ 这是分段函数,$x = 0$ 是其分段点(图 2-3).

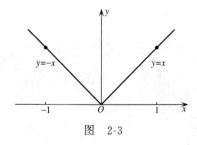

图 2-3

先考察函数在 $x = 0$ 的左导数和右导数.

由于 $f(0)=0$,且

$$f'_-(0) = \lim_{x \to 0^-} \frac{f(x) - f(0)}{x} = \lim_{x \to 0^-} \frac{-x-0}{x} = -1,$$

$$f'_+(0) = \lim_{x \to 0^+} \frac{f(x) - f(0)}{x} = \lim_{x \to 0^+} \frac{x-0}{x} = 1.$$

虽然该函数在 $x=0$ 处的左导数和右导数都存在,但 $f'_-(0) \neq f'_+(0)$,所以函数 $f(x)=|x|$ 在 $x=0$ 处不可导.

例 3 讨论函数 $f(x) = \begin{cases} x, & x<0, \\ \ln(1+x), & x \geqslant 0 \end{cases}$ 在 $x=0$ 处是否可导.

解 这是分段函数,$x=0$ 是其分段点.先考察函数在 $x=0$ 的左导数和右导数.

因 $f(0)=\ln(1+0)=0$,又

$$f'_- = \lim_{x \to 0^-} \frac{f(x) - f(0)}{x} = \lim_{x \to 0^-} \frac{x-0}{x} = 1,$$

$$f'_+(0) = \lim_{x \to 0^+} \frac{f(x) - f(0)}{x} = \lim_{x \to 0^+} \frac{\ln(1+x)-0}{x} = 1,$$

即 $f'_-(0)=f'_+(0)$.所以函数 $f(x)$ 在 $x=0$ 处可导,且 $f'(0)=1$.

定义 2.1 描述的是函数 $y=f(x)$ 在某一点 x_0 处的导数.若函数 $y=f(x)$ 在区间 I 内的每一点都可导,则称函数 $f(x)$ **在该区间内可导**,或称 $f(x)$ 是区间 I 内的**可导函数**.至于说到 $f(x)$ 在闭区间 $[a,b]$ 上可导,那是指:$f(x)$ 在开区间 (a,b) 内可导,并且在区间的左端点 a 右导数 $f'_+(a)$ 存在、在区间的右端点 b 左导数 $f'_-(b)$ 存在.

设函数 $f(x)$ 在区间 I 上可导,则对于每一个 $x \in I$,都有 $f(x)$ 的一个导数值 $f'(x)$ 与之对应,这样就得到一个定义在 I 上的函数,称为**函数 $y=f(x)$ 的导函数**,记作

$$f'(x) \quad \text{或} \quad y' \quad \text{或} \quad \frac{\mathrm{d}y}{\mathrm{d}x} \quad \text{或} \quad \frac{\mathrm{d}f}{\mathrm{d}x},$$

即 $$f'(x) = \lim_{\Delta x \to 0} \frac{\Delta y}{\Delta x} = \lim_{\Delta x \to 0} \frac{f(x+\Delta x) - f(x)}{\Delta x}. \tag{2.5}$$

注意　上式中的 x 可取区间 I 内的任意值,但在求极限过程中,要把 x 看作常量,Δx 是变量.

显然,函数 $f(x)$ 在点 x_0 的导数 $f'(x_0)$,正是该函数的导函数 $f'(x)$ 在点 x_0 的值,即

$$f'(x_0) = f'(x)\big|_{x=x_0}.$$

导函数简称为**导数**. 在求导数时,若没有指明是求在某一定点导数,都是指求导函数.

例 4　求 $y = x^3$ 的导数 y',并求 $y'\big|_{x=2}$.

解　先求函数的导函数.

对任意点 x,当自变量的改变量为 Δx,则相应的 y 的改变量

$$\Delta y = (x + \Delta x)^3 - x^3 = 3x^2 \cdot \Delta x + 3x(\Delta x)^2 + (\Delta x)^3.$$

由(2.5)式,导函数

$$\begin{aligned}
y' &= \lim_{\Delta x \to 0} \frac{(x + \Delta x)^3 - x^3}{\Delta x} \\
&= \lim_{\Delta x \to 0} \left[3x^2 + 3x \cdot \Delta x + (\Delta x)^2 \right] = 3x^2.
\end{aligned}$$

由导函数再求指定点的导数值:

$$y'\big|_{x=2} = 3x^2\big|_{x=2} = 12.$$

注意到本例中,函数 $y = x^3$ 的导数是 $y' = 3x^2$. 若 n 是正整数,对函数 $y = x^n$,类似地推导,有

$$y' = (x^n)' = nx^{n-1}.$$

以后将证明,对任意实数 α,幂函数 $y = x^\alpha$ 有导数公式

$$y' = (x^\alpha)' = \alpha x^{\alpha-1}.$$

例如,当 $\alpha = 1$ 时,$y = x$ 的导数为

$$y' = (x)' = 1 \cdot x^{1-1} = x^0 = 1;$$

当 $\alpha = \dfrac{1}{2}$ 时,$y = x^{\frac{1}{2}}$,则

$$y' = (x^{\frac{1}{2}})' = \frac{1}{2} x^{\frac{1}{2}-1} = \frac{1}{2} x^{-\frac{1}{2}} = \frac{1}{2\sqrt{x}};$$

当 $\alpha = -2$ 时,$y = x^{-2} = \dfrac{1}{x^2}$,则

$$y' = (x^{-2})' = -2x^{-2-1} = -2x^{-3} = -\frac{2}{x^3}.$$

例5 求常量函数 $y = C$ 的导数.

解 对任意一点 x，若自变量的改变量为 Δx，则总有 $\Delta y = C - C = 0$. 于是，由导函数的表示式(2.5)式

$$y' = \lim_{\Delta x \to 0} \frac{\Delta y}{\Delta x} = \lim_{\Delta x \to 0} \frac{0}{\Delta x} = 0,$$

即常数的导数等于零.

例6 证明：若 $y = \sin x$，则 $y' = \cos x$；并求 $y'|_{x=0}$，$y'|_{x=\frac{\pi}{2}}$.

证 设自变量在 x 处有改变量 Δx，则

$$\Delta y = \sin(x + \Delta x) - \sin x = 2\sin\frac{\Delta x}{2} \cdot \cos\frac{2x + \Delta x}{2},$$

于是，由(2.5)式

$$y' = \lim_{\Delta x \to 0} \frac{\Delta y}{\Delta x} = \lim_{\Delta x \to 0} \frac{\sin\dfrac{\Delta x}{2}}{\dfrac{\Delta x}{2}} \cos\left(x + \frac{\Delta x}{2}\right)$$

$$= \lim_{\Delta x \to 0} \frac{\sin\dfrac{\Delta x}{2}}{\dfrac{\Delta x}{2}} \cdot \lim_{\Delta x \to 0} \cos\left(x + \frac{\Delta x}{2}\right) = 1 \cdot \cos x = \cos x.$$

在上述求极限时，用了第一个重要极限和余弦函数的连续性.

将 $x = 0$，$x = \dfrac{\pi}{2}$ 分别代入 $y = \sin x$ 的导函数的表达式中，得

$$y'|_{x=0} = \cos x|_{x=0} = 1, \quad y'|_{x=\frac{\pi}{2}} = \cos x|_{x=\frac{\pi}{2}} = 0.$$

同样方法可证：若 $y = \cos x$，则 $y' = -\sin x$.

例7 证明：若 $y = \log_a x$，则 $y' = \dfrac{1}{x}\log_a e = \dfrac{1}{x\ln a}$.

证 由导函数表示式(2.5)式

$$y' = \lim_{\Delta x \to 0} \frac{\Delta y}{\Delta x} = \lim_{\Delta x \to 0} \frac{\log_a(x + \Delta x) - \log_a x}{\Delta x}$$

$$= \lim_{\Delta x \to 0} \frac{1}{\Delta x}\log_a\frac{x + \Delta x}{x} = \lim_{\Delta x \to 0} \frac{1}{\Delta x} \cdot \frac{x}{x}\log_a\left(1 + \frac{\Delta x}{x}\right)$$

$$= \frac{1}{x} \log_a \lim_{\Delta x \to 0} \left(1 + \frac{\Delta x}{x} \right)^{\frac{x}{\Delta x}} = \frac{1}{x} \log_a \mathrm{e} = \frac{1}{x \ln a}.$$

特别地,有

$$(\ln x)' = \frac{1}{x}.$$

下面我们来讨论函数 $f(x)$ 在点 x_0 **可导**与**连续**的关系.

若函数 $f(x)$ 在点 x_0 可导,由导数定义的表达式(2.3)式,即

$$f'(x_0) = \lim_{x \to x_0} \frac{f(x) - f(x_0)}{x - x_0}.$$

易看出,在上述极限存在的条件下,由于分母有 $\lim\limits_{x \to x_0}(x - x_0) = 0$,必然有

$$\lim_{x \to x_0}(f(x) - f(x_0)) = 0 \quad \text{或} \quad \lim_{x \to x_0}f(x) = f(x_0),$$

即我们有下述**结论**:

若函数 $f(x)$ 在点 x_0 **可导**,则它在点 x_0 **必连续**.

需要指出,上述结论反之则不成立,即函数 $f(x)$ 在点 x_0 连续,仅是它在该点可导的必要条件,而不是充分条件.

例如,前述例 2,函数 $f(x) = |x|$ 在 $x = 0$ 处不可导,但在 $x = 0$ 处却是连续的(见图 2-3).

例 8 讨论函数 $f(x) = \begin{cases} x\sin\dfrac{1}{x}, & x \neq 0, \\ 0, & x = 0 \end{cases}$ 在 $x = 0$ 处的连续性与可导性.

解 由于 $\lim\limits_{x \to 0}f(x) = \lim\limits_{x \to 0}x\sin\dfrac{1}{x} = 0 = f(0)$,

由函数在一点连续的定义知,$f(x)$ 在 $x = 0$ 处连续.

再来考察可导性. 在 $x = 0$ 处,由于

$$\frac{f(x) - f(0)}{x - 0} = \frac{x\sin\dfrac{1}{x} - 0}{x} = \sin\frac{1}{x},$$

显然,当 $x \to 0$ 时,上式的极限不存在,故 $f(x)$ 在 $x = 0$ 处不可导.

2. 导数的几何意义与物理意义

(1) 导数的几何意义

由前述,由切线的斜率问题引出了导数定义. 现在,由导数定义可知:

函数 $f(x)$ 在点 x_0 的导数 $f'(x_0)$ 在几何上表示曲线 $y=f(x)$ 在点 $(x_0,f(x_0))$ 处的**切线斜率**.

若曲线 $y=f(x)$ 在 $x=x_0$ 处的切线倾角为 α,则 $f'(x_0)=\tan\alpha$. 几何直观(图 2-4)告诉我们:

(1) 若 $f'(x_0)>0$,由 $\tan\alpha>0$ 知,倾角 α 为锐角,在 x_0 处,曲线是上升的,函数 $f(x)$ 随 x 增加而增加;

(2) 若 $f'(x_0)<0$,由 $\tan\alpha<0$ 知,倾角 α 为钝角,在 x_0 处,曲线是下降的,函数 $f(x)$ 随 x 增加而减少;

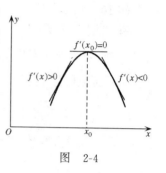

图 2-4

(3) 若 $f'(x_0)=0$,由 $\tan\alpha=0$ 知,切线与 x 轴平行,这样的点 x_0 称为函数 $f(x)$ 的**驻点**或**稳定点**.

上述(1),(2)的结论,可以推广到一个区间 I 上,即在 I 上,若 $f'(x)>0$(或 <0),则 $f(x)$ 在 I 上单调增加(或减少). 这个结论将在 §3.3 中讨论.

根据导数的几何意义及解析几何中直线的点斜式方程,若函数 $f(x)$ 在 x_0 处可导,则曲线 $y=f(x)$ 在点 $(x_0,f(x_0))$ 处的

切线方程为

$$y-f(x_0)=f'(x_0)(x-x_0);$$

法线方程为

$$y-f(x_0)=-\frac{1}{f'(x_0)}(x-x_0) \quad (若 f'(x_0)\neq 0).$$

特别当 $f'(x_0)=0$ 时,切线方程与法线方程分别为

$$y=y_0 \quad 与 \quad x=x_0.$$

例 9 求曲线 $y = x^3$ 在点 $(2,8)$ 处的切线方程和法线方程.

解 由例 4 知 $y' = 3x^2$，$y'|_{x=2} = 12$. 所以，切线方程为

$$y - 8 = 12(x - 2) \quad \text{或} \quad 12x - y - 16 = 0;$$

法线方程为

$$y - 8 = -\frac{1}{12}(x - 2) \quad \text{或} \quad x + 12y - 98 = 0.$$

例 10 考察曲线 $y = \sqrt[3]{x}$ 在点 $(0,0)$ 处的切线.

解 由图 2-5 的几何直观可得，这条曲线在原点 $(0,0)$ 的切线就是 y 轴，切线方程应是 $x = 0$，它的倾角 $\alpha = \dfrac{\pi}{2}$.

由幂函数的导数公式

$$y' = (\sqrt[3]{x})' = (x^{\frac{1}{3}})' = \frac{1}{3}x^{-\frac{2}{3}} = \frac{1}{3\sqrt[3]{x^2}},$$

显然，在 $x = 0$ 时，导数 y' 不存在. 但可以认为 $y'|_{x=0} = +\infty$. 这恰好描述了该曲线在原点 $(0,0)$ 处的切线斜率 $\tan\dfrac{\pi}{2} = +\infty$.

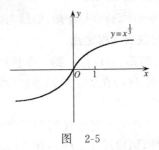

图 2-5

一般说来，若函数 $y = f(x)$ 在 $x = x_0$ 处有 $f'(x_0) = \infty$，正说明曲线 $y = f(x)$ 在点 $(x_0, f(x_0))$ 处有垂直于 x 轴的切线 $x = x_0$.

(2) 导数的物理意义

从导数定义可知，函数 $y = f(x)$ 在点 x_0 的导数 $f'(x_0)$，就是函数 $f(x)$ 在点 x_0 的变化率. 变化率反映了因变量 y 随着自变量 x 在点 x_0 的变化而变化的快慢程度和变化的方向 (当 $f'(x_0) > 0$ 时，y 随着 x 增加而增加；当 $f'(x_0) < 0$ 时，y 将随着 x 增加而减

少,参阅图 2-4). 显然,当函数有不同的实际涵义时,变化率的涵义也不相同.

正因为如此,就导数的物理意义而言,应对不同的物理量作不同的解释. 例如,

若物体作变速直线运动,其运动方程为 $s=s(t)$,则在时刻 t_0 的瞬时速度就是所走路程(位移)s 对时间 t 在 $t=t_0$ 时的导数,即

$$v(t_0) = \frac{\mathrm{d}s}{\mathrm{d}t}\bigg|_{t=t_0}.$$

若一物体绕定轴 l 作变速旋转,旋转的角度记作 θ,则 θ 将是旋转时间 t 的函数

$$\theta = \theta(t),$$

该方程称为物体的转动方程. 若已知转动方程,则旋转的角度 θ 对时间 t 在 $t=t_0$ 时的导数

$$w(t_0) = \frac{\mathrm{d}\theta}{\mathrm{d}t}\bigg|_{t=t_0}$$

就表示在时刻 t_0 时的瞬时角速度.

设有一根由某种物质构成的细杆,则单位长度上的质量称为细杆的线密度. 如果细杆上质量分布是均匀的,那么在细杆的不同位置,其线密度是相同的. 如果细杆上质量分布是不均匀的,我们取细杆的一端作为原点,沿着杆的方向为 x 轴,则细杆上任意点的坐标为 x(图 2-6),于是,细杆的质量 m 是杆的长度 x 的函数

$$m = m(x),$$

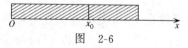

图 2-6

那么,杆的质量 m 对杆的长度 x 在 $x=x_0$ 的导数

$$\rho(x_0) = \frac{\mathrm{d}m}{\mathrm{d}x}\bigg|_{x=x_0}$$

就表示细杆在 x_0 处的线密度.

还可以在物理的不同领域里举出很多例子,这里不再讲述.

习 题 2.1

1. 设函数 $y = f(x) = x^2$.

(1) 试求函数的改变量与自变量的比 $\dfrac{\Delta y}{\Delta x}$:

(i) 当 $x = 1, \Delta x = 0.1$ 时,   (ii) 当 $x = 1, \Delta x = 0.01$ 时;

(2) 用导数定义求在 $x = 1$ 的导数.

2. 已知质点的直线运动方程为 $s = 5t^2 + 6$.

(1) 求 $2 \leqslant t \leqslant 2 + \Delta t$ 时间内的平均速度:设 $\Delta t = 1, 0.1, 0.01,$ 0.001;

(2) 从上面各平均速度变化的趋势,估计出在 $t = 2$ 秒这一时刻的瞬时速度;

(3) 由瞬时速度的定义,算出在 $t = 2$ 秒这一时刻的瞬时速度.

3. 长 30 厘米的非均匀细轴的质量分布规律为

$$m = 3l^2 + 5l (克),$$

其中,l 是从 A 算起的一段轴长,试求:

(1) 轴的平均线密度;

(2) 离 A 点 5 厘米处的轴的线密度;

(3) 轴的末端 B 点处的线密度.

4. 用导数定义求 $f'(4), f'(x)$,已知:

(1) $f(x) = x^2 + 1$;   (2) $f(x) = \sqrt{x}$.

5. 讨论下列函数在 $x = 0$ 处的连续性与可导性:

(1) $f(x) = x|x|$;   (2) $f(x) = |\sin x|$;

(3) $f(x) = \begin{cases} \ln(1+x), & -1 < x \leqslant 0, \\ \sqrt{1+x} - \sqrt{1-x}, & 0 < x < 1; \end{cases}$

(4) $f(x) = \begin{cases} x^2 \sin \dfrac{1}{x}, & x \neq 0, \\ 0, & x = 0. \end{cases}$

6. 设函数 $f(x) = \begin{cases} x^2, & x \leqslant 1, \\ ax+b, & x > 1 \end{cases}$ 在 $x=1$ 处可导,试确定 a,b 的值.

7. 求下列函数的导数:

(1) $y = x^4$; (2) $y = x^{\frac{1}{3}}$; (3) $y = \dfrac{1}{x^3}$; (4) $y = \dfrac{1}{\sqrt{x}}$.

8. 求下列函数在指定点的导数:

(1) $y = \sin x$,求 $\dfrac{\mathrm{d}y}{\mathrm{d}x}\Big|_{x=\frac{\pi}{4}}$,$\dfrac{\mathrm{d}y}{\mathrm{d}x}\Big|_{x=\pi}$;

(2) $y = \cos x$,求 $\dfrac{\mathrm{d}y}{\mathrm{d}x}\Big|_{x=0}$,$\dfrac{\mathrm{d}y}{\mathrm{d}x}\Big|_{x=\frac{\pi}{2}}$;

(3) $y = \log_2 x$,求 $\dfrac{\mathrm{d}y}{\mathrm{d}x}\Big|_{x=1}$,$\dfrac{\mathrm{d}y}{\mathrm{d}x}\Big|_{x=\frac{1}{2}}$;

(4) $y = \ln x$,求 $\dfrac{\mathrm{d}y}{\mathrm{d}x}\Big|_{x=\frac{1}{3}}$,$\dfrac{\mathrm{d}y}{\mathrm{d}x}\Big|_{x=e}$.

9. 求下列曲线在已知点的切线方程和法线方程:

(1) $y = x^2$ 在点 $(-2,4)$ 处; (2) $y = \cos x$ 在点 $(0,1)$ 处;

(3) $y = \sin x$ 在点 $(0,0)$ 和 $\left(\dfrac{\pi}{2},1\right)$ 处;

(4) $y = \ln x$ 在点 $(1,0)$ 处; (5) $xy = 1$ 在点 $(1,1)$ 处.

10. 设函数 $y = f(x)$ 在点 x_0 处可导,按照导数定义,确定出 A 的值:

(1) $\lim\limits_{\Delta x \to 0} \dfrac{f(x_0) - f(x_0 + \Delta x)}{\Delta x} = A$;

(2) $\lim\limits_{\Delta x \to 0} \dfrac{f(x_0 - \Delta x) - f(x_0)}{\Delta x} = A$;

(3) $\lim\limits_{\Delta x \to 0} \dfrac{f(x_0 + 2\Delta x) - f(x_0)}{\Delta x} = A$;

(4) $\lim\limits_{h \to 0} \dfrac{f(x_0 + h) - f(x_0 - h)}{h} = A$.

11. 填空题

(1) 设 $f(0) = 0$ 且 $f(x)$ 在 $x=0$ 处可导,则

$$\lim_{x\to 0}\frac{f(x)}{x}=\underline{\qquad};$$

(2) 设 $f(0)=0,t\neq 0$ 且 $f(x)$ 在 $x=0$ 处可导,则

$$\lim_{x\to 0}\frac{f(tx)}{x}=\underline{\qquad};$$

(3) 设 $f(0)=g(0)=0$ 且 $f(x)$,$g(x)$ 在 $x=0$ 处可导,$g'(0)\neq 0$,则 $\lim\limits_{x\to 0}\dfrac{f(x)}{g(x)}=\underline{\qquad};$

(4) 设函数 $f(x)$ 可导,则 $\lim\limits_{x\to 2}\dfrac{f(4-x)-f(2)}{x-2}=\underline{\qquad}.$

12. 单项选择题:

(1) 设 $f(x)=x(x-1)(x-2)\cdots(x-99)$,则 $f'(0)=$ ( ).

(A) 99;   (B) -99;   (C) 99!;   (D) $-99!$.

(2) 设 $f(x)=\begin{cases}\ln x, & x\geqslant 1,\\ x-1, & x<1,\end{cases}$ 则 $f(x)$ 在 $x=1$ 处( ).

(A) 不连续;   (B) 连续但不可导;

(C) 连续且 $f'(1)=0$;   (D) 连续且 $f'(1)=1$.

(3) 函数 $f(x)=|x-1|$ 在 $x=1$ 处( ).

(A) 不连续;   (B) 连续但不可导;

(C) 连续且 $f'(1)=-1$;   (D) 连续且 $f'(1)=1$.

(4) 函数 $f(x)$ 在点 x_0 处连续是在该点处可导的( ).

(A) 必要条件,但不是充分条件;

(B) 充分条件,但不是必要条件;

(C) 充分必要条件;   (D) 无关条件.

§2.2 初等函数的导数

一、导数公式与运算法则

求已知函数 $f(x)$ 的导数 $f'(x)$ 的运算,称为微分运算.从原

则上讲,计算函数 $f(x)$ 的导数的问题已经解决,因为由导数定义,只要计算极限

$$\lim_{\Delta x \to 0} \frac{f(x + \Delta x) - f(x)}{\Delta x}$$

即可. 但直接计算上述极限却不是一件容易的事,特别当 $f(x)$ 是较复杂的函数时,计算上述极限就更困难了.

我们是通过下列程序建立计算初等函数导数的方法:

(1) 从定义出发计算一些基本初等函数的导数.

在 §2.1 节中,已用导数定义得到了常量函数 $y=C$、幂函数 $y=x^n$(n 是正整数)、正弦函数 $y=\sin x$、余弦函数 $y=\cos x$ 和对数函数 $y=\log_a x$,$y=\ln x$ 的导数公式.

(2) 建立导数的运算法则.

除了上述已得到的基本初等函数的导数公式外,把计算其余基本初等函数的导数和一般初等函数的导数,通过导数本身的性质——运算法则——把它们归结为去计算已得到的基本初等函数的导数.

由于基本初等函数的导数公式是进行导数运算的基础,为了便于读者掌握,我们先全部列举出来.

1. 基本初等函数的导数公式

(1) $(C)' = 0$(C 为任意常数);

(2) $(x^a)' = \alpha x^{a-1}$(α 为任意实数);

(3) $(a^x)' = a^x \ln a$($a>0, a \neq 1$);

(4) $(e^x)' = e^x$;

(5) $(\log_a x)' = \frac{1}{x} \log_a e = \frac{1}{x \ln a}$($a>0, a \neq 1$);

(6) $(\ln x) = \frac{1}{x}$;

(7) $(\sin x)' = \cos x$;

(8) $(\cos x)' = -\sin x$;

(9) $(\tan x)' = \sec^2 x = \frac{1}{\cos^2 x}$;

(10) $(\cot x)' = -\csc^2 x = -\dfrac{1}{\sin^2 x}$;

(11) $(\sec x)' = \sec x \cdot \tan x$;

(12) $(\csc x)' = -\csc x \cdot \cot x$;

(13) $(\arcsin x)' = \dfrac{1}{\sqrt{1-x^2}}$;

(14) $(\arccos x)' = -\dfrac{1}{\sqrt{1-x^2}}$;

(15) $(\arctan x)' = \dfrac{1}{1+x^2}$;

(16) $(\text{arccot} x)' = -\dfrac{1}{1+x^2}$.

2. 导数的运算法则

定理 2.1(四则运算法则) 设函数 $u=u(x), v=v(x)$ 都是可导函数,则

(1) 代数和 $[u(x) \pm v(x)]$ 可导,且
$$[u(x) \pm v(x)]' = u'(x) \pm v'(x).$$

(2) 乘积 $u(x) \cdot v(x)$ 可导,且
$$[u(x) \cdot v(x)]' = u'(x) \cdot v(x) + u(x)v'(x),$$
特别的,C 是常数时
$$[Cv(x)]' = Cv'(x).$$

(3) 若 $v(x) \neq 0$,商 $\dfrac{u(x)}{v(x)}$ 可导,且
$$\left[\dfrac{u(x)}{v(x)}\right]' = \dfrac{u'(x)v(x) - u(x)v'(x)}{[v(x)]^2},$$
特别的
$$\left[\dfrac{C}{v(x)}\right]' = -\dfrac{Cv'(x)}{[v(x)]^2}.$$

我们只证明乘积的导数运算法则,其他法则可类似证明.

证 设函数 $y=u(x) \cdot v(x)$ 在点 x 取得改变量 Δx,相应的 y 的改变量
$$\Delta y = u(x + \Delta x) \cdot v(x + \Delta x) - u(x) \cdot v(x)$$
$$= u(x + \Delta x) \cdot v(x + \Delta x) - u(x) \cdot v(x + \Delta x)$$

110

$$+ u(x) \cdot v(x + \Delta x) - u(x) \cdot v(x)$$
$$= v(x + \Delta x)[u(x + \Delta x) - u(x)]$$
$$+ u(x)[v(x + \Delta x) - v(x)].$$

因为 $u=u(x), v=v(x)$ 可导,且可导必连续,于是

$$y' = \lim_{\Delta x \to 0} \frac{\Delta y}{\Delta x}$$

$$= \lim_{\Delta x \to 0} v(x + \Delta x) \cdot \lim_{\Delta x \to 0} \frac{u(x + \Delta x) - u(x)}{\Delta x}$$

$$+ u(x) \lim_{\Delta x \to 0} \frac{v(x + \Delta x) - v(x)}{\Delta x}$$

$$= v(x)u'(x) + u(x)v'(x). \quad \square$$

乘积法则可推广到有限个函数的情形. 例如,对三个函数的乘积,有

$$[u(x) \cdot v(x) \cdot w(x)]'$$
$$= u'(x) \cdot v(x) \cdot w(x) + u(x) \cdot v'(x) \cdot w(x)$$
$$+ u(x) \cdot v(x) \cdot w'(x).$$

例 1 设 $y = x^3 \cos x + 3\sin x + \cos \dfrac{\pi}{3}$,求 y'.

解 由代数和及乘法法则,可得

$$y' = \left(x^3 \cos x + 3\sin x + \cos \frac{\pi}{3} \right)'$$

$$= (x^3 \cos x)' + (3\sin x)' + \left(\cos \frac{\pi}{3} \right)'$$

$$= (x^3)' \cos x + x^3 (\cos x)' + 3(\sin x)' + 0$$

$$= 3x^2 \cos x + x^3 (-\sin x) + 3\cos x$$

$$= 3x^2 \cos x - x^3 \sin x + 3\cos x.$$

例 2 设 $y = \sqrt{x} \, \log_3 x + 2^x \ln x$,求 y'.

解 由代数和及乘法法则,得

$$y' = (\sqrt{x} \, \log_3 x)' + (2^x \ln x)'$$

$$= (\sqrt{x})' \cdot \log_3 x + \sqrt{x} (\log_3 x)' + (2^x)' \cdot \ln x + 2^x (\ln x)'$$

$$= \frac{1}{2\sqrt{x}} \log_3 x + \sqrt{x} \frac{1}{x \ln 3} + 2^x \ln 2 \cdot \ln x + 2^x \cdot \frac{1}{x}$$

$$= \frac{1}{2\sqrt{x}} \left(\log_3 x + \frac{2}{\ln 3} \right) + 2^x \left(\ln 2 \cdot \ln x + \frac{1}{x} \right).$$

例 3 证明：若 $y = \tan x$，则 $y' = \sec^2 x = \dfrac{1}{\cos^2 x}$.

证 由于已证 $(\sin x)' = \cos x$，$(\cos x)' = -\sin x$. 由商的导数法则

$$y' = (\tan x)' = \left(\frac{\sin x}{\cos x} \right)'$$

$$= \frac{(\sin x)' \cos x - \sin x (\cos x)'}{\cos^2 x}$$

$$= \frac{\cos x \cdot \cos x - \sin x (-\sin x)}{\cos^2 x}$$

$$= \frac{1}{\cos^2 x} = \sec^2 x.$$

同样可证：

$$(\cot x)' = \left(\frac{\cos x}{\sin x} \right)' = -\frac{1}{\sin^2 x} = -\csc^2 x.$$

例 4 证明：若 $y = \sec x$，则 $y' = \sec x \cdot \tan x$.

证 由商的导数法则

$$(\sec x)' = \left(\frac{1}{\cos x} \right)' = -\frac{1 \cdot (\cos x)'}{\cos^2 x}$$

$$= -\frac{-\sin x}{\cos^2 x} = \sec x \cdot \tan x.$$

同样可证

$$(\csc x)' = \left(\frac{1}{\sin x} \right)' = -\csc x \cot x.$$

例 5 设 $y = \dfrac{x \ln x}{1 + x^2}$，求 y'，$y'|_{x=1}$.

解
$$y' = \left(\frac{x \ln x}{1 + x^2} \right)'$$

112

$$= \frac{(x\ln x)'(1+x^2) - x\ln x \cdot (1+x^2)'}{(1+x^2)^2}$$

$$= \frac{\left(1 \cdot \ln x + x \cdot \dfrac{1}{x}\right)(1+x^2) - x\ln x(0+2x)}{(1+x^2)^2}$$

$$= \frac{\ln x + 1 + x^2 - x^2\ln x}{(1+x^2)^2},$$

$$y'\big|_{x=1} = \frac{\ln x + 1 + x^2 - x^2\ln x}{(1+x^2)^2}\bigg|_{x=1} = \frac{2}{4} = \frac{1}{2}.$$

定理 2.2(反函数的导数) 设函数 $y=f(x)$ 与 $x=f^{-1}(y)$ 互为反函数,若函数 $f^{-1}(y)$ 可导(即 $\dfrac{\mathrm{d}x}{\mathrm{d}y}$ 存在)且 $[f^{-1}(y)]' \neq 0$,则

$$f'(x) = \frac{1}{[f^{-1}(y)]'} \quad \text{或} \quad \frac{\mathrm{d}y}{\mathrm{d}x} = \frac{1}{\dfrac{\mathrm{d}x}{\mathrm{d}y}}.$$

我们已经证明了三角函数和对数函数的导数公式,由反函数的导数法则,可求出反三角函数和指数函数的导数.

例 6 证明:若 $y=\arcsin x$,则 $y' = \dfrac{1}{\sqrt{1-x^2}}$.

证 由于 $y=\arcsin x$,$x \in (-1,1)$ 是正弦函数 $x=\sin y$,$y \in \left(-\dfrac{\pi}{2}, \dfrac{\pi}{2}\right)$ 的反函数. 由反函数的导数法则可得

$$(\arcsin x)' = \frac{1}{(\sin y)'} = \frac{1}{\cos y} = \frac{1}{\sqrt{1-\sin^2 y}} = \frac{1}{\sqrt{1-x^2}}.$$

这里,根号前取正号是因为 $y \in \left(-\dfrac{\pi}{2}, \dfrac{\pi}{2}\right)$ 时,$\cos y > 0$.

同样可证

$$(\arccos x)' = -\frac{1}{\sqrt{1-x^2}}.$$

例 7 证明:若 $y=\arctan x$,则 $y' = \dfrac{1}{1+x^2}$.

证 由于 $y=\arctan x$,$x \in (-\infty, +\infty)$ 是正切函数 $x=\tan y$,$y \in \left(-\dfrac{\pi}{2}, \dfrac{\pi}{2}\right)$ 的反函数. 由反函数的导数法则可得

$$(\arctan x)' = \frac{1}{(\tan y)'} = \frac{1}{\sec^2 y} = \frac{1}{1 + \tan^2 y} = \frac{1}{1 + x^2}.$$

同样可证

$$(\operatorname{arccot} x)' = -\frac{1}{1 + x^2}.$$

例 8 证明：若 $y = a^x$，则 $(a^x)' = a^x \ln a$.

证 由于 $y = a^x$，$x \in (-\infty, +\infty)$ 是对数函数 $x = \log_a y$，$y \in (0, +\infty)$ 的反函数. 由反函数的导数法则可得

$$(a^x)' = \frac{1}{(\log_a y)'} = \frac{1}{\dfrac{1}{y \ln a}} = y \ln a = a^x \ln a.$$

特别有 $\qquad\qquad\qquad (\mathrm{e}^x)' = \mathrm{e}^x.$

定理 2.3（复合函数的导数） 设函数 $u = \varphi(x)$ 在点 x 可导，而函数 $y = f(u)$ 在对应的点 u 可导，则复合函数 $y = f(\varphi(x))$ 在点 x 可导，且

$$\frac{\mathrm{d}y}{\mathrm{d}x} = \frac{\mathrm{d}y}{\mathrm{d}u} \frac{\mathrm{d}u}{\mathrm{d}x},$$

或记作 $\quad [f(\varphi(x))]' = f'(u)\varphi'(x) = f'(\varphi(x))\varphi'(x).$

证 因为 $y = f(u)$ 在点 u 可导，有

$$\lim_{\Delta u \to 0} \frac{\Delta y}{\Delta u} = f'(u).$$

由定理 1.2，有

$$\frac{\Delta y}{\Delta u} = f'(u) + \alpha, \quad \text{其中当 } \Delta u \to 0 \text{ 时}, \alpha \to 0.$$

从而 $\qquad\qquad\qquad \Delta y = f'(u)\Delta u + \alpha \Delta u.$

以 $\Delta x (\neq 0)$ 除上式两端，得

$$\frac{\Delta y}{\Delta x} = f'(u) \frac{\Delta u}{\Delta x} + \alpha \frac{\Delta u}{\Delta x}. \tag{2.6}$$

由于 $u = \varphi(x)$ 在点 x 可导，故 $\lim\limits_{\Delta x \to 0} \dfrac{\Delta u}{\Delta x} = \varphi'(x)$；又因 $u = \varphi(x)$ 连续，所以当 $\Delta x \to 0$ 时，有 $\Delta u \to 0$，从而 $\alpha \to 0$. 于是 (2.6) 式右端当

$\Delta x \rightarrow 0$ 时的极限存在,而且

$$\lim_{\Delta x \to 0} \frac{\Delta y}{\Delta x} = f'(u)\varphi'(x) + 0 \cdot \varphi'(x),$$

即 $\quad [f(\varphi(x))]' = f'(u)\varphi'(x) = f'(\varphi(x))\varphi'(x).$

以上是在 $\Delta u \neq 0$ 时证明的. 当 $\Delta u = 0$ 时,可以证明上式仍然成立. □

上式就是复合函数的导数公式,**复合函数的导数等于已知函数对中间变量的导数乘以中间变量对自变量的导数**.

说明 符号 $[f(\varphi(x))]'$ 表示复合函数 $f(\varphi(x))$ 对自变量 x 求导数,而符号 $f'(\varphi(x))$ 表示复合函数对中间变量 $u = \varphi(x)$ 求导数.

例 9 设 $y = \ln\cos x$,求 y'.

解 把 $y = \ln\cos x$ 看成是由函数

$$y = f(u) = \ln u, \quad u = \varphi(x) = \cos x$$

所构成的复合函数,于是

$$y' = f'(u)\varphi'(x) = (\ln u)'(\cos x)'$$
$$= \frac{1}{u}(-\sin x) = -\frac{\sin x}{\cos x} = -\tan x.$$

例 10 求 $y = e^{\frac{1}{x}}$ 的导数.

解 把 $y = e^{\frac{1}{x}}$ 看成是由 $y = e^u$, $u = \frac{1}{x}$ 复合而成,于是

$$y' = (e^u)'\left(\frac{1}{x}\right)' = e^u \cdot \left(-\frac{1}{x^2}\right) = -\frac{1}{x^2}e^{\frac{1}{x}}.$$

例 11 求 $y = \sqrt{1-x^2}$ 的导数.

解 设 $y = u^{\frac{1}{2}}$, $u = 1-x^2$,于是

$$y' = (u^{\frac{1}{2}})'(1-x^2)' = \frac{1}{2\sqrt{u}}(-2x) = -\frac{x}{\sqrt{1-x^2}}.$$

注意 在求复合函数的导数时,因设出中间变量,已知函数要对中间变量求导数,所以计算式中出现中间变量,最后必须将中间变量以自变量的函数代换.

115

例 12 设 α 为实数,求幂函数 $y=x^\alpha$ 的导数.

解 $y=x^\alpha$ 可写成指数函数形式:$y=\mathrm{e}^{\alpha\ln x}$,于是

$$\frac{\mathrm{d}y}{\mathrm{d}x} = (\mathrm{e}^u)'(\alpha\ln x)' = \mathrm{e}^u \, \alpha \, \frac{1}{x}$$

$$= \alpha\mathrm{e}^{\alpha\ln x}\frac{1}{x} = \alpha x^\alpha\frac{1}{x} = \alpha x^{\alpha-1}.$$

这就得到了幂函数的导数公式

$$(x^\alpha)' = \alpha x^{\alpha-1}.$$

至此,我们证明了**全部基本初等函数的导数公式**.

前述复合函数的导数公式可推广到有限个函数复合的情形.
例如,由 $y=f(u),u=\varphi(v),v=\psi(x)$ 复合成函数 $y=f(\varphi(\psi(x)))$,

则
$$\frac{\mathrm{d}y}{\mathrm{d}x} = \frac{\mathrm{d}y}{\mathrm{d}u}\frac{\mathrm{d}u}{\mathrm{d}v}\frac{\mathrm{d}v}{\mathrm{d}x},$$

或
$$y' = f'(u)\varphi'(v)\psi'(x)$$
$$= f'(\varphi(\psi(x)))\varphi'(\psi(x))\psi'(x).$$

例 13 设 $y=\sin^2(3x)$,求 y'.

解 设 $y=u^2,u=\sin v,v=3x$,于是

$$y' = (u^2)'(\sin v)'(3x)' = 2u \cdot \cos v \cdot 3$$
$$= 6\sin 3x \cdot \cos 3x = 3\sin 6x.$$

最初作题,可设出中间变量,把复合函数分解. 作题较熟练时,
可不写出中间变量,按复合函数的构成层次,由外层向内层逐层求
导. 具体写法如下面的例题.

例 14 设 $y=\left(\arctan\dfrac{1}{x}\right)^3$,求 y'.

解 $y' = \left[\left(\arctan\dfrac{1}{x}\right)^3\right]' = 3\left(\arctan\dfrac{1}{x}\right)^2\left(\arctan\dfrac{1}{x}\right)'$

$$= 3\left(\arctan\frac{1}{x}\right)^2 \cdot \frac{1}{1+\left(\dfrac{1}{x}\right)^2}\left(\frac{1}{x}\right)'$$

$$= 3\left(\arctan\frac{1}{x}\right)^2 \cdot \frac{x^2}{x^2+1}\left(-\frac{1}{x^2}\right)$$

$$= -\frac{3}{x^2+1}\left(\arctan\frac{1}{x}\right)^2.$$

例 15 $y=\arcsin\mathrm{e}^{-x}$,求 y'.

解 $y'=(\arcsin\mathrm{e}^{-x})'=\dfrac{1}{\sqrt{1-\mathrm{e}^{-2x}}}(\mathrm{e}^{-x})'$

$$=\frac{1}{\sqrt{1-\mathrm{e}^{-2x}}}\mathrm{e}^{-x}\cdot(-x)'=-\frac{\mathrm{e}^{-x}}{\sqrt{1-\mathrm{e}^{-2x}}}.$$

求复合函数的导数,其关键是分析清楚复合函数的构造,经过一定数量的练习之后,要达到一步就能写出复合函数的导数.

例 16 设 $y=\ln(\arccos 2x)$,求 y'.

解 $y'=[\ln(\arccos 2x)]'=\dfrac{1}{\arccos 2x}\left(-\dfrac{1}{\sqrt{1-(2x)^2}}\right)\cdot 2$

$$=-\frac{2}{\sqrt{1-4x^2}\cdot\arccos 2x}.$$

例 17 设 $y=\ln(x+\sqrt{1+x^2})$,求 y'.

解 $y'=[\ln(x+\sqrt{1+x^2})]'=\dfrac{1}{x+\sqrt{1+x^2}}\left(1+\dfrac{2x}{2\sqrt{1+x^2}}\right)$

$$=\frac{1}{x+\sqrt{1+x^2}}\cdot\frac{\sqrt{1+x^2}+x}{\sqrt{1+x^2}}=\frac{1}{\sqrt{1+x^2}}.$$

例 18 求 $y=\ln 2x\cdot\left(\dfrac{1+x}{1-x}\right)^2$ 的导数.

解 $y'=\left[\ln 2x\cdot\left(\dfrac{1+x}{1-x}\right)^2\right]'$

$$=\frac{1}{2x}\cdot 2\left(\frac{1+x}{1-x}\right)^2+\ln 2x\cdot 2\frac{1+x}{1-x}\cdot\frac{1-x+(1+x)}{(1-x)^2}$$

$$=\frac{1}{x}\left(\frac{1+x}{1-x}\right)^2+4\ln 2x\cdot\frac{1+x}{(1-x)^3}.$$

二、高阶导数

一般说来,函数 $y=f(x)$ 的导数 $y'=f'(x)$ 仍是 x 的函数,若导函数 $f'(x)$ 还可以对 x 求导数,则称 $f'(x)$ 的导数为函数 $y=f(x)$ 的二阶导数,记作

$$y'' \quad \text{或} \quad f''(x) \quad \text{或} \quad \frac{\mathrm{d}^2 y}{\mathrm{d}x^2} \quad \text{或} \quad \frac{\mathrm{d}^2 f}{\mathrm{d}x^2},$$

这时,也称函数 $f(x)$ 二阶可导,按导数定义,应有

$$f''(x) = \lim_{\Delta x \to 0} \frac{f'(x + \Delta x) - f'(x)}{\Delta x}.$$

函数 $y = f(x)$ 在某点 x_0 的二阶导数,记作

$$\left. y'' \right|_{x=x_0} \quad \text{或} \quad f''(x_0) \quad \text{或} \quad \left. \frac{\mathrm{d}^2 y}{\mathrm{d}x^2} \right|_{x=x_0} \quad \text{或} \quad \left. \frac{\mathrm{d}^2 f}{\mathrm{d}x^2} \right|_{x=x_0}.$$

同样,函数 $y = f(x)$ 的二阶导数 $f''(x)$ 的导数称为函数 $f(x)$ 的三阶导数,记作

$$y''' \quad \text{或} \quad f'''(x) \quad \text{或} \quad \frac{\mathrm{d}^3 y}{\mathrm{d}x^3} \quad \text{或} \quad \frac{\mathrm{d}^3 f}{\mathrm{d}x^3}.$$

一般,$n-1$ 阶导数 $f^{(n-1)}(x)$ 的导数称为函数 $y = f(x)$ 的 n 阶导数,记作

$$y^{(n)} \quad \text{或} \quad f^{(n)}(x) \quad \text{或} \quad \frac{\mathrm{d}^n y}{\mathrm{d}x^n} \quad \text{或} \quad \frac{\mathrm{d}^n f}{\mathrm{d}x^n}.$$

二阶和二阶以上的导数统称为**高阶导数**. 相对于高阶导数而言,自然,函数 $f(x)$ 的导数 $f'(x)$ 就相应地称为一阶导数.

根据高阶导数的定义可知,求函数的高阶导数不需要新的方法,只要对函数一次一次地求导就行了.

例 19 设 $y = \ln(1 + x^2)$,求 y'',$\left. y'' \right|_{x=1}$.

解 先求一阶导数

$$y' = \left[\ln(1 + x^2) \right]' = \frac{2x}{1 + x^2}.$$

再求二阶导数

$$y'' = \left(\frac{2x}{1 + x^2} \right)' = \frac{2(1 + x^2) - 2x \cdot 2x}{(1 + x^2)^2} = \frac{2(1 - x^2)}{(1 + x^2)^2}.$$

而

$$\left. y'' \right|_{x=1} = \left. \frac{2(1 - x^2)}{(1 + x^2)^2} \right|_{x=1} = 0.$$

例 20 设 $y = 5x^3 - 6x^2 + 3x + 2$,求 y''',$y^{(4)}$.

118

解
$$y' = 5 \cdot 3x^2 - 12x + 3,$$
$$y'' = 5 \cdot 3 \cdot 2x - 12,$$
$$y''' = 5 \cdot 3 \cdot 2 \cdot 1 = 5 \cdot 3! = 30.$$

显然
$$y^{(4)} = 0.$$

由本例知,对 n 次多项式:
$$y = a_0 x^n + a_1 x^{n-1} + \cdots + a_{n-1} x + a_n,$$
$$y^{(n)} = a_0 n!,$$
$$y^{(n+1)} = 0.$$

例 21 验证 $y = \mathrm{e}^x \sin x$ 满足关系式 $y'' - 2y' + 2y = 0$.

解 先求 y' 和 y''.
$$y' = \mathrm{e}^x \sin x + \mathrm{e}^x \cos x = \mathrm{e}^x (\sin x + \cos x),$$
$$y'' = \mathrm{e}^x (\sin x + \cos x) + \mathrm{e}^x (\cos x - \sin x) = 2\mathrm{e}^x \cos x.$$

再将 y, y' 和 y'' 的表示式代入 $y'' - 2y' + 2y$ 中,有
$$y'' - 2y' + 2y = 2\mathrm{e}^x \cos x - 2\mathrm{e}^x (\sin x + \cos x)$$
$$+ 2\mathrm{e}^x \sin x = 0,$$

即 $y = \mathrm{e}^x \sin x$ 满足关系式 $y'' - 2y' + 2y = 0$.

例 22 求下列函数的 n 阶导数:

(1) $y = \sin x$;　　　　(2) $y = \ln(1+x)$.

解 (1) $y' = \cos x = \sin\left(x + \dfrac{\pi}{2}\right),$

$$y'' = \cos\left(x + \frac{\pi}{2}\right) = \sin\left(x + \frac{2\pi}{2}\right),$$

$$y''' = \cos\left(x + \frac{2\pi}{2}\right) = \sin\left(x + \frac{3\pi}{2}\right),$$

依次类推,可得
$$y^{(n)} = \sin\left(x + \frac{n\pi}{2}\right).$$

(2) $y' = \dfrac{1}{1+x} = (1+x)^{-1},$

$$y'' = (-1)(1+x)^{-2},$$

$$y''' = (-1)(-2)(1+x)^{-3} = (-1)^2 2! \, (1+x)^{-3},$$

$$y^{(4)}=(-1)^2 2! \cdot (-3)(1+x)^{-4}=(-1)^3 3! \, (1+x)^{-4},$$

于是,可知

$$y^{(n)}=(-1)^{n-1}\frac{(n-1)!}{(1+x)^n}.$$

二阶导数并不是导数概念的单纯推广,而是由许多具体问题引起的.由§2.1中的速度问题,我们应该知道,如果物体按运动规律 $s=f(t)$ 作直线运动,那么一阶导数 $s'=f'(t)$ 就表示该物体在时刻 t 的瞬时速度;二阶导数 $s''=f''(t)$,按照上面的定义应该是"速度变化的速度",这个量就是力学中的加速度.在几何上,如果曲线方程为 $y=f(x)$,那么一阶导数 $y'=f'(x)$ 表示切线斜率;自然,二阶导数 $y''=f''(x)$ 就表示"切线斜率的变化速度".$|f''(x_0)|$ 值的大小表示切线斜率在 x_0 处变化的快慢程度.当 $f''(x_0)>0$ 时,则表示切线斜率在 x_0 处是增加的;当 $f''(x_0)<0$ 时,则表示切线斜率在 x_0 处是减少的.

习 题 2.2

1. 求下列函数的导数:

(1) $y=3x^3+3^x+\log_3 x+3^3$;

(2) $y=\dfrac{x}{5}+\dfrac{4}{x}+2\sqrt{x}-\dfrac{3}{\sqrt[3]{x}}$;

(3) $y=\dfrac{ax+b}{a+b}$;

(4) $y=\arcsin x+\arccos x$;　　(5) $y=x\sec x-\csc x$;

(6) $y=\mathrm{e}^x\cos x$;　　　　　　(7) $y=(x^2+1)\ln x$;

(8) $y=x^{\sqrt{2}}+x\arcsin x$;　　(9) $y=\cos x+x^2\sin x$;

(10) $y=x\tan x-\cot x$;　　(11) $y=\left(x-\dfrac{1}{x}\right)\left(x^2-\dfrac{1}{x^2}\right)$;

(12) $y=\mathrm{e}^x(\sin x-\cos x)$;

(13) $y=x^2\arctan x+\operatorname{arccot}x+x^2\ln a-x$;

(14) $y=2x\sin x+(2-x^2)\cos x$;

120

(15) $y=(1-x^2)\tan x\ln x$； (16) $y=(x-\cot x)\cos x$；

(17) $y=\mathrm{e}^x(x^2-2x-2)$； (18) $y=x\mathrm{e}^x\ln x$；

(19) $y=(a^2+b^2)x^3\,\mathrm{e}^x\arctan x$；

(20) $y=a^x\mathrm{e}^x-\dfrac{x}{\ln x}$； (21) $y=x\ln x+\dfrac{\ln x}{x}$；

(22) $y=\dfrac{x+1}{x+2}$； (23) $y=\dfrac{x-1}{x^2+1}$；

(24) $y=\dfrac{x^2+3x+2}{x^2+1}$； (25) $y=\dfrac{1+\ln x}{1-\ln x}$；

(26) $y=\dfrac{x\tan x}{1+x^2}$； (27) $y=\dfrac{\sqrt{x}+1}{\sqrt{x}-1}$；

(28) $y=\dfrac{\ln x+x}{x^2}$； (29) $y=\dfrac{\sin x}{1+\cos x}$；

(30) $y=\dfrac{x\ln x}{x+\ln x}$； (31) $y=\dfrac{(1+x^2)\arctan x}{1+x}$；

(32) $y=\dfrac{1}{1+\tan x}$； (33) $y=\dfrac{1}{\arcsin x}$；

(34) $y=\dfrac{\arctan x}{\sqrt{x}}$； (35) $y=\dfrac{x+\ln x}{\mathrm{e}^x+x}$；

(36) $y=\dfrac{x}{\sin x}+\dfrac{\sin x}{x}$； (37) $y=\dfrac{x^3\arctan x}{\mathrm{e}^x}$；

(38) $y=\dfrac{x\sin x}{1+\tan x}$； (39) $y=\dfrac{\sin x-x\cos x}{\cos x+x\sin x}$；

(40) $y=\dfrac{(1+x^2)\ln x}{\sin x+\cos x}$.

2. 求下列函数在指定点的导数：

(1) $y=\dfrac{1}{2}\cos x+x\tan x$，$y'|_{x=\frac{\pi}{4}}$；

(2) $y=\dfrac{x^2}{(1-x)(1+x)}$，$y'|_{x=2}$；

(3) $y=\dfrac{\cos x}{2x^2+3}$，$y'|_{x=\frac{\pi}{2}}$； (4) $y=x\mathrm{e}^x$，$y'|_{x=0}$；

(5) $y=\dfrac{x}{4^x}$，$y'|_{x=1}$； (6) $y=\dfrac{1+\ln x}{x}$，$y'|_{x=\mathrm{e}}$.

3. 求下列函数的导数：

(1) $y=\ln^2 x$;　　　　　　　(2) $y=\ln(a^2-x^2)$;

(3) $y=\ln\ln x$;　　　　　　(4) $y=e^{-x^2}$;

(5) $y=\sin(3x-5)$;　　　　(6) $y=\cos(x^2+1)$;

(7) $y=\arcsin\dfrac{x}{2}$;　　　　(8) $y=\arctan x^2$;

(9) $y=\text{arccot}\dfrac{1}{x}$;　　　　(10) $y=\arctan\dfrac{1-x}{1+x}$;

(11) $y=\left(\arcsin\dfrac{1}{x}\right)^2$;　　(12) $y=\ln\cos x^2$;

(13) $y=\ln\tan 2x$;　　　　(14) $y=\arctan e^{-x}$;

(15) $y=\cos^3 4x$;　　　　(16) $y=2^{\sin^2 x}$;

(17) $y=\ln\arcsin 2x$;　　　(18) $y=\cos e^{x^2+2x+2}$;

(19) $y=\ln[\ln^2(\ln 3x)]$;　　(20) $y=\arcsin\sqrt{\dfrac{1-x}{1+x}}$;

(21) $y=e^{\sqrt{x^2+1}}$;　　　　(22) $y=\sin[\sin(\sin x)]$;

(23) $y=\sin x^2+\sin^2 x$;　　(24) $y=a^x e^{\sin\tan x}$;

(25) $y=\sqrt{1+x^2}\cdot\arctan x^3$;

(26) $y=\sin(\cos^2 x)\cdot\cos(\sin^2 x)$;

(27) $y=\cos\dfrac{1}{x^2}e^{\cos\frac{1}{x^2}}$;　　(28) $y=\sec^2\dfrac{x}{a^2}+\tan^2\dfrac{x}{b^2}$;

(29) $y=\ln(e^x+\sqrt{1+e^{2x}})$;　(30) $y=\ln\sqrt{\dfrac{1-\sin x}{1+\sin x}}$;

(31) $y=\arctan\sqrt{\dfrac{1-\cos x}{1+\cos x}}$;　(32) $y=\sqrt{x+\sqrt{x+\sqrt{x}}}$;

(33) $y=\sqrt[3]{1+x\sqrt{x+3}}$;

(34) $y=\ln(1+x+\sqrt{2x+x^2})$;

(35) $y=\arcsin\dfrac{1-x^2}{1+x^2}$;　　(36) $y=\arccos\dfrac{e^x-e^{-x}}{e^x+e^{-x}}$;

(37) $y=\ln\arctan\dfrac{1}{1+x}$;　　(38) $y=\ln\dfrac{2\tan x+1}{\tan x+2}$;

(39) $y=\dfrac{\arccos x}{x}-\ln\dfrac{1+\sqrt{1-x^2}}{x}$;

(40) $y=(\arcsin x)^m(\arccos x)^n$.

4. 求下列函数的导数和在指定点的导数：

(1) $f(x)=\sqrt{\tan\dfrac{x}{2}}$，$f'(x)$，$f'\left(\dfrac{\pi}{2}\right)$;

(2) $f(x)=\ln(x+\sqrt{x^2-a^2})(a>0)$，$f'(x),f'(2a)$;

(3) $f(x)=\arctan\dfrac{2x}{1-x^2}$，$f'(x),f'(1)$;

(4) $f(x)=\dfrac{1}{\sqrt{2\pi}\sigma}\mathrm{e}^{-\frac{(x-\mu)^2}{2\sigma^2}}$（其中 $\sigma>0$），$f'(x),f'(\mu)$.

5. 设 $f(x)$ 是可导函数,求下列函数的导数：

(1) $y=f(x^2)$;　　　　　　　(2) $y=f(\mathrm{e}^x+x^{\mathrm{e}})$;

(3) $y=f(\sin^2 x)+f(\cos^2 x)$;　(4) $y=f\left(\arcsin\dfrac{1}{x}\right)$;

(5) $y=f(f(\cos x))$;　　　　　(6) $y=f(\mathrm{e}^x)\mathrm{e}^{f(x)}$.

6. 验证下列各函数满足相应的关系式：

(1) 函数 $y=x^2\ln x$ 满足 $xy'-2y=x^2$;

(2) 函数 $y=\dfrac{x}{\cos x}$ 满足 $y'-y\tan x=\sec x$.

7. 证明：

(1) 可导的偶函数的导数是奇函数；

(2) 可导的奇函数的导数是偶函数；

(3) 可导的周期函数的导数是具有相同周期的周期函数.

8. 设 $f(x)$ 是可导的偶函数且 $f'(0)$ 存在,试证：$f'(0)=0$.

9. 求下列曲线在指定点处的切线方程和法线方程：

(1) 曲线 $y=\dfrac{2}{x}+x$ 在点 $(2,3)$ 处；

(2) 曲线 $y=\mathrm{e}^{-x}\cdot\sqrt[3]{x+1}$ 在点 $A(0,1)$ 及点 $B(-1,0)$ 处；

（3）曲线 $y=(2x-5)\sqrt[3]{x^2}$ 在点 $A(2,-\sqrt[3]{4})$,点 $B(1,-3)$ 及点 $C(0,0)$处.

10. 在曲线 $y=x^3+x-2$ 上求一点,使得过该点处的切线与直线 $y=4x-1$ 平行.

11. 当 a 与 b 为何值时,才能使曲线 $y=\ln\dfrac{x}{e}$ 与曲线 $y=ax^2+bx$ 在 $x=1$ 处有共同的切线.

12. 求下列函数的导数:

(1) $y=x|x|$;　　　　　(2) $y=|x+1|$;

(3) $y=\begin{cases} x\mathrm{e}^{-\frac{1}{x}}, & x>0, \\ \ln(1+x), & -1<x\leqslant 0; \end{cases}$

(4) $y=\begin{cases} x\sin\dfrac{1}{x}, & x\neq 0, \\ 0, & x=0. \end{cases}$

13. 求下列函数的二阶导数:

(1) $y=\mathrm{e}^{\sqrt{x}}$;　　　　　(2) $y=\mathrm{e}^{-x^2}$;

(3) $y=\sin^2 x$;　　　　　(4) $y=(\arcsin x)^2$;

(5) $y=\ln(1-x^2)$;　　　　　(6) $y=\ln(x+\sqrt{x^2-1})$;

(7) $y=(x^3+1)^2$;　　　　　(8) $y=(1+x^2)\arctan x$;

(9) $y=\mathrm{e}^{-x}\cos 2x$;　　　　　(10) $y=\dfrac{x^2}{\sqrt{1+x^2}}$.

14. 求下列函数在指定点的二阶导数:

(1) $y=x\sqrt{1-x^2}$, $x=0$;　　(2) $y=\ln\ln x$, $x=\mathrm{e}^2$.

15. 设 $f(x)$ 二阶可导,求下列函数的二阶导数:

(1) $y=f(\ln x)$;　　　　　(2) $y=f(\mathrm{e}^x)$;

(3) $y=f(x^2)$;　　　　　(4) $y=f(\mathrm{e}^x+x)$.

16. 验证下列各函数满足相应的关系式:

(1) $y=\cos\mathrm{e}^x+\sin\mathrm{e}^x$ 满足 $y''-y'+y\mathrm{e}^{2x}=0$;

(2) $y=A\sin(\omega t+\delta)$ 满足 $\dfrac{\mathrm{d}^2 y}{\mathrm{d}t^2}+\omega^2 y=0$,其中 A,ω,δ 都是常数.

17. 求下列函数的 n 阶导数:

(1) $y = e^{ax}$；　　　　　　(2) $y = a^x$；

(3) $y = \ln x$；　　　　　　(4) $y = (x-a)^{n+1}$；

(5) $y = \sin 2x$；　　　　　(6) $y = x \ln x$.

18. 一物体沿直线运动，由始点起经过 t 后的距离 s 为

$$s = \frac{1}{4} t^4 - 4t^3 + 16t^2,$$

问何时它的速度为零？

19. 已知物体作直线运动，其运动方程为 $s = 9\sin \dfrac{\pi t}{3} + 2t$，试求在第一秒末的加速度（$s$ 以米为单位，t 以秒为单位）.

20. 单项选择题

(1) 导数为 $-\dfrac{1}{x}$ 的函数为（　　）.

(A) $\ln(-x)$；　(B) $\ln x$；　(C) $\ln \dfrac{3}{x}$；　(D) $\ln \dfrac{1}{x^2}$.

(2) 设 $y = \ln|x|$，则 $y' = $（　　）.

(A) $\dfrac{1}{x}$；　　(B) $-\dfrac{1}{x}$；　　(C) $\dfrac{1}{|x|}$；　　(D) $-\dfrac{1}{|x|}$.

(3) 设 $y = \ln|f(x)|$，则 $y' = $（　　）.

(A) $\dfrac{1}{f(x)}$；　(B) $-\dfrac{1}{f(x)}$；　(C) $\dfrac{f'(x)}{f(x)}$；　(D) $-\dfrac{f'(x)}{f(x)}$.

(4) 设 $f(-x) = -f(x)$ 且 $f'(-x_0) = -k \neq 0$，则 $f'(x_0) = $（　　）.

(A) k；　　(B) $-k$；　　(C) $\dfrac{1}{k}$；　　(D) $-\dfrac{1}{k}$.

(5) 设 $f(x) = x \ln x$，且 $f'(x_0) = 2$，则 $f(x_0) = $（　　）.

(A) 1；　　(B) $\dfrac{2}{e}$；　　(C) $\dfrac{e}{2}$；　　(D) e.

(6) 设 $f(x)$ 为可导的偶函数，且 $f(x) \neq 0$，则不是奇函数的是（　　）.

(A) $xf(x) + f'(x)$；　　　　(B) $f(x) + xf'(x)$；

(C) $[f(2x)]'$；　　　　　　(D) $\left[\dfrac{1}{f(x)}\right]'$.

(7) 设 $f(x)$ 为可导的偶函数,则曲线 $y=f(x)$ 在其上任一点 (x,y) 和 $(-x,y)$ 处的切线斜率(   ).

(A) 彼此相等;　　　　　　(B) 互为相反数;

(C) 互为倒数;　　　　　　(D) 互为负倒数.

(8) 已知 $\dfrac{d}{dx}\Big[f\Big(\dfrac{1}{x^2}\Big)\Big]=\dfrac{1}{x}$,则 $f'\Big(\dfrac{1}{2}\Big)=($).

(A) $\dfrac{1}{\sqrt{2}}$;　　　(B) -1;　　(C) 2;　　　　(D) -4.

(9) 已知 $f(x)=\dfrac{1}{\ln x}$,则 $\lim\limits_{x\to e}\dfrac{f(x)-1}{2(e-x)}=($).

(A) $-\dfrac{2}{e}$;　　　(B) $-\dfrac{e}{2}$;　　(C) $\dfrac{1}{2e}$;　　　(D) 2e.

(10) 设 $f(t)=\lim\limits_{x\to\infty}t\Big(\dfrac{x+t}{x-t}\Big)^x$,则 $f'(t)=($).

(A) 1;　　(B) te^{2t};　　(C) $e^t(1+t)$;　　(D) $e^{2t}(1+2t)$.

§2.3　隐函数的导数 · *由参数方程 所确定的函数的导数

一、隐函数的导数

在§1.1节,讲述函数的表示法时,我们已说明,在用公式法表示的函数中,由含两个变量的方程 $F(x,y)=0$ 确定 y 是 x 的函数,这是隐函数.若隐函数可化为显函数,则可用前述导数法则和导数公式求导数;但能化为显函数的隐函数为数甚少.这里,通过例题着重讲述直接由隐函数求导的思路.

例 1　设由方程 $y^3+3y-x=0$ 确定 y 是 x 的函数,求 $\dfrac{dy}{dx}$.

解　按题设,在已给方程中,x 是自变量,y 是 x 的函数,而 y^3 是 y 的函数,从而 y^3 是 x 的复合函数(这时,要把 y 理解成中间变量).这样 y^3 在对 x 求导数时,必须用复合函数的导数法则.

将所给方程两端同时对自变量 x 求导数得

$$(y^3 + 3y - x)'_x = (0)',$$

依前述分析,得

$$3y^2 \cdot y' + 3y' - 1 = 0.$$

将上式理解成是关于 y' 的方程,由此式解出 y',便得到 y 对 x 的导数

$$y'(3y^2 + 3) = 1, \quad y' = \frac{1}{3(y^2 + 1)}.$$

这就是最后结果,上式中的 y 无需(一般情况根本不可能)用自变量 x 的函数代换.

例 2 设由方程 $\ln y = xy + \cos x$ 确定 $y = f(x)$,求 $\dfrac{\mathrm{d}y}{\mathrm{d}x}$, $\dfrac{\mathrm{d}y}{\mathrm{d}x}\Big|_{\substack{x=0 \\ y=\mathrm{e}}}$.

解 将已给方程两端对 x 求导数,注意到方程中的 $\ln y$ 是 y 的函数,从而 $\ln y$ 是 x 的复合函数,于是

$$\frac{1}{y}y' = 1 \cdot y + xy' - \sin x,$$

解出 y',得所求导数:

$$y' - xyy' = y^2 - y\sin x,$$

$$y' = \frac{y(y - \sin x)}{1 - xy}.$$

将 $x=0, y=\mathrm{e}$ 代入上式,得

$$y'\Big|_{\substack{x=0 \\ y=\mathrm{e}}} = \frac{\mathrm{e}(\mathrm{e} - \sin 0)}{1 - 0 \cdot \mathrm{e}} = \mathrm{e}^2.$$

*__例 3__ 设由方程 $\mathrm{e}^y + xy = \mathrm{e}$ 确定 $y = f(x)$,求 $\dfrac{\mathrm{d}^2 y}{\mathrm{d}x^2}$.

解 将已知等式两端对 x 求导数,得

$$\mathrm{e}^y \cdot y' + y + xy' = 0. \tag{2.7}$$

再将上式两端对 x 求导数,这时,要将式中的 y' 也理解是 x 的函数,得

$$\mathrm{e}^y \cdot y' \cdot y' + \mathrm{e}^y y'' + y' + y' + xy'' = 0,$$

127

解出 y'',有

$$y'' = -\frac{2y' + \mathrm{e}^y(y')^2}{x + \mathrm{e}^y}. \qquad (2.8)$$

由(2.7)式中解出 y':

$$y' = -\frac{y}{x + \mathrm{e}^y},$$

将其代入(2.8)式中,得所求二阶导数

$$\frac{\mathrm{d}^2 y}{\mathrm{d}x^2} = -\frac{-\dfrac{2y}{x + \mathrm{e}^y} + \mathrm{e}^y \dfrac{y^2}{(x + \mathrm{e}^y)^2}}{x + \mathrm{e}^y}$$

$$= \frac{2xy + 2y\mathrm{e}^y - y^2\mathrm{e}^y}{(x + \mathrm{e}^y)^3}.$$

说明 求二阶导数时,也可由式 $y' = -\dfrac{y}{x+\mathrm{e}^y}$ 两端对 x 求导数.

例 4 求曲线 $x^2 + xy + y^2 = 4$ 在点 $(2, -2)$ 处的切线方程.

解 这是由隐函数所确定的曲线.按隐函数求导数,有

$$2x + y + xy' + 2y \cdot y' = 0,$$

即

$$y' = -\frac{2x + y}{x + 2y}.$$

由导数的几何意义,在曲线上点 $(2, -2)$ 处的切线斜率为

$$y' \bigg|_{\substack{x=2 \\ y=-2}} = -\frac{2x + y}{x + 2y} \bigg|_{\substack{x=2 \\ y=-2}} = 1,$$

所以,过点 $(2, -2)$ 的切线方程为

$$y + 2 = 1 \cdot (x - 2),$$

即

$$x - y - 4 = 0.$$

例 5 求函数 $y = x^{\mathrm{e}^x}$ 的导数.

解法一 这是幂指函数,求导数时,既不能用幂函数的导数公式,也不能用指数函数的导数公式.

我们先将幂指函数化为指数函数的形式,然后再求导数.由于

$$y = \mathrm{e}^{\mathrm{e}^x \ln x},$$

128

故 $\qquad y' = \mathrm{e}^{\mathrm{e}^x \ln x}\left(\mathrm{e}^x \ln x + \frac{\mathrm{e}^x}{x}\right) = x^{\mathrm{e}^x} \cdot \mathrm{e}^x\left(\ln x + \frac{1}{x}\right).$

解法二 将已知式两端取对数,得

$$\ln y = \mathrm{e}^x \ln x,$$

这是隐函数形式,再按隐函数的思路求 y 对 x 的导数.

等式两端对 x 求导数,得

$$\frac{1}{y}y' = \mathrm{e}^x \ln x + \frac{\mathrm{e}^x}{x},$$

等式两端乘以 y

$$y' = y\left(\mathrm{e}^x \ln x + \frac{\mathrm{e}^x}{x}\right),$$

将已知 y 的表达式代入,得所求导数

$$y' = x^{\mathrm{e}^x} \cdot \mathrm{e}^x\left(\ln x + \frac{1}{x}\right).$$

说明 本例的解法二通常称对数求导法.所谓对数求导法就是将所给显函数 $y = f(x)$ 两端取对数,得到隐函数 $\ln y = \ln f(x)$;然后按隐函数求导数的思路,求出 y 对 x 的导数.这种方法对幂指函数和所给函数可看作是幂的连乘积(或较繁的乘除式子)求导数,可简化运算.

例 6 求 $y = (\sin x)^{\cos x} + 2^x$ 的导数.

解 设 $y_1 = (\sin x)^{\cos x}, y_2 = 2^x.$

对 $y_1 = (\sin x)^{\cos x}$ 用对数求导法. 则

$$\ln y_1 = \cos x \ln \sin x,$$

$$\frac{1}{y_1}y_1' = -\sin x \cdot \ln \sin x + \cos x \cdot \frac{\cos x}{\sin x},$$

$$y_1' = y_1\left(\frac{\cos^2 x}{\sin x} - \sin x \cdot \ln \sin x\right)$$

$$= (\sin x)^{\cos x}\left(\frac{\cos^2 x}{\sin x} - \sin x \cdot \ln \sin x\right).$$

对 $y_2 = 2^x$,则有

$$y_2' = 2^x \ln 2,$$

于是

$$y' = y_1' + y_2' = (\sin x)^{\cos x}\left(\frac{\cos^2 x}{\sin x} - \sin x \cdot \ln\sin x\right) + 2^x \ln 2.$$

例 7　设 $y = \dfrac{\sqrt{x-2}}{(x+1)^3(4-x)^2}$，求 y'.

解　该题可用导数法则求导，但较繁. 这里用对数求导法. 由于 y 可看作是幂的连乘积

$$y = (x-2)^{\frac{1}{2}}(x+1)^{-3}(4-x)^{-2},$$

取对数，得

$$\ln y = \frac{1}{2}\ln(x-2) - 3\ln(x+1) - 2\ln(4-x).$$

上式两端对 x 求导，得

$$\frac{1}{y}y' = \frac{1}{2(x-2)}(x-2)' - \frac{3}{x+1}(x+1)'$$

$$- \frac{2}{4-x}(4-x)'$$

$$= \frac{1}{2(x-2)} - \frac{3}{x+1} + \frac{2}{4-x},$$

所求导数为

$$y' = \frac{\sqrt{x-2}}{(x+1)^3(4-x)^2}\left[\frac{1}{2(x-2)} - \frac{3}{x+1} + \frac{2}{4-x}\right].$$

例 8　设 $y = (2-x)(1+x^2)\mathrm{e}^{x^2}\sin x$，求 y'.

解　本例，若直接用导数的四则运算法则计算较繁. 根据对数的性质，等式两端先取对数，得

$$\ln y = \ln(2-x) + \ln(1+x^2) + x^2 + \ln\sin x.$$

这是隐函数形式，两端对 x 求导数

$$\frac{1}{y}y' = \frac{-1}{2-x} + \frac{2x}{1+x^2} + 2x + \frac{\cos x}{\sin x},$$

所求导数为

$$y' = y\left(\frac{1}{x-2} + \frac{2x}{1+x^2} + 2x + \cot x\right)$$
$$= (2-x)(1+x^2)e^{x^2}\sin x\left(\frac{1}{x-2} + \frac{2x}{1+x^2} + 2x + \cot x\right).$$

*二、由参数方程所确定的函数的导数

在平面解析几何中,我们已学过,方程组
$$\begin{cases} x = \varphi(t), \\ y = \psi(t), \end{cases} \quad t \in I \qquad (2.9)$$
在平面上表示一条曲线,称为曲线的**参数方程**.

由于对于参数 t 的每一个值都对应着曲线上的一点 (x, y),因此由上述参数方程就确定了 y 是 x 的函数. 我们由参数方程求 y 对 x 的导数 $\dfrac{\mathrm{d}y}{\mathrm{d}x}$.

如果由参数方程组(2.9)式中可消去参数 t,而得到函数 $y = f(x)$,那么这种参数方程的求导问题我们已经解决. 当由参数方程组(2.9)式消去参数 t 困难时,这种方法就不适用. 这里要讨论直接由参数方程组(2.9)式求 y 对 x 的导数问题.

对给定的参数方程(2.9)式,如果函数 $x = \varphi(t)$ 具有连续的反函数 $t = \varphi^{-1}(x)$,那么,由参数方程(2.9)式所确定的函数可以看成是由函数 $y = \psi(t)$ 和 $t = \varphi^{-1}(x)$ 复合而成的复合函数 $y = \psi(\varphi^{-1}(x))$. 若函数 $x = \varphi(t), y = \psi(t)$ 都是可导函数且 $\varphi'(t) \neq 0$,则由复合函数的导数法则和反函数的导数法则,可得
$$\frac{\mathrm{d}y}{\mathrm{d}x} = \frac{\mathrm{d}y}{\mathrm{d}t}\frac{\mathrm{d}t}{\mathrm{d}x} = \frac{\mathrm{d}y}{\mathrm{d}t}\frac{1}{\frac{\mathrm{d}x}{\mathrm{d}t}} = \frac{\frac{\mathrm{d}y}{\mathrm{d}t}}{\frac{\mathrm{d}x}{\mathrm{d}t}}, \qquad (2.10)$$
或写作
$$\frac{\mathrm{d}y}{\mathrm{d}x} = \frac{\psi'(t)}{\varphi'(t)}. \qquad (2.11)$$
(2.10)式或(2.11)式就是由参数方程组(2.9)式所确定的函

数 $y=f(x)$ 的导数公式.

若 $y=\psi(t),x=\varphi(t)$ 对 t 二阶可导,则

$$\frac{\mathrm{d}^2 y}{\mathrm{d}x^2}=\frac{\mathrm{d}}{\mathrm{d}x}\left(\frac{\mathrm{d}y}{\mathrm{d}x}\right)=\frac{\dfrac{\mathrm{d}}{\mathrm{d}t}\left(\dfrac{\mathrm{d}y}{\mathrm{d}x}\right)}{\dfrac{\mathrm{d}x}{\mathrm{d}t}},$$

而　　$\dfrac{\mathrm{d}}{\mathrm{d}t}\left(\dfrac{\mathrm{d}y}{\mathrm{d}x}\right)=\dfrac{\mathrm{d}}{\mathrm{d}t}\left(\dfrac{\psi'(t)}{\varphi'(t)}\right)=\dfrac{\psi''(t)\varphi'(t)-\varphi''(t)\psi'(t)}{\left[\varphi'(t)\right]^2},$

故由参数方程(2.9)式所确定的函数 $y=f(x)$ 的二阶导数公式为

$$\frac{\mathrm{d}^2 y}{\mathrm{d}x^2}=\frac{\psi''(t)\varphi'(t)-\varphi''(t)\psi'(t)}{\left[\varphi'(t)\right]^3}.$$

例 9　设由参数方程(摆线)

$$\begin{cases}x=a(t-\sin t),\\ y=a(1-\cos t),\end{cases}\quad 0<t<2\pi$$

确定函数 $y=f(x)$,求 $\dfrac{\mathrm{d}y}{\mathrm{d}x}$.

解　由于

$$\frac{\mathrm{d}y}{\mathrm{d}t}=a\sin t,\quad \frac{\mathrm{d}x}{\mathrm{d}t}=a(1-\cos t),$$

故　　$\dfrac{\mathrm{d}y}{\mathrm{d}x}=\dfrac{a\sin t}{a(1-\cos t)}=\dfrac{\sin t}{1-\cos t}.$

例 10　试求椭圆 $\begin{cases}x=a\cos t,\\ y=b\sin t\end{cases}$ 在 $t=\dfrac{\pi}{4}$ 处的切线方程和法线方程.

解　将 $t=\dfrac{\pi}{4}$ 代入椭圆方程,得曲线上对应的点 $\left(\dfrac{a}{\sqrt{2}},\dfrac{b}{\sqrt{2}}\right)$. 由于

$$(a\cos t)'\big|_{t=\frac{\pi}{4}}=-a\sin t\big|_{t=\frac{\pi}{4}}=-\frac{a}{\sqrt{2}},$$

$$(b\sin t)'\big|_{t=\frac{\pi}{4}}=b\cos t\big|_{t=\frac{\pi}{4}}=\frac{b}{\sqrt{2}},$$

故切线斜率为 $\dfrac{\dfrac{b}{\sqrt{2}}}{-\dfrac{a}{\sqrt{2}}} = -\dfrac{b}{a}$，从而所求切线方程为

$$y - \frac{b}{\sqrt{2}} = -\frac{b}{a}\left(x - \frac{a}{\sqrt{2}}\right),$$

即
$$bx + ay = \sqrt{2}\,ab.$$

所求法线方程为

$$y - \frac{b}{\sqrt{2}} = \frac{a}{b}\left(x - \frac{a}{\sqrt{2}}\right),$$

即
$$ax - by = \frac{1}{\sqrt{2}}(a^2 - b^2).$$

例 11 设由参数方程
$$\begin{cases} x = t - \arctan t, \\ y = \ln(1 + t^2) \end{cases}$$

确定 y 是 x 的函数，求 $\dfrac{\mathrm{d}y}{\mathrm{d}x}$, $\dfrac{\mathrm{d}^2 y}{\mathrm{d}x^2}$.

解
$$\frac{\mathrm{d}y}{\mathrm{d}x} = \frac{[\ln(1+t^2)]'}{[t - \arctan t]'} = \frac{\dfrac{2t}{1+t^2}}{1 - \dfrac{1}{1+t^2}} = \frac{2}{t},$$

$$\frac{\mathrm{d}^2 y}{\mathrm{d}x^2} = \frac{\mathrm{d}}{\mathrm{d}t}\left(\frac{\mathrm{d}y}{\mathrm{d}x}\right) \cdot \frac{1}{\dfrac{\mathrm{d}x}{\mathrm{d}t}} = \frac{\mathrm{d}}{\mathrm{d}t}\left(\frac{2}{t}\right) \cdot \frac{1}{1 - \dfrac{1}{1+t^2}}$$

$$= -\frac{2}{t^2} \cdot \frac{1+t^2}{t^2} = -\frac{2(1+t^2)}{t^4}.$$

习 题 2.3

1. 由下列方程确定 y 为 x 的函数，求 $\dfrac{\mathrm{d}y}{\mathrm{d}x}$:

(1) $ax^2 + by^2 - 1 = 0$;　　　　(2) $y^2 - 2axy + b = 0$;

(3) $\mathrm{e}^y = \sin(x + y)$;　　　　(4) $y = 1 + x\sin y$;

(5) $xy = \mathrm{e}^{x+y}$;   (6) $\mathrm{e}^{xy} + y\ln x = \sin 2x$.

2. 由 $xy^2 + \arctan y = \dfrac{\pi}{4}$，求 $\dfrac{\mathrm{d}y}{\mathrm{d}x}\Big|_{x=0}$.

3. 已知 $y\sin x - \cos(x-y) = 0$，求 $\dfrac{\mathrm{d}y}{\mathrm{d}x}\Big|_{\substack{x=0 \\ y=\frac{\pi}{2}}}$.

*4. 由下列方程确定 y 为 x 的函数，求 $\dfrac{\mathrm{d}^2 y}{\mathrm{d}x^2}$.

(1) $x^2 - y^2 = 1$;   (2) $y = 1 + x\mathrm{e}^y$.

5. 求曲线的切线方程：

(1) 曲线 $x^{\frac{2}{3}} + y^{\frac{2}{3}} = a^{\frac{2}{3}}$ 在点 $\left(\dfrac{\sqrt{2}}{4}a, \dfrac{\sqrt{2}}{4}a\right)$ 处；

(2) 曲线 $x^2 + y^5 - 2xy = 0$ 在点 $(1,1)$ 处.

6. 用对数求导法求下列函数的导数：

(1) $y = x^{x^2}$；   (2) $y = x^{\frac{1}{x}}$；

(3) $y = (1+\cos x)^{\frac{1}{x}}$；   (4) $y = (\ln x)^{\mathrm{e}^x}$；

(5) $y = (\tan x)^x$；   (6) $y = x^{\sin x}$；

(7) $y = f(x)^{g(x)}$ $(f(x) > 0)$，其中 $f(x), g(x)$ 均是可导函数；

(8) $y = x^{2^x} + 2^{2^x}$；   (9) $y = \dfrac{\sqrt{x+1}}{\sqrt[3]{x-2}(x+3)^2}$；

(10) $y = \sqrt[3]{\dfrac{x(x^2+1)}{(x-1)^2}}$；   (11) $y = \sqrt{\dfrac{1+\sin x}{1-\sin x}}$；

(12) $y = \sqrt{\dfrac{\mathrm{e}^{3x}}{x^3}\arcsin x}$.

7. 单项选择题：

(1) 设 $y = f(x)$ 是由方程 $\mathrm{e}^x - \mathrm{e}^y = \sin(xy)$ 所确定的，则 $y'|_{x=0} = (\quad)$.

(A) 0;   (B) 1;   (C) $\dfrac{1-y}{\mathrm{e}^y}$;   (D) -1.

(2) 设 $y = x^{\sin x}$，则 $y' = (\quad)$.

(A) $\sin x \cdot x^{\sin x - 1}$;   (B) $x^{\sin x} \cdot \ln x$;

(C) $x^{\sin x - 1}$;　　　　　　　　　　(D) $x^{\sin x}\left(\cos x \cdot \ln x + \dfrac{\sin x}{x}\right)$.

*8. 求由下列参数方程所确定的函数 $y = f(x)$ 的导数 $\dfrac{\mathrm{d}y}{\mathrm{d}x}$：

(1) $\begin{cases} x = 2t, \\ y = 4t^2; \end{cases}$　　　　　　(2) $\begin{cases} x = t\mathrm{e}^{-t}, \\ y = \mathrm{e}^t; \end{cases}$

(3) $\begin{cases} x = \dfrac{2at}{1+t^2}, \\ y = \dfrac{a(1-t^2)}{1+t^2}; \end{cases}$　　　(4) $\begin{cases} x = a\cos^3 t, \\ y = b\sin^3 t; \end{cases}$

(5) $\begin{cases} x = a\cos bt + b\sin at, \\ y = a\sin bt - b\cos at; \end{cases}$　(6) $\begin{cases} x = t(1 - \sin t), \\ y = t\cos t. \end{cases}$

*9. 已知 $\begin{cases} x = \mathrm{e}^t \sin t, \\ y = \mathrm{e}^t \cos t, \end{cases}$ 求当 $t = \dfrac{\pi}{3}$ 时的 $\dfrac{\mathrm{d}y}{\mathrm{d}x}$ 的值.

*10. 求下列曲线在指定点处的切线方程和法线方程：

(1) 曲线 $\begin{cases} x = 2\mathrm{e}^t, \\ y = \mathrm{e}^{-t} \end{cases}$ 在 $t = 0$ 处；

(2) 曲线 $\begin{cases} x = \ln \sin t, \\ y = \cos t \end{cases}$ 在 $t = \dfrac{\pi}{2}$ 处.

*11. 求由下列参数方程所确定的函数 $y = f(x)$ 的二阶导数 $\dfrac{\mathrm{d}^2 y}{\mathrm{d}x^2}$：

(1) $\begin{cases} x = \dfrac{t^2}{2}, \\ y = 1 - t; \end{cases}$　　　　　　(2) $\begin{cases} x = a\cos^3 t, \\ y = a\sin^3 t; \end{cases}$

(3) $\begin{cases} x = \sqrt{1+t}, \\ y = \sqrt{1-t}; \end{cases}$　　　　(4) $\begin{cases} x = at\cos t, \\ y = at\sin t. \end{cases}$

§2.4　微　分

一、微分概念

对函数 $y = f(x)$，当自变量 x 在点 x_0 有改变量 Δx 时，因变量

135

y 的改变量是

$$\Delta y = f(x_0 + \Delta x) - f(x_0).$$

在实际应用中,有些问题要计算当 $|\Delta x|$ 很微小时的 Δy 的值. 一般而言,当函数 $y=f(x)$ 较复杂时,Δy 也是 Δx 的一个较复杂的函数,计算 Δy 往往较困难. 这里,将要给出一个近似计算 Δy 的方法,并要达到两个要求:一是计算简便,二是近似程度好,即精度高.

先看一个具体问题.

设一个边长为 x 的正方形,它的面积 $A=x^2$ 是 x 的函数. 若边长由 x_0 改变(增加)了 Δx,相应的正方形的面积的改变量(增加)

$$\Delta A = (x_0 + \Delta x)^2 - x_0^2 = 2x_0\Delta x + (\Delta x)^2,$$

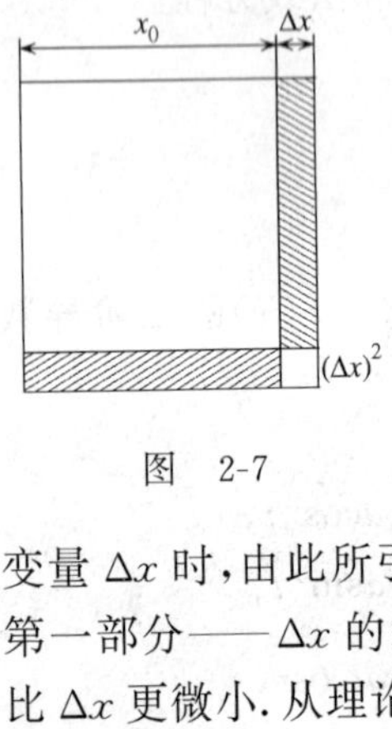

显然,ΔA 由两部分组成:

第一部分是 $2x_0\Delta x$,其中 $2x_0$ 是常数,$2x_0\Delta x$ 可看作是 Δx 的线性函数,即图 2-7 中有阴影部分的面积.

图 2-7

第二部分是 $(\Delta x)^2$,是图 2-7 中以 Δx 为边长的小正方形的面积. 当 $\Delta x \to 0$ 时,$(\Delta x)^2$ 是较 Δx 高阶的无穷小,即 $(\Delta x)^2 = o(\Delta x)$.

由此可见,当给边长 x_0 一个微小的改变量 Δx 时,由此所引起正方形面积的改变量 ΔA,可以近似地用第一部分——Δx 的线性函数 $2x_0\Delta x$ 来代替,这时所产生的误差比 Δx 更微小. 从理论上讲,当 Δx 是无穷小时,所产生的误差是较 Δx 的高阶无穷小.

在上述问题中,注意到对函数 $A=x^2$,有

$$\frac{\mathrm{d}A}{\mathrm{d}x} = \frac{\mathrm{d}x^2}{\mathrm{d}x} = 2x, \qquad \frac{\mathrm{d}A}{\mathrm{d}x}\bigg|_{x=x_0} = 2x_0,$$

这表明,用来近似代替面积改变量 ΔA 的 $2x_0\Delta x$,实际上是函数 $A=x^2$ 在点 x_0 的导数 $2x_0$ 与自变量 x 在点 x_0 的改变量 Δx 的乘积.

136

这种近似代替具有一般性.

我们从微分定义讲起.

定义 2.2 设函数 $y = f(x)$ 在点 x 的某邻域内有定义,若函数 $f(x)$ 在点 x 的改变量 $\Delta y = f(x + \Delta x) - f(x)$ 可以表示为

$$\Delta y = A \cdot \Delta x + o(\Delta x), \qquad (2.12)$$

其中 A 与 Δx 无关,$o(\Delta x)$ 是较 Δx 高阶的无穷小,则称函数 **$f(x)$ 在点 x 可微**,并称 **$A \cdot \Delta x$ 为函数 $f(x)$ 在点 x 的微分**,记作 $\mathrm{d}y$ 或 $\mathrm{d}f(x)$,即

$$\mathrm{d}y = A \cdot \Delta x.$$

由该定义可知,函数 $y = f(x)$ 在点 x 的微分 $\mathrm{d}y$ 与函数在该点的改变量 Δy 仅相差一个较 Δx 高阶的无穷小. 由于微分 $\mathrm{d}y$ 是 Δx 的线性函数,所以也称微分 $\mathrm{d}y$ 是改变量 Δy 的线性主部. 当 $A \neq 0$ 时,用微分 $\mathrm{d}y$ 作为改变量 Δy 的近似值时,其相对误差

$$\left| \frac{\Delta y - \mathrm{d}y}{A \Delta x} \right| = \left| \frac{o(\Delta x)}{A \Delta x} \right| \to 0 \quad (\Delta x \to 0),$$

从而,$|\Delta x|$ 愈小,用 $\mathrm{d}y$ 近似代替 Δy 的精确度就愈高.

函数 $y = f(x)$ 在点 x 可导与可微有下述关系:

定理 2.4 函数 $y = f(x)$ 在点 x 可微的充分必要条件是函数 $f(x)$ 在该点可导,且

$$f'(x) = A.$$

证 必要性 若函数 $f(x)$ 在点 x 可微,由微分定义,有

$$\Delta y = A \Delta x + o(\Delta x),$$

等式两端除以 Δx,并令 $\Delta x \to 0$ 取极限,有

$$\lim_{\Delta x \to 0} \frac{\Delta y}{\Delta x} = \lim_{\Delta x \to 0} \left(A + \frac{o(\Delta x)}{\Delta x} \right) = A.$$

上式说明函数 $f(x)$ 在点 x 可导,且

$$f'(x) = A.$$

充分性 若函数 $f(x)$ 在点 x 可导,即有

$$\lim_{\Delta x \to 0} \frac{\Delta y}{\Delta x} = f'(x),$$

137

由函数的极限与无穷小的关系(定理 1.2),有

$$\frac{\Delta y}{\Delta x} = f'(x) + \alpha \quad (\alpha \to 0),$$

从而
$$\Delta y = f'(x) \cdot \Delta x + \alpha \cdot \Delta x.$$

因 $f'(x)$ 依赖于 x,与 Δx 无关. 对确定的 x 而言,$f'(x)\Delta x$ 是 Δx 的线性函数. 当 $\Delta x \to 0$ 时,$\alpha \cdot \Delta x$ 是较 Δx 高阶的无穷小. 根据函数 $y = f(x)$ 在点 x 可微的定义,函数 $f(x)$ 在点 x 可微,且

$$\mathrm{d}y = f'(x)\Delta x. \quad \square \qquad (2.13)$$

该定理表明,一元函数 $f(x)$ 的可导性与可微性是等价的,且函数 $y = f(x)$ 在点 x 的微分可用(2.13)式表示.

对函数 $y = \varphi(x) = x$,由于 $y' = \varphi'(x) = 1$,从而函数 $y = x$ 的微分

$$\mathrm{d}y = \mathrm{d}x = 1 \cdot \Delta x = \Delta x.$$

该等式表明:自变量的**改变量 Δx 与其微分 $\mathrm{d}x$ 相等**. 于是函数 $y = f(x)$ 的微分,一般记作

$$\mathrm{d}y = f'(x)\mathrm{d}x,$$

即函数的**微分等于函数的导数与自变量微分的乘积**.

上式中的 $\mathrm{d}x$ 和 $\mathrm{d}y$ 都有确定的意义:$\mathrm{d}x$ 是自变量 x 的微分,$\mathrm{d}y$ 是因变量 y 的微分. 这样,上式可改写为

$$f'(x) = \frac{\mathrm{d}y}{\mathrm{d}x},$$

即函数的导数等于函数的微分与自变量的微分之商. 在此之前,必须把 $\dfrac{\mathrm{d}y}{\mathrm{d}x}$ 看作是导数的整体记号,现在就可以看作是分式了.

若函数 $y = f(x)$ 在区间 I 上的每一点都可微,则称 $f(x)$ 为区间 I 上的**可微函数**. 若 $x_0 \in I$,则函数 $y = f(x)$ 在点 x_0 的微分记作 $\mathrm{d}y|_{x = x_0}$,即

$$\mathrm{d}y|_{x = x_0} = f'(x_0)\mathrm{d}x.$$

以上讨论我们看到,若函数 $y = f(x)$ 在点 x_0 可导,为近似计算函数在该点的改变量 Δy,用微分 $f'(x_0)\Delta x$(它是 Δx 的线性函

数)近似代替,容易计算,而且所产生的误差仅是 $o(\Delta x)$. 在实用上,当 $|\Delta x|$ 很小时,近似程度就很好.

微分的几何意义

如图 2-8 所示,M_0T 是过曲线 $y=f(x)$ 上点 $M_0(x_0,y_0)$ 处的切线. 当曲线的横坐标由 x_0 改变到 $x_0+\Delta x$ 时,曲线**相应的**纵坐标的改变量

$$NM=f(x_0+\Delta x)-f(x_0)=\Delta y,$$

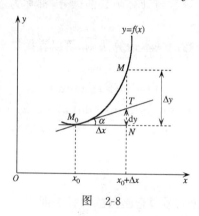

图　2-8

而切线相应的纵坐标的改变量(由三角形 M_0NT)是

$$NT=\tan\alpha \cdot \Delta x=f'(x_0)\cdot \Delta x=\mathrm{d}y.$$

由此知,函数 $y=f(x)$ 在点 x_0 的微分 $\mathrm{d}y$ 的**几何意义**是:曲线 $y=f(x)$ 在点 $M_0(x_0,y_0)$ 处的切线的**纵坐标**的改变量.

用 $\mathrm{d}y$ 代替 Δy,就是用切线纵坐标的改变量代替曲线纵坐标的改变量;这正是以直线段代替曲线段. 所产生的误差是

$$TM=\Delta y-\mathrm{d}y,$$

当 $\Delta x\to 0$ 时,它也趋于 0,且趋于 0 的速度比 Δx 要快.

二、微分计算

按照微分的定义,如果函数 $y=f(x)$ 的导数 $f'(x)$ 已经算出,那么只要乘上因子 $\Delta x=\mathrm{d}x$,即 $f'(x)\mathrm{d}x$ 便是函数的微分. 因此,

计算函数的微分并不需要任何新的运算. 例如

$$y = \sin x, \qquad 因为 \qquad y' = \cos x,$$

所以

$$\mathrm{d}y = y'\mathrm{d}x = \cos x\mathrm{d}x.$$

又如

$$y = \arctan x, \qquad 因为 \qquad y' = \frac{1}{1 + x^2},$$

所以

$$\mathrm{d}y = y'\mathrm{d}x = \frac{1}{1 + x^2}\mathrm{d}x.$$

计算函数的导数与计算函数的微分,都称为函数的微分运算或微分法.

对应于求导数的基本运算法则,可以直接推出如下的**微分运算法则**:

(1) $\mathrm{d}[u(x) \pm v(x)] = \mathrm{d}u(x) \pm \mathrm{d}v(x)$;

(2) $\mathrm{d}[u(x) \cdot v(x)] = v(x) \cdot \mathrm{d}u(x) + u(x) \cdot \mathrm{d}v(x)$;

(3) $\mathrm{d}[Cv(x)] = C\mathrm{d}v(x)$ (C 为任意常数);

(4) $\mathrm{d}\left[\dfrac{u(x)}{v(x)}\right] = \dfrac{v(x) \cdot \mathrm{d}u(x) - u(x) \cdot \mathrm{d}v(x)}{[v(x)]^2}$;

(5) $\mathrm{d}[f(\varphi(x))] = f'(\varphi(x))\varphi'(x)\mathrm{d}x$.

这里,最后一个公式是**复合函数的微分法则**.

由复合函数的微分法则,可以得到微分的一个重要性质:

设函数 $y = f(u)$ 对 u 可导,当 u 是**自变量**时或当 u 是某自变量的**可导函数** $u = \varphi(x)$ 时,都有

$$\mathrm{d}y = f'(u)\mathrm{d}u.$$

事实上,当 u 是自变量时,由于 $f(u)$ 可导,则

$$\mathrm{d}y = f'(u)\mathrm{d}u. \tag{2.14}$$

当 $u = \varphi(x)$ 且对 x 可导,这时由 $y = f(u)$,$u = \varphi(x)$ 构成复合函数 $y = f(\varphi(x))$,由复合函数的微分法则,有

$$\mathrm{d}y = f'(\varphi(x))\varphi'(x)\mathrm{d}x.$$

因 $u = \varphi(x)$ 且 $\mathrm{d}u = \varphi'(x)\mathrm{d}x$,所以上式可写作

$$\mathrm{d}y = f'(u)\mathrm{d}u. \tag{2.15}$$

由以上推导说明,尽管(2.14)与(2.15)式变量 u 的意义不同,

140

但在形式上，二式完全相同. 通常把这个性质称为**一阶微分形式的不变性**.

例 1　求下列函数的微分：

（1）$y = e^x \sin x$；　　　（2）$y = \arctan x^2$.

解　先求导数，再求微分.

（1）因　　$y' = (e^x \sin x)' = e^x \sin x + e^x \cos x$，

所以　　　　$dy = y' dx = e^x (\sin x + \cos x) dx$.

（2）因　　$y' = \dfrac{2x}{1 + (x^2)^2} = \dfrac{2x}{1 + x^4}$，

所以　　　　$dy = y' dx = \dfrac{2x}{1 + x^4} dx$.

例 2　求下列函数的微分：

（1）$y = e^{-x} \cos 4x$；　　　（2）$y = a^{\ln \tan x}$.

解　用微分运算法则计算.

（1）$dy = \cos 4x \, d(e^{-x}) + e^{-x} d(\cos 4x)$

$\qquad = \cos 4x \cdot e^{-x} d(-x) + e^{-x}(-\sin 4x) d(4x)$

$\qquad = -e^{-x} \cos 4x \, dx - 4e^{-x} \sin 4x \, dx$.

（2）$\quad dy = d(a^{\ln \tan x}) = a^{\ln \tan x} \ln a \cdot d(\ln \tan x)$

$\qquad = a^{\ln \tan x} \ln a \cdot \dfrac{1}{\tan x} d(\tan x)$

$\qquad = a^{\ln \tan x} \cdot \ln a \cdot \dfrac{1}{\tan x} \sec^2 x \, dx$

$\qquad = \dfrac{2 \ln a}{\sin 2x} a^{\ln \tan x} dx$.

*三、微分的应用

作为微分概念的简单应用，这里讲述用微分作近似计算问题.

前面已经讲过，对函数 $y = f(x)$，在点 x_0，当 $|\Delta x|$ 很小时，可用微分 dy 近似代替改变量 Δy. 由于

$$\Delta y \approx dy,$$

$$\Delta y = f(x_0 + \Delta x) - f(x_0),$$

所以,我们可得到两个近似公式

$$\Delta y \approx f'(x_0)\Delta x, \tag{2.16}$$

$$f(x_0 + \Delta x) \approx f(x_0) + f'(x_0)\Delta x. \tag{2.17}$$

在公式(2.17)中,若令 $x = x_0 + \Delta x$,即 $\Delta x = x - x_0$,则(2.17)式可写作

$$f(x) \approx f(x_0) + f'(x_0)(x - x_0). \tag{2.18}$$

特别的,在(2.18)中,若取 $x_0 = 0$,当 $|x|$ 很小时,又有近似公式

$$f(x) \approx f(0) + f'(0)x. \tag{2.19}$$

在上述的近似公式中,(2.16)式是近似计算函数的改变量,用在点 x_0 的微分 $f'(x_0)\Delta x$ 近似计算函数在点 x_0 的改变量 Δy;(2.17)式是近似计算函数值,用在点 x_0 的函数值 $f(x_0)$ 与其微分 $f'(x_0)\Delta x$ 之和来近似计算函数在点 $x_0 + \Delta x$ 的函数值 $f(x_0 + \Delta x)$;(2.18)式是近似计算在点 x 的函数值 $f(x)$,这正是用 x 的线性函数 $f(x_0) + f'(x_0)(x - x_0)$ 来近似表示函数 $f(x)$.

例3 计算 $\sqrt[5]{1.03}$ 的近似值.

解 这是计算函数值的问题,用公式(2.17).

$\sqrt[5]{1.03}$ 可看作是函数 $f(x) = \sqrt[5]{x}$ 在 $x = 1.03$ 处的函数值. 于是,设

$$f(x) = \sqrt[5]{x}, \quad x_0 = 1, \quad \Delta x = 0.03 \quad (|\Delta x| \text{ 较小}).$$

由于 $f'(x) = \dfrac{1}{5}x^{-\frac{4}{5}}$,$f(1) = \dfrac{1}{5}$,所以由(2.17)式,有

$$\sqrt[5]{1.03} \approx \sqrt[5]{1} + \frac{1}{5}(0.03) = 1.006.$$

例4 证明:当 $|x|$ 很小时,有近似公式

$$(1 + x)^\alpha \approx 1 + \alpha x,$$

其中 α 为任意实数.

证 依题设,应用近似公式(2.19).设

142

$$f(x)=(1+x)^{\alpha},$$

则　　　　$f(0)=1,\quad f'(x)=\alpha(1+x)^{\alpha-1},\quad f'(0)=\alpha,$

于是,由(2.19)式,有

$$(1+x)^{\alpha}\approx1+\alpha x.$$

利用同样方法可以证明:当$|x|$很小时,有下列近似公式

$$e^x\approx1+x,\quad \ln(1+x)\approx x,$$
$$\sin x\approx x,\qquad \tan x\approx x.$$

这些公式的证明都留给读者.

如果利用近似公式$(1+x)^{\alpha}\approx1+\alpha x$计算例3中的$\sqrt[5]{1.03}$. 因$1.03=1+0.03(0.03$较小$)$,$\alpha=\dfrac{1}{5}$,便有

$$\sqrt[5]{1.03}=(1+0.03)^{\frac{1}{5}}\approx1+\frac{1}{5}\cdot0.03=1.006.$$

例 5　求$\sin30°13'$的近似值.

解　这是计算函数值的问题. 首先我们把角度换算成弧度得:

$$\sin30°13'=\sin\left(\frac{\pi}{6}+\frac{13\pi}{60\times180}\right)=\sin\left(\frac{\pi}{6}+\frac{13\pi}{10800}\right).$$

这时,在公式(2.18)中取$f(x)=\sin x,x_0=\dfrac{\pi}{6},\Delta x=\dfrac{13\pi}{10800}$,又因$f'(x)=\cos x$,即得

$$\sin30°13'=\sin\left(\frac{\pi}{6}+\frac{13\pi}{60\times180}\right)$$

$$\approx\sin\frac{\pi}{6}+\cos\frac{\pi}{6}\cdot\frac{13\pi}{10800}=0.5033.$$

例 6　半径为$10\,\mathrm{cm}$的金属圆球加热后,半径伸长了$0.05\,\mathrm{cm}$,求体积增大的近似值.

解　该题是求函数的改变量的问题. 若以V及r分别表示圆球的体积和半径,则

$$V=\frac{4}{3}\pi r^3.$$

现在,$r=10\,\mathrm{cm}$,$\Delta r=0.05\,\mathrm{cm}$,我们的问题是要计算当$r$取得了改

变量 Δr 后,函数 V 的改变量 ΔV 等于多少. 由于 Δr 较小,故可用相应的微分来近似代替它:

$$\Delta V \approx dV = 4\pi r^2 \Delta r = 400\pi \cdot 0.05 \, \text{cm}^3 = 20\pi \, \text{cm}^3.$$

习 题 2.4

1. 一个正方形的边长为 $8\,\text{cm}$,如果每边长增加:(1) $1\,\text{cm}$;(2) $0.5\,\text{cm}$;(3) $0.1\,\text{cm}$. 求面积分别增加多少? 并分别求面积(即函数)的微分.

2. 设 $y = x^2 + x$,计算在 $x = 1$ 处,当 $\Delta x = 10, 1, 0.1, 0.01$ 时,相应的函数改变量 Δy 与函数的微分 dy,并观察两者之差 $\Delta y - dy$ 随着 Δx 减少的变化情况.

3. 求下列函数的微分:

(1) $y = \sin x + \cos x$;　　　　(2) $y = x\sin 2x$;

(3) $y = \dfrac{\cos x}{1 - x^2}$;　　　　(4) $y = \dfrac{x}{\sqrt{x^2 + 1}}$;

(5) $y = e^x \cos 5x$;　　　　(6) $y = (e^x + e^{-x})^2$;

(7) $y = \tan^2 3x$;　　　　(8) $y = 3^{\ln\tan x}$;

(9) $y = \ln\sqrt{1 - x^2}$;　　　　(10) $y = \cos^2 \sqrt{x}$.

4. 求由下列方程确定的隐函数 $y = f(x)$ 的微分:

(1) $\dfrac{x^2}{a^2} + \dfrac{y^2}{b^2} = 1$;　　　　(2) $y^2 = x + \arccos y$;

(3) $xy + e^y = 0$;　　　　(4) $y\sin x - \cos(x - y) = 0$.

5. 选取适当函数填入括号内,使下列等式成立:

(1) $a\,dx = d(\qquad)$;　　　　(2) $bx\,dx = d(\qquad)$;

(3) $\dfrac{1}{2\sqrt{x}}dx = d(\qquad)$;　(4) $\dfrac{1}{x}dx = d(\qquad)$;

(5) $\dfrac{1}{1 + x^2}dx = d(\qquad)$;　(6) $\dfrac{1}{\sqrt{1 - x^2}}dx = d(\qquad)$;

(7) $\sin 2x\,dx = d(\qquad)$;　　(8) $\cos ax\,dx = d(\qquad)$;

(9) $e^{-3x}\,dx = d(\qquad)$;

(10) $\sec x \cdot \tan x \mathrm{d}x = \mathrm{d}(\qquad)$.

*6. 证明:当 $|x|$ 很小时,有近似公式:

(1) $\sin x \approx x$;   (2) $\mathrm{e}^x \approx 1+x$;

(3) $\ln(1+x) \approx x$;   (4) $\tan x \approx x$.

*7. 求下列各数的近似值:

(1) $\sqrt[5]{0.95}$;   (2) $\mathrm{e}^{-0.05}$;

(3) $\ln(0.97)$;   (4) $\cos 60°20'$;

(5) $\arctan 1.02$;   (6) $\sqrt[5]{245}$.

*8. 一平面圆形环,其内半径为 $10\,\mathrm{m}$,环宽为 $0.2\,\mathrm{m}$,求此圆环面积的精确值与近似值.

9. 单项选择题:

(1) 已知函数 $y = f(x)$ 在任意点 x 处的微分 $\mathrm{d}y = \dfrac{\Delta x}{1+x^2}$,且 $f(0) = 0$,则 $f(x) = ($ $\qquad$ $)$.

(A) $\ln(1+x^2)$;   (B) $\dfrac{x}{1+x^2}$;

(C) $\arctan x$;   (D) $\arcsin x$.

(2) 函数 $f(x)$ 在点 x_0 可导是在该点可微的($\qquad$).

(A) 必要条件,但不是充分条件;

(B) 充分条件,但不是必要条件;

(C) 充分必要条件;   (D) 无关条件.

(3) 设 $y = f(\ln x)$ 且函数 $f(x)$ 可导,则 $\mathrm{d}y = ($ $\qquad$ $)$.

(A) $f'(\ln x)\mathrm{d}x$;   (B) $f'(\ln x) \cdot \dfrac{1}{x}\mathrm{d}x$;

(C) $f'(\ln x)\dfrac{1}{x}\mathrm{d}\ln x$;   (D) $[f(\ln x)]'\mathrm{d}\ln x$.

§2.5 边际概念·函数的弹性

导数概念,函数的弹性概念在经济分析中起重要作用,为讲述这些概念的经济意义,我们先讲述经济学中常用到的函数.

一、经济学中常见的几个函数

1. 需求函数与供给函数

（1）需求函数

需求是指消费者在一定价格条件下对商品的需要.这就是消费者愿意购买而且有支付能力.需求价格是指消费者对所需要的一定量的商品所愿支付的价格.

市场上某种商品的需求量往往受很多因素的影响.例如,商品的价格,消费者的收入,商品的选择范围,消费者的爱好等.为了使研究的问题简化,我们假定除商品价格之外的因素都保持不变,只有商品的价格影响需求量.这时,商品的需求数量 Q 可以看成是商品价格 P 的函数,称为**需求函数**,记作

$$Q = \varphi(P), \quad P \geqslant 0.$$

一般说来,需求随价格上涨而减少,或随价格下降而增加.因此,通常假设需求函数是单调减少的,即

$$\frac{\mathrm{d}Q}{\mathrm{d}P} = \varphi'(P) < 0.$$

需求曲线如图 2-9 所示.需求函数的反函数 $P = \varphi^{-1}(Q)$ 在经济学中也称为**需求函数**,有时称为**价格函数**.

下列函数可作为需求函数：

线性函数 $Q = a - bP$ $(a > 0, b > 0)$；

二次函数 $Q = a - bP - cP^2$ $(a > 0, b \geqslant 0, c > 0)$；

指数函数 $Q = A\mathrm{e}^{-bP}$ $(A > 0, b > 0)$；

幂 函 数 $Q = AP^{-\alpha}$ $(A > 0, \alpha > 0)$.

（2）供给函数

供给是指在某一时期内,生产者在一定价格条件下,愿意并可能出售的产品.供给价格是指生产者为提供一定量商品所愿意接受的价格.

假设供给与价格之间存在着函数关系,视价格 P 为自变量,

供给 Q 为因变量,便有**供给函数**,记作
$$Q = f(P).$$
一般情况,假设供给函数是单调增加的,供给曲线如图 2-10
所示.

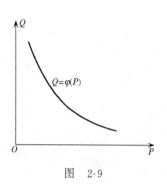

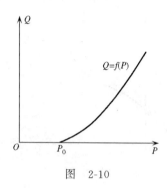

图　2-9　　　　　　　　　图　2-10

2. 成本函数

成本是指生产活动中所使用的生产要素的价格,成本也称生产费用. 生产要素是指生产某种商品时所投入的经济资源,它包括:劳力、资本、土地、企业家才能等.

（1）总成本函数

总成本是指生产特定产量的产品所需要的**成本总额**. 它包括两部分:固定成本和可变成本. 固定成本是在一定限度内不随产量变动而变动的费用. 可变成本是随产量变动而变动的费用.

若以 Q 表示产量,C 表示总成本,则 C 与 Q 之间的函数关系称为**总成本函数**,记作
$$C = C(Q) = C_0 + V(Q),$$
其中 $C_0 \geqslant 0$ 是固定成本,$V(Q)$ 是可变成本. 总成本函数的图形称为总成本曲线(图 2-11).

一般情况下,总成本函数具有下列性质:

（i）单调增函数,即 $C' = C'(Q) > 0$. 这是因为当产量增加时,

147

成本总额必然随之增加；

（ii）固定成本非负，即 $C_0 = C(0) \geqslant 0$. 这很显然，在尚没生产商品时，也需要支出，这与产量无关的支出是固定成本. 因此可将 $C(0)$ 理解为固定成本：$C(0) = C_0$；

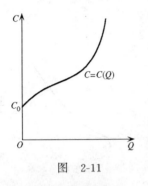

图 2-11

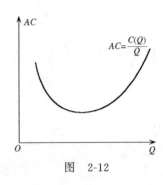

图 2-12

（2）平均成本函数

平均成本是平均每个单位产品的成本. 平均成本记作 AC. 若已知总成本函数 $C = C(Q)$，则**平均成本函数**为

$$AC = \frac{总成本}{产量} = \frac{C(Q)}{Q}.$$

在经济学中，平均成本曲线一般如图 2-12 所示的形状.

3. 收益函数

收益是指生产者出售商品的收入. 总收益是指将一定量产品出售后所得到的全部收入；平均收益是指出售一定的商品时，每单位商品所得的平均收入，即每单位商品的售价.

若以销量 Q 为自变量，总收益 R 为因变量，则 R 与 Q 之间的函数关系称为**总收益函数**，记作

$$R = R(Q),$$

Q 取非负数，且 $R|_{Q=0} = R(0) = 0$，即未出售商品时，总收益的值为 0.

总收益函数也称为**总收入函数**.

如果不论需求量如何增加,商品都以不变的既定价格 P_0 出售,则总收益函数是

$$R = R(Q) = P_0 Q.$$

如果随需求量增加,单位商品的售价随之降低,即假定需求函数 $Q = \varphi(P)$ 是单调减函数. 则总收益函数是

$$R = R(Q) = P \cdot Q = \varphi^{-1}(Q) \cdot Q,$$

其中 $P = \varphi^{-1}(Q)$ 是需求函数 $Q = \varphi(P)$ 的反函数. 这种情况,总收益曲线如图 2-13 所示. 这时的平均收益,记作 AR,即

$$AR = \frac{R(Q)}{Q} = \varphi^{-1}(Q) = P,$$

它就是商品的价格.

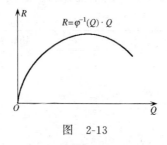

图 2-13

4. 利润函数

在假设产量与销量一致的情况下,总利润函数定义为总收益函数 $R = R(Q)$ 与总成本函数 $C = C(Q)$ 之差. 若以 π 记总利润,则**总利润函数**(简称**利润函数**)

$$\pi = \pi(Q) = R(Q) - C(Q).$$

显然,若产量为 Q,当 $R(Q) > C(Q)$ 时,为盈利,当 $R(Q) < C(Q)$ 时,为亏损. 若产量 Q_0,使得 $\pi(Q_0) = 0$,即 $R(Q_0) = C(Q_0)$,则 Q_0 称为**盈亏分界点**.

二、边际概念

由导数定义知,函数的导数是函数的变化率. 它实质上描述了

由该函数所表示的那个事物或现象的变化情况.

在经济分析中,通常用"边际"这个概念来描述一个变量 y 关于另一个变量 x 的变化情况."边际"表示在 x 的某一个值的"边缘上"y 的变化情况,即 x 从一个给定值发生微小变化时 y 的变化情况. 显然,这是 y 的瞬时变化率,也就是变量 y 对变量 x 的导数.

我们以总成本和边际成本为例来说明边际概念.

在经济学中,**边际成本**是指生产最后增加的那个单位产品所**花费的成本**. 或者说,**边际成本**就是每增加或减少一个单位产品而使**总成本变动的数值**.边际成本记作 **MC**.

若用初等数学(即离散的情况)表达,总成本与边际成本的关系见下表.

产量(Q)	总成本(C)	边际成本(MC)
0	8	
		12
1	20	
		10
2	30	
		6
3	36	
		4
4	40	
		5
5	45	
		15
6	60	

上表说明,生产某产品的固定成本是 8(当 $Q=0$ 时),生产一个产品,总成本为 $C=20$,即生产第一个产品所花费的成本为 12,因而,生产第一个产品的边际成本 $MC=12$.生产两个产品,总成本为 $C=30$,即生产第二个产品所花费的成本为 10,因而,生产第二个产品的边际成本 $MC=10$.依此类推.

在高等数学中,假设总成本函数 $C=C(Q)$ 是连续的,而且是可导的.若产量已经是 Q 单位,在此产出水平上,产量增至 $Q+$

150

ΔQ,则比值

$$\frac{\Delta C}{\Delta Q} = \frac{C(Q + \Delta Q) - C(Q)}{\Delta Q}$$

就是产量由 Q 增至 $Q+\Delta Q$ 这一生产过程中,每增加单位产量总成本的增量.

由于假设产量 Q 是连续变化的,令 $\Delta Q \to 0$,则极限

$$\lim_{\Delta Q \to 0} \frac{\Delta C}{\Delta Q} = \lim_{\Delta Q \to 0} \frac{C(Q + \Delta Q) - C(Q)}{\Delta Q}$$

就表示产量为某一值 Q 的"边缘上"总成本的变化情况. 这样一个极限就是产量为 Q 单位时总成本的变化率,**称为产量为 Q 时的边际成本**,记作 MC,即边际成本就是**总成本 C 对产量 Q 的导数**,边际成本函数为

$$MC = \frac{\mathrm{d}C}{\mathrm{d}Q}.$$

按上述讨论,一般情况,边际成本可解释为:生产第 Q 个单位产品,总成本增加(实际上是近似的)的数量,即生产第 Q 个单位产品所花费的成本.

例如,线性总成本函数

$$C = C(Q) = 2Q + 5,$$

由于 $\qquad\qquad MC = C'(Q) = 2,$

这说明,产量为任何水平时,每增加单位产品,总成本都增加 2.

又如,二次成本函数

$$C = C(Q) = 2Q^2 + 36Q + 9800,$$

由于 $\qquad\qquad MC = C'(Q) = 4Q + 36,$

即边际成本是 Q 的函数,说明在不同的产量水平上,每增加单位产品,总成本的增加额将是不同的.

例如,当 $Q = 3$ 时,$MC|_{Q=3} = 48$. 这表明,生产第 3 个单位产品,总成本将增加 48 个单位. 即生产第 3 个单位产品所花费的成本为 48;当 $Q = 5$ 时,$MC|_{Q=5} = 56$,这表明,生产第 5 个单位产品,总成本将增加 56,即生产第 5 个单位产品所花费的成本是 56.

对其他经济函数，"边际"概念有类似的意义，即对经济学中的函数而言，因变量对自变量的导数，统称为"边际". 例如，对总收益函数 $R = R(Q)$，则 R 对 Q 的导数称为边际收益，记作 MR. 边际收益函数为

$$MR = \frac{\mathrm{d}R}{\mathrm{d}Q}.$$

边际收益可解释为：销售第 Q 单位产品，总收益增加的数额，即销售第 Q 个单位产品所得到的收益.

三、函数的弹性

1. 函数弹性概念

对函数 $y = f(x)$，当自变量从 x 起改变了 Δx 时，其自变量的**相对改变量是** $\frac{\Delta x}{x}$，**函数** $f(x)$ **相对应的相对改变量**则是 $\frac{f(x+\Delta x) - f(x)}{f(x)}$. 函数的弹性是为考察相对变化而引入的.

定义 2.3 设函数 $y = f(x)$ 在点 x 可导，则极限

$$\lim_{\Delta x \to 0} \frac{\dfrac{f(x+\Delta x) - f(x)}{f(x)}}{\dfrac{\Delta x}{x}} = \lim_{\Delta x \to 0} \frac{x}{f(x)} \frac{f(x+\Delta x) - f(x)}{\Delta x}$$

$$= x \frac{f'(x)}{f(x)}$$

称为函数 $f(x)$ **在点** x **的弹性**，记作 $\dfrac{Ey}{Ex}$ 或 $\dfrac{Ef(x)}{Ex}$，即

$$\frac{Ey}{Ex} = x \frac{f'(x)}{f(x)} = \frac{x}{f(x)} \cdot \frac{\mathrm{d}f(x)}{\mathrm{d}x}.$$

显然，函数 $f(x)$ 的弹性 $\dfrac{Ey}{Ex}$ 是 x 的函数. 当 x 取定值 x_0 时，函数 $f(x)$ 在 x_0 的弹性，记作

$$\frac{Ey}{Ex}\bigg|_{x=x_0} \qquad \text{或} \qquad \frac{x_0}{f(x_0)} f'(x_0).$$

由于　　　　$\mathrm{d}[\ln f(x)] = \dfrac{1}{f(x)}\mathrm{d}f(x)$，　$\mathrm{d}(\ln x) = \dfrac{1}{x}\mathrm{d}x$，

所以，函数 $f(x)$ 的弹性也可表示为函数 $\ln f(x)$ 的微分与函数 $\ln x$ 的微分之比

$$\frac{Ef(x)}{Ex} = \frac{\mathrm{d}\ln f(x)}{\mathrm{d}\ln x}.$$

由于函数的弹性 $\dfrac{Ey}{Ex}$ 是就自变量 x 与因变量 y 的相对变化而定义的，它表示函数 $y = f(x)$ 在点 x 的相对变化率，因此，它与任何度量单位无关.

由函数弹性定义知，函数 $f(x)$ 在点 x 的弹性，表示当自变量由 x 起始的相对改变，函数 $f(x)$ 改变幅度的大小，即表示(实质上是近似地表示)当自变量由 x 起始改变 1% 时，函数 $f(x)$ 相应改变的百分数.

例 2　求下列函数的弹性：

(1) $f(x) = c$；　　　(2) $f(x) = ax + b$.

解　由函数弹性的定义

(1) 对常量函数，由于 $f'(x) = 0$，所以

$$\frac{Ec}{Ex} = 0.$$

(2) 对线性函数，由于 $f'(x) = a$，所以

$$\frac{E(ax + b)}{Ex} = \frac{ax}{ax + b}.$$

例 3　求函数 $f(x) = ax^\alpha$ 的弹性.

解　由于 $f'(x) = a\alpha x^{\alpha-1}$，所以

$$\frac{E(ax^\alpha)}{Ex} = x\,\frac{a\alpha x^{\alpha-1}}{ax^\alpha} = \alpha.$$

特别，函数 $f(x) = ax$ 的弹性

$$\frac{E(ax)}{Ex} = 1,$$

函数 $f(x) = \dfrac{a}{x}$ 的弹性

$$\frac{E(ax^{-1})}{Ex} = -1.$$

2. 弹性的经济意义

(1) 需求价格弹性

我们已经看到,在经济分析中,"边际"可以描述一个变量对另一个变量变化的反应.如需求函数为 $Q = 100 - 4P$,则边际需求 $\dfrac{dQ}{dP} = -4$.这表明,价格每提高或降低一个货币单位,需求将减少或增加 4 个单位.但由于"边际",即函数的导数是有度量单位的,这对度量单位不同的经济现象不能进行比较.而函数的弹性与度量单位无关,正因为如此,它在经济分析中有着广泛的应用.

我们以需求函数的弹性来说明弹性的经济意义,设需求函数为

$$Q = \varphi(P).$$

按函数弹性定义,需求函数的弹性应定义为

$$\frac{P}{Q}\frac{dQ}{dP} = P\frac{\varphi'(P)}{\varphi(P)}.$$

由于上式是描述需求 Q 对价格 P 的相对变化率,通常称上式为**需求函数在点 P 的需求价格弹性**,简称为**需求价格弹性**,记作 E_d.

一般情况,因 $P > 0$,$\varphi(P) > 0$,而 $\varphi'(P) < 0$(因假设 $\varphi(P)$ 是单调减函数),所以 E_d 是负数:

$$E_d = P\frac{\varphi'(P)}{\varphi(P)} < 0.$$

需求价格弹性也可用微分形式表示:

$$E_d = \frac{d(\ln Q)}{d(\ln P)}.$$

由上述说明可知,需求函数在点 P 的需求价格弹性的经济意义是,**在价格为 P 时,如果价格提高或降低 1%,需求由 Q 起,减少**

或增加的百分数(近似的)是 $|E_{\mathrm{d}}|$. 因此,需求价格弹性反映了当价格变动时需求量变动对价格变动的灵敏程度.

需求价格弹性一般分如下三类:

(i) 若 $E_{\mathrm{d}}>-1$ 或 $|E_{\mathrm{d}}|<1$ 时,称需求是低弹性的. 这种情况,价格提高(或降低)1%,而需求减少(或增加)低于 1%. 生活必需品多属于此种情况.

(ii) 若 $E_{\mathrm{d}}<-1$ 或 $|E_{\mathrm{d}}|>1$ 时,称需求是弹性的,这时,价格提高(或降低)1%,而需求减少(或增加)大于 1%. 奢侈品多属于此类.

(iii) 若 $E_{\mathrm{d}}=-1$ 或 $|E_{\mathrm{d}}|=1$ 时,称需求是单位弹性的,即价格提高(或降低)1%,而需求恰减少(或增加)1%.

例 4 设需求函数 $Q=100-4P$(图 2-14),则需求价格弹性

$$E_{\mathrm{d}}=\frac{P}{Q}\frac{\mathrm{d}Q}{\mathrm{d}P}=\frac{P}{100-4P}(-4)=\frac{P}{P-25}.$$

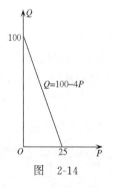

图 2-14

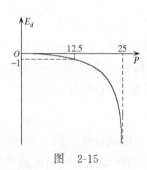

图 2-15

当 $P=12.5$ 时,$E_{\mathrm{d}}=-1$,需求是单位弹性的.

当 $P=5$ 时,$E_{\mathrm{d}}=-0.25$,需求是低弹性的. 不难看出,当 $0<P<12.5$ 时,均有 $E_{\mathrm{d}}>-1$,即需求都是低弹性的.

当 $P=20$ 时,$E_{\mathrm{d}}=-4$,需求是弹性的. 显然,当 $12.5<P<25$ 时,均有 $E_{\mathrm{d}}<-1$,即需求都是弹性的.

当 $P=0$ 时, 这时需求量最大, $E_d=0$; 当 P 逐渐增加时, E_d 随之减少; 当 P 趋于 25 时, E_d 趋于 $-\infty$. E_d 随 P 的变化情况见图 2-15.

在经济分析中, 应用商品的需求价格弹性, 可以指明当价格变动时, 销售总收益的变动情况.

设 $Q=\varphi(P)$ 是需求函数, 将总收益 R 表示为 P 的函数:
$$R=R(P)=P \cdot Q=P \cdot \varphi(P),$$
R 对 P 的导数是 R 关于价格 P 的边际收益:
$$\frac{\mathrm{d}R}{\mathrm{d}P}=\frac{\mathrm{d}}{\mathrm{d}P}[P \cdot \varphi(P)]=\varphi(P)+P\varphi'(P)$$
$$=\varphi(P)\Big[1+P\frac{\varphi'(P)}{\varphi(P)}\Big],$$
即
$$\frac{\mathrm{d}R}{\mathrm{d}P}=\varphi(P)[1+E_d].$$

上式给出了关于价格的边际收益与需求价格弹性之间的关系. 分析上式并注意到 $\varphi(P)>0, E_d<0$, 有

(i) 当 $E_d>-1$ 时, $\dfrac{\mathrm{d}R}{\mathrm{d}P}>0$, 从而总收益函数 $R=R(P)$ 是单调增函数. 这时, 总收益随价格的提高而增加. 换句话说, 当需求是低弹性时, 由于需求下降的幅度小于价格提高的幅高, 因而, 提高价格可使总收益增加.

(ii) 当 $E_d<-1$ 时, $\dfrac{\mathrm{d}R}{\mathrm{d}P}<0$, $R=R(P)$ 是单调减函数. 在这种情况下, 提高价格, 总收益将随之减少. 这是因为需求是弹性的, 需求下降的幅度大于价格提高的幅度.

(iii) 当 $E_d=-1$ 时, $\dfrac{\mathrm{d}R}{\mathrm{d}P}=0$, 这时, 总收益是常数. 这表明总收益不因价格变动而变动.

以上分析说明, 测定商品的需求价格弹性, 对进行市场分析, 确定或变动商品的价格有参考价值.

(2) 其他函数的弹性

156

若 $Q=f(P)$ 为供给函数,则供给的价格弹性定义为

$$E_s = \frac{P}{Q}\frac{\mathrm{d}Q}{\mathrm{d}P} = P\frac{f'(P)}{f(P)}.$$

一般,因假设供给函数 $Q=f(P)$ 是单调增加的,由于 $f'(P)$ $>0, P>0, f(P)>0$,所以供给的价格弹性 E_s 取正值.供给的价格弹性简称为供给弹性.

例 5 设供给函数 $Q=f(P)=-12+4P+P^2$,求当 $P=3$ 时的供给价格弹性.

解 由于供给价格弹性

$$E_s = P\frac{f'(P)}{f(P)} = P\frac{4+2P}{-12+4P+P^2},$$

所以,当 $P=3$ 时, $E_s = \dfrac{10}{3}$.

在依价值与供求关系决定价格的商品社会中,需求价格弹性、供给价格弹性极为重要.

经济领域中的任何函数都可类似的定义弹性.

习 题 2.5

1. 生产某产品,固定成本为 $a(a>0)$ 元,每生产一吨产品,总成本增加 $b(b>0)$ 元,试写出总成本函数和平均成本函数.

2. 生产某产品,年产量不超过 500 台时,每台售价 200 元,可以全部售出;当年产量超过 500 台时,经广告宣传后又可再多售出 200 台,每台平均广告费 20 元;生产再多,本年就售不出去.试将本年的销售收益 R 表为年产量 Q 的函数.

3. 已知生产某产品的总成本函数为

$$C = 800 + 2Q(元),$$

该产品的销售单价为 10 元/件.试求:

(1) 总收益函数;   (2) 利润函数,盈亏临界点.

4. 生产某产品的总成本函数为 $C=C(Q)=100+2\sqrt{Q}$,求:

(1) 平均成本函数及产量为 100 时的平均成本;

(2) 边际成本函数及产量为 100 时的边际成本.

5. 已知某产品的需求函数为
$$Q = 20000 - 100P,$$
求生产 50 个单位产品时的总收益、平均收益和边际收益.

6. 某产品每周的销量 Q(单位：千克)为其价格 P(单位：元/千克)的函数
$$Q = \frac{1000}{(2P+1)^2},$$
求当 $P=2$ 时的边际需求.

7. 求下列函数的弹性：

(1) $y=3x+5$; 　　　(2) $y=4x^2$;

(3) $y=4-\sqrt{x}$;　　　(4) $y=Ae^{ax}$.

8. 设函数 $y=e^{-\frac{x}{3}}$,求 $x=3, x=5, x=6$ 时的弹性.

9. 设函数 $f(x)$ 存在弹性,C 是常数,试证明：

(1) $\dfrac{E(f(x)+C)}{Ex} = \dfrac{f(x)}{f(x)+C} \dfrac{Ef(x)}{Ex}$;

(2) $\dfrac{E(Cf(x))}{Ex} = \dfrac{Ef(x)}{Ex}$.

10. 设某产品的需求函数为
$$Q = \varphi(P) = Ae^{-bP}(b>0, A>0), \quad P \in [0, +\infty),$$
求需求价格弹性,并作出经济解释.

11. 设某市场上白糖的需求函数为
$$Q = \varphi(P) = 10^{2.1} \times P^{-0.25},$$
求需求价格弹性.

12. 设需求函数为
$$Q = \varphi(P) = 10 - 2P, \quad P \in [0, 5],$$
求当 $P=2, P=3$ 时的需求价格弹性.

13. 设需求量 Q 是收入 M 的函数
$$Q = f(M) = Ae^{\frac{b}{M}} \quad (A>0, b<0),$$

试求需求的收入弹性.

14. 设某产品的供给函数为
$$Q = f(P) = -2 + 2P.$$
试求供给价格弹性 E_s 和 $P = 2$ 时的供给价格弹性 E_s.

第三章 中值定理·导数应用

在应用导数解决各种问题时,微分中值定理起着重要作用.本章先介绍微分中值定理.作为导数的应用,将讨论:未定式求极限的方法;函数的单调性,极值及曲线的凹向与拐点;最大值最小值应用问题及曲线的曲率.

§3.1 微分中值定理

本节讲述微分学的基本定理.这里,只讲罗尔定理和拉格朗日定理.

定理 3.1(罗尔定理) 若函数 $f(x)$ 满足

(1) 在闭区间 $[a,b]$ 上连续;

(2) 在开区间 (a,b) 内可导;

(3) $f(a)=f(b)$,

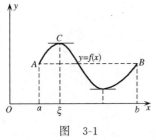

图 3-1

则在区间 (a,b) 内**至少存在一点** ξ,使得

$$f'(\xi)=0.$$

由图 3-1 可知罗尔定理的**几何意义**:在两端高度相同的一段连续曲线弧 $\overset{\frown}{AB}$ 上,若除端点外,它在每一点都可作不垂直于 x 轴的切线,则在其中至少有一条切线平行于 x 轴,切点为 $C(\xi,f(\xi))$.

证 因为函数 $f(x)$ 在闭区间 $[a,b]$ 上连续,$f(x)$ 在 $[a,b]$ 上必取得最大值 M 与最小值 m.分两种情况讨论:

(1) 若 $M=m$,这时 $f(x)$ 在 $[a,b]$ 上必为常数,从而 $f'(x)\equiv$

160

$0, x \in (a, b)$. 于是,在 (a, b) 内任取一点 ξ, 都有 $f'(\xi) = 0$.

(2) 若 $M > m$, 因为 $f(a) = f(b)$, 所以 M 和 m 至少有一个在区间 (a, b) 内取得, 不妨设 $M = f(\xi)$, $\xi \in (a, b)$. 在点 ξ 邻近取一点 $\xi + \Delta x \in [a, b]$, 则必有 $f(\xi + \Delta x) \leqslant f(\xi)$.

当 $\Delta x > 0$ 时,

$$\frac{f(\xi + \Delta x) - f(\xi)}{\Delta x} \leqslant 0;$$

当 $\Delta x < 0$ 时,

$$\frac{f(\xi + \Delta x) - f(\xi)}{\Delta x} \geqslant 0.$$

由于 $f(x)$ 在点 ξ 可导, 根据极限的局部保号性(定理 1.4), 有

$$f'(\xi) = \lim_{\Delta x \to 0^+} \frac{f(\xi + \Delta x) - f(\xi)}{\Delta x} \leqslant 0,$$

$$f'(\xi) = \lim_{\Delta x \to 0^-} \frac{f(\xi + \Delta x) - f(\xi)}{\Delta x} \geqslant 0,$$

故 $f'(\xi) = 0$. □

注意 定理中的条件是充分的, 但非必要的. 这意味着, 定理中的三个条件缺少其中任何一个, 定理的结论将可能不成立; 但定理中的条件不全具备, 定理的结论也可能成立.

例 1 验证函数 $f(x) = \sqrt[3]{8x - x^2}$ 在闭区间 $[0, 8]$ 上满足罗尔定理的三个条件, 并求出 ξ 的值.

解 函数 $f(x) = \sqrt[3]{8x - x^2}$ 是初等函数, 在有定义的区间 $[0, 8]$ 上连续; 其导数

$$f'(x) = \frac{1}{3} \frac{8 - 2x}{\sqrt[3]{(8x - x^2)^2}}$$

在开区间 $(0, 8)$ 内有意义, 即 $f(x)$ 在 $(0, 8)$ 内可导; 又

$$f(0) = 0 = f(8),$$

由

$$f'(x) = \frac{1}{3} \frac{8 - 2x}{\sqrt[3]{(8x - x^2)^2}} = 0$$

可得 $x=4$,即在区间 $(0,8)$ 内存在一点 $\xi=4$,使得 $f'(\xi)=0$.

例 2 考察曲线 $f(x)=x^3-3x$ 在开区间 $(-\sqrt{3},\sqrt{3})$ 内是否有水平切线;若有,求出曲线上相应的点.

分析 按罗尔定理的几何意义,本例就是验证函数 $f(x)$ 在闭区间 $[-\sqrt{3},\sqrt{3}]$ 上是否满足罗尔定理的条件;若满足,求出切点坐标.

解 函数 $f(x)=x^3-3x$ 显然在闭区间 $[-\sqrt{3},\sqrt{3}]$ 上连续,在开区间 $(-\sqrt{3},\sqrt{3})$ 内可导,并且

$$f(-\sqrt{3})=0=f(\sqrt{3}),$$

于是,根据罗尔定理,在开区间 $(-\sqrt{3},\sqrt{3})$ 内至少存在一点 ξ,使 $f'(\xi)=0$,即曲线 $y=x^3-3x$ 在点 $(\xi,f(\xi))$ 处的切线是水平的. 由

$$f'(x)=3x^2-3=3(x+1)(x-1)=0,$$

可解得 $x_1=-1,x_2=1$. 于是

$$\xi_1=-1\in(-\sqrt{3},\sqrt{3}),\quad \xi_2=1\in(-\sqrt{3},\sqrt{3})$$

分别使得

$$f'(-1)=0,\quad f'(1)=0.$$

又因

$$f(-1)=(-1)^3-3\times(-1)=2,$$
$$f(1)=1^3-3\times 1=-2,$$

故曲线在点 $(-1,2)$ 和点 $(1,-2)$ 处有水平切线.

例 3 设 n 次多项式 $P_n(x)$ 的导函数 $P'_n(x)$ 没有实根,试证明 $P_n(x)$ 最多只有一个实根.

证 用反证法.

假设 n 次多项式 $P_n(x)$ 至少有两个实根,设为 x_1 和 x_2,且 $x_1<x_2$. 由于多项式函数是处处连续且可导的,又因

$$P_n(x_1)=P_n(x_2)=0,$$

所以函数 $P_n(x)$ 在闭区间 $[x_1,x_2]$ 上满足罗尔定理的条件,从而在

162

开区间 (x_1, x_2) 内至少存在一点 ξ, 使

$$P_n'(\xi) = 0.$$

这说明 ξ 是函数 $P_n'(x)$ 的根. 显然, 这与题设 $P_n'(x)$ 没有实根矛盾. 这就证明了 n 次多项式 $P_n(x)$ 若有实根, 实根的个数不能多于一个.

定理 3.2（拉格朗日定理） 若函数 $f(x)$ 满足

（1）在闭区间 $[a, b]$ 上连续；

（2）在开区间 (a, b) 内可导,

则在开区间 (a, b) 内**至少存在一点** ξ, 使得

$$f'(\xi) = \frac{f(b) - f(a)}{b - a}.$$

观察定理 3.1 和定理 3.2 的条件和结论, 易知, 罗尔定理正是拉格朗日定理的特殊情形.

由图 3-2 看, $\dfrac{f(b) - f(a)}{b - a}$ 正是过曲线 $y = f(x)$ 的两个端点 $A(a, f(a))$ 和 $B(b, f(b))$ 的弦的斜率. 于是

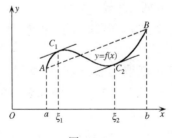

图 3-2

拉格朗日定理的几何意义：若曲线 $y = f(x)$ 在闭区间 $[a, b]$ 上连续, 在开区间 (a, b) 内的每一点都有不垂直于 x 轴的切线, 则在曲线上至少存在一点 $C_1(\xi_1, f(\xi_1))$, 过点 C_1 的切线平行于过曲线两个端点 A 和 B 的弦（图 3-2）.

证 定理结论的表达式可改写作

$$f'(\xi) - \frac{f(b) - f(a)}{b - a} = 0,$$

由此,作辅助函数

$$F(x) = f(x) - \frac{f(b) - f(a)}{b - a}x.$$

易看出函数 $F(x)$ 在闭区间 $[a,b]$ 上连续;在开区间 (a,b) 内可导;且

$$F(a) = f(a) - \frac{f(b) - f(a)}{b - a}a = \frac{f(a)b - f(b)a}{b - a},$$

$$F(b) = f(b) - \frac{f(b) - f(a)}{b - a}b = \frac{f(a)b - f(b)a}{b - a},$$

即 $F(a) = F(b)$.

由于函数 $F(x)$ 在区间 $[a,b]$ 上满足罗尔定理的条件,因而至少存在一点 $\xi \in (a,b)$,使得

$$F'(\xi) = f'(\xi) - \frac{f(b) - f(a)}{b - a} = 0,$$

这就是我们要证明的结论. $\square$

拉格朗日定理有两个**推论**:

推论 1 若函数 $f(x)$ 在区间 I 内可导,且 $f'(x) \equiv 0$,则函数 $f(x)$ 在区间 I 内恒等于一个常数.

证 在区间 I 内任取两点 x_1, x_2 不妨设 $x_1 < x_2$. 显然,函数 $f(x)$ 在闭区间 $[x_1, x_2]$ 上满足拉格朗日定理的条件,因此有

$$f(x_2) - f(x_1) = f'(\xi)(x_2 - x_1), \quad \xi \in (x_1, x_2).$$

由于在 I 内恒有 $f'(x) \equiv 0$,所以也有 $f'(\xi) = 0$,即

$$f(x_2) - f(x_1) = 0 \quad 或 \quad f(x_2) = f(x_1).$$

由 x_1, x_2 的任意性可知,在区间 I 内的所有点的函数值都相等,即 $f(x)$ 在 I 内恒等于一个常数. $\square$

推论 2 若函数 $f(x)$ 和 $g(x)$ 在区间 I 内的导数处处相等,即 $f'(x) \equiv g'(x)$,则 $f(x)$ 与 $g(x)$ 在区间 I 内仅相差一个常数,即存在常数 C,使

$$f(x) - g(x) = C \quad \text{或} \quad f(x) = g(x) + C.$$

证 设函数

$$F(x) = f(x) - g(x).$$

因在区间 I 内,有

$$F'(x) = f'(x) - g'(x) \equiv 0,$$

所以在区间 I 内,$F(x)$ 为一常数 C,即

$$f(x) - g(x) = C. \quad \square$$

例 4 验证函数 $f(x) = \ln x$ 在闭区间 $[1,2]$ 上满足拉格朗日定理的条件,并求出 ξ 的值.

解 因函数 $f(x) = \ln x$ 在区间 $(0, +\infty)$ 内连续,故在闭区间 $[1,2]$ 上连续;其导数

$$f'(x) = \frac{1}{x},$$

故 $f'(x)$ 在区间 $(1,2)$ 内存在. 于是,由

$$f'(\xi) = \frac{f(2) - f(1)}{2 - 1}, \quad \text{即} \quad \frac{1}{\xi} = \frac{\ln 2 - \ln 1}{2 - 1},$$

可解得 $\xi = \dfrac{1}{\ln 2}$.

例 5 试证明:在 $(-\infty, +\infty)$ 上有

$$\arctan x + \operatorname{arccot} x = \frac{\pi}{2}.$$

证 设函数

$$f(x) = \arctan x + \operatorname{arccot} x,$$

则对任意的 $x \in (-\infty, +\infty)$,有

$$f'(x) = \frac{1}{1 + x^2} - \frac{1}{1 + x^2} \equiv 0,$$

于是,由拉格朗日定理的推论 1,在区间 $(-\infty, +\infty)$ 内,恒有

$$\arctan x + \operatorname{arccot} x = C \quad (C \text{ 为常数}).$$

再选一个特殊的 x 值确定 C. 取 $x = 0$,有

$$\arctan 0 + \operatorname{arccot} 0 = 0 + \frac{\pi}{2} = \frac{\pi}{2},$$

因此,在$(-\infty,+\infty)$内有

$$\arctan x + \operatorname{arccot} x = \frac{\pi}{2}.$$

习 题 3.1

1. 验证下列函数是否满足罗尔定理的条件? 若满足,求出定理中的 ξ;若不满足,说明其原因:

(1) $f(x) = \begin{cases} x, & 0 \leqslant x < 1, \\ 0, & x = 1; \end{cases}$

(2) $f(x) = |x|$, $x \in [-1,1]$;

(3) $f(x) = x$, $x \in [0,1]$;

(4) $f(x) = x^2 - 2x - 3$, $x \in [-1,3]$;

(5) $f(x) = \ln \sin x$, $x \in \left[\dfrac{\pi}{6}, \dfrac{5\pi}{6}\right]$;

(6) $f(x) = x\sqrt{3-x}$, $x \in [0,3]$.

2. 验证下列函数是否满足拉格朗日定理的条件? 若满足,求出定理中的 ξ:

(1) $f(x) = \arctan x$, $x \in [0,1]$;

(2) $f(x) = x^3 - 3x$, $x \in [0,2]$.

3. 设 $f(x) = (x-1)(x-2)(x-3)(x-4)$,用罗尔定理说明方程 $f'(x) = 0$ 有几个实根,并说出根所在的范围.

4. 如果方程 $a_0 x^n + a_1 x^{n-1} + \cdots + a_{n-1}x = 0$ 有正根 x_1,试证方程

$$n a_0 x^{n-1} + (n-1)a_1 x^{n-2} + \cdots + a_{n-1} = 0$$

一定有小于 x_1 的正根.

5. 证明方程 $x^3 + x - 1 = 0$ 在 $(0,1)$ 内只有一个实根.

6. 证明下列恒等式:

(1) 在区间 $[-1,1]$ 上,有

$$\arcsin x + \arccos x = \frac{\pi}{2};$$

166

(2) 在区间 $(-1,1)$ 上，有

$$\arctan\sqrt{\frac{1-x}{1+x}} + \frac{1}{2}\arcsin x = \frac{\pi}{4}.$$

7. 证明下列不等式：

(1) $|\arctan x - \arctan y| \leqslant |x-y|$；

(2) 在区间 $\left[0, \frac{\pi}{2}\right)$ 内，有 $\tan x \geqslant x$.

8. 设函数 $f(x)$ 在区间 (a,b) 内可导，x_1 和 x_2 是 (a,b) 内任意两点，且 $x_1 < x_2$，则至少存在一点 ξ，下式成立的是（　　）.

(A) $f(b) - f(a) = f'(\xi)(b-a)$，$\xi \in (a,b)$；

(B) $f(b) - f(x_1) = f'(\xi)(b-x_1)$，$\xi \in (x_1, b)$；

(C) $f(x_2) - f(x_1) = f'(\xi)(x_2-x_1)$，$\xi \in (x_1, x_2)$；

(D) $f(x_2) - f(a) = f'(\xi)(x_2-a)$，$\xi \in (a, x_2)$.

§3.2　洛必达法则

洛必达法则是求未定式极限的一般方法. 未定式共有以下 7 种：$\frac{0}{0}$ 型，$\frac{\infty}{\infty}$ 型，$0 \cdot \infty$ 型，$\infty - \infty$ 型，0^0 型，1^∞ 型和 ∞^0 型.

若 $\lim\limits_{x \to x_0} f(x) = 0$，$\lim\limits_{x \to x_0} g(x) = 0$，则 $\lim\limits_{x \to x_0} \dfrac{f(x)}{g(x)}$ 是 $\dfrac{0}{0}$ 型未定式，对 $\dfrac{0}{0}$ 型未定式有下述法则：

定理 3.3（洛必达法则）　若函数 $f(x)$ 和 $g(x)$ 满足：

(1) $\lim\limits_{x \to x_0} f(x) = 0$，$\lim\limits_{x \to x_0} g(x) = 0$；

(2) 在点 x_0 的某空心邻域内可导，且 $g'(x) \neq 0$；

(3) $\lim\limits_{x \to x_0} \dfrac{f'(x)}{g'(x)} = A$（有限数）或 ∞，

则

$$\lim\limits_{x \to x_0} \frac{f(x)}{g(x)} = \lim\limits_{x \to x_0} \frac{f'(x)}{g'(x)} = A（或 \infty）.$$

例 1　求 $\lim\limits_{x \to 0} \dfrac{e^x - 1}{x^2 - x}$.

解　因 $\lim\limits_{x \to 0}(e^x - 1) = 0$，$\lim\limits_{x \to 0}(x^2 - x) = 0$，这是 $\dfrac{0}{0}$ 型未定式. 又由于

$$\lim_{x \to 0} \frac{(e^x - 1)'}{(x^2 - x)'} = \lim_{x \to 0} \frac{e^x}{2x - 1} = \frac{1}{-1} = -1,$$

应用洛必达法则，有

$$\lim_{x \to 0} \frac{e^x - 1}{x^2 - x} = -1.$$

例 2　求 $\lim\limits_{x \to a} \dfrac{x^m - a^m}{x^n - a^n}$.

解　这是 $\dfrac{0}{0}$ 型未定式. 应用洛必达法则时，可按如下格式书写：

$$\lim_{x \to a} \frac{x^m - a^m}{x^n - a^n} = \lim_{x \to a} \frac{(x^m - a^m)'}{(x^n - a^n)'} = \lim_{x \to a} \frac{mx^{m-1}}{nx^{n-1}}$$

$$= \frac{m}{n} \frac{a^{m-1}}{a^{n-1}} = \frac{m}{n} a^{m-n}.$$

例 3　求 $\lim\limits_{x \to 1} \dfrac{\ln x}{(x-1)^2}$.

解　这是 $\dfrac{0}{0}$ 型未定式. 应用洛必达法则，

$$\lim_{x \to 1} \frac{\ln x}{(x - 1)^2} = \lim_{x \to 1} \frac{\dfrac{1}{x}}{2(x - 1)} = \infty.$$

说明：

(1) 定理 3.3 中的条件(1)，若改为 $\lim\limits_{x \to x_0} f(x) = \infty$，$\lim\limits_{x \to x_0} g(x) = \infty$，则 $\lim\limits_{x \to x_0} \dfrac{f(x)}{g(x)}$ 是 $\dfrac{\infty}{\infty}$ 型未定式，则定理仍成立.

(2) 定理 3.3 中的 $x \to x_0$，若改为 $x \to x_0^+$，$x \to x_0^-$，$x \to \infty$，$x \to +\infty$，$x \to -\infty$，只要将定理中的条件(2)作相应的修改，定理仍适用.

168

（3）若 $\lim\dfrac{f'(x)}{g'(x)}$ 又是 $\dfrac{0}{0}$ 型或 $\dfrac{\infty}{\infty}$ 型未定式,这时,可对 $\lim\dfrac{f'(x)}{g'(x)}$ 再用一次洛必达法则,即,若 $\lim\dfrac{f'(x)}{g'(x)}=\lim\dfrac{f''(x)}{g''(x)}=A$ 或 ∞,则 $\lim\dfrac{f(x)}{g(x)}=A$ 或 ∞. 依此类推.

（4）若 $\lim f(x)=0,\lim g(x)=\infty$,则 $\lim f(x)g(x)$ 是 $0\cdot\infty$ 型未定式;若 $\lim f(x)=\infty$, $\lim g(x)=\infty$,则 $\lim[f(x)-g(x)]$ 是 $\infty-\infty$ 型未定式.对这两种未定式经简单恒等变形可化成 $\dfrac{0}{0}$ 或 $\dfrac{\infty}{\infty}$ 型未定式,然后再用洛必达法则求极限.

例 4 求 $\displaystyle\lim_{x\to+\infty}\dfrac{x^3}{a^x}$ $(a>1)$.

解 这是 $\dfrac{\infty}{\infty}$ 型未定式.

$$\lim_{x\to+\infty}\dfrac{x^3}{a^x}\xlongequal{\text{用法则}}\lim_{x\to+\infty}\dfrac{3x^2}{a^x\ln a}\quad\left(\dfrac{\infty}{\infty}\text{型}\right)$$

$$\xlongequal{\text{用法则}}\lim_{x\to+\infty}\dfrac{6x}{a^x(\ln a)^2}\quad\left(\dfrac{\infty}{\infty}\text{型}\right)$$

$$\xlongequal{\text{用法则}}\lim_{x\to+\infty}\dfrac{6}{a^x(\ln a)^3}=0.$$

例 5 求 $\displaystyle\lim_{x\to\frac{\pi}{2}^+}\dfrac{\ln\left(x-\dfrac{\pi}{2}\right)}{\tan x}$.

解 这是 $\dfrac{\infty}{\infty}$ 型未定式.

$$\lim_{x\to\frac{\pi}{2}^+}\dfrac{\ln\left(x-\dfrac{\pi}{2}\right)}{\tan x}\xlongequal{\text{用法则}}\lim_{x\to\frac{\pi}{2}^+}\dfrac{\dfrac{1}{x-\dfrac{\pi}{2}}}{\sec^2 x}$$

$$\xlongequal{\text{化简}}\lim_{x\to\frac{\pi}{2}^+}\dfrac{\cos^2 x}{x-\dfrac{\pi}{2}}\quad\left(\dfrac{0}{0}\text{型}\right)$$

$$\xrightarrow{\text{用法则}} \lim_{x \to \frac{\pi}{2}+} \frac{2\cos x(-\sin x)}{1} = 0.$$

例 6　求 $\lim\limits_{x \to +\infty} x\left(\dfrac{\pi}{2} - \arctan x\right)$.

解　这是 $0 \cdot \infty$ 型未定式, 按如下变形便化为 $\dfrac{0}{0}$ 型:

$$\lim_{x \to +\infty} x\left(\frac{\pi}{2} - \arctan x\right) = \lim_{x \to +\infty} \frac{\dfrac{\pi}{2} - \arctan x}{\dfrac{1}{x}} \quad \left(\frac{0}{0} \text{ 型}\right)$$

$$\xrightarrow{\text{用法则}} \lim_{x \to +\infty} \frac{-\dfrac{1}{1+x^2}}{-\dfrac{1}{x^2}} = \lim_{x \to +\infty} \frac{x^2}{1+x^2} = 1.$$

例 7　求 $\lim\limits_{x \to 1}\left(\dfrac{x}{x-1} - \dfrac{1}{\ln x}\right)$.

解　这是 $\infty - \infty$ 型未定式, 化成分式便是 $\dfrac{0}{0}$ 型.

$$\lim_{x \to 1}\left(\frac{x}{x-1} - \frac{1}{\ln x}\right) = \lim_{x \to 1} \frac{x\ln x - x + 1}{(x-1)\ln x} \quad \left(\frac{0}{0} \text{ 型}\right)$$

$$= \lim_{x \to 1} \frac{\ln x + 1 - 1}{\ln x + \dfrac{x-1}{x}} = \lim_{x \to 1} \frac{x\ln x}{x\ln x + x - 1} \quad \left(\frac{0}{0} \text{ 型}\right)$$

$$= \lim_{x \to 1} \frac{\ln x + 1}{\ln x + 2} = \frac{1}{2}.$$

例 8　求 $\lim\limits_{x \to 0} \dfrac{x^2\sin\dfrac{1}{x}}{\sin x}$.

解　这是 $\dfrac{0}{0}$ 型未定式, 用洛必达法则

$$\lim_{x \to 0} \frac{x^2\sin\dfrac{1}{x}}{\sin x} = \lim_{x \to 0} \frac{2x\sin\dfrac{1}{x} - \cos\dfrac{1}{x}}{\cos x}.$$

由于当 $x \to 0$ 时, $2x\sin\dfrac{1}{x} \to 0$, 而 $\cos\dfrac{1}{x}$ 振荡无极限, 所以上式右端振荡无极限, 从而洛必达法则失效.

170

改用下述方法求极限

$$\lim_{x\to 0}\frac{x^2\sin\dfrac{1}{x}}{\sin x}=\lim_{x\to 0}\left(\frac{x}{\sin x}\cdot x\sin\frac{1}{x}\right)$$

$$=\lim_{x\to 0}\frac{x}{\sin x}\cdot\lim_{x\to 0}x\sin\frac{1}{x}=1\times 0=0.$$

我们要明确,只有 $\dfrac{0}{0}$, $\dfrac{\infty}{\infty}$ 型未定式才能用洛必塔法则.而每用一次法则之后,要注意化简并分析所得式子:如果可求得极限 A 或 ∞,便得到结论;否则,若所得式子是 $\dfrac{0}{0}$ 和 $\dfrac{\infty}{\infty}$ 型未定式,可继续使用洛必达法则,若不是,即 $\lim\dfrac{f'(x)}{g'(x)}$ 既不是未定式,又求不出极限 A 或 ∞,这时,不能断定 $\lim\dfrac{f(x)}{g(x)}$ 存在与否,需改用其他方法求极限(如例 8 的情形).

对幂指函数 $f(x)^{g(x)}$ 的极限:若 $\lim f(x)=0$, $\lim g(x)=0$,这是 0^0 型未定式;若 $\lim f(x)=1$, $\lim g(x)=\infty$,这是 1^∞ 型未定式;若 $\lim f(x)=\infty$, $\lim g(x)=0$,这是 ∞^0 型未定式.由于

$$f(x)^{g(x)}=\mathrm{e}^{g(x)\ln f(x)},$$

而 $\lim g(x)\ln f(x)$ 是 $0\cdot\infty$ 型未定式,可化为 $\dfrac{0}{0}$ 型或 $\dfrac{\infty}{\infty}$ 型未定式,再用洛必达法则求极限即可.

例 9 求 $\lim\limits_{x\to 0^+}x^x$.

解 这是 0^0 型未定式.由于 $x^x=\mathrm{e}^{x\ln x}$,且

$$\lim_{x\to 0^+}x\ln x=\lim_{x\to 0^+}\frac{\ln x}{\dfrac{1}{x}}\quad\left(\frac{\infty}{\infty}\text{型}\right)$$

$$\xlongequal{\text{用法则}}\lim_{x\to 0^+}\frac{\dfrac{1}{x}}{-\dfrac{1}{x^2}}=0,$$

所以

$$\lim_{x\to 0^+}x^x=\mathrm{e}^0=1.$$

例 10 求 $\lim\limits_{x \to 1} x^{\frac{1}{1-x}}$.

解 这是 1^{∞} 型未定式. 由于 $x^{\frac{1}{1-x}} = \mathrm{e}^{\frac{1}{1-x}\ln x}$, 且

$$\lim_{x \to 1} \frac{1}{1-x}\ln x = \lim_{x \to 1} \frac{\ln x}{1-x} \quad \left(\frac{0}{0} \text{型}\right)$$

$$\xlongequal{\text{用法则}} \lim_{x \to 1} \frac{\dfrac{1}{x}}{-1} = -1,$$

所以

$$\lim_{x \to 1} x^{\frac{1}{1-x}} = \mathrm{e}^{-1}.$$

例 11 求 $\lim\limits_{x \to \infty} (1+x^2)^{\frac{1}{x}}$.

解 这是 ∞^0 型未定式. 由于 $(1+x^2)^{\frac{1}{x}} = \mathrm{e}^{\frac{1}{x}\ln(1+x^2)}$, 且

$$\lim_{x \to \infty} \frac{1}{x}\ln(1+x^2) = \lim_{x \to \infty} \frac{\ln(1+x^2)}{x} \quad \left(\frac{\infty}{\infty} \text{型}\right)$$

$$\xlongequal{\text{用法则}} \lim_{x \to \infty} \frac{\dfrac{2x}{1+x^2}}{1} = 0,$$

所以

$$\lim_{x \to \infty} (1+x^2)^{\frac{1}{x}} = \mathrm{e}^0 = 1.$$

习 题 3.2

1. 求下列极限:

(1) $\lim\limits_{x \to \frac{\pi}{2}} \dfrac{\cos x}{x - \dfrac{\pi}{2}}$;

(2) $\lim\limits_{x \to 2} \dfrac{\ln(x-1)}{x-2}$;

(3) $\lim\limits_{x \to \pi} \dfrac{1+\cos x}{\tan^2 x}$;

(4) $\lim\limits_{x \to 0} \dfrac{x - \sin x}{x^3}$;

(5) $\lim\limits_{x \to 3} \dfrac{2^x - 8}{x - 3}$;

(6) $\lim\limits_{x \to 0} \dfrac{\mathrm{e}^x - \mathrm{e}^{-x}}{\sin x}$;

(7) $\lim\limits_{x \to 0} \dfrac{\mathrm{e}^x + \sin x - 1}{\ln(1+x)}$;

(8) $\lim\limits_{x \to \frac{\pi}{4}} \dfrac{\tan x - 1}{\sin 4x}$;

(9) $\lim\limits_{x \to 0} \dfrac{\mathrm{e}^x - \mathrm{e}^{-x} - 2x}{x - \sin x}$;

(10) $\lim\limits_{x \to 0} \dfrac{\sin^2 x - x\sin x\cos x}{x^4}$;

172

(11) $\lim\limits_{x \to +\infty} \dfrac{e^x}{x^3}$;   (12) $\lim\limits_{x \to 0^+} \dfrac{\ln x}{\ln \sin x}$;

(13) $\lim\limits_{x \to +\infty} \dfrac{x^n}{\ln x}$ $(n > 0)$;   (14) $\lim\limits_{x \to \frac{\pi}{2}} \dfrac{\tan x}{\tan 3x}$;

(15) $\lim\limits_{x \to 0^+} \dfrac{\ln \sin 3x}{\ln \sin x}$;   (16) $\lim\limits_{x \to +\infty} \dfrac{\ln\left(\dfrac{2}{\pi} \arctan x\right)}{e^{-x}}$.

2. 求下列极限：

(1) $\lim\limits_{x \to \infty} x^2\left(\dfrac{\pi}{2} - \arctan 3x^2\right)$;   (2) $\lim\limits_{x \to \infty} x(e^{\frac{1}{x}} - 1)$;

(3) $\lim\limits_{x \to 0} x^2 e^{1/x^2}$;   (4) $\lim\limits_{x \to 0}\left(\dfrac{1}{x} - \dfrac{1}{e^x - 1}\right)$;

(5) $\lim\limits_{x \to \frac{\pi}{2}} (\sec x - \tan x)$;   (6) $\lim\limits_{x \to 0}\left[\dfrac{1}{x} - \dfrac{\ln(1+x)}{x^2}\right]$.

3. 单项选择题：

(1) $\lim\limits_{x \to x_0} \dfrac{f'(x)}{g'(x)} = A$ 或 ∞，是使用洛必达法则计算"$\dfrac{0}{0}$"型未定

式 $\lim\limits_{x \to x_0} \dfrac{f(x)}{g(x)}$ 的（　　）.

(A) 必要条件但非充分条件；

(B) 充分条件但非必要条件；

(C) 充分必要条件；   (D) 无关条件.

(2) 极限 $\lim\limits_{x \to 0^+} \dfrac{e^{-\frac{1}{x}}}{x} = ($ $)$.

(A) 0;   (B) 1;   (C) -1;   (D) ∞.

4. 求下列极限：

(1) $\lim\limits_{x \to 0^+} x^{\sin x}$;   (2) $\lim\limits_{x \to 0^+} (\sin x)^{\frac{2}{1 + \ln x}}$;

(3) $\lim\limits_{x \to e} (\ln x)^{\frac{1}{1 - \ln x}}$;   (4) $\lim\limits_{x \to +\infty} (1+x)^{\frac{1}{\sqrt{x}}}$.

5. 设函数 $f(x)$ 二次可微，且 $f(0) = 0, f'(0) = 1, f''(0) = 2$，

试求 $\lim\limits_{x \to 0} \dfrac{f(x) - x}{x^2}$.

6. 设函数 $f(x)=\begin{cases} \dfrac{g(x)-\cos x}{x}, & x\neq 0 \\ a, & x=0, \end{cases}$ 其中 $g(x)$ 有连续

的导数，且 $g(0)=1$，若 $f(x)$ 在 $x=0$ 处连续，试确定 a 的值.

7. 求下列极限：

(1) $\lim\limits_{x\to+\infty}\dfrac{e^x+\sin x}{e^x-\cos x}$；(2) $\lim\limits_{x\to+\infty}\dfrac{\sqrt{1+x^2}}{x}$；(3) $\lim\limits_{x\to+\infty}\dfrac{x-\sin x}{x+\sin x}$.

§3.3 函数的单调性与极值

一、函数单调性的判别法

在 §1.1 节，我们已给出函数在一个区间 I 上单调增加和单调减少的概念. 在 §2.1 节，由导数的几何意义已经看到：若 $f'(x_0)>0$，则函数 $f(x)$ 在 x_0 处增加；若 $f'(x_0)<0$，则函数 $f(x)$ 在 x_0 处减少，这个事实还可推广到一个区间上.

定理 3.4（单调性的充分条件） 在函数 $f(x)$ 可导的区间 I 内：

(1) 若 $f'(x)>0$，则函数 $f(x)$ **单调增加**；

(2) 若 $f'(x)<0$，则函数 $f(x)$ **单调减少**.

在此，我们要指出：$f'(x)>0(<0)$，$x\in I$，是函数 $f(x)$ 在区间 I 内单调增加（减少）的充分条件，而不是必要条件. 例如，函数 $y=x^3$ 在区间 $(-\infty,+\infty)$ 内是单调增加的，而

$$y'=3x^2\begin{cases} =0, & \text{当 } x=0 \text{ 时}, \\ >0 & \text{当 } x\neq 0 \text{ 时}. \end{cases}$$

此例说明，函数 $f(x)$ 在某区间内单调增加（减少）时，在个别点 x_0 处，可以有 $f'(x_0)=0$. 对此，我们有一般性的**结论**：

在函数 $f(x)$ 的可导区间 I 内，若 $f'(x)\geqslant 0$ 或 $f'(x)\leqslant 0$（等号仅在一些点处成立），则函数 $f(x)$ 在 I 内**单调增加或单调减少**.

例 1 讨论函数 $f(x)=2x^3-9x^2+12x-3$ 的单调增减区间.

解 首先确定函数的连续区间（对初等函数就是有定义的区

间).该函数在$(-\infty, +\infty)$内连续.

其次,求导数并确定函数的驻点:
$$f'(x) = 6x^2 - 18x + 12 = 6(x-1)(x-2),$$
由 $f'(x) = 0$ 得驻点 $x_1 = 1$, $x_2 = 2$.

最后判定函数的增减区间.

驻点 $x_1 = 1$, $x_2 = 2$ 将函数的连续区间分成三个部分区间:
$(-\infty, 1)$, $(1, 2)$和$(2, +\infty)$;考察导数 $f'(x)$ 在各个部分区间内
的符号.由 $f'(x)$ 的表示式知:

在区间$(-\infty, 1)$内,$f'(x) > 0$,函数 $f(x)$ 单调增加;

在区间$(1, 2)$内,$f'(x) < 0$,函数 $f(x)$ 单调减少;

在区间$(2, +\infty)$内,$f'(x) > 0$,函数 $f(x)$ 单调增加.

函数 $f(x)$ 的增减情况见图 3-3.

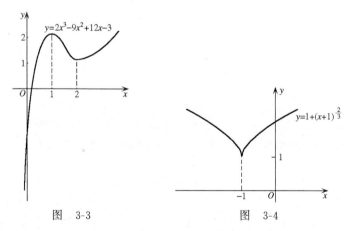

图 3-3　　　　　　　　图 3-4

例 2　讨论函数 $f(x) = 1 + (x+1)^{\frac{2}{3}}$ 的单调增减区间.

解　函数的连续区间是$(-\infty, +\infty)$.由于
$$f'(x) = \frac{2}{3\sqrt[3]{x+1}},$$
该函数没有驻点,但当 $x = -1$ 时,导数 $f'(x)$ 不存在.

$x = -1$ 将函数的连续区间分成两个部分区间:$(-\infty, -1)$

175

和 $(-1,+\infty)$.

考察导数 $f'(x)$ 在各个部分区间内的符号:

在区间 $(-\infty,-1)$ 内,$f'(x)<0$,函数单调减少;

在区间 $(-1,+\infty)$ 内,$f'(x)>0$,函数单调增加.

函数 $f(x)$ 的增减变化见图 3-4.

例 3 证明函数 $f(x)=x+\sin x$ 在其定义域内是单调增加的.

证 该函数的定义域是 $(-\infty,+\infty)$. 由于

$$f'(x) = 1 + \cos x \geqslant 0$$

在 $(-\infty,+\infty)$ 内成立,且仅当 $x=(2n+1)\pi\,(n=0,\pm1,\pm2,\cdots)$ 时,即仅在这些点处,$\cos x=-1$,因而

$$f'(x) = 0.$$

所以,函数 $f(x)=x+\sin x$ 在其定义域内是单调增加的.

利用函数的单调性,可以证明一些不等式.

例 4 证明:当 $x\neq0$ 时,$e^x>x+1$.

分析 考虑 $x>0$ 的情形. 假设成立:

$$e^x > x+1, \quad \text{即} \quad e^x - x - 1 > 0.$$

若设 $f(x)=e^x-x-1$,因为 $f(0)=0$,只要证明 $f(x)>f(0)$ 即可. 显然,当 $x>0$ 时,只要函数 $f(x)$ 单调增加,就有结论: $f(x)>f(0)$. 问题就归结为证明 $f(x)$ 单调增加(或证明 $f'(x)>0$).

证 设函数

$$f(x) = e^x - x - 1.$$

由于 $f(0)=0$ 且

$$f'(x) = e^x - 1 \begin{cases} > 0, & \text{当 } x > 0 \text{ 时}, \\ < 0, & \text{当 } x < 0 \text{ 时}, \end{cases}$$

这表明:

当 $x>0$ 时,$f(x)$ 单调增加,因此有 $f(x)>f(0)=0$;

当 $x<0$ 时,$f(x)$ 单调减少,因此有 $f(x)>f(0)=0$.

综上,当 $x\neq0$ 时,有

$$f(x) = e^x - x - 1 > 0, \quad \text{即} \quad e^x > x + 1.$$

176

二、函数的极值

1. 极值定义

观察图 3-5,在点 x_0 邻近,若比较函数值的大小,显然,$f(x_0)$ 最大,即在点 x_0 的某邻域内,总有 $f(x_0) > f(x)$,$x \neq x_0$. 这时,称 $f(x_0)$ 是函数 $f(x)$ 的极大值,称 x_0 是其极大值点. 类似的,$f(x_1)$ 是函数 $f(x)$ 的极小值,x_1 是其极小值点.

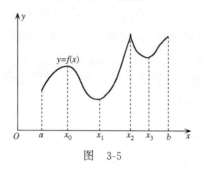

图 3-5

一般有如下定义:

定义 3.1 设函数 $f(x)$ 在点 x_0 的某邻域内有定义,x 是该邻域内的任一点,但 $x \neq x_0$.

(1) 若有 $f(x) < f(x_0)$,则称 x_0 是函数 $f(x)$ 的**极大值点**,称 $f(x_0)$ 是函数 $f(x)$ 的**极大值**;

(2) 若有 $f(x) > f(x_0)$,则称 x_0 是函数 $f(x)$ 的**极小值点**,称 $f(x_0)$ 是函数 $f(x)$ 的**极小值**.

极大值点与极小值点统称为**极值点**;极大值与极小值统称为**极值**.

在 §1.5 节,讨论函数在闭区间上连续函数的性质时,我们已经知道,若在某一个区间 $[a,b]$ 上比较函数值的大小,把其中最大(小)者称为函数在该区间上的最大(小)值. 如果把最大(小)值理解为函数整体性质的话,那么极值就可看作是函数的局部性质,因为极值仅在某一点 x_0 的邻近,即在局部范围内讨论函数值的大小.

2. 极值的判别法

根据定义 3.1,我们再来观察图 3-5,函数 $f(x)$ 在 x_0 处取极大值,在 x_1 处取极小值.按曲线 $y=f(x)$ 的形状看,曲线在 x_0 处和在 x_1 处可作切线,而且切线一定平行于 x 轴,因此应有 $f'(x_0)=0, f'(x_1)=0$. 由此,有下面的定理.

定理 3.5（极值存在的必要条件）   若函数 $f(x)$ 在点 x_0 可导,且有极值,则 $f'(x_0)=0$.

必须指出,这里所说的极值存在的必要条件是在 $f'(x_0)$ 存在的前提下,若 x_0 是极值点,则必有 $f'(x_0)=0$. **就这个问题我们要说明两点**：

（1）在 $f'(x_0)$ 存在时, $f'(x_0)=0$ 不是极值存在的充分条件,即驻点不一定是极值点.例如,函数 $f(x)=x^3$ 有 $f'(0)=0$,但 $x=0$ 不是该函数的极值点.

（2）在导数不存在的点,函数也可能有极值.例如, $f(x)=|x|$ 在 $x=0$ 处导数不存在,但在 $x=0$ 处函数有极小值 $f(0)=0$；又如, $f(x)=x^{\frac{1}{3}}$ 在 $x=0$ 处导数不存在,在 $x=0$ 处函数没有极值.

定理 3.5 及两点说明告诉我们,为了找出函数的极值点,首先要找出函数的驻点和导数不存在的点（函数在该点要连续）.由于这种点又不一定是极值点,下一步就要在这种点中判定哪些确实是极值点,以及是极大值点还是极小值点.

对此,有下面的定理.

定理 3.6（极值存在的第一充分条件）   设函数 $f(x)$ 在点 x_0 的某邻域 $(x_0-\delta, x_0+\delta)$ 内连续且可导（ $f'(x_0)$ 可以不存在）,

（1）若当 $x\in(x_0-\delta, x_0)$ 时, $f'(x)>0$,当 $x\in(x_0, x_0+\delta)$ 时, $f'(x)<0$,则 x_0 是函数 $f(x)$ 的**极大值点**；

（2）若当 $x\in(x_0-\delta, x_0)$ 时, $f'(x)<0$,当 $x\in(x_0, x_0+\delta)$ 时, $f'(x)>0$,则 x_0 是函数 $f(x)$ 的**极小值点**.

由定理 3.4 可直接推出该定理.

例 5   求函数 $f(x)=3x-x^3$ 的极值.

解 首先,函数的连续区间是$(-\infty,+\infty)$.

其次,求可能取极值的点. 由于
$$f'(x) = 3 - 3x^2 = 3(1 + x)(1 - x),$$
由 $f'(x)=0$ 得驻点 $x_1=-1, x_2=1$;没有导数不存在的点.

最后,用定理 3.6 判定. 驻点 $x_1=-1, x_2=1$ 将函数的连续区间分成三个部分区间:$(-\infty,-1)$,$(-1,1)$和$(1,+\infty)$.

列表判定极值:

x	$(-\infty,-1)$	-1	$(-1,1)$	1	$(1,+\infty)$
$f'(x)$	$-$	0	$+$	0	$-$
$f(x)$	↘	极小值	↗	极大值	↘

由上表知,函数在 $x=-1$ 处取极小值 $f(-1)=-2$;在 $x=1$ 处取极大值 $f(1)=2$. 函数的图形如图 3-6 所示.

例 6 求 $f(x)=(2x-5)\sqrt[3]{x^2}$ 的极值.

解 首先可断定,函数在$(-\infty,+\infty)$上连续.

其次,求可能取极值的点
$$f(x) = (2x - 5)\sqrt[3]{x^2} = 2x^{\frac{5}{3}} - 5x^{\frac{2}{3}},$$
$$f'(x) = \frac{10}{3}x^{\frac{2}{3}} - \frac{10}{3}x^{-\frac{1}{3}} = \frac{10}{3} \cdot \frac{x-1}{\sqrt[3]{x}}.$$

令 $f'(x)=0$,求得驻点 $x=1$;又当 $x=0$ 时,函数 $f(x)$ 的导数不存在.

再次,列表判定极值:

x	$(-\infty,0)$	0	$(0,1)$	1	$(1,+\infty)$
$f'(x)$	$+$	不存在	$-$	0	$+$
$f(x)$	↗	极大值	↘	极小值	↗

最后,由表可知,$f(0)=0$ 是极大值,$f(1)=-3$ 是极小值. 见图 3-7.

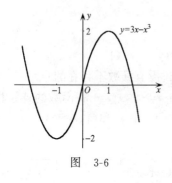

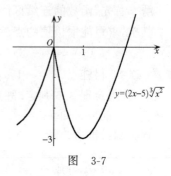

图 3-6 　　　　　　 图 3-7

用函数 $f(x)$ 的二阶导数也可判定函数的驻点是否为极值点，有如下定理.

定理 3.7（极值存在的第二充分条件）　设函数 $f(x)$ 在点 x_0 有 $f'(x_0)=0$ 且二阶可导，

(1) 若 $f''(x_0)<0$，则 x_0 是函数 $f(x)$ 的**极大值点**；

(2) 若 $f''(x_0)>0$，则 x_0 是函数 $f(x)$ 的**极小值点**.

证　只证(1)的情形，(2)的情形可类似证明.

根据二阶导数定义，又因为 $f'(x_0)=0$，$f''(x_0)<0$，故有

$$f''(x_0) = \lim_{x \to x_0} \frac{f'(x) - f'(x_0)}{x - x_0} = \lim_{x \to x_0} \frac{f'(x)}{x - x_0} < 0.$$

由极限的局部保号性，在点 x_0 的某空心邻域内，有

$$\frac{f'(x)}{x - x_0} < 0.$$

于是，由上式知，当 $x \in (x_0-\delta, x_0)$ 时，有 $f'(x)>0$；而当 $x \in (x_0, x_0+\delta)$ 时，则有 $f'(x)<0$. 从而由定理 3.6 知，x_0 是函数 $f(x)$ 的极大值点.　□

例 7　求函数 $f(x)=x^2-\ln x^2$ 的极值.

解　函数的连续区间是 $(-\infty,0)\bigcup(0,+\infty)$.

求驻点：因为

$$f'(x) = 2x - \frac{2}{x} = \frac{2(x^2 - 1)}{x},$$

180

由 $f'(x)=0$ 得驻点 $x_1=-1$，$x_2=1$.

用定理 3.7 判定：求二阶导数

$$f''(x) = 2 + \frac{2}{x^2}.$$

因为 $f''(-1)=4>0$，$f''(1)=4>0$，所以，$x_1=-1$，$x_2=1$ 都是极小值点；$f(-1)=1$，$f(1)=1$ 都是函数的极小值（见图 3-8）.

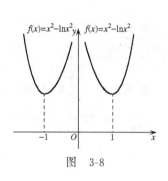

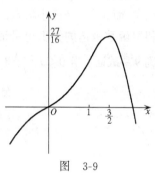

图 3-8   图 3-9

例 8 求函数 $f(x)=2x^3-x^4$ 的极值.

解 首先 $f(x)$ 在 $(-\infty,+\infty)$ 内连续.

其次，求可能取极值的点. 因为

$$f'(x) = 6x^2 - 4x^3 = 2x^2(3 - 2x),$$

由 $f'(x)=0$，得驻点 $x_1=0$，$x_2=\frac{3}{2}$.

再次，用二阶导数判定：求二阶导数

$$f''(x) = 12x - 12x^2 = 12x(1 - x).$$

由于 $f''\left(\frac{3}{2}\right)=12 \cdot \frac{3}{2}\left(1-\frac{3}{2}\right)<0$，所以 $x_2=\frac{3}{2}$ 是极大值点，极大值是 $f\left(\frac{3}{2}\right)=\frac{27}{16}$；而 $f''(0)=0$，所以，不能用二阶导数判定 $x_1=0$ 是否为极值点. 这时，须用定理 3.6 判定：

当 $x<0$ 时，$f'(x)>0$；当 $0<x<\frac{3}{2}$ 时，也有 $f'(x)>0$，故 $x_1=0$ 不是极值点，见图 3-9.

说明 定理 3.6 和定理 3.7 虽然都是判定极值点的充分条件,但在应用时又有区别.定理 3.6 对驻点和导数不存在的点均适用;而定理 3.7 用起来较方便,但对下述两种情况不适用:

(1) 导数不存在的点;

(2) 当 $f'(x_0)=0$,$f''(x_0)=0$ 时.这时,x_0 可能不是极值点,如例 8 中的 $x=0$;也可能是极值点,如函数 $f(x)=x^4$,有 $f'(0)=f''(0)=0$,而 $x=0$ 是极小值点.

利用函数极值的知识也可证明不等式.

例 9 试证:当 $0<x<\dfrac{\pi}{2}$ 时,有 $\sin x>\dfrac{2}{\pi}x$.

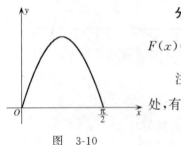

图 3-10

分析 若证 $\sin x>\dfrac{2}{\pi}x$,只需证明

$$F(x)=\sin x-\frac{2}{\pi}x>0\ \text{即可}.$$

注意到在区间 $\left[0,\dfrac{\pi}{2}\right]$ 的两个端点处,有

$$F(0)=F\left(\frac{\pi}{2}\right)=0,$$

所以,只要能解出函数 $F(x)$ 在区间 $\left(0,\dfrac{\pi}{2}\right)$ 内只有一个驻点,且是极大值点即可.图 3-10 是这种情况的示意图.

证 设

$$F(x)=\sin x-\frac{2}{\pi}x,\quad x\in\left[0,\frac{\pi}{2}\right],$$

则

$$F(0)=F\left(\frac{\pi}{2}\right)=0,$$

且

$$F'(x)=\cos x-\frac{2}{\pi}.$$

由 $F'(x)=0$ 得 $x=\arccos\dfrac{2}{\pi}$,$0<x<\dfrac{\pi}{2}$.又

$$F''(x)=-\sin x,\quad F''\left(\arccos\frac{2}{\pi}\right)<0,$$

可知在区间 $\left[0,\dfrac{\pi}{2}\right]$ 内,只有一个驻点 $x=\arccos\dfrac{2}{\pi}$ 且是极大值点.

又在区间的端点处,函数值为 0,从而在 $\left(0,\dfrac{\pi}{2}\right)$ 内,$F(x)>0$,即得到所要证的不等式

$$\sin x > \dfrac{2}{\pi}x, \quad 0 < x < \dfrac{\pi}{2}.$$

习 题 3.3

1. 求下列函数的单调增减区间:

(1) $y=x^4-2x^2-5$;　　　　　　(2) $y=x-\ln(1+x)$;

(3) $y=2x^2-\ln x$;　　　　　　　(4) $y=\dfrac{x^2}{1+x}$;

(5) $y=(x^2-2x)\mathrm{e}^x$;　　　　　(6) $y=\sqrt{2x-x^2}$.

2. 验证下列结论:

(1) 函数 $f(x)=x+\cos x$ 是单调增加的;

(2) 函数 $f(x)=\dfrac{x^2-1}{x}$ 是单调增加的;

(3) 函数 $f(x)=\mathrm{e}^{-x^2}$ 在区间 $(0,+\infty)$ 内是单调减少的;

(4) 函数 $f(x)=\arctan x-x$ 是单调减少的.

3. 求下列函数的极值:

(1) $f(x)=x^3-3x$;　　　　　　(2) $f(x)=3x^4-8x^3+6x^2$;

(3) $f(x)=x-\dfrac{3}{2}x^{\frac{2}{3}}$;　　　　　(4) $f(x)=(x-1)\sqrt[3]{x^2}$;

(5) $f(x)=\dfrac{x}{1+x^2}$;　　　　　(6) $f(x)=(2x-x^2)^{\frac{2}{3}}$;

(7) $f(x)=2x-\ln(16x^2)$;　　　(8) $f(x)=2\mathrm{e}^x+\mathrm{e}^{-x}$;

(9) $f(x)=x^2\ln x$;　　　　　　(10) $f(x)=x-\sin x$.

4. 求下列函数的单调区间和极值:

(1) $f(x)=x^3(1-x)$;　　　　　(2) $f(x)=x^{\frac{1}{3}}(1-x)^{\frac{2}{3}}$;

(3) $f(x)=\dfrac{1}{5}x^5-\dfrac{1}{3}x^3$;　　　(4) $f(x)=\dfrac{3}{8}x^{\frac{8}{3}}-\dfrac{3}{2}x^{\frac{2}{3}}$.

5. 设函数 $f(x)=x^3+3ax^2+3bx+c$ 在 $x=1$ 取极大值,在 $x=2$ 取极小值,求 $f(1)-f(2)$.

6. 设函数 $f(x)=ax^3+bx^2+cx+d$ $(a\neq0)$ 的图形关于原点对称,且 $x=\dfrac{1}{2}$ 时取极小值 -1,试确定这个三次函数.

7. 用函数的单调增减性及极值证明下列不等式:

(1) 当 $x>0$ 时,$x>\arctan x$;

(2) 当 $x\in\left(0,\dfrac{\pi}{3}\right)$ 时,$\tan x>x-\dfrac{x^3}{3}$;

(3) 设 $a\neq0$,当 $x\neq0$ 时,$e^{ax}>1+ax$;

(4) 当 $x>0$ 时,$x-\dfrac{x^2}{2}<\ln(1+x)<x$.

8. 单项选择题

(1) 设函数 $f(x)$ 在区间 (a,b) 内可导,则在 (a,b) 内 $f'(x)>0$ 是 $f(x)$ 在 (a,b) 内单调增加的(   ).

(A) 必要条件,非充分条件;   (B) 充分条件,非必要条件;

(C) 充分必要条件;   (D) 无关条件.

(2) 当 $x<x_0$ 时,$f'(x)>0$;当 $x>x_0$ 时,$f'(x)<0$,则(   ).

(A) x_0 必定是 $f(x)$ 的驻点;

(B) x_0 必定是 $f(x)$ 的极大值点;

(C) x_0 必定是 $f(x)$ 的极小值点;

(D) 不能判定 x_0 属于以上哪一种情况.

(3) 若 $x=-1$ 和 $x=2$ 都是函数 $f(x)=(a+x)e^{\frac{b}{x}}$ 的极值点,则 a,b 分别为(   ).

(A) $a=1$,$b=2$;   (B) $a=2$,$b=1$;

(C) $a=-2$,$b=-1$;   (D) $a=-2$,$b=1$.

(4) 若函数 $y=2+x-x^2$ 的极大值点是 $x=\dfrac{1}{2}$,则函数 $y=\sqrt{2+x-x^2}$ 的极大值是(   ).

(A) $\dfrac{1}{\sqrt{2}}$;   (B) $\dfrac{81}{16}$;   (C) $\dfrac{9}{4}$;   (D) $\dfrac{3}{2}$.

§3.4 曲线的凹向与拐点·函数作图

一、曲线的凹向与拐点

1. 定义

一条曲线不仅有上升和下降的问题,还有弯曲方向的问题.讨论曲线的凹向就是讨论曲线的弯曲方向问题.

图 3-11 画出了区间 (a,b) 上的一段曲线弧,曲线上的点 $M_0(x_0, f(x_0))$ 把曲线弧分作两段. 在区间 (a, x_0) 内,曲线向下弯曲,称曲线**下凹**(或上凸);在区间 (x_0, b) 内,曲线向上弯曲,称曲线**上凹**(或下凸).我们进一步观察曲线的凹向与其切线的关系:曲线下凹时,过曲线上任一点作切线,切线在上,而曲线在下;而曲线上凹时,曲线与其切线的相对位置刚好相反. 曲线上的点 $M_0(x_0, f(x_0))$ 恰好是曲线上凹与下凹的分界点,若过点 M_0 作曲线的切线,切线只能穿过曲线.这样的点,称为曲线的**拐点**,拐点是扭转曲线弯曲方向的点.

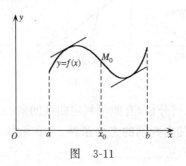

图 3-11

定义 3.2 在区间 I 内,若曲线弧位于其上任一点切线的上方,则称曲线在该区间内是**上凹的**;若曲线弧位于其上任一点切线的下方,则称曲线在该区间内是**下凹的**.曲线上上凹与下凹的分界点称为曲线的**拐点**.

2. 凹向与拐点的判别法

设在区间 I 内有曲线弧 $y=f(x)$，α 表示曲线切线的倾角. 由定理 3.4 知，当 $f''(x)>0$ 时，导函数 $f'(x)$ 单调增加，从而切线斜率 $\tan\alpha$ 随 x 增加而由小变大. 图 3-12 中(a)、(b)、(c)分别给出倾角 α 为锐角、钝角、既为锐角又为钝角的情形. 这时，曲线弧是上凹的. 而当 $f''(x)<0$ 时，导函数 $f'(x)$ 单调减少，切线斜率 $\tan\alpha$ 随 x 增加而由大变小. 由图 3-13 知，这种情形，曲线弧是下凹的.

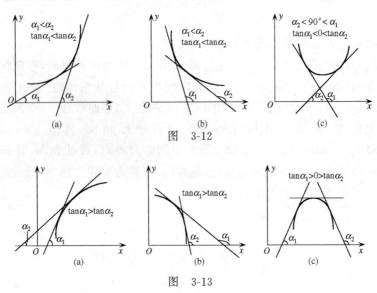

图　3-12

图　3-13

根据上述几何分析，有如下判定曲线凹向的定理.

定理 3.8（凹向判别的充分条件）　在函数 $f(x)$ 二阶可导的区间 I 内，

(1) 若 $f''(x)>0$，则曲线 $y=f(x)$ **上凹**；

(2) 若 $f''(x)<0$，则曲线 $y=f(x)$ **下凹**.

既然拐点是曲线 $y=f(x)$ 上，上凹与下凹的分界点，若点 $(x_0,f(x_0))$ 是曲线的拐点，且 $f''(x_0)$ 存在，依照定理 3.8，一定应该有 $f''(x_0)=0$. 于是有

定理 3.9（拐点存在的必要条件） 若函数 $f(x)$ 在点 x_0 二阶可导，且点 $(x_0, f(x_0))$ 是曲线 $y=f(x)$ 的拐点，则 $f''(x_0)=0$.

在此，我们必须指出：

(1) 在 $f''(x_0)$ 存在的前提下，$f''(x_0)=0$ 仅是拐点存在的必要条件，而不是充分条件. 例如，函数 $y=x^4$，在 $x=0$ 处，有

$$y'' = 12x^2 \begin{cases} =0, & \text{当 } x=0 \text{ 时}, \\ >0, & \text{当 } x\neq 0 \text{ 时}, \end{cases}$$

且当 $x=0$ 时，$y=0$，因此，在 $x=0$ 的两侧曲线 $y=x^4$ 都上凹，因而原点 $(0,0)$ 不是曲线的拐点.

(2) 若曲线 $y=f(x)$ 在 x_0 连续，当 $f''(x_0)$ 不存在（$f'(x_0)$ 可以存在也可以不存在）时，点 $(x_0, f(x_0))$ 也可能是曲线的拐点.

由定理 3.9 及以上两点说明可知，为了找出曲线 $y=f(x)$ 的拐点，须先在函数 $f(x)$ 的连续区间内找出使 $f''(x_0)=0$ 和 $f''(x_0)$ 不存在的点 x_0，由于这种点 x_0 又不一定是拐点的横坐标，还必须再用下面的定理判别拐点的存在性.

定理 3.10（拐点存在的充分条件） 设函数 $f(x)$ 在点 x_0 的某邻域内连续且二阶可导（$f'(x_0)$ 或 $f''(x_0)$ 可以不存在），若在点 x_0 的左、右邻域内，$f''(x)$ 的符号相反，则曲线上的点 $(x_0, f(x_0))$ 是曲线 $y=f(x)$ 的拐点.

例 1 讨论曲线 $y=\ln(1+x^2)$ 的凹向与拐点.

解 首先，确定函数的连续区间是 $(-\infty, +\infty)$.

其次，求二阶导数并求 $y''=0$ 的根.

$$y' = \frac{2x}{1+x^2},$$

$$y'' = \frac{2(1+x^2) - 2x \cdot 2x}{(1+x^2)^2} = \frac{2(1-x^2)}{(1+x^2)^2}.$$

令 $y''=0$，解得 $x_1=-1$，$x_2=1$.

最后，用定理 3.8 和定理 3.10 判定：

$x_1=-1$ 和 $x_2=1$ 将函数的连续区间 $(-\infty, +\infty)$ 分成三个

部分区间:
$$(-\infty,-1),(-1,1) \text{ 和 } (1,+\infty).$$

列表[①]:

x	$(-\infty,-1)$	-1	$(-1,1)$	1	$(1,+\infty)$
y''	$-$	0	$+$	0	$-$
y	$\cap$	拐点	$\cup$	拐点	$\cap$

由表知,曲线在区间$(-\infty,-1)$和$(1,+\infty)$内下凹,在区间$(-1,1)$内上凹;在$x_1=-1$和$x_2=1$处有拐点. 因 $y|_{x=-1}=\ln2$,$y|_{x=1}=\ln2$,所以,曲线上的点$(-1,\ln2)$和$(1,\ln2)$是曲线的拐点(图 3-14).

注意 拐点位于曲线上,应表示为$(x_0,f(x_0))$. 例 1 中,$x_1=-1$和$x_2=1$仅是拐点的横坐标,为表示拐点,必须算出相应的纵坐标.

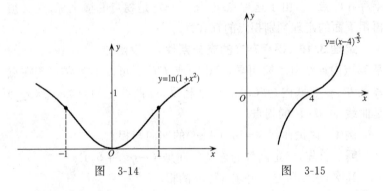

图 3-14   图 3-15

例 2 求曲线 $y=(x-4)^{\frac{5}{3}}$的凹向与拐点.

解 函数的连续区间是$(-\infty,+\infty)$.

求二阶导数

---

① 表中符号"$\cup$"表示上凹,符号"$\cap$"表示下凹.

$$y' = \frac{5}{3}(x-4)^{\frac{2}{3}},$$

$$y'' = \frac{10}{9}(x-4)^{-\frac{1}{3}} = \frac{10}{9}\frac{1}{\sqrt[3]{x-4}}.$$

显然,没有使二阶导数为 0 的 x 值;当 $x=4$ 时,y' 存在,而 y'' 不存在.

$x=4$ 将连续区间 $(-\infty,+\infty)$ 分成两个部分区间.

在区间 $(-\infty,4)$ 内,$y''<0$,曲线下凹;

在区间 $(4,+\infty)$ 内,$y''>0$,曲线上凹.

由于当 $x=4$ 时,$y=0$,所以点 $(4,0)$ 是曲线的拐点(图 3-15).

例3 讨论曲线 $y=(x-1)\sqrt[3]{x^5}$ 的凹向与拐点.

解 函数的连续区间是 $(-\infty,+\infty)$.

由于

$$y = x^{\frac{8}{3}} - x^{\frac{5}{3}},$$

$$y' = \frac{8}{3}x^{\frac{5}{3}} - \frac{5}{3}x^{\frac{2}{3}},$$

$$y'' = \frac{40}{9}x^{\frac{2}{3}} - \frac{10}{9}x^{-\frac{1}{3}} = \frac{10}{9}\frac{4x-1}{\sqrt[3]{x}}.$$

由 $y''=0$ 得 $x=\frac{1}{4}$,又当 $x=0$ 时,y'' 不存在.

点 $x=0,x=\frac{1}{4}$ 将函数的连续区间分成部分区间,列表判定:

x	$(-\infty,0)$	0	$\left(0,\frac{1}{4}\right)$	$\frac{1}{4}$	$\left(\frac{1}{4},+\infty\right)$
y''	$+$	不存在	$-$	0	$+$
y	$\cup$	拐点	$\cap$	拐点	$\cup$

曲线的凹向上表已给出. 由于 $y|_{x=0}=0,y|_{x=\frac{1}{4}}=-\frac{3}{16\sqrt[3]{16}}$,

故曲线的拐点是 $(0,0)$ 和 $\left(\frac{1}{4},-\frac{3}{16\sqrt[3]{16}}\right)$.

曲线的形状如图 3-16 所示.

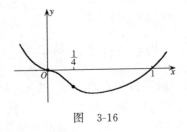

图　3-16

二、函数作图

描点作图是作函数图形的基本方法. 现在掌握了微分学的基本知识, 如果先利用微分法讨论函数和曲线的性态, 然后再描点作图, 就能使作出的图形较为准确.

作函数的图形, 一般**程序如下**:

(1) 确定函数的定义域、间断点, 以明确图形的范围;

(2) 讨论函数的奇偶性、周期性, 以判别图形的对称性、周期性;

(3) 考察曲线的渐近线, 以把握曲线伸向无穷远的趋势;

(4) 确定函数的单调区间、极值点; 确定曲线的凹向及拐点, 这就使我们掌握了图形的大致形状;

(5) 为了描点的需要, 有时还要选出曲线上若干个点, 特别是曲线与坐标轴的交点;

(6) 根据以上讨论, 描点作出函数的图形.

例 4　作函数 $y = 3x - x^3$ 的图形.

解　(1) 函数的定义域是 $(-\infty, +\infty)$.

(2) 易判定, 所给函数是奇函数, 故函数的图形关于原点对称.

(3) 由于 $\lim\limits_{x \to \infty}(3x - x^3) = \infty$, 且函数在整个数轴上有定义, 该函数的图形没有水平渐近线, 也没有垂直的渐近线.

(4) 单调性, 极值, 凹向和拐点.

190

由于

$$y' = 3 - 3x^2 = 3(1+x)(1-x),$$
$$y'' = -6x,$$

由 $y' = 0$ 得驻点 $x_1 = -1, x_2 = 1$；由 $y'' = 0$ 得 $x_3 = 0$.

列表讨论. 由对称性, 只列出 $(0, +\infty)$ 范围内的表即可.

x	0	$(0,1)$	1	$(1,+\infty)$
y'	+	+	0	−
y''	0	−	−	−
y	拐点	↗∩	极大值	↘∩

由表知, 函数的极大值是 $y|_{x=1} = 2$, 由对称性, 极小值是 $y|_{x=-1} = -2$. 由于曲线在 $(0, +\infty)$ 内下凹, 由对称性, 在 $(-\infty, 0)$ 内必然上凹, 拐点是 $(0,0)$.

（5）选点. 选曲线与坐标轴的交点. 令 $y = 0$, 由

$$3x - x^3 = x(3 - x^2) = 0,$$

得 $x = 0, x = -\sqrt{3}, x = \sqrt{3}$. 于是又有两个点 $(-\sqrt{3}, 0)$ 和 $(\sqrt{3}, 0)$.

（6）根据以上讨论, 描点作图, 如图 3-17 所示.

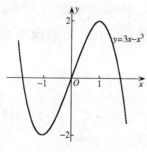

图 3-17

例5 作函数 $y = \dfrac{1}{\sqrt{2\pi}} e^{-\frac{x^2}{2}}$ 的图形.

解 （1）函数的定义域是 $(-\infty, +\infty)$.

191

（2）易看出，$f(x)$是偶函数，图形关于 y 轴对称.

（3）由于

$$\lim_{x \to \mp\infty} y = \lim_{x \to \mp\infty} \frac{1}{\sqrt{2\pi}} e^{-\frac{x^2}{2}} = 0,$$

所以，曲线有水平渐近线 $y=0$.

（4）单调性，极值，凹向与拐点

因

$$y' = -\frac{x}{\sqrt{2\pi}} e^{-\frac{x^2}{2}},$$

$$y'' = \frac{1}{\sqrt{2\pi}}(x+1)(x-1)e^{-\frac{x^2}{2}}.$$

由 $y'=0$，得 $x_1=0$；由 $y''=0$ 得 $x_2=-1, x_3=1$.

由对称性，只列出 $(0,+\infty)$ 范围的表.

x	0	$(0,1)$	1	$(1,+\infty)$
y'	0	$-$	$-$	$-$
y''	$-$	$-$	0	$+$
y	极大值	↘∩	拐点	↘∪

由表知，极大值是 $y|_{x=0} = \frac{1}{\sqrt{2\pi}} \approx 0.3989$. 因 $y|_{x=1} = \frac{1}{\sqrt{2\pi}} e^{-\frac{1}{2}}$ ≈ 0.242，故拐点是 $(1, 0.242)$，由对称性知，还有一个拐点是 $(-1, 0.242)$.

（5）描点作图，如图 3-18 所示.

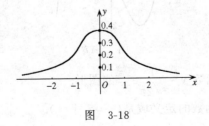

图 3-18

192

例6 作函数 $y = x^2 + \dfrac{1}{x}$ 的图形.

解 （1）函数的定义域是 $(-\infty, 0), (0, +\infty)$；$x=0$ 是间断点.

（2）函数无奇偶性.

（3）由于

$$\lim_{x \to 0^-} y = \lim_{x \to 0^-} \left(x^2 + \frac{1}{x} \right) = -\infty,$$

$$\lim_{x \to 0^+} y = \lim_{x \to 0^+} \left(x^2 + \frac{1}{x} \right) = +\infty,$$

所以，曲线的两个分支都以直线 $x=0$ 为铅垂渐近线.

（4）单调性，极值，凹向及拐点. 因

$$y' = 2x - \frac{1}{x^2},$$

$$y'' = 2 + \frac{2}{x^3} = \frac{2(x^3 + 1)}{x^3}.$$

由 $y'=0$ 解得 $x_1 = \dfrac{1}{2} \sqrt[3]{4} \approx 0.78$；由 $y''=0$ 解得 $x_2 = -1$.

列表如下：

x	$(-\infty, -1)$	-1	$(-1, 0)$	0	$\left(0, \dfrac{1}{2}\sqrt[3]{4}\right)$	$\dfrac{1}{2}\sqrt[3]{4}$	$\left(\dfrac{1}{2}\sqrt[3]{4}, +\infty\right)$
y'	$-$	$-$	$-$		$-$	0	$+$
y''	$+$	0	$-$		$+$	$+$	$+$
y	↘∪	拐点	↘∩	间断	↘∪	极小值	↗∪

由表知，函数在 $x = \dfrac{1}{2}\sqrt[3]{4}$ 处取极小值，其值是 $y = \dfrac{3}{2}\sqrt[3]{2} \approx 1.89$. 曲线有一个拐点 $(-1, 0)$.

（5）选点. 由于曲线有两个分支，且每一个分支仅知道一个点. 再选几个点. 由 $x=-2, x=-\dfrac{1}{2}, x=\dfrac{1}{2}, x=2$ 得到相应的 y 值分别是 $y=\dfrac{7}{2}, y=-\dfrac{7}{4}, y=\dfrac{9}{4}, y=\dfrac{9}{2}$. 这样便得到曲线上的点

$$\left(-2,\frac{7}{2}\right),\left(-\frac{1}{2},-\frac{7}{4}\right),\left(\frac{1}{2},\frac{9}{4}\right),\left(2,\frac{9}{2}\right).$$

（6）描点并作出函数的图形,如图 3-19 所示.

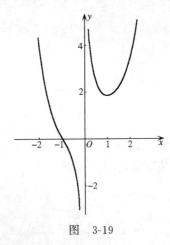

图 3-19

习 题 3.4

1. 讨论下列曲线的凹向与拐点:

（1）$y=x\arctan x$;

（2）$y=\dfrac{1}{1+x^2}$;

（3）$y=\dfrac{2x}{\ln x}$;

（4）$y=x^4-6x^3+12x^2-10$;

（5）$y=\dfrac{\ln x}{x}$;

（6）$y=\ln(1+x^3)$;

（7）$y=x+x^{\frac{5}{3}}$;

（8）$y=2+(x-4)^{\frac{1}{3}}$.

2. 设曲线 $y=x^3+ax^2+bx+c$ 有一个拐点$(1,-1)$,且在 $x=0$ 处有极大值,试确定 a,b,c 的值.

3. 已知曲线 $y=ax^3+bx^2+cx+d$ 在其上点$(1,2)$处有水平切线,且原点为曲线的拐点,求 a,b,c,d 的值,并写出曲线方程.

4. 设 $y=\dfrac{1}{x}+4x^2$,试讨论:

194

(1) 函数的定义域及间断点；

(2) 函数的奇偶性及周期性；

(3) 曲线的水平及铅垂渐近线；

(4) 函数的增减区间及极值；

(5) 曲线的凹向与拐点；

(6) 描点作出函数的图形.

5. 作出下列函数的图形：

(1) $y = e^{-x^2}$；

(2) $y = 2x^3 - 3x^2$；

(3) $y = \dfrac{x}{1+x^2}$；

(4) $y = \dfrac{x^2 - 2x + 2}{x - 1}$；

(5) $y = e^{\frac{1}{x}}$；

(6) $y = \dfrac{8}{4 - x^2}$.

6. 根据函数 $y = f(x)$ 具有的特征，描绘出其草图：

(1) $f(0) = 2, f'(x) \begin{cases} <0, & x<0, \\ >0, & x>0 \end{cases}$ 对所有的 $x, f''(x) > 0$；

(2) $f(0) = 1, f'(0) = 0$，当 $x \neq 0$ 时，$f'(x) > 0$；

$$f''(x) \begin{cases} <0, & x<0, \\ >0, & x>0. \end{cases}$$

7. 单项选择题

(1) 若点 $(1,3)$ 是曲线 $y = ax^3 + bx^2$ 的拐点，则 a, b 的值分别为（　　）.

(A) $\dfrac{9}{2}, -\dfrac{3}{2}$；　(B) $-6, 9$；　(C) $-\dfrac{3}{2}, \dfrac{9}{2}$；　(D) $6, -9$.

(2) 在区间 $(0, +\infty)$ 内，曲线 $y = x^3 + 12x + 1$ 是（　　）.

(A) 上升且下凹；　　　　　　(B) 上升且上凹；

(C) 下降且下凹；　　　　　　(D) 下降且上凹.

(3) 当 $x < x_0$ 时，$f''(x) < 0$，当 $x > x_0$ 时，$f''(x) > 0$，则下列结论正确的是（　　）.

(A) x_0 是函数 $f(x)$ 的极大值点；

(B) x_0 是函数 $f(x)$ 的极小值点；

(C) 点 $(x_0, f(x_0))$ 必定是曲线 $y = f(x)$ 的拐点；

(D) 点 $(x_0, f(x_0))$ 未必是曲线的拐点.

(4) 函数(曲线) $y = \begin{cases} \sqrt{x}, & x \geqslant 0, \\ \sqrt{-x}, & x < 0, \end{cases}$ 在 $x = 0$ 处,下列结论不正确的是（   ）.

(A) 连续但不可导；　　　(B) 不可导但可作切线；

(C) 有极小值且是最小值；　(D) 有拐点.

§3.5　最大值与最小值及应用问题

一、函数的最大值与最小值

由 §1.5 节中的闭区间上连续函数的性质,我们已经知道:若函数 $f(x)$ 在闭区间 $[a, b]$ 上连续,则 $f(x)$ 在 $[a, b]$ 上必有最大值与最小值. 最大值与最小值可在区间内部取得,也可在区间端点取得,它是函数在区间 $[a, b]$ 上的整体性质.

极值是仅就区间内的某一点 x_0 的邻近而言,按极值定义,极值只能在区间内部取得,它是函数的局部性质.

求函数 $f(x)$ 在闭区间 $[a, b]$ 上最大值最小值的一般方法是:

首先,要求出函数在开区间 (a, b) 内所有可能是极值点的函数值;

其次,求出区间端点的函数值 $f(a)$ 和 $f(b)$;

最后,将这些函数值进行比较,其中最大(小)者为最大(小)值.

求函数的最值时,常遇到下述情况:

(1) 若函数 $f(x)$ 在连续区间 (a, b) 内仅有一个极值,是极大(小)值时, 它就是函数 $f(x)$ 在闭区间 $[a, b]$ 上的最大(小)值(图 3-20). 解极值应用问题时,此种情形较多.

(2) 若函数 $f(x)$ 在闭区间 $[a, b]$ 上是单调增加(减少)的,则最值在区间端点取得.

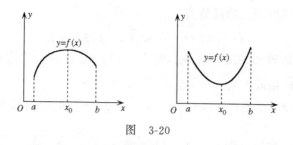

图 3-20

例1 求函数 $f(x)=3x^4-4x^3-12x^2+1$ 在区间 $[-3,1]$ 上的最大值和最小值.

解 所给函数 $f(x)$ 在闭区间 $[-3,1]$ 上连续,所以它在该区间上存在最大值和最小值.

先求驻点的函数值.

由

$$f'(x)=12x^3-12x^2-24x$$
$$=12x(x+1)(x-2)=0,$$

解得 $x_1=-1,x_2=0,x_3=2$($x_3=2$ 舍去,不在所给区间内). 可算得

$$f(-1)=-4,\quad f(0)=1.$$

再求区间端点的函数值:

$$f(-3)=244,\quad f(1)=-12.$$

最后,由比较可知,在区间 $[-3,1]$ 上,最小值是 $f(1)=-12$,最大值是 $f(-3)=244$.

例2 求函数 $f(x)=2-(x-1)^{\frac{2}{3}}$ 在区间 $[-1,2]$ 上的最大值与最小值.

解 函数 $f(x)$ 在区间 $[-1,2]$ 上连续,存在最大值与最小值.

求出所有可能取得极值的点的函数值. 由

$$f'(x)=-\frac{2}{3}(x-1)^{-\frac{1}{3}}$$

知,该函数没有驻点;在 $x=1$ 处,$f'(x)$ 不存在,且 $f(1)=2$.

197

求区间端点的函数值

$$f(-1) = 2 - \sqrt[3]{4}, \quad f(2) = 1.$$

经比较知,在区间$[-1,2]$上,$f(1)=2$是最大值,$f(-1)=2-\sqrt[3]{4}$是最小值.

例 3 求函数 $f(x) = x - \sqrt{1-x}$ 在$[-1,0]$上的最大值和最小值.

解 所给函数在$[-1,0]$上连续. 由于

$$f'(x) = 1 - \frac{1}{2\sqrt{1-x}} > 0,$$

该函数在区间$[-1,0]$上单调增加.

在区间$[-1,0]$上,最小值是 $f(-1)=-1-\sqrt{2}$,最大值是 $f(0)=-1$.

函数的最大值与最小值问题,在实践中有广泛的应用. 在给定条件的情况下,要求效益最佳的问题,就是最大值问题;而在效益一定的情况下,要求所给条件最少的问题,是最小值问题.

在解决实际问题时,首先要把问题的要求作为目标,建立目标函数,并确定函数的定义域;其次,应用极值知识求目标函数的最大值或最小值;最后应按问题的要求给出结论.

二、几何应用问题

很多实际问题,都可化为几何问题.

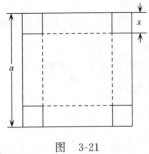

图 3-21

例 4 将边长为 a 的一块正方形铁皮,四角各截去一个大小相同的小正方形,然后将四边折起做一个无盖的方盒. 问截掉的小正方形边长为多大时,所得方盒的容积最大?最大容积为多少(图 3-21)?

解 (1) 分析问题,建立目标函数.

按题目的要求在铁皮大小给定的条件下,要使方盒的容积最大是我们的目标.而方盒的容积依赖于截掉的小正方形的边长.这样,目标函数就是方盒的容积与截掉的小正方形边长之间的函数关系.

设小正方形的边长为 x,则方盒底的边长为 $a-2x$,若以 V 表示方盒的容积,则 V 与 x 的函数关系是

$$V = x(a-2x)^2, \quad x \in \left(0, \frac{a}{2}\right).$$

(2) 解最大值问题,即确定 x 的取值,以使 V 取最大值.

$$\frac{dV}{dx} = (a-2x)^2 - 4x(a-2x)$$
$$= (a-2x)(a-6x).$$

令 $\frac{dV}{dx}=0$,得驻点 $x=\frac{a}{6}$ 和 $x=\frac{a}{2}$,其中 $\frac{a}{2}$ 舍去,因为它不在区间 $\left(0,\frac{a}{2}\right)$ 内.

因为当 $x \in \left(0,\frac{a}{6}\right)$ 时,$\frac{dV}{dx}>0$,当 $x \in \left(\frac{a}{6},\frac{a}{2}\right)$ 时,$\frac{dV}{dx}<0$,所以 $x=\frac{a}{6}$ 是极大值点.由于在区间内部只有一个极值点且是极大值点,这也就是取最大值的点.

于是,当小正方形边长 $x=\frac{a}{6}$ 时,方盒容积最大,其值为

$$V = \frac{2a^3}{27}.$$

例 5 欲围建一个面积为 $288\ \text{m}^2$ 的矩形堆料场,一边可以利用原有的墙壁,其他三面墙壁新建,问堆料场的长和宽各为多少时,才能使建堆料场所用材料最少?

解 建立目标函数.

在场地面积一定的条件下要求所用材料最少,实际上就是要求新建墙壁总长度最短.

如图 3-22 所示,设场地的宽为 x,为使场地面积为 $288\ \text{m}^2$,则

199

场地的长应为 $\frac{288}{x}$. 若以 l 表示新建墙壁的总长度,则目标函数为

$$l = 2x + \frac{288}{x}, \quad x \in (0, +\infty).$$

解极值问题. 由

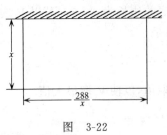

$$\frac{\mathrm{d}l}{\mathrm{d}x} = 2 - \frac{288}{x^2} = 0,$$

得驻点 $x = 12$ ($x = -12$ 舍去). 又

$$\frac{\mathrm{d}^2 l}{\mathrm{d}x^2} = \frac{576}{x^3}, \quad \frac{\mathrm{d}^2 l}{\mathrm{d}x^2}\bigg|_{x=12} > 0,$$

所以, $x = 12$ 是极小值点. 由于函数在其定义域内只有一个极值点,且

图 3-22

是极小值点,这就是使函数取最小值的点.

当宽 $x = 12$ m 时,长 $\frac{288}{12} = 24$ m. 于是,新建墙壁的长为 24 m,宽为 12 m 时,所建堆料场用料最少.

例 6 欲制做一个容积为 500 cm³ 的圆柱形的铝罐. 为使所用材料最省,铝罐的底半径和高的尺寸应是多少?

解 建立目标函数.

这是在容积一定的条件下,使用料最省. 我们的目标自然就是使铝罐的表面积最小. 铝罐有圆形的上底和下底,还有一个长方形的侧面(图 3-23).

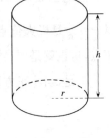

图 3-23

设铝罐的底半径为 r cm,高为 h cm,表面积为 A cm²,则

$$A = 两底圆面积 + 侧面面积$$
$$= 2\pi r^2 + 2\pi rh.$$

由于铝罐的容积为 500 cm³,所以有

$$\pi r^2 h = 500, \quad h = \frac{500}{\pi r^2}.$$

于是,表面积 A 与底半径 r 的函数关系为

$$A = 2\pi r^2 + \frac{1000}{r}, \quad r \in (0, +\infty).$$

解极值问题.

由 $$\frac{\mathrm{d}A}{\mathrm{d}r} = 4\pi r - \frac{1000}{r^2} = 0,$$

可解得惟一驻点 $r = \sqrt[3]{\dfrac{250}{\pi}} \approx 4.30(\text{cm}).$ 又

$$\frac{\mathrm{d}^2 A}{\mathrm{d}r^2} = 4\pi + \frac{2000}{r^3}, \quad \left.\frac{\mathrm{d}^2 A}{\mathrm{d}r^2}\right|_{r=4.3} > 0,$$

所以,$r = 4.30$ cm 是极小值点,也是取最小值的点. 由上面 h 的表达式可得

$$h = \frac{500}{\pi r^2} = 2\sqrt[3]{\frac{250}{\pi}} = 2r \approx 8.60 \text{ cm}.$$

因此,当底半径 $r = 4.30$ cm,侧面高 $h = 2r = 8.60$ cm 时,所做铝罐用料最省.

三、经济应用问题

利用微分法求解经济领域中的极值问题是微分学在经济决策和计量方面的重要应用,本节讨论利润最大、收益最大、平均成本最低、存货总费用最小问题.

1. 利润最大

前面已讲述,在假设产量与销量一致的情况下,总利润函数定义为总收益函数 $R(Q)$ 与总成本函数 $C(Q)$ 之差,即

$$\pi = \pi(Q) = R(Q) - C(Q).$$

如果企业主以**利润最大为目标**而控制产量,那么,应**选择产量 Q 的值**,使目标函数 $\pi = \pi(Q)$ 取最大值.

假若产量为 Q_0 时可达此目的,根据极值存在的必要条件(定理 3.5)和充分条件(定理 3.7),应有

$$\frac{d\pi}{dQ}\bigg|_{Q=Q_0} = R'(Q_0) - C'(Q_0) = 0,$$

$$\frac{d^2\pi}{dQ^2}\bigg|_{Q=Q_0} = R''(Q_0) - C''(Q_0) < 0.$$

上二式可写作,当 $Q=Q_0$ 时

$$MR = MC, \tag{3.1}$$

$$\frac{d(MR)}{dQ} < \frac{d(MC)}{dQ}. \tag{3.2}$$

(3.1)式表明,边际收益等于边际成本,这被称为最大利润原则.(3.2)式表明,边际成本的变化率大于边际收益的变化率.综合(3.1)和(3.2)式,关于利润最大化有下述结论:

产量水平能使边际成本等于边际收益,且若再增加产量,**边际成本将大于边际收益时**,可获得最大利润.

若从图形上看,图 3-24 表示的是商品以固定价格 P 销售,总收益函数 $R=R(Q)=P_0Q$ 的图形是一条直线.图 3-25 表示需求函数 $Q=\varphi(P)$ 是单调减少的,总收益函数 $R=R(Q)=\varphi^{-1}(Q)\cdot Q$

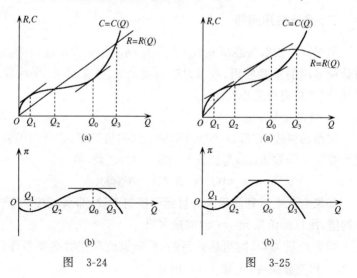

图 3-24   图 3-25

202

的图形是一条曲线.显然,在利润最值点 Q_0 处,总成本曲线与总收益曲线的切线互相平行,即边际成本等于边际收益;若产量 Q 超过 Q_0 时,总成本曲线的斜率将大于总收益曲线的斜率,即边际成本将大于边际收益.这正是我们所得的结论.

例 7 设总收益函数和总成本函数分别为
$$R = R(Q) = 20Q - 3Q^2,$$
$$C = C(Q) = 2Q^2 + 3,$$
求

(1) 利润最大时的产出水平;   (2) 最大利润;

(3) 利润最大时产品的销售价格.

解 (1) 利润函数为
$$\pi = \pi(Q) = R - C = 20Q - 3Q^2 - [2Q^2 + 3]$$
$$= -5Q^2 + 20Q - 3.$$
由 $\pi'(Q) = -10Q + 20 = 0$,得 $Q = 2$. 又
$$\pi''(Q) = -10 < 0,$$
所以,利润最大时的产出水平为 $Q = 2$.

(2) 当 $Q = 2$ 时,最大利润为
$$\pi(2) = -5 \cdot 2^2 + 20 \cdot 2 - 3 = 17.$$

(3) 由总收益函数可得价格函数
$$P = \frac{R(Q)}{Q} = \frac{20Q - 3Q^2}{Q} = 20 - 3Q,$$
于是,利润最大时的销售价格为
$$P(2) = 20 - 3 \cdot 2 = 14.$$

例 8 一商店按批发价每件 6 元买进一批商品零售,若零售价每件定为 7 元,估计可卖出 100 件,若每件售价每降低 0.1 元,则可多卖出 50 件.问商店应买进多少件,每件售价定为多少元时,才可获得最大利润?最大利润是多少?

解 设因降价可多卖出 Q 件,利润为 π.

依题意,卖出的件数为 $100+Q$,每件降价为 $0.1 \times \dfrac{Q}{50}$ 元,因而每件售价为

$$P = \left(7 - \frac{0.1}{50}Q\right) 元 / 件,$$

每件利润为

$$\left\{\left(7 - \frac{0.1}{50}Q\right) - 6\right\} 元 / 件,$$

于是,利润函数为每件利润与销售件数的乘积,即

$$\pi = \pi(Q) = \left(7 - \frac{0.1}{50}Q - 6\right)(100 + Q)$$

$$= -0.002Q^2 + 0.8Q + 100.$$

由 $\pi'(Q) = -0.004Q + 0.08 = 0$,得 $Q = 200$. 又

$$\pi''(Q) = -0.004 < 0,$$

所以,当多卖出 $Q = 200$ 件时,利润最大;最大利润为

$$\pi(200) = -0.002 \cdot (200)^2 + 0.8 \cdot 200 + 100 = 180(元).$$

由此知,商店进货件数为 $100 + 200 = 300$(件).

每件销售价格定为

$$P = 7 - \frac{0.1}{50} \times 200 = 6.60(元 / 件)$$

时,可获最大利润.

2. 收益最大

若企业主的目标是获得最大收益,这时,应以总收益函数 $R = P \cdot Q$ 为目标函数而决策产量 Q 或决策产品的价格.

如果产品以固定价格 P 销售,销售量越多,总收益越多,没有最大值问题. 现设需求函数 $Q = \varphi(P)$ 是单调减少的,则总收益函数为

$$R = R(Q) = \varphi^{-1}(Q) \cdot Q.$$

我们考虑这种情况下的最大值问题.

在实际中,企业主不可能只追求收益最大而不考虑利润. 有

时,为了某种需要,而是以一定利润为约束条件的收益最大化问题.

例9 某厂商的总收益函数和总成本函数分别为
$$R = R(Q) = 10Q - 1.5Q^2,$$
$$C = C(Q) = 1.5Q^2 + 1,$$
求

(1) 收益最大时产出水平、价格、总收益和总利润;

(2) 最低利润约束条件 $\pi \geqslant 2$ 是否允许取该收益最大化的产出水平? 若不允许,产出水平应调整为多少? 并求这时的总收益.

解 (1) 总收益函数为
$$R = R(Q) = 10Q - 1.5Q^2.$$
由 $R'(Q) = 10 - 3Q = 0$,得 $Q = \dfrac{10}{3}$. 又
$$R''(Q) = -3 < 0,$$
所以,产出水平 $Q = \dfrac{10}{3}$ 时,收益最大.

这时,产品的价格
$$P\left(\frac{10}{3}\right) = 10 - 1.5\left(\frac{10}{3}\right) = 5,$$
总收益
$$R\left(\frac{10}{3}\right) = 10 \cdot \frac{10}{3} - 1.5\left(\frac{10}{3}\right)^2 = \frac{50}{3}.$$
因总利润函数为
$$\pi = \pi(Q) = R - C = 10Q - 1.5Q^2 - [1.5Q^2 + 1]$$
$$= -3Q^2 + 10Q - 1,$$
故收益最大时的利润
$$\pi\left(\frac{10}{3}\right) = -1.$$

(2) 因为在收益最大时的产出水平上,利润为 -1,所以,最低利润约束条件 $\pi \geqslant 2$ 不允许取该收益最大化的产出水平. 这时,需

调整产量.

我们假设利润 $\pi = 2$, 并以利润函数 $\pi = \pi(Q)$ 求出这时的产出水平. 由

$$-3Q^2 + 10Q - 1 = 2 \quad 或 \quad 3Q^2 - 10Q + 3 = 0,$$

可解得 $Q_1 = \dfrac{1}{3}$, $Q_2 = 3$.

因为

$$R\left(\frac{1}{3}\right) = 10 \cdot \frac{1}{3} - 1.5\left(\frac{1}{3}\right)^2 = \frac{19}{6},$$

$$R(3) = 10 \cdot 3 - 1.5 \cdot 3^2 = \frac{33}{2},$$

所以适合 $\pi \geqslant 2$, 并使收益最大的产出水平是 $Q = 3$. 这时总收益为

$$R(3) = \frac{33}{2}.$$

3. 平均成本最低

设厂商的总成本函数为 $C = C(Q)$. 若厂商以平均成本最低为目标, 而控制产量水平, 这是求平均成本函数

$$AC = \frac{C(Q)}{Q}$$

的最小值问题.

例 10 设某企业的总成本函数为

$$C = C(Q) = 0.3Q^2 + 9Q + 30,$$

求

(1) 平均成本最低时的产出水平及最低平均成本;

(2) 平均成本最低时的边际成本, 并与最低平均成本作比较.

解 用总成本函数得平均成本函数

$$AC = \frac{C(Q)}{Q} = 0.3Q + 9 + \frac{30}{Q}.$$

由 $\qquad \dfrac{\mathrm{d}(AC)}{\mathrm{d}Q} = 0.3 - \dfrac{30}{Q^2} = 0$

可解得 $Q = 10$ ($Q = -10$ 舍). 又

$$\frac{d^2(AC)}{dQ^2} = \frac{60}{Q^3}, \quad \frac{d^2(AC)}{dQ^2}\bigg|_{Q=10} > 0,$$

所以,当产出水平 $Q=10$ 时,平均成本最低. 最低平均成本为

$$AC|_{Q=10} = 0.3 \cdot 10 + 9 + \frac{30}{10} = 15.$$

(2) 由总成本函数得边际成本函数

$$MC = 0.6Q + 9,$$

平均成本最低时的产出水平 $Q=10$,这时的边际成本为

$$MC|_{Q=10} = 0.6 \cdot 10 + 9 = 15.$$

由以上计算知,平均成本最低时的边际成本与最低平均成本相等,都为 15.

上述结果不是偶然的,在产出水平 Q_0 能使平均成本最低时,必然有平均成本等于边际成本.

4. 库存模型

存贮在社会的各个系统中都是一个重要问题. 这里只讲述最简单的库存模型,即"成批到货,一致需求,不许缺货"的库存模型.

所谓"成批到货",就是工厂生产的每批产品,先整批存入仓库;"一致需求",就是市场对这种产品的需求在单位时间内数量相同,因而产品有仓库均匀提取投放市场;"不许缺货",就是当前一批产品由仓库提取完后,下一批产品立即进入仓库.

在这种假设下,仓库的库存水平变动情况如图 3-26 所示. 并规定仓库的平均库存量为每批产量的一半.

现假设在一个计划期内:

(1) 工厂生产总量为 D;

(2) 分批投产,每次投产数量,即批量为 Q;

(3) 每批生产准备费为 C_1;

(4) 每件产品的库存费为 C_2,且按批量的一半,即 $\frac{Q}{2}$ 收取库存费.

(5) 存货总费用是生产准备费与库存费之和,记作 E.

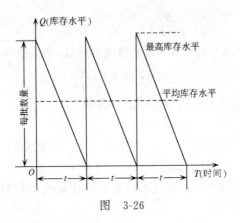

图 3-26

我们的问题是：如何决策每批的生产数量，即批量 Q，以使存货总费用 E 取最小值.

先建立目标函数——总费用函数.

依题设，在一个计划期内

$$\text{库存费} = \text{每件产品的库存费} \times \text{批量的一半} = C_2 \cdot \frac{Q}{2},$$

$$\text{生产准备费} = \text{每批生产准备费} \times \text{生产批数} = C_1 \cdot \frac{D}{Q},$$

于是，总费用函数为

$$E = E(Q) = \frac{D}{Q} C_1 + \frac{Q}{2} C_2, \quad Q \in (0, D].$$

实际上，上式中的 Q 取区间 $(0, D]$ 中 D 的整数因子.

根据极值存在的必要条件，有

$$E'(Q) = -\frac{C_1 D}{Q^2} + \frac{C_2}{2} = 0,$$

或 $$C_2 Q^2 = 2 C_1 D, \tag{3.3}$$

可解得 $$Q_0 = \sqrt{\frac{2 C_1 D}{C_2}} \quad (\text{只取正值}). \tag{3.4}$$

根据极值存在的充分条件：

$$E''(Q) = \frac{2C_1 D}{Q^3} > 0 \quad (\text{因 } D, C_1, Q \text{ 均为正数}).$$

所以,当批量由(3.4)式确定时,总费用最小,其值

$$E_0 = \frac{C_1 D}{Q_0} + \frac{C_2 Q_0}{2} = \sqrt{2DC_1 C_2}. \tag{3.5}$$

表达式(3.4)式称为"经济批量"公式.

注意到(3.3)式:$C_2 Q^2 = 2C_1 D$,可改写作

$$\frac{C_2}{2} Q = \frac{C_1 D}{Q}.$$

该式表明:在一个计划期内,使库存费与生产准备费**相等的批量是经济批量**.

例 11 某厂生产摄影机,年产量 1000 台,每台成本 800 元,每一季度每台摄影机的库存费是成本的 5%;工厂分批生产,每批生产准备费为 5000 元;市场对产品一致需求,不许缺货.试决策经济批量及一年最小存货总费用.

解 由题设知,$D = 1000$ 台,$C_1 = 5000$ 元,每年每台库存费用

$$C_2 = 800 \times 5\% \times 4 = 160 \text{ 元}.$$

存货总费用 E 与每批生产台数 Q 的关系

$$E = E_1 + E_2 = \frac{1000 \times 5000}{Q} + \frac{160}{2} Q.$$

由(3.4)式,经济批量

$$Q_0 = \sqrt{\frac{2 \times 1000 \times 5000}{160}} = 250 (\text{台}),$$

一年最小存货总费用(图 3-27)

$$E_0 = \frac{160 \times 250}{2} + \frac{1000 \times 5000}{250} = 40000 (\text{元}),$$

或由(3.5)式,一年最小存货总费用

$$E_0 = \sqrt{2 \times 1000 \times 5000 \times 160} = 40000 (\text{元}).$$

说明 库存问题,若把一个计划期内的生产总量改为需求总

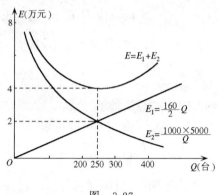

图 3-27

量或订购货物总量;分批投产改为分批订货,每批生产准备费改为每批订货费,上述结论仍适用.

习 题 3.5

1. 求下列函数的最大值与最小值:

(1) $f(x)=2x^3+3x^2-12x+14$, $x\in[-3,4]$;

(2) $f(x)=2x^2-\ln x$, $x\in\left[\dfrac{1}{3},3\right]$;

(3) $f(x)=\sqrt{x}\ln x$, $x\in\left[\dfrac{1}{4},1\right]$;

(4) $f(x)=\dfrac{x^2}{1+x}$, $x\in\left[-\dfrac{1}{2},1\right]$;

(5) $f(x)=\dfrac{x-1}{x+1}$, $x\in[0,4]$;

(6) $f(x)=1-\dfrac{2}{3}(x-2)^{\frac{2}{3}}$, $x\in[0,3]$.

2. 证明:周长一定的矩形中,以正方形的面积为最大.

3. 欲在一堵旧墙为边围成一面积 $S=8\ \mathrm{m}^2$ 的长方形空地,问它的长和宽应分别为多少时,才能使所用材料的总长度最小?最小长度为多少?

4. 以直的河岸为一边用篱笆围出一矩形场地.现有篱笆长 36

米,问所能围出的最大场地的面积是多少?

5. 欲用长 $l = 6$ m 的木料加工一日字形的窗框,问它的边长和边宽分别为多少时,才能使窗框的面积最大? 最大面积为多少?

6. 要做一个底面为长方形的带盖的箱子,其体积为 72 cm³,其底边的长和宽成 2:1 的关系,问各边长为多少时,才能使表面积为最小?

7. 做一容积为 V 的圆柱形容器,已知其两底面的材料价格每单位面积造价为 a 元,侧面材料价格,每单位面积造价为 b 元,问底半径和高各为多少时造价最小?

8. 有一长方形的薄板,长为 a,宽为长的 $\frac{3}{8}$. 现在它的四角各截去一个大小相同的小正方形,然后将四边折起来,做成一个无盖的长方盒. 问截去的小正方形的边长为多少时,可使盒子的容积最大? 最大容积是多少?

9. 今欲制一容积为 V 的圆柱形铝罐. 在截剪罐的侧面时,材料可以不受损耗;但从一块正方形材料上截剪出圆形的上、下底时,在四个角上就有材料损耗(图 3-28). 欲使所用铝板最省,铝罐的高与底半径之比应是多少?

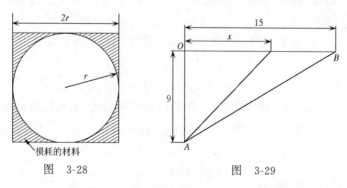

图 3-28   图 3-29

10. 设一水雷艇 A 停泊在距海岸 $OA = 9$ km 处,现需派人送信到岸上某沿海兵营 B;兵营距 O 点相距 15 km,设步行每小时 5 km,划小舟每小时 4 km,问送信者在何处上岸,所费时间最短?

(图 3-29)

11. 铁路线上 AB 段的距离为 100 千米, 工厂 C 距 A 处为 20 千米, AC 垂直于 AB(图 3-30). 为了运输需要, 要在 AB 线上选定一点 D 向工厂修筑一条公路. 已知铁路上每千米货运的运费与公路上每千米货运的运费之比为 3∶5. 为了使货物从供应站 B 运到工厂 C 的运费最省, 问 D 点应选在何处?

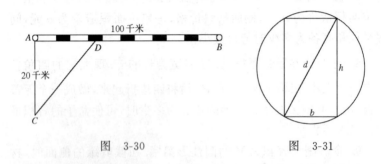

图　3-30　　　　　　　图　3-31

12. 由材料力学知道, 一个截面为矩形的横梁的强度与矩形的宽和高的平方成比例. 欲将一根直径为 d 的圆木切割成具有最大强度而截面为矩形的横梁, 问矩形的高 h 与宽 b 之比应是多少 (图 3-31)?

13. 生产某种产品的总成本函数和总收益函数分别为

$$C = C(Q) = 200 + 5Q,$$
$$R = R(Q) = 10Q - 0.01Q^2.$$

问该产品的产量为多少时, 才能使总利润最大, 最大利润是多少?

14. 设某产品的需求函数和总成本函数分别为

$$Q = 1000 - 100P,$$
$$C = 100 + 6Q.$$

求利润最大时产量和利润.

15. 设总收益函数与总成本函数分别为

$$R = R(Q) = 33Q - 4Q^2,$$

$$C = C(Q) = Q^3 - 9Q^2 + 36Q + 6.$$

求利润最大时的产量、产品的价格和利润.

16. 有一批玩具进货每件 4 元,若售价定为 5 元,估计可卖出 200 件;而销售单价每降低 0.2 元,则可多卖出 20 件,问应进货多少件,每件多少元,可获最大利润,最大利润是多少元?

17. 按批发价每件 3 元购进一批商品,该商品的需求函数是 $Q = 920 - 200P$,试求该商品销售的最优价格和最大利润是多少?

18. 某商品的需求函数为
$$Q = 75 - P^2,$$
试确定商品的价格 P、需求 Q,以使收益最大.

19. 设价格函数为 $P = 15e^{-\frac{Q}{3}}$,求总收益最大时的需求量、价格和收益.

20. 某厂商的总收益函数和总成本函数分别为
$$R(Q) = 20Q - Q^2,$$
$$C(Q) = \frac{1}{3}Q^3 - 6Q^2 + 29Q + 15.$$

(1) 求收益最大时产量、价格、总收益和总利润;

(2) 最低利润约束条件 $\pi \geqslant 50$ 是否可取该收益最大化的产量?

21. 某厂每天生产某种产品 Q 千件的总成本函数是
$$C = \frac{1}{2}Q^2 + 36Q + 9800,$$
其中 C 以元为单位,为使平均成本最低,每天产量为若干,每件产品的平均成本是多少?

22. 已知生产某产品的总成本函数为
$$C = 1000 + 2Q + 0.001Q^2,$$
求:

(1) 边际成本函数及产量为 1000 时的边际成本;

(2) 平均成本函数及产量为 1000 时的平均成本;

(3) 产量为多少时,平均成本最低及最低平均成本.

23. 设某企业的需求函数为

$$P = 30 - 0.75Q,$$

而平均成本函数为

$$AC = \frac{30}{Q} + 9 + 0.3Q.$$

(1) 求相应的产出水平,使

(i) 收益最大; (ii) 平均成本最低; (iii) 利润最大.

(2) 在下列情况,试求获得最大利润的产出水平:

(i) 当政府所征收一次总付税款为 10;

(ii) 当政府对企业每单位产品征收的税款(即税率)为 8.4;

(iii) 当政府给予企业每单位产品的补贴为 4.2.

24. 设某企业每月需要使用某种零件 2400 件,每件成本为 150 元,每件每年的库存费为成本的 6%,每次订货费为 100 元,试求每批订货量为多少时,方能使每月的库存费与订货费之和为最少,并求出最小费用(假设零件使用是均匀的且不允许短缺).

25. 工厂每年生产某种产品 40000 个,分批生产全部存放仓库,均匀投放市场,市场不能缺货. 每个产品的生产成本为 500 元,每次开工的生产准备费用为 1000 元,每个产品的年库存费为 80 元,求最优经济批量和一年的最小总费用.

*§3.6   曲线的曲率

一、曲线的曲率

在 §3.4 节,我们用函数 $f(x)$ 的二阶导数 $f''(x)$ 的符号判定了曲线的凹向,或者说,判定了曲线弯曲的方向. 但是,从直观上看,曲线还有弯曲程度的问题. 例如,在图 3-32 中给出的一段曲线弧,其 AB 段与 BC 段弯曲的方向相同,都是下凹的. 若看弯曲程度,BC 段要比 AC 段弯曲得厉害些. 又如,同一个圆上的各部分弯

214

曲的程度是一样的;但若有半径不同的圆在一点相切(图 3-33),则显见半径小的圆在这一点的弯曲程度比半径比它大的圆的弯曲程度来得厉害. 这一些感性的知识仅仅提供了我们对曲线弯曲程度的"定性"的了解. 而在力学及许多工程技术问题中,仅有定性的判断是不够的,还必须"定量地"给出曲线弯曲程度的量的估计. 或者说,还需要度量曲线弯曲程度的大小.

我们的问题就是,要定义一个量,使它能描述曲线弯曲的程度.

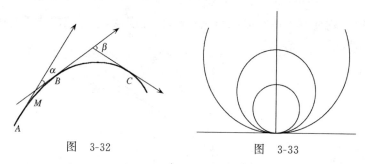

图 3-32　　　　　　　　　图 3-33

设曲线有连续转动的切线,如图 3-32 所示. 当曲线上的动点 M 沿曲线从点 A 移动到点 B 时,相应的曲线上的点 A 处的切线沿曲线转动到点 B 处,它所转过的角,称为曲线弧 $\overparen{AB}$ 的转角,该角为 α.同样,曲线弧 $\overparen{BC}$ 的转角为 β. 显然,转角 β 大于转角 α,而曲线弧 $\overparen{BC}$ 弯曲的程度要比曲线弧 $\overparen{AB}$ 弯曲的程度厉害些. 这样看来,曲线弧弯曲的程度与曲线弧的转角有关:转角小的,弯曲得较小;转角大的,弯曲的就厉害.

再观察图 3-34 中的曲线弧 $\overparen{AB}$ 与曲线弧 $\overparen{CD}$:它们的转角相等,都是 φ. 但由于曲线弧 $\overparen{CD}$ 的长度要短于曲线弧 $\overparen{AB}$ 的长度,因而,曲线弧 $\overparen{CD}$ 要比曲线弧 $\overparen{AB}$ 弯曲得厉害. 由此知,曲线

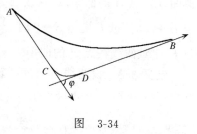

图 3-34

弧弯曲的程度还与这条曲线弧的长度有关.

由上述分析可知,曲线弧弯曲的程度取决于两个因素:

(1) 曲线弧的转角;

(2) 曲线弧的长度.

如果把反映曲线弧弯曲程度的量称为曲线的**曲率**,那么,我们可以从几何直观给出曲率的定义.

设曲线 C 有连续转动的切线,若曲线弧 $\overset{\frown}{AB}$ 的转角为 φ(图 3-35),该曲线弧的长度为 S,则 $\dfrac{\varphi}{S}$ 就表示在单位长度上曲线弧的转角,它反映了曲线弧 $\overset{\frown}{AB}$ 的平均弯曲程度,称它为该曲线弧的**平均曲率**.

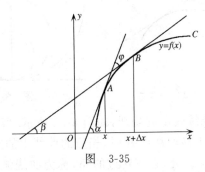

图 3-35

一般说来,曲线弯曲的程度随点而异.若曲线上的两点 A, B 很接近,即 S 很小,我们可以认为在这一小段曲线弧中,弯曲的程度来不及有显著的变化,因此,它的平均曲率 $\dfrac{\varphi}{S}$ 就可以比较好地近似曲线在点 A 的曲率. B 越接近 A,这种近似程度也就越精确.若当 $B \to A$ 时,或者说当 $S \to 0$ 时,$\dfrac{\varphi}{S}$ 有极限,则很自然,就把这个极限 K 叫做曲线在点 A 的曲率.

定义 3.3 设曲线 C 有连续转动的切线,弧段上 $\overset{\frown}{AB}$ 切线的转角 φ 与弧段 $\overset{\frown}{AB}$ 的长度 S 之比 $\dfrac{\varphi}{S}$,当点 B 沿曲线趋于点 A 时,即 $S \to 0$ 时,上述比的极限称为曲线 C 在点 A 处的**曲率**,记作 K,即

216

$$K = \lim_{S \to 0} \frac{\varphi}{S}.$$

设函数 $y=f(x)$ 具有二阶导数,可以推出曲线 $y=f(x)$ 在点 x 处曲率 K 的计算公式是

$$K = \frac{|y''|}{(1 + y'^2)^{\frac{3}{2}}}. \tag{3.6}$$

若曲线由参数方程

$$\begin{cases} x = \varphi(t), \\ y = \psi(t) \end{cases}$$

给出,其中 $\varphi(t)$ 和 $\psi(t)$ 均二阶可导且 $\varphi'^2(t)+\psi'^2(t) \neq 0$. 利用由参数方程所确定的函数的求导法,求出 $\dfrac{\mathrm{d}y}{\mathrm{d}x}$ 和 $\dfrac{\mathrm{d}^2 y}{\mathrm{d}x^2}$,将其代入(3.6)式,便可得计算曲率 K 的计算公式

$$K = \frac{|\varphi'(t)\psi''(t) - \varphi''(t)\psi'(t)|}{[\varphi'^2(t) + \psi'^2(t)]^{\frac{3}{2}}}. \tag{3.7}$$

例 1 直线方程是 $y=ax+b$,计算其上任一点处的曲率.

解 由于

$$y' = a, \quad y'' = 0,$$

由曲率公式(3.6)知,

$$K = 0.$$

这与直线不弯曲是相吻合的.

例 2 设圆的方程是 $(x-a)^2+(y-b)^2=R^2$,求其上任一点处的曲率.

解 若用参数方程表示圆,则是

$$\begin{cases} x = R\cos t + a, \\ y = R\sin t + b, \end{cases} \quad 0 \leqslant t \leqslant 2\pi.$$

由于

$$x'(t) = -R\sin t, \quad x''(t) = -R\cos t,$$
$$y'(t) = R\cos t, \quad y''(t) = -R\sin t,$$

由曲率公式(3.7),

$$K = \frac{|(-R\sin t) \cdot (-R\sin t) - (-R\cos t) \cdot (R\cos t)|}{(R^2\sin^2 t + R^2\cos^2 t)^{\frac{3}{2}}}$$

$$= \frac{R^2}{R^3} = \frac{1}{R}.$$

这说明,圆上各点处的曲率都相同,即圆上各点处弯曲的程度都相同,均是半径 R 的倒数 $\frac{1}{R}$;显然,半径 R 越小,曲率越大,即弯曲的程度越厉害. 这也与我们的感性认识是一致的.

例 3　求曲线 $y = x^3$ 的曲率及在点 $(0,0)$ 处的曲率.

解　由于
$$y' = 3x^2, \quad y'' = 6x,$$
所以,曲线在任意点处的曲率为
$$K = \frac{|6x|}{[1 + (3x^2)^2]^{3/2}} = \frac{|6x|}{(1 + 9x^4)^{3/2}}.$$

将 $x = 0$ 代入上式,即得点 $(0,0)$ 处的曲率 $K = 0$.

由于点 $(0,0)$ 是曲线 $y = x^3$ 的拐点,本例的结论是:曲线在拐点处的曲率为零.

本例的结论具有一般性:若函数 $y = f(x)$ 二阶可导,则曲线 $y = f(x)$ 在拐点处的曲率一定为零.

二、曲率圆

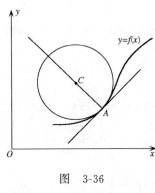

设曲线 $y = f(x)$ 在点 $A(x,y)$ 处的曲率 K 不为零. 过点 A 引曲线的法线,又在法线上凹向的一侧取一点 C,记线段 AC 的长度为 R,使 $R = \frac{1}{K}$,而且以点 C 为中心,R 为半径作一圆(图 3-36). 由于点 C 在曲线的法线上,这个圆和曲线在点 A 处相切,而且两者在点 A 有相同的凹向. 不仅如此,由于圆的曲率等于半径的倒数,

图 3-36

即

$$\frac{1}{R} = \frac{1}{\dfrac{1}{K}} = K,$$

故该圆在点 A 和曲线有相同的曲率. 因此, 在通过点 A 的一切圆中, 以这个圆在点 A 附近和曲线的形状最为接近: 它们有共同的**切线**, 相同的**曲率**和相同的**凹向**.

我们把上述的这个圆称为曲线 $y = f(x)$ 在点 A 的**曲率圆**, 它的半径称为**曲率半径**, 它的中心称为**曲率中心**.

由于曲率圆具有上述性质, 因此, 在具体问题中, 在涉及到曲线的凹向和曲率时, 往往用曲率圆在点 A 的一段圆弧来近似代替曲线弧, 以使问题简化.

例 4 求抛物线 $y = ax^2 + bx + c$ $(a \neq 0)$ 的曲率, 判定抛物线在哪一点的曲率半径最小? 并求出曲率半径.

解 由于

$$y' = 2ax + b, \quad y'' = 2a,$$

所以, 抛物线的曲率为

$$K = \frac{|y''|}{(1 + y'^2)^{3/2}} = \frac{|2a|}{[1 + (2ax + b)^2]^{3/2}}.$$

由于曲率半径 R 与曲率互为倒数, 为使 R 最小, 应取 K 的最大值.

在上式中, K 为正数, 且分子 $|2a|$ 为常数, 故当上式中的分母最小时, 即当

$$2ax + b = 0 \quad \text{或} \quad x = -\frac{b}{2a}$$

时, K 最大. 当 $x = -\dfrac{b}{2a}$ 时, $y = \dfrac{4ac - b^2}{4a}$, 而点 $\left(-\dfrac{b}{2a}, \dfrac{4ac - b^2}{4a}\right)$ 正是该抛物线的顶点. 由此知, 抛物线在顶点处的曲率半径最小, 其值为

$$R = \frac{1}{|2a|}.$$

例 5 设一个工件内表面的截线为抛物线 $y = 0.8x^2$ (图 3-37),现在要用砂轮磨削其内表面,问用直径多大的砂轮才比较合适?

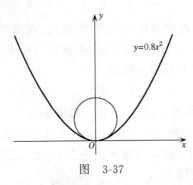

图 3-37

解 按题设要求,所选砂轮的半径当等于或小于该抛物线上曲率半径的最小值时,工件内表面与砂轮接触处的附近才不会被砂轮磨削去太多.由例 4 知,抛物线在其顶点处的曲率半径最小.为此,应求抛物线 $y = 0.8x^2$ 在其顶点处的曲率半径.用例 4 的结论.

因 $a = 0.8$,故

$$R = \frac{1}{|2 \times 0.8|} = 0.625.$$

所选用的砂轮,其直径不要超过 1.25.

习 题 3.6

1. 求下列曲线在指定点处的曲率:

(1) 曲线 $y = x^2$ 在点 $(\sqrt{2}, 2)$ 处;

(2) 曲线 $y = x^3$ 在点 $(-1, -1)$ 处;

(3) 曲线 $y = 4x - x^2$ 在顶点处;

(4) 曲线 $y = \ln x$ 在点 $(e, 1)$ 处;

(5) 曲线 $xy = 4$ 在点 $(2, 2)$ 处;

（6）曲线 $y=\sin x$ 在点 $\left(\dfrac{\pi}{2},1\right)$ 处.

2. 求下列曲线在指定点处的曲率：

（1）曲线 $\begin{cases} x=a\cos t, \\ y=b\sin t \end{cases}$ $(a,b>0)$ 在 $t=\dfrac{\pi}{2}$ 处；

（2）曲线 $\begin{cases} x=a(t-\sin t), \\ y=a(1-\cos t) \end{cases}$ $(0<t<2\pi,a>0)$ 在点 $(\pi a,2a)$ 处.

3. 求抛物线 $y=x^2-4x+3$ 上曲率半径最小的点及相应的曲率半径.

4. 求曲线 $\begin{cases} x=3t^2, \\ y=3t-t^3 \end{cases}$ 在与 $t=1$ 处相应点处的曲率半径.

第四章　不 定 积 分

　　一元函数积分学包括两部分内容：不定积分与定积分，其中的不定积分是作为微分法的逆运算引入的. 本章讲述不定积分概念、性质和求不定积分的基本方法.

§4.1　不定积分概念与性质

一、不定积分概念

1. 原函数

　　正如乘法有它的逆运算除法一样，微分法也有它的逆运算——积分法.

　　微分法是研究如何从已知函数求出其导函数，那么与之相反的问题则是：求一个未知的函数，使其导函数恰好是某一个已知的函数.

　　例如，若已知函数 $F(x)=\sin x$，要求它的导函数，则是
$$F'(x) = (\sin x)' = \cos x,$$
即 $\cos x$ 是 $\sin x$ 的导函数，这个问题是已知函数 $F(x)$，要求它的导函数 $F'(x)$.

　　现在的问题是：已知函数 $\cos x$，要求一个函数，使其导函数恰是 $\cos x$. 这个问题是，已知导函数 $F'(x)$，要还原函数 $F(x)$. 显然，这是微分法的逆问题.

　　由于 $(\sin x)'=\cos x$，我们可以说，要求的这个函数是 $\sin x$. 因为它的导函数恰好是已知的函数 $\cos x$. 这时，称 $\sin x$ 是函数 $\cos x$ 的一个**原函数**.

我们称这类由已知的导函数 $F'(x)$ 求原来的函数 $F(x)$ 的运算为**积分法**.

讨论这类问题具有现实意义. 例如, 设物体作变速直线运动, 若已知其运动方程 $S=S(t)$, 则该物体在时刻 t 的瞬时速度, 就是 S 对 t 的导数:

$$v(t) = \frac{\mathrm{d}S}{\mathrm{d}t}.$$

这是微分学已解决的问题. 现在的问题是, 若已知物体的运动速度 $v=v(t)$, 我们要求出该物体的运动方程, 即将运动的距离 S 表为时间 t 的函数 (即位移函数). 很显然, 这就是要求一个函数 $S(t)$, 使得

$$S'(t) = v(t).$$

这个问题的实质就是求速度函数 $v=v(t)$ 的原函数路程函数 $S=S(t)$ 的问题.

定义 4.1　在某区间 I 上, 若有

$$F'(x) = f(x) \quad \text{或} \quad \mathrm{d}F(x) = f(x)\mathrm{d}x,$$

则称函数 $F(x)$ 是函数 $f(x)$ 在该区间上的**一个原函数**.

例如, 因为 $(\arctan x)' = \dfrac{1}{1+x^2}$ 对区间 $(-\infty, +\infty)$ 上的任意 x 都成立, 所以, $\arctan x$ 是函数 $\dfrac{1}{1+x^2}$ 在区间 $(-\infty, +\infty)$ 上的一个原函数.

又如, $\dfrac{1}{5}x^5$ 是函数 x^4 在区间 $(-\infty, +\infty)$ 上的一个原函数, 因为 $\left(\dfrac{1}{5}x^5\right)' = x^4$, $x \in (-\infty, +\infty)$.

设 C 是任意常数, 因为 $\left(\dfrac{1}{5}x^5 + C\right)' = x^4$, 所以 $\dfrac{1}{5}x^5 + C$ 也是 x^4 的原函数; C 每取定一个实数, 就得到 x^4 的一个原函数, 从而 x^4 有无穷多个原函数. 由此可见, 若函数 $f(x)$ 存在原函数, 它的原函数不是惟一的, 因此, 原函数有如下特性:

若函数 $F(x)$ 是函数 $f(x)$ 的一个原函数,则

(1) 对任意的常数 C,函数族 $F(x)+C$ 也是函数 $f(x)$ 的原函数;

(2) 函数 $f(x)$ 的任意两个原函数之间仅相差一个常数.

事实上

(1) 由已知条件 $F'(x)=f(x)$,有
$$(F(x) + C)' = F'(x) = f(x),$$
由原函数定义,$F(x)+C$ 是 $f(x)$ 的原函数.

(2) 设 $G(x)$ 是 $f(x)$ 的任一原函数,即 $G'(x)=f(x)$. 由于
$$[G(x) - F(x)]' = G'(x) - F'(x)$$
$$= f(x) - f(x) = 0,$$
所以,由拉格朗日定理的推论 1,有
$$G(x) - F(x) = C.$$

上述事实表明,若一个函数有原函数存在,则它必有无穷多个原函数;若函数 $F(x)$ 是其中的一个,则这无穷多个都可写成 $F(x)+C$ 的形式. 由此,若要把已知函数的所有原函数求出来,只需求出其中的任意一个,由它分别加上各个不同的常数便得到所有的原函数.

关于原函数存在问题,这里先给出结论,下一章将给出证明.

若函数 $f(x)$ 在区间 **I 上连续**,则它在该区间上**存在原函数**.

由于初等函数在其有定义的区间上是连续的,所以每个初等函数在其定义区间上都有原函数.

2. 不定积分

(1) 不定积分定义

定义 4.2 函数 $f(x)$ 的所有原函数称为 $f(x)$ 的**不定积分**,记作
$$\int f(x)\mathrm{d}x,$$
其中符号 $\int$ 为积分号,$f(x)$ 称为**被积函数**,$f(x)\mathrm{d}x$ 称为**被积表达**

式, x 称为**积分变量**.

由该定义可知, 不定积分与原函数是整体与个体的关系, $f(x)$ 的不定积分是 $f(x)$ 的原函数的全体, 是一族函数. 即, 若 $F(x)$ 是 $f(x)$ 的一个原函数, 通常记作

$$\int f(x)\mathrm{d}x = F(x) + C,$$

这里 C 可取一切实数值, 称它为**积分常数**.

例如, 根据前面所述, 有

$$\int \cos x\mathrm{d}x = \sin x + C,$$

$$\int \frac{1}{1+x^2}\mathrm{d}x = \arctan x + C,$$

$$\int x^4\mathrm{d}x = \frac{1}{5}x^5 + C.$$

例 1　求下列不定积分:

(1) $\displaystyle\int \mathrm{e}^x\,\mathrm{d}x$;　　　　(2) $\displaystyle\int a^x\,\mathrm{d}x$.

解　(1) 被积函数 $f(x) = \mathrm{e}^x$, 因为 $(\mathrm{e}^x)' = \mathrm{e}^x$, 即 e^x 是 e^x 的一个原函数, 所以不定积分

$$\int \mathrm{e}^x\,\mathrm{d}x = \mathrm{e}^x + C.$$

(2) 被积函数 $f(x) = a^x$, 因为 $(a^x)' = a^x\ln a$, 故 $\left(\dfrac{a^x}{\ln a}\right)' = \dfrac{1}{\ln a}a^x\ln a = a^x$, 于是

$$\int a^x\,\mathrm{d}x = \frac{1}{\ln a}a^x + C.$$

例 2　求不定积分 $\displaystyle\int x^\alpha\,\mathrm{d}x\ (\alpha \neq -1)$.

解　注意到 $(x^{\alpha+1})' = (\alpha+1)x^\alpha$, 故 $\left(\dfrac{1}{\alpha+1}x^{\alpha+1}\right)' = x^\alpha$, 于是

$$\int x^\alpha\,\mathrm{d}x = \frac{1}{\alpha+1}x^{\alpha+1} + C.$$

由例 2 可得如下各式

$$\int x^2 \, \mathrm{d}x = \frac{1}{2+1} x^{2+1} + C = \frac{1}{3} x^3 + C,$$

$$\int \frac{1}{x^2} \, \mathrm{d}x = \int x^{-2} \, \mathrm{d}x = \frac{1}{-2+1} x^{-2+1} + C$$

$$= -\frac{1}{x} + C,$$

$$\int \sqrt{x} \, \mathrm{d}x = \int x^{\frac{1}{2}} \, \mathrm{d}x = \frac{1}{\frac{1}{2}+1} x^{\frac{1}{2}+1} + C$$

$$= \frac{2}{3} x^{\frac{3}{2}} + C,$$

$$\int \frac{1}{\sqrt{x}} \, \mathrm{d}x = \int x^{-\frac{1}{2}} \, \mathrm{d}x = \frac{1}{-\frac{1}{2}+1} x^{-\frac{1}{2}+1} + C$$

$$= 2\sqrt{x} + C.$$

例 3 求不定积分 $\int \frac{1}{x} \mathrm{d}x$.

解 被积函数 $f(x) = \frac{1}{x}$, 当 $x=0$ 时无意义;

当 $x>0$ 时, 因为 $(\ln x)' = \frac{1}{x}$, 所以

$$\int \frac{1}{x} \mathrm{d}x = \ln x + C;$$

当 $x<0$ 时, 因为

$$[\ln(-x)]' = \frac{1}{-x}(-x)' = \frac{1}{-x}(-1) = \frac{1}{x},$$

所以 $\qquad\qquad \int \frac{1}{x} \mathrm{d}x = \ln(-x) + C.$

将上面两式合并在一起写, 当 $x \neq 0$ 时, 就有

$$\int \frac{1}{x} \, \mathrm{d}x = \ln|x| + C.$$

（2）不定积分的几何意义

先看一例.

例 4　设某一曲线在 x 处的切线斜率 $k=2x$,又曲线过点 $(2,5)$,求这条曲线的方程.

解　设所求的曲线方程是 $y=F(x)$.

由导数的几何意义,已知条件 $k=2x$,就是 $F'(x)=2x$. 而

$$\int 2x\mathrm{d}x = x^2 + C,$$

于是

$$y = F(x) = x^2 + C.$$

$y=x^2$ 是一条抛物线,而 $y=x^2+C$ 是一族抛物线. 我们要求的曲线是这一族抛物线中过点 $(2,5)$ 的那一条. 将 $x=2,y=5$ 代入 $y=x^2+C$ 中可确定积分常数 C:$5=2^2+C$,即 $C=1$.

由此,所求的曲线方程是 $y=x^2+1$.

从几何上看,抛物线族 $y=x^2+C$,可由其中一条抛物线 $y=x^2$ 沿着 y 轴平行移动而得到,而且在横坐标相同的点 x 处,它们的切线互相平行.

通常称函数 $y=x^2$ 的图形是函数 $2x$ 的一条积分曲线,称函数族 $y=x^2+C$ 的图形是函数 $2x$ 的积分曲线族.

一般言之,不定积分的**几何意义**是:

函 数 $f(x)$ 的 不 定 积 分 $\int f(x)\mathrm{d}x$ 是**一族积分曲线**,这一族积分曲线可由其中任一条沿着 y 轴平行移动而得到. 在每一条积分曲线上横坐标相同的点 x 处作切线,**切线互相平行,其斜率都是** $\boldsymbol{f(x)}$（图 4-1）.

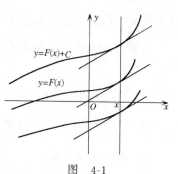

图　4-1

在函数 $f(x)$ 的所有原函数 $F(x)+C$ 中,确定其中一个原函数的条件:$F(x_0)=y_0$,或在函数 $f(x)$ 的积分曲线族中,确定其中一条曲线的条件:曲线过点 $M(x_0,y_0)$,这样的条件一般称为**初始条件**. 初始条件可给积分常

数 C 以确定的值,从而在原函数族或积分曲线族中分离出一个满足这个特定条件的原函数或一条积分曲线.

二、不定积分的性质

性质 1   求不定积分与求导数或求微分互为逆运算

(1) $\dfrac{\mathrm{d}}{\mathrm{d}x}\left[\int f(x)\mathrm{d}x\right]=f(x)$ 或 $\mathrm{d}\left[\int f(x)\mathrm{d}x\right]=f(x)\mathrm{d}x$;

(2) $\int F'(x)\mathrm{d}x=F(x)+C$ 或 $\int\mathrm{d}F(x)=F(x)+C$.

这些等式,由不定积分定义立即可得. 需要注意的是,一个函数先进行微分运算,再进行积分运算,得到的不是这一个函数,而是一族函数,必须加上一个任意常数 C.

性质 2   被积函数中不为零的常数因子 k 可移到积分符号外

$$\int kf(x)\mathrm{d}x = k\int f(x)\mathrm{d}x.$$

证   只需证明等式右端的导数是左端的被积函数即可. 由导数运算法则和性质 1

$$\left(k\int f(x)\mathrm{d}x\right)' = k\left(\int f(x)\mathrm{d}x\right)' = kf(x).$$

这说明 $k\int f(x)\mathrm{d}x$ 是被积函数 $kf(x)$ 的原函数. 故所证等式成立.

性质 3   函数代数和的不定积分等于函数的不定积分的代数和:

$$\int[f(x)\pm g(x)]\mathrm{d}x = \int f(x)\mathrm{d}x \pm \int g(x)\mathrm{d}x.$$

该性质与性质 2 证法相同.

三、基本积分公式

由于求不定积分是求导数的逆运算,由基本初等函数的导数公式便可得到相应的基本积分公式. 以下列出基本积分公式:

1. $\int 0\mathrm{d}x=C$;

2. $\displaystyle\int x^a \, dx = \frac{1}{a+1} x^{a+1} + C \ (a \neq -1)$;

3. $\displaystyle\int \frac{1}{x} \, dx = \ln|x| + C$;

4. $\displaystyle\int a^x \, dx = \frac{a^x}{\ln a} + C \ (a > 0, a \neq 1)$;

5. $\displaystyle\int e^x \, dx = e^x + C$;

6. $\displaystyle\int \sin x \, dx = -\cos x + C$;

7. $\displaystyle\int \cos x \, dx = \sin x + C$;

8. $\displaystyle\int \sec^2 x \, dx = \int \frac{1}{\cos^2 x} \, dx = \tan x + C$;

9. $\displaystyle\int \csc^2 x \, dx = \int \frac{1}{\sin^2 x} \, dx = -\cot x + C$;

10. $\displaystyle\int \sec x \tan x \, dx = \sec x + C$;

11. $\displaystyle\int \csc x \cot x \, dx = -\csc x + C$;

12. $\displaystyle\int \frac{1}{\sqrt{1-x^2}} \, dx = \arcsin x + C = -\arccos x + C$;

13. $\displaystyle\int \frac{1}{1+x^2} \, dx = \arctan x + C = -\text{arccot} x + C$.

这些公式,读者必须熟记,它们是求不定积分的基础.

直接用基本积分公式和不定积分的运算性质,有时须先将被积函数进行恒等变形,便可求得一些函数的不定积分.

例 5　求 $\displaystyle\int \left(3x^3 - 4x - \frac{1}{x} + 3 \right) dx$.

解　由不定积分的性质和基本积分公式,得①

$$I = 3 \int x^3 \, dx - 4 \int x \, dx - \int \frac{1}{x} \, dx + 3 \int dx$$

$$= 3 \cdot \frac{1}{3+1} x^{3+1} - 4 \cdot \frac{1}{1+1} x^{1+1} - \ln|x| + 3x + C$$

---

① 此处用"I"表示所求的不定积分,以下均如此.

$$= \frac{3}{4}x^4 - 2x^2 - \ln|x| + 3x + C.$$

例 6 求 $\int \frac{(x+1)^2}{\sqrt{x}}dx$.

解 先用平方公式,并将被积函数化简,得

$$I = \int x^{\frac{3}{2}}dx + 2\int x^{\frac{1}{2}}dx + \int x^{-\frac{1}{2}}dx$$

$$= \frac{2}{5}x^{\frac{5}{2}} + \frac{4}{3}x^{\frac{3}{2}} + 2x^{\frac{1}{2}} + C.$$

例 7 求 $\int \frac{2x^2}{1+x^2}dx$.

解 先将被积函数进行代数恒等变形:

$x^2 = x^2 + 1 - 1$,并将被积函数分项,再用基本积分公式.

$$I = 2\int \frac{x^2 + 1 - 1}{1 + x^2}dx = 2\left[\int dx - \int \frac{1}{1 + x^2}dx\right]$$

$$= 2(x - \arctan x) + C.$$

例 8 求 $\int \tan^2 x dx$.

解 注意到公式:$\tan^2 x = \sec^2 x - 1$.

先将被积函数经三角恒等变形,再用基本积分公式.

$$I = \int (\sec^2 x - 1)dx = \tan x - x + C.$$

例 9 求 $\int \cos^2 \frac{x}{2}dx$.

解 利用三角函数的降幂公式:$\cos^2 \frac{x}{2} = \frac{1}{2}(1 + \cos x)$,于是

$$I = \frac{1}{2}\int (1 + \cos x)dx = \frac{1}{2}(x + \sin x) + C.$$

例 10 求 $\int \frac{1}{\sin^2 x \cos^2 x}dx$.

解 被积函数是分式,根据分母是 $\sin^2 x \cos^2 x$,利用三角恒等式 $1 = \sin^2 x + \cos^2 x$,把被积函数恒等变形,

$$\frac{1}{\sin^2 x \cos^2 x} = \frac{\sin^2 x + \cos^2 x}{\sin^2 x \cos^2 x} = \frac{1}{\cos^2 x} + \frac{1}{\sin^2 x},$$

于是

$$I = \int \left(\frac{1}{\cos^2 x} + \frac{1}{\sin^2 x} \right) \mathrm{d}x = \tan x - \cot x + C.$$

习 题 4.1

1. 填空题：

(1) 设 $f(x) = \sin x + \cos x$，则 $\int f'(x) \mathrm{d}x = $ _____，
$\int f(x) \mathrm{d}x = $ _____；

(2) 设 $\int f(x)\mathrm{d}x = \mathrm{e}^x(x^2 - 2x + 2) + C$，则 $f(x) = $ _____；

(3) 设 e^{-x} 是 $f(x)$ 的一个原函数，则 $\int f(x)\mathrm{d}x = $ _____，
$\int f'(x)\mathrm{d}x = $ _____，$\int \mathrm{e}^x f'(x)\mathrm{d}x = $ _____；

(4) 设 $f(x) = \ln x$，则 $\int \mathrm{e}^{2x} f'(\mathrm{e}^x) \mathrm{d}x = $ _____.

2. 判定下列各式或各结论对否：

(1) 若 $F'(x) = f(x)$，则 $\int F(x)\mathrm{d}x = f(x) + C$；

(2) 若 $F'(x) = G'(x)$，则 $\dfrac{\mathrm{d}}{\mathrm{d}x}\left(\int F(x)\mathrm{d}x \right) = \dfrac{\mathrm{d}}{\mathrm{d}x}\left(\int G(x)\mathrm{d}x \right)$；

(3) 对曲线族 $y = \int f(x)\mathrm{d}x$，在横坐标为 x 处作切线，其斜率都是 $f'(x)$；

(4) 函数 $f(x) = 2^x \cdot 3^x \cdot 4^x$ 的一个原函数是 $\dfrac{24^x}{\ln 24}$.

3. 求下列不定积分：

(1) $\int \left(3 + x^3 + \dfrac{1}{x^3} + 3^x \right) \mathrm{d}x$；

(2) $\int \left(\dfrac{2}{\sqrt{x}} + \dfrac{x\sqrt{x}}{2} - \dfrac{2}{\sqrt[3]{x^2}} \right) \mathrm{d}x$；

(3) $\int \left(\sin x + \dfrac{2}{\sqrt{1 - x^2}} \right) \mathrm{d}x$；

(4) $\int 3^{2x} \, \mathrm{e}^x \mathrm{d}x$;

(5) $\int \dfrac{(2x-3)^2}{\sqrt{x}} \, \mathrm{d}x$;

(6) $\int \dfrac{2x^4}{1+x^2} \, \mathrm{d}x$;

(7) $\int \dfrac{1}{x^2(1+x^2)} \, \mathrm{d}x$;

(8) $\int \dfrac{2+x^2}{x^2(1+x^2)} \, \mathrm{d}x$;

(9) $\int \dfrac{\sqrt{1+x^2}}{\sqrt{1-x^4}} \, \mathrm{d}x$;

(10) $\int \dfrac{x-9}{\sqrt{x}+3} \, \mathrm{d}x$;

(11) $\int \sin^2 \dfrac{x}{2} \, \mathrm{d}x$;

(12) $\int \cot^2 x \mathrm{d}x$;

(13) $\int \sec x (\sec x - \tan x) \mathrm{d}x$;

(14) $\int \dfrac{\cos 2x}{\cos x + \sin x} \, \mathrm{d}x$;

(15) $\int \dfrac{\cos 2x}{\cos^2 x \sin^2 x} \, \mathrm{d}x$;

(16) $\int \dfrac{1}{1-\sin x} \, \mathrm{d}x$;

(17) $\int \dfrac{1}{1+\cos x} \, \mathrm{d}x$;

(18) $\int \dfrac{1+\cos^2 x}{1+\cos 2x} \, \mathrm{d}x$.

4. 设函数 $f(x)$ 满足下列条件,求 $f(x)$:

(1) $f'(\sin^2 x) = \cos^2 x$,且 $f(0) = 0$;

(2) $f(x)$ 的导数是 x 的二次函数,$f(x)$ 在 $x=-1$,$x=5$ 处有极值,且 $f(0)=2$,$f(-2)=0$.

5. 求下列曲线方程 $y=f(x)$:

(1) 已知曲线在任一点 x 处的切线斜率为 $\dfrac{1}{2\sqrt{x}}$,且曲线过点 $(4,3)$;

(2) 已知曲线在任一点 x 处的切线斜率与 x^3 成正比,且曲线过点 $A(1,6)$ 和 $B(2,-9)$.

6. 已知质点在时刻 t 的速度为 $v=3t-2$,且 $t=0$ 时位移 $S=5$,求此质点的运动方程.

7. 单项选择题:

(1) 设 C 是不为 1 的常数,则函数 $f(x) = \dfrac{1}{x}$ 的原函数不是 (　　).

(A) $\ln|x|$; 　(B) $\ln|x|+C$; 　(C) $\ln|Cx|$; 　(D) $C\ln|x|$.

(2) 设 $f(x)$ 的一个原函数为 $\ln x$，则 $f'(x)=($ $)$.

(A) $\dfrac{1}{x}$；   (B) $-\dfrac{1}{x^2}$；   (C) $x\ln x$；   (D) e^x.

（3）设函数 $f(x)$ 的导数是 a^x，则 $f(x)$ 的全体原函数是（   ）.

(A) $\dfrac{a^x}{\ln a}+C$；   (B) $\dfrac{a^x}{\ln^2 a}+C$；

(C) $\dfrac{a^x}{\ln^2 a}+C_1 x+C_2$；   (D) $a^x \ln^2 a+C_1 x+C_2$.

(4) 设 $f'(\sin x)=\cos^2 x$，则 $f(x)=($ $)$.

(A) $\sin x-\dfrac{1}{3}\sin^3 x+C$；   (B) $\sin^2 x-\dfrac{1}{3}\sin^6 x+C$；

(C) $x-\dfrac{1}{3}x^3+C$；   (D) $x^2-\dfrac{1}{3}x^6+C$.

§4.2　换元积分法

求不定积分有两个主要方法：换元积分法和分部积分法. 本节讲换元积分法. 换元积分法分为第一换元积分法和第二换元积分法.

一、第一换元积分法

先看引例.

求 $\displaystyle\int \sin^2 x\cos x\,\mathrm{d}x$.

分析　被积函数 $\sin^2 x\cos x$ 可看成是两个因子的乘积：

一个因子是 $\sin^2 x$，它可看成是 $\sin x$ 的函数，即

$$\sin^2 x=f(\sin x)；$$

另一个因子是 $\cos x$，它是 $\sin x$ 的导数，即 $\cos x=(\sin x)'$. 于是 $\sin^2 x\cdot\cos x$ 是 $f(\sin x)\cdot(\sin x)'$ 形式.

计算过程

$$\int \sin^2 x\cos x\,\mathrm{d}x=\int \sin^2 x\,\mathrm{d}\sin x$$

$$\xrightarrow[\text{令 } \sin x = u]{\text{换 元}} \int u^2 \, \mathrm{d}u$$

$$\xrightarrow{\text{用积分公式}} \frac{1}{3} u^3 + C$$

$$\xrightarrow[u = \sin x]{\text{还 原}} \frac{1}{3} \sin^3 x + C.$$

这种求不定积分的方法就是第一换元积分法. 本例可用该法的关键是被积函数具有形式 $f(\sin x)(\sin x)'$. 若将函数 $\sin x$ 换成一般函数形式 $\varphi(x)$, 则被积函数应具有形式 $f(\varphi(x))\varphi'(x)$.

一般, 被积函数若具有 $f(\varphi(x))\varphi'(x)$ 形式, 则可用第一换元积分法. 第一换元积分法如下叙述:

定理 4. 1(第一换元积分法) 设函数 $u = \varphi(x)$ 可导, 若

$$\int f(u)\mathrm{d}u = F(u) + C,$$

则
$$\int f(\varphi(x))\varphi'(x)\mathrm{d}x = \int f(\varphi(x))\mathrm{d}\varphi(x)$$
$$= F(\varphi(x)) + C. \qquad (4.1)$$

证 要证明(4.1)式成立, 只要证明(4.1)式右端的导数是左端的被积函数即可. 因

$$\frac{\mathrm{d}F(u)}{\mathrm{d}u} = f(u),$$

且 $u = \varphi(x)$ 可导, 由复合函数的导数公式, 则

$$\frac{\mathrm{d}F(\varphi(x))}{\mathrm{d}x} = \frac{\mathrm{d}F(u)}{\mathrm{d}u} \frac{\mathrm{d}u}{\mathrm{d}x} = f(u)\varphi'(x)$$
$$= f(\varphi(x))\varphi'(x).$$

这表明 $F(\varphi(x))$ 是 $f(\varphi(x))\varphi'(x)$ 的原函数, 故(4.1)式成立. $\qquad \square$

显然, 第一换元积分法的实质正是复合函数求导数公式的逆用. 也就是将积分公式中的自变量 x 换以可微函数 $\varphi(x)$, 所得结果仍然成立.

例 1 求 $\int \frac{1}{x^2} \mathrm{e}^{\frac{1}{x}} \mathrm{d}x$.

解 因 $\left(\dfrac{1}{x}\right)' = -\dfrac{1}{x^2}$，若将函数 $\dfrac{1}{x}$ 理解成公式（4.1）中的 $\varphi(x)$，则

$$\dfrac{1}{x^2}\,\mathrm{e}^{\frac{1}{x}} = -\mathrm{e}^{\frac{1}{x}}\left(-\dfrac{1}{x^2}\right) = -\mathrm{e}^{\frac{1}{x}}\left(\dfrac{1}{x}\right)'.$$

设 $u = \dfrac{1}{x}$，则 $\mathrm{d}u = -\dfrac{1}{x^2}\,\mathrm{d}x$. 于是

$$I = -\int \mathrm{e}^{\frac{1}{x}}\left(-\dfrac{1}{x^2}\right)\mathrm{d}x = -\int \mathrm{e}^u\,\mathrm{d}u = -\mathrm{e}^u + C = -\mathrm{e}^{\frac{1}{x}} + C.$$

例 2 求 $\displaystyle\int x\sqrt{4+x^2}\,\mathrm{d}x$.

解 被积函数是 $\sqrt{4+x^2}$ 与 x 的乘积，而 $\sqrt{4+x^2}$ 可视为是二次函数 $4+x^2$ 的函数，且 $(4+x^2)' = 2x$. 于是

$$x\sqrt{4+x^2} = \dfrac{1}{2}\sqrt{4+x^2}\cdot 2x.$$

若将 $4+x^2$ 理解为公式（4.1）中的 $\varphi(x)$，可用换元积分法.

设 $u = 4+x^2$，则 $\mathrm{d}u = 2x\mathrm{d}x$. 于是

$$I = \dfrac{1}{2}\int \sqrt{4+x^2}\cdot 2x\mathrm{d}x = \dfrac{1}{2}\int u^{\frac{1}{2}}\mathrm{d}u$$

$$= \dfrac{1}{2}\cdot\dfrac{2}{3}u^{\frac{3}{2}} + C = \dfrac{1}{3}(4+x^2)^{\frac{3}{2}} + C.$$

例 3 求 $\displaystyle\int \tan x\mathrm{d}x$.

解 因 $\tan x = \dfrac{1}{\cos x}\sin x = -\dfrac{1}{\cos x}(\cos x)'$.

若将 $\cos x$ 视为公式（4.1）中的 $\varphi(x)$，应设 $u = \cos x$，则 $\mathrm{d}u = -\sin x\mathrm{d}x$. 于是

$$I = -\int \dfrac{1}{\cos x}(-\sin x)\mathrm{d}x = -\int \dfrac{1}{u}\mathrm{d}u$$

$$= -\ln|u| + C = -\ln|\cos x| + C.$$

类似的，可以得到

$$\int \cot x\mathrm{d}x = \ln|\sin x| + C.$$

例 4　求 $\int (2-3x)^{20}\mathrm{d}x$.

解　$(2-3x)$ 是线性函数，$(2-3x)^{20}$ 可理解为是线性函数 $(2-3x)$ 的函数；而 $(2-3x)'=-3$ 是常数，可将 $(2-3x)$ 理解成公式 (4.1) 中的 $\varphi(x)$.

设 $u=2-3x$，则 $\mathrm{d}u=-3\mathrm{d}x$. 于是

$$I=-\frac{1}{3}\int (2-3x)^{20}(-3)\mathrm{d}x=-\frac{1}{3}\int u^{20}\mathrm{d}u$$

$$=-\frac{1}{3}\frac{1}{21}u^{21}+C=-\frac{1}{63}(2-3x)^{21}+C.$$

例 5　求 $\int \frac{1}{\sqrt{x}}\sin\sqrt{x}\,\mathrm{d}x$.

解　因 $(\sqrt{x})'=\frac{1}{2\sqrt{x}}$，可将函数 $\sqrt{x}$ 理解为是公式 (4.1) 中的 $\varphi(x)$.

设 $u=\sqrt{x}$，则 $\mathrm{d}u=\frac{1}{2\sqrt{x}}\mathrm{d}x$. 于是

$$I=2\int \sin\sqrt{x}\cdot\frac{1}{2\sqrt{x}}\mathrm{d}x=2\int \sin u\,\mathrm{d}u$$

$$=-2\cos u+C=-2\cos\sqrt{x}+C.$$

解题较熟练时，例 5 的解题过程可如下书写.

$$I=2\int \sin\sqrt{x}\cdot\frac{1}{2\sqrt{x}}\mathrm{d}x=2\int \sin\sqrt{x}\,\mathrm{d}\sqrt{x}$$

$$=-2\cos\sqrt{x}+C.$$

上述解题过程看上去没换元，实际上用了换元积分法，是把被积表达式中的 $\sqrt{x}$ 理解成新变量 u，直接用了基本积分公式 6.

例 6　求 $\int \frac{1}{a^2+x^2}\mathrm{d}x$.

解　注意到基本积分公式 13. 因

$$\frac{1}{a^2+x^2}=\frac{1}{a^2\left[1+\left(\frac{x}{a}\right)^2\right]}\quad\text{且}\quad\left(\frac{x}{a}\right)'=\frac{1}{a},$$

236

于是　$I = \dfrac{1}{a} \displaystyle\int \dfrac{1}{1 + \left(\dfrac{x}{a} \right)^2} \dfrac{1}{a} \mathrm{d}x = \dfrac{1}{a} \displaystyle\int \dfrac{1}{1 + \left(\dfrac{x}{a} \right)^2} \mathrm{d} \left(\dfrac{x}{a} \right)$

$$= \dfrac{1}{a} \arctan \dfrac{x}{a} + C.$$

类似的,由基本积分公式 12 可得到

$$\int \dfrac{1}{\sqrt{a^2 - x^2}} \mathrm{d}x = \arcsin \dfrac{x}{a} + C.$$

例 7　求 $\displaystyle\int \dfrac{\ln x + 1}{x} \mathrm{d}x.$

解　由于 $(\ln x + 1)' = \dfrac{1}{x}$. 于是

$$I = \int (\ln x + 1) \mathrm{d}(\ln x + 1) = \dfrac{1}{2} (\ln x + 1)^2 + C.$$

例 8　求 $\displaystyle\int \dfrac{1}{x^2 + 2x - 3} \mathrm{d}x.$

解　因被积函数

$$\dfrac{1}{x^2 + 2x - 3} = \dfrac{1}{(x + 3)(x - 1)} = \dfrac{1}{4} \dfrac{x + 3 - (x - 1)}{(x + 3)(x - 1)}$$

$$= \dfrac{1}{4} \left(\dfrac{1}{x - 1} - \dfrac{1}{x + 3} \right),$$

且 $(x - 1)' = 1, (x + 3)' = 1.$ 可用换元积分法.

$$I = \dfrac{1}{4} \int \left(\dfrac{1}{x - 1} - \dfrac{1}{x + 3} \right) \mathrm{d}x$$

$$= \dfrac{1}{4} \left[\int \dfrac{1}{x - 1} \mathrm{d}(x - 1) - \int \dfrac{1}{x + 3} \mathrm{d}(x + 3) \right]$$

$$= \dfrac{1}{4} \left[\ln |x - 1| - \ln |x + 3| \right] + C$$

$$= \dfrac{1}{4} \ln \left| \dfrac{x - 1}{x + 3} \right| + C.$$

例 9　求 $\displaystyle\int \dfrac{1}{a^2 - x^2} \mathrm{d}x.$

解　按上例的方法,并注意 $(a - x)' = -1$

$$I = \frac{1}{2a} \int \frac{a-x+a+x}{(a+x)(a-x)} \mathrm{d}x$$

$$= \frac{1}{2a} \Big[\int \frac{1}{a+x} \mathrm{d}(a+x) - \int \frac{1}{a-x} \mathrm{d}(a-x) \Big]$$

$$= \frac{1}{2a} [\ln|a+x| - \ln|a-x|] + C$$

$$= \frac{1}{2a} \ln \left| \frac{a+x}{a-x} \right| + C.$$

由该例可知,有

$$\int \frac{1}{x^2 - a^2} \mathrm{d}x = \frac{1}{2a} \ln \left| \frac{x-a}{x+a} \right| + C.$$

例 10 求 $\int \csc x \mathrm{d}x$.

解 先将被积函数恒等变形,并利用例 9 的结果. 有

$$I = \int \frac{1}{\sin x} \mathrm{d}x = \int \frac{1}{\sin^2 x} \sin x \mathrm{d}x = -\int \frac{1}{1-\cos^2 x} \mathrm{d}\cos x$$

$$= \frac{1}{2} \ln \left| \frac{1-\cos x}{1+\cos x} \right| + C = \frac{1}{2} \ln \left| \frac{(1-\cos x)^2}{1-\cos^2 x} \right| + C$$

$$= \ln \left| \frac{1-\cos x}{\sin x} \right| + C = \ln|\csc x - \cot x| + C.$$

本例也可如下计算

$$I = \int \frac{\csc x (\csc x - \cot x)}{\csc x - \cot x} \mathrm{d}x$$

$$= \int \frac{1}{\csc x - \cot x} \mathrm{d}(\csc x - \cot x)$$

$$= \ln|\csc x - \cot x| + C.$$

由于 $\sec x = \csc\left(x + \frac{\pi}{2}\right)$,由该例可得

$$\int \sec x \mathrm{d}x = \int \csc\left(x + \frac{\pi}{2}\right) \mathrm{d}\left(x + \frac{\pi}{2}\right)$$

$$= \ln \left| \csc\left(x + \frac{\pi}{2}\right) - \cot\left(x + \frac{\pi}{2}\right) \right| + C$$

$$= \ln|\sec x + \tan x| + C.$$

例 11 求 $\displaystyle\int \frac{4x+6}{x^2+3x-4}\mathrm{d}x$.

解 注意到 $(x^2+3x-4)'=2x+3$，显然，分子$(4x+6)$提出因子 2，即 $2x+3$ 恰是分母的导数. 于是

$$I = 2\int \frac{2x+3}{x^2+3x-4}\mathrm{d}x$$

$$= 2\int \frac{1}{x^2+3x-4}\mathrm{d}(x^2+3x-4)$$

$$= 2\ln|x^2+3x-4| + C.$$

例 12 求 $\displaystyle\int \frac{2x+7}{x^2+2x+5}\mathrm{d}x$.

解 分子 $2x+7$ 不是分母 x^2+2x+5 的导数，但 $2x+7=2x+2+5$，分子分成两项，从而被积函数可分成两项. 又注意到

$$\frac{1}{x^2+2x+5} = \frac{1}{(x+1)^2+2^2}.$$

于是，根据例 11 和例 6，有

$$I = \int \frac{2x+2}{x^2+2x+5}\mathrm{d}x + \int \frac{5}{x^2+2x+5}\mathrm{d}x$$

$$= \ln|x^2+2x+5| + 5\int \frac{1}{(x+1)^2+2^2}\mathrm{d}(x+1)$$

$$= \ln|x^2+2x+5| + \frac{5}{2}\arctan \frac{x+1}{2} + C.$$

例 13 求 $\displaystyle\int \cos^2 x\,\mathrm{d}x$.

解 因 $\cos^2 x = \dfrac{1+\cos 2x}{2}$，用该三角公式可将余弦的二次式化为余弦的一次式. 于是

$$I = \frac{1}{2}\int (1+\cos 2x)\mathrm{d}x = \frac{1}{2}x + \frac{1}{4}\int \cos 2x\,\mathrm{d}(2x)$$

$$= \frac{1}{2}x + \frac{1}{4}\sin 2x + C.$$

例 14 求 $\displaystyle\int \cos^2 x\sin^3 x\,\mathrm{d}x$.

解 注意到

$$\sin^3 x = \sin^2 x \cdot \sin x = (1 - \cos^2 x)\sin x.$$

且 $$(\cos x)' = -\sin x.$$

于是
$$I = \int \cos^2 x(\cos^2 x - 1)\mathrm{d}\cos x$$

$$= \int (\cos^4 x - \cos^2 x)\mathrm{d}\cos x$$

$$= \frac{1}{5}\cos^5 x - \frac{1}{3}\cos^3 x + C.$$

由引例,例 13 和例 14 知,若被积函数为 $\sin^m x\cos^n x$ 型,其中 m 和 n 为正整数或其中之一为零时,都可用第一换元积分法.

例 15 求 $\int \dfrac{1}{1+\mathrm{e}^x}\mathrm{d}x.$

解 先分项,再求积分

$$I = \int \frac{1 + \mathrm{e}^x - \mathrm{e}^x}{1 + \mathrm{e}^x}\mathrm{d}x = \int\left(1 - \frac{\mathrm{e}^x}{1 + \mathrm{e}^x}\right)\mathrm{d}x$$

$$= x - \int \frac{1}{1 + \mathrm{e}^x}\mathrm{d}(1 + \mathrm{e}^x) = x - \ln(1 + \mathrm{e}^x) + C.$$

本例也可如下求解,将分母、分子同乘上 e^{-x},有

$$I = \int \frac{\mathrm{e}^{-x}}{\mathrm{e}^{-x} + 1}\mathrm{d}x = -\int \frac{1}{\mathrm{e}^{-x} + 1}\mathrm{d}(\mathrm{e}^{-x} + 1)$$

$$= -\ln(\mathrm{e}^{-x} + 1) + C = x - \ln(1 + \mathrm{e}^x) + C.$$

二、第二换元积分法

还是从引例讲起.

引例 求 $\int \dfrac{\sqrt{x-1}}{x}\mathrm{d}x.$

分析 该题中,被积函数中含有根式 $\sqrt{x-1}$. 若视 $\sqrt{x-1} = t$,即用 t 代换 $\sqrt{x-1}$,则被积函数中的根式可以去掉. 为了将被积函数中的积分变量 x 换成 t,须先由 $\sqrt{x-1} = t$ 解出 x,得其反函数 $x = 1 + t^2$.

计算过程

设 $x = 1 + t^2$，则 $\mathrm{d}x = 2t\mathrm{d}t$. 于是

$$I \xlongequal{\text{换元}} \int \frac{t}{1 + t^2} \cdot 2t\mathrm{d}t$$

$$\xlongequal{\text{恒等变形}} 2\int \frac{1 + t^2 - 1}{1 + t^2}\mathrm{d}t = 2\int \left(1 - \frac{1}{1 + t^2}\right)\mathrm{d}t$$

$$\xlongequal{\text{用积分公式}} 2(t - \arctan t) + C$$

$$\xlongequal[t = \sqrt{x-1}]{\text{变量还原}} 2(\sqrt{x-1} - \arctan \sqrt{x-1}) + C.$$

此例给出的解题思路和计算过程就是第二换元积分法. 第一换元积分法是把被积表达式中原积分变量 x 的某一函数 $\varphi(x)$ 换成新的积分变量 u：$\varphi(x) = u$；而第二换元积分法则是把被积表达式中原积分变量 x 换成新变量 t 的某一函数 $\varphi(t)$：$x = \varphi(t)$.

第二换元积分法可如下叙述：

定理 4.2（第二换元积分法） 设函数 $x = \varphi(t)$ 可微，其反函数 $t = \varphi^{-1}(x)$ 存在且可微，若

$$\int f(\varphi(t))\varphi'(t)\mathrm{d}t = F(t) + C,$$

则 $$\int f(x)\mathrm{d}x = F(\varphi^{-1}(x)) + C. \tag{4.2}$$

证 由复合函数与反函数的导数公式，有

$$[F(\varphi^{-1}(x))]' = F'(t)[\varphi^{-1}(x)]'$$

$$= f(\varphi(t))\varphi'(t)\frac{1}{\varphi'(t)}$$

$$= f(\varphi(t)) = f(x).$$

这表明函数 $F(\varphi^{-1}(x))$ 是函数 $f(x)$ 的一个原函数，故（4.2）式成立. □

例 16 求 $\displaystyle\int \frac{x+1}{\sqrt[3]{3x+1}}\mathrm{d}x$.

分析 为了去掉被积函数中的根式 $\sqrt[3]{3x+1}$. 若视 $\sqrt[3]{3x+1} =$

t，可得 $x=\dfrac{t^3-1}{3}$.

解 设 $x=\dfrac{t^3-1}{3}$，则 $\mathrm{d}x=t^2\,\mathrm{d}t$. 于是

$$I=\int\frac{\dfrac{t^3-1}{3}+1}{t}t^2\,\mathrm{d}t=\frac{1}{3}\int(t^4+2t)\mathrm{d}t$$

$$=\frac{1}{3}\left(\frac{t^5}{5}+t^2\right)+C$$

$$=\frac{1}{3}\left[\frac{1}{5}(3x+1)^{\frac{5}{3}}+(3x+1)^{\frac{2}{3}}\right]+C$$

$$=\frac{1}{5}(x+2)\sqrt[3]{(3x+1)^2}+C.$$

例 17 求 $\displaystyle\int\sqrt{1-x^2}\,\mathrm{d}x$.

分析 为去掉被积函数中的根式 $\sqrt{1-x^2}$，注意到恒等式 $1-\sin^2 t=\cos^2 t$. 若设 $x=\sin t$，则

$$\sqrt{1-x^2}=\sqrt{1-\sin^2 t}=\sqrt{\cos^2 t}=\cos t.$$

解 设 $x=\sin t$，则 $\mathrm{d}x=\cos t\mathrm{d}t$. 于是

$$I=\int\sqrt{1-\sin^2 t}\,\cos t\mathrm{d}t=\int\frac{1+\cos 2t}{2}\mathrm{d}t$$

$$=\frac{1}{2}\left(t+\frac{1}{2}\sin 2t\right)+C=\frac{1}{2}(t+\sin t\cos t)+C$$

$$=\frac{1}{2}(\arcsin x+x\sqrt{1-x^2})+C.$$

这里，在变量还原时，由所设 $x=\sin t$，得到

$$t=\arcsin x,\quad \cos t=\sqrt{1-\sin^2 t}=\sqrt{1-x^2}.$$

在变量还原时，也可用直角三角形边角之间的关系：由所设 $x=\sin t$ 作出直角三角形(图 4-2). 由此可知

$$\cos t=\sqrt{1-x^2}.$$

例 18 求 $\displaystyle\int\frac{1}{\sqrt{x^2+a^2}}\mathrm{d}x(a>0)$.

242

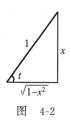 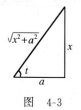

图 4-2　　　　　　　　图 4-3

分析　为了去掉根式 $\sqrt{x^2+a^2}$，用三角恒等式

$$\sec^2 t = \tan^2 t + 1 \quad 或 \quad a^2 \sec^2 t = a^2 \tan^2 t + a^2.$$

若设 $x=a\tan t$，则

$$\sqrt{x^2 + a^2} = \sqrt{a^2 \tan^2 t + a^2} = \sqrt{a^2 \sec^2 t} = a\sec t.$$

解　设 $x=a\tan t$，则 $\mathrm{d}x=a\sec^2 t\mathrm{d}t$. 于是

$$I = \int \frac{a\sec^2 t}{\sqrt{a^2 \tan^2 t + a^2}}\mathrm{d}t = \int \sec t\mathrm{d}t$$

$$= \ln|\sec t + \tan t| + C$$

$$= \ln\left|\frac{\sqrt{x^2 + a^2}}{a} + \frac{x}{a}\right| + C_1$$

$$= \ln|\sqrt{x^2 + a^2} + x| + C \quad (C = C_1 - \ln a).$$

上面计算过程，在变量还原时，

由 $x=a\tan t$　得　$\tan t = \dfrac{x}{a}$；

由 $\sqrt{x^2+a^2}=a\sec t$　得　$\sec t = \dfrac{\sqrt{x^2+a^2}}{a}$；

由所设 $\dfrac{x}{a}=\tan t$ 作直角三角形(图 4-3)，作变量还原也可。

例 19　求 $\displaystyle\int \frac{1}{\sqrt{x^2-a^2}}\mathrm{d}x(a>0)$.

解　为去掉根式 $\sqrt{x^2-a^2}$，可用三角恒等式 $a^2 \sec^2 t - a^2 = a^2 \tan^2 t$.

设 $x=a\sec t$，则 $\mathrm{d}x=a\sec t \cdot \tan t\mathrm{d}t$，$\sqrt{x^2-a^2}=a\tan t$. 于是

243

$$I = \int \frac{a\sec t \cdot \tan t}{a\tan t} \mathrm{d}t = \int \sec t\, \mathrm{d}t = \ln|\sec t + \tan t| + C_1$$

$$= \ln\left| \frac{x}{a} + \frac{\sqrt{x^2 - a^2}}{a} \right| + C_1$$

$$= \ln|x + \sqrt{x^2 - a^2}| + C.$$

上面计算,在变量还原时,用了由

$\dfrac{x}{a} = \sec t$ 所作的直角三角形(图 4-4).

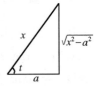

图 4-4

例 20　求 $\displaystyle\int \frac{1}{\sqrt{2x^2 - 3x - 1}} \mathrm{d}x$.

解　将根号内的二次三项式配方:

$$2x^2 - 3x - 1 = 2\left(x^2 - \frac{3}{2}x - \frac{1}{2} \right)$$

$$= 2\left[\left(x - \frac{3}{4} \right)^2 - \left(\frac{\sqrt{17}}{4} \right)^2 \right].$$

用例 19 的结果,有

$$I = \frac{1}{\sqrt{2}} \int \frac{1}{\sqrt{\left(x - \dfrac{3}{4} \right)^2 - \left(\dfrac{\sqrt{17}}{4} \right)^2}} \mathrm{d}\left(x - \frac{3}{4} \right)$$

$$= \frac{1}{\sqrt{2}} \ln\left| x - \frac{3}{4} + \sqrt{x^2 - \frac{3}{2}x - \frac{1}{2}} \right| + C.$$

例 21　求 $\displaystyle\int \frac{x^2}{(x^2 + 1)^2} \mathrm{d}x$.

解　注意到公式 $\sec^2 t = \tan^2 t + 1$. 该题可按含根式 $\sqrt{x^2 + a^2}$ 来处理.

设 $x = \tan t$,则 $\mathrm{d}x = \sec^2 t\, \mathrm{d}t$. 于是

$$I = \int \frac{\tan^2 t}{\sec^4 t} \cdot \sec^2 t\, \mathrm{d}t$$

$$= \int \sin^2 t\, \mathrm{d}t = \frac{1}{2} \int (1 - \cos 2t)\, \mathrm{d}t$$

$$= \frac{1}{2}t - \frac{1}{4}\sin 2t + C$$

244

$$= \frac{1}{2}t - \frac{1}{2}\sin t\cos t + C$$

$$= \frac{1}{2}\arctan x - \frac{1}{2} \cdot \frac{x}{x^2+1} + C.$$

变量还原时,用了图 4-5.

以上所讲例题,被积函数中均含有根式,都是通过变量替换使被积函数有理化,从而求得不定积分的结果. 按被积函数所含根式的形式可归纳为如下一般情况:

图 4-5

含形如 $\sqrt[n]{ax+b}$(n 为正整数)的根式,由 $\sqrt[n]{ax+b}=t$,设 $x=\dfrac{t^n-b}{a}$;

含形如 $\sqrt{a^2-x^2}$($a>0$)的根式,设 $x=a\sin t$;

含形如 $\sqrt{x^2+a^2}$($a>0$)的根式,设 $x=a\tan t$;

含形如 $\sqrt{x^2-a^2}$($a>0$)的根式,设 $x=a\sec t$.

比较第二换元积分法公式与第一换元积分法公式,显然,第二换元积分法公式正是从相反方向运用第一换元积分法公式,即两者正是一个公式从两个不同的方向运用:

$$\int f(\varphi(x))\varphi'(x)\mathrm{d}x \underset{\substack{u=\varphi(x)\\ \text{第二换元法}}}{\overset{\substack{\text{第一换元法}\\ \varphi(x)=u}}{\rightleftarrows}} \int f(u)\mathrm{d}u.$$

例 22 求 $\displaystyle\int \frac{1}{\sqrt{1+\mathrm{e}^{2x}}}\mathrm{d}x$.

分析 被积函数含有根式 $\sqrt{1+\mathrm{e}^{2x}}$,为消去此式,由 $\sqrt{1+\mathrm{e}^{2x}}=t$ 解出 x,得 $x=\dfrac{1}{2}\ln(t^2-1)$.

解 设 $x=\dfrac{1}{2}\ln(t^2-1)$,则 $\mathrm{d}x=\dfrac{t}{t^2-1}\mathrm{d}t$. 于是

$$I=\int \frac{1}{t} \cdot \frac{t}{t^2-1}\mathrm{d}t = \frac{1}{2}\ln\left|\frac{t-1}{t+1}\right| + C$$

$$= \frac{1}{2}\ln\left|\frac{\sqrt{1+\mathrm{e}^{2x}}-1}{\sqrt{1+\mathrm{e}^{2x}}+1}\right| + C$$

$$= x - \ln(1 + \sqrt{1 + e^{2x}}) + C.$$

在本节的例题中,有一些不定积分的结果,以后经常要用到,可作为基本积分公式的补充,请读者记住:

1. $\displaystyle\int \tan x\,\mathrm{d}x = -\ln|\cos x| + C.$

2. $\displaystyle\int \cot x\,\mathrm{d}x = \ln|\sin x| + C.$

3. $\displaystyle\int \sec x\,\mathrm{d}x = \ln|\sec x + \tan x| + C.$

4. $\displaystyle\int \csc x\,\mathrm{d}x = \ln|\csc x - \cot x| + C.$

5. $\displaystyle\int \frac{1}{a^2 + x^2}\,\mathrm{d}x = \frac{1}{a}\arctan\frac{x}{a} + C.$

6. $\displaystyle\int \frac{1}{a^2 - x^2}\,\mathrm{d}x = \frac{1}{2a}\ln\left|\frac{a+x}{a-x}\right| + C.$

7. $\displaystyle\int \frac{1}{x^2 - a^2}\,\mathrm{d}x = \frac{1}{2a}\ln\left|\frac{x-a}{x+a}\right| + C.$

8. $\displaystyle\int \frac{1}{\sqrt{a^2 - x^2}}\,\mathrm{d}x = \arcsin\frac{x}{a} + C.$

9. $\displaystyle\int \frac{1}{\sqrt{x^2 + a^2}}\,\mathrm{d}x = \ln|x + \sqrt{x^2 + a^2}| + C.$

10. $\displaystyle\int \frac{1}{\sqrt{x^2 - a^2}}\,\mathrm{d}x = \ln|x + \sqrt{x^2 - a^2}| + C.$

习 题 4.2

1. 下列各式正确否? 若是错的,找出原因并把错误的改正过来:

(1) $\displaystyle\int \cos 2x\,\mathrm{d}x = \sin 2x + C;$

(2) $\displaystyle\int e^{-x}\,\mathrm{d}x = e^{-x} + C;$

(3) $\displaystyle\int \frac{1 + \sin x}{\sin^2 x}\,\mathrm{d}x = \int \frac{1}{\sin^2 x}\,\mathrm{d}x + \int \frac{1}{\sin x}\,\mathrm{d}x$
$$= -\cot x + \ln|\sin x| + C;$$

(4) $\displaystyle\int (1-\sin x)\cos x\mathrm{d}x=\int(1-\sin x)\mathrm{d}\sin x$

$$=x-\frac{1}{2}(\sin x)^2+C.$$

2. 填空(假设下列积分均存在)：

(1) $\displaystyle\int f'(ax+b)\mathrm{d}x=$ _____ ;

(2) $\displaystyle\int xf'(ax^2+b)\mathrm{d}x=$ _____ ;

(3) 设 $a\neq-1,\displaystyle\int f'(x)[f(x)]^a\mathrm{d}x=$ _____ ;

(4) $\displaystyle\int \frac{1}{f(x)}f'(x)\mathrm{d}x=$ _____ ;

(5) $\displaystyle\int \frac{f'(x)}{\sqrt{1-[f(x)]^2}}\mathrm{d}x=$ _____ ;

(6) $\displaystyle\int \frac{f'(x)}{1+[f(x)]^2}\mathrm{d}x=$ _____ ;

(7) $\displaystyle\int \mathrm{e}^{f(x)}f'(x)\mathrm{d}x=$ _____ ;

(8) $\displaystyle\int a^{f(x)}f'(x)\mathrm{d}x=$ _____ ;

(9) $\displaystyle\int \frac{f'(x)}{2\sqrt{f(x)}}\mathrm{d}x=$ _____ .

3. 单项选择题：

(1) 若 $\displaystyle\int f(x)\mathrm{e}^{\frac{1}{x}}\mathrm{d}x=-\mathrm{e}^{\frac{1}{x}}+C$, 则 $f(x)=($).

(A) $\dfrac{1}{x}$;   (B) $\dfrac{1}{x^2}$;   (C) $-\dfrac{1}{x}$;   (D) $-\dfrac{1}{x^2}$.

(2) 若 $\displaystyle\int f(x)\mathrm{d}x=F(x)+C$, 则 $\displaystyle\int\mathrm{e}^{-x}f(\mathrm{e}^{-x})\mathrm{d}x=($).

(A) $F(\mathrm{e}^x)+C$;   (B) $F(\mathrm{e}^{-x})+C$;

(C) $-F(\mathrm{e}^x)+C$;   (D) $-F(\mathrm{e}^{-x})+C$.

(3) 若 $\displaystyle\int f(x)\mathrm{d}x=\sqrt{2x^2+1}+C$, 则 $\displaystyle\int xf(2x^2+1)\mathrm{d}x=$
( ).

(A) $x\sqrt{2x^2+1}+C$;   (B) $\dfrac{1}{2}\sqrt{2x^2+1}+C$;

(C) $\frac{1}{4}\sqrt{2x^2+1}+C$；   (D) $\frac{1}{4}\sqrt{2(2x^2+1)^2+1}+C$.

(4) 设 $f(x)=2^x+x^2$，则 $\displaystyle\int f'(2x)\mathrm{d}x=($).

(A) $\frac{1}{2}(2^x+x^2)+C$；   (B) $2^{2x}+(2x)^2+C$；

(C) $\frac{1}{2}2^{2x}+2x^2+C$；   (D) $\frac{1}{2}2^{2x}+x^2+C$.

4. 求下列不定积分：

(1) $\displaystyle\int (2x+1)^{10}\,\mathrm{d}x$；   (2) $\displaystyle\int \frac{1}{(1-2x)^{10}}\,\mathrm{d}x$；

(3) $\displaystyle\int \sqrt{(2-x)^5}\,\mathrm{d}x$；   (4) $\displaystyle\int \mathrm{e}^{-\frac{1}{2}x}\,\mathrm{d}x$；

(5) $\displaystyle\int \sin(1-3x)\mathrm{d}x$；   (6) $\displaystyle\int 10^{3x}\,\mathrm{d}x$；

(7) $\displaystyle\int \frac{x}{x^2+4}\,\mathrm{d}x$；   (8) $\displaystyle\int \frac{x-2}{x^2-4x-5}\,\mathrm{d}x$；

(9) $\displaystyle\int \frac{\mathrm{e}^x}{\mathrm{e}^x+1}\,\mathrm{d}x$；   (10) $\displaystyle\int \frac{\tan\sqrt{x}}{\sqrt{x}}\,\mathrm{d}x$；

(11) $\displaystyle\int \frac{x}{\sqrt{1-x^2}}\,\mathrm{d}x$；   (12) $\displaystyle\int x\sqrt{4x^2-1}\,\mathrm{d}x$；

(13) $\displaystyle\int x\cos x^2\,\mathrm{d}x$；   (14) $\displaystyle\int x\sin(2x^2+1)\mathrm{d}x$；

(15) $\displaystyle\int (x-1)\mathrm{e}^{x^2-2x+1}\,\mathrm{d}x$；   (16) $\displaystyle\int \mathrm{e}^{2x^2+\ln x}\,\mathrm{d}x$；

(17) $\displaystyle\int \frac{1}{x^2}\sin\frac{1}{x}\,\mathrm{d}x$；   (18) $\displaystyle\int x^2\sqrt[4]{1+x^3}\,\mathrm{d}x$；

(19) $\displaystyle\int \frac{1}{\sqrt{x}}\cos\sqrt{x}\,\mathrm{d}x$；   (20) $\displaystyle\int \frac{x^4}{(1-x^5)^3}\,\mathrm{d}x$；

(21) $\displaystyle\int \frac{1}{4+9x^2}\,\mathrm{d}x$；   (22) $\displaystyle\int \frac{x}{4+x^4}\,\mathrm{d}x$；

(23) $\displaystyle\int \frac{1}{\sqrt{x}\,(1+x)}\,\mathrm{d}x$；   (24) $\displaystyle\int \frac{1}{\sqrt{4-9x^2}}\,\mathrm{d}x$；

(25) $\displaystyle\int \frac{1}{\sqrt{5-2x-x^2}}\,\mathrm{d}x$；   (26) $\displaystyle\int \frac{1}{x^2+6x+5}\,\mathrm{d}x$；

(27) $\displaystyle\int \frac{1}{9x^2+6x-8}\,\mathrm{d}x$；

(28) $\displaystyle\int \frac{1}{x^2+4x+8}\,\mathrm{d}x$；

(29) $\displaystyle\int \frac{1}{4x^2+4x+10}\,\mathrm{d}x$；

(30) $\displaystyle\int \frac{2x+5}{x^2+2x+10}\,\mathrm{d}x$；

(31) $\displaystyle\int \frac{1}{4-9x^2}\,\mathrm{d}x$；

(32) $\displaystyle\int \frac{4+2x}{8-2x-x^2}\,\mathrm{d}x$；

(33) $\displaystyle\int \frac{4-\ln x}{x}\,\mathrm{d}x$；

(34) $\displaystyle\int \frac{\sqrt{1+\ln x}}{x}\,\mathrm{d}x$；

(35) $\displaystyle\int \mathrm{e}^x \sin \mathrm{e}^x\,\mathrm{d}x$；

(36) $\displaystyle\int \frac{(\arctan x)^2}{1+x^2}\,\mathrm{d}x$；

(37) $\displaystyle\int \frac{\tan x}{\cos^2 x}\,\mathrm{d}x$；

(38) $\displaystyle\int \frac{\sin^2 x\cos x}{1+\sin^3 x}\,\mathrm{d}x$；

(39) $\displaystyle\int \frac{1}{\mathrm{e}^x+\mathrm{e}^{-x}}\,\mathrm{d}x$；

(40) $\displaystyle\int \cos^2 2x\,\mathrm{d}x$；

(41) $\displaystyle\int \cos^3 x\,\mathrm{d}x$；

(42) $\displaystyle\int \sin^4 x\cos x\,\mathrm{d}x$；

(43) $\displaystyle\int \sin^4 x\,\mathrm{d}x$；

(44) $\displaystyle\int \sin 3x\sin 5x\,\mathrm{d}x$；

(45) $\displaystyle\int \sin 2x\cos 3x\,\mathrm{d}x$；

(46) $\displaystyle\int \cos\frac{x}{2}\cos\frac{x}{3}\,\mathrm{d}x$；

(47) $\displaystyle\int \sqrt{\frac{\arcsin x}{1-x^2}}\,\mathrm{d}x$；

(48) $\displaystyle\int \frac{\cos x}{9-\sin^2 x}\,\mathrm{d}x$；

(49) $\displaystyle\int \frac{1}{\sqrt{x-x^2}}\,\mathrm{d}x$；

(50) $\displaystyle\int \frac{\ln\tan x}{\sin x\cos x}\,\mathrm{d}x$．

5. 求下列不定积分：

(1) $\displaystyle\int \frac{1}{1+\sqrt{2x}}\,\mathrm{d}x$；

(2) $\displaystyle\int \frac{1}{1+\sqrt[3]{x}}\,\mathrm{d}x$；

(3) $\displaystyle\int x\sqrt[4]{2x+3}\,\mathrm{d}x$；

(4) $\displaystyle\int \frac{\sqrt{x+2}}{1+\sqrt{x+2}}\,\mathrm{d}x$；

(5) $\displaystyle\int \frac{1}{\sqrt{x}+\sqrt[4]{x}}\,\mathrm{d}x$；

(6) $\displaystyle\int \frac{1}{x}\sqrt{\frac{x+1}{x}}\,\mathrm{d}x$．

6. 求下列不定积分：

(1) $\displaystyle\int \frac{x^2}{\sqrt{2-x^2}}\,\mathrm{d}x$；

(2) $\displaystyle\int \frac{1}{x\sqrt{9-x^2}}\,\mathrm{d}x$；

(3) $\displaystyle\int \frac{\sqrt{x^2-a^2}}{x} \mathrm{d}x \ (a>0)$; $\qquad$ (4) $\displaystyle\int \frac{1}{x\sqrt{x^2+4}} \mathrm{d}x$;

(5) $\displaystyle\int \frac{1}{(x^2+a^2)^{\frac{3}{2}}} \mathrm{d}x \ (a>0)$; $\qquad$ (6) $\displaystyle\int \sqrt{1-4x^2} \mathrm{d}x$;

(7) $\displaystyle\int \frac{1}{\sqrt{9x^2+6x-1}} \mathrm{d}x$; $\qquad$ (8) $\displaystyle\int \frac{1}{\sqrt{x^2+4x+5}} \mathrm{d}x$;

(9) $\displaystyle\int \frac{x+1}{\sqrt{4x^2+9}} \mathrm{d}x$; $\qquad$ (10) $\displaystyle\int \frac{1}{\sqrt{\mathrm{e}^x+1}} \mathrm{d}x$.

§4.3　分部积分法

正如前节所述,分部积分法也是求不定积分的主要方法.

先看引例.

引例　求不定积分 $\displaystyle\int x\cos x\mathrm{d}x$.

分析　被积函数可视为 x 和 $\cos x$ 的乘积,由乘积的导数公式入手. 由于

$$(x\sin x)' = \sin x + x\cos x,$$

两端同时求积分,得

$$x\sin x = \int \sin x\mathrm{d}x + \int x\cos x\mathrm{d}x,$$

移项,有

$$\int x\cos x\mathrm{d}x = x\sin x - \int \sin x\mathrm{d}x. \tag{4.3}$$

左端为所求的不定积分,上式表明,所求的不定积分转化为右端的两项,其中只有一项是不定积分,即

$$求 \int x\cos x\mathrm{d}x 转化为求 \int \sin x\mathrm{d}x.$$

而后者可用基本积分公式求得. 于是

$$\int x\cos x\mathrm{d}x = x\sin x + \cos x + C.$$

由(4.3)式看到,该问题之所以解决,就是将左端的不定积分

转化为右端的不定积分,且右端的不定积分我们能求出来.

把上述例题推广为一般情况,有下述分部积分法公式.

分部积分公式

设函数 $u=u(x),v=v(x)$ 都有连续的导数,由微分法
$$[u(x)v(x)]' = u'(x)v(x) + u(x)v'(x),$$
两端积分,得
$$u(x)v(x) = \int u'(x)v(x)\mathrm{d}x + \int u(x)v'(x)\mathrm{d}x,$$
移项,有
$$\int u(x)v'(x)\mathrm{d}x = u(x)v(x) - \int v(x)u'(x)\mathrm{d}x. \quad (4.4)$$
简写作
$$\int uv'\mathrm{d}x = uv - \int vu'\mathrm{d}x, \quad (4.5)$$
或
$$\int u\mathrm{d}v = uv - \int v\mathrm{d}u. \quad (4.6)$$

(4.5)式或(4.6)式就是分部积分法公式.

对照例题(4.3)式和分部积分法公式(4.4)式

$$\int x \cdot \cos x \mathrm{d}x = x \cdot \sin x - \int \sin x \cdot 1\, \mathrm{d}x$$

$$\downarrow \qquad \downarrow \qquad \downarrow \qquad \downarrow \qquad \downarrow \qquad \downarrow$$

$$\int u(x) \cdot v'(x)\mathrm{d}x = u(x) \cdot v(x) - \int v(x)u'(x)\mathrm{d}x$$

我们来理解分部积分法公式的意义和使用原则.

1. **公式的意义**

对一个不易求出结果的不定积分,若被积函数 $g(x)$ 可看作是两个因子的乘积
$$g(x) = x \cdot \cos x,$$
$$g(x) = u(x) \cdot v'(x),$$
则问题就转化为求另外两个因子的乘积
$$f(x) = \sin x \cdot 1,$$

$$f(x) = v(x) \cdot u'(x)$$

作为被积函数的不定积分. 右端或者可直接计算出结果, 或者较左端易于计算, 这就是用分部积分法公式 (4.4) 式的意义.

由得到分部积分法公式 (4.4) 式的推导过程可知, 分部积分法实质上是两个函数乘积导数公式的逆用. 正因为如此, 若被积函数是两个函数的乘积, 用分部积分法往往有效.

2. 选取 $u(x)$ 和 $v'(x)$ 的原则

若被积函数可看作是两个函数的乘积, 那么, 其中哪一个应视为 $u(x)$, 哪一个应视为 $v'(x)$ 呢? 一般如下考虑:

(1) 因公式 (4.4) 式右端出现 $v(x)$, 因此, 选作 $v'(x)$ 的函数, 必须能求出它的原函数 $v(x)$, 这是可用分部积分法的**前提**;

(2) 选取 $u(x)$ 和 $v'(x)$, 最终要使公式 (4.4) 式右端的积分 $\int v(x)u'(x)\mathrm{d}x$ 较左端的积分 $\int u(x)v'(x)\mathrm{d}x$ 易于计算, 这是用分部积分法要达到的**目的**.

例 1　求 $\int x\mathrm{e}^x \mathrm{d}x$.

解　被积函数可看作两个函数 x 与 e^x 的乘积. 用分部积分法. 设 $u = x, v' = \mathrm{e}^x$, 则 $u' = 1, v = \mathrm{e}^x$. 于是, 由 (4.4) 式

$$I = x\mathrm{e}^x - \int \mathrm{e}^x \cdot 1 \mathrm{d}x = x\mathrm{e}^x - \mathrm{e}^x + C.$$

再看另一种情况.

若设 $u = \mathrm{e}^x, v' = x$, 则 $u' = \mathrm{e}^x, v = \dfrac{1}{2}x^2$. 于是

$$\int x\mathrm{e}^x \mathrm{d}x = \frac{1}{2}x^2 \mathrm{e}^x - \frac{1}{2}\int x^2 \mathrm{e}^x \mathrm{d}x.$$

这时, 上式右端的积分比左端的积分更难于计算. 这样选取 $u(x)$ 和 $v'(x)$ 显然失效.

例 2　求 $\int x^2 \mathrm{e}^{-x} \mathrm{d}x$.

解　被积函数可看作是 x^2 与 e^{-x} 的乘积. 用分部积分法. 设 $u = x^2, v' = \mathrm{e}^{-x}$, 则 $u' = 2x, v = -\mathrm{e}^{-x}$. 于是, 由 (4.4) 式

$$I = -x^2 e^{-x} + 2\int x e^{-x} dx.$$

对上式右端的不定积分再用一次分部积分法公式.

设 $u = x, v' = e^{-x}$,则 $u' = 1, v = -e^{-x}$. 有

$$\int x e^{-x} dx = -x e^{-x} + \int e^{-x} dx$$

$$= -x e^{-x} - e^{-x} + C.$$

将该结果代入原不定积分,有

$$I = -x^2 e^{-x} + 2(-x e^{-x} - e^{-x}) + C$$

$$= -e^{-x}(x^2 + 2x + 2) + C.$$

该例题,实际上是用了两次分部积分法. 有的积分需连续两次或更多次用分部积分法方能得到结果.

例3 求 $\int x^2 \sin x dx$.

解 被积函数可看作是两个函数 x^2 与 $\sin x$ 的乘积,用分部积分法.

设 $u = x^2, v' = \sin x$,则 $u' = 2x, v = -\cos x$. 于是,由(4.4)式

$$I = x^2(-\cos x) + 2\int x \cos x dx.$$

右端的不定积分虽不能直接计算结果,但若再用一次分部积分法,见本节引例,便有

$$I = -x^2 \cos x + 2x \sin x + 2\cos x + C.$$

由例1,例2和例3知,下列积分可用分部积分法求出结果:

$$\int x^n e^{ax} dx, \quad \int x^n \sin ax dx, \quad \int x^n \cos ax dx,$$

其中 n 为正整数,应将 x^n 视为分部积分法公式中的 $u(x)$.

例4 求 $\int x \ln x dx$.

解 被积函数是 x 与 $\ln x$ 的乘积. 由于尚不知函数 $\ln x$ 的原函数. 故

设 $u = \ln x, v' = x$,则 $u' = \dfrac{1}{x}, v = \dfrac{x^2}{2}$. 于是

$$I = \frac{1}{2} x^2 \ln x - \int \frac{1}{x} \cdot \frac{x^2}{2} \, dx$$

$$= \frac{1}{2} x^2 \ln x - \frac{1}{4} x^2 + C.$$

在用分部积分法公式时，也可不写出 u 和 v' 而直接用公式 (4.6).

例 5 求 $\int x \arctan x \, dx$.

解 注意到 $x \arctan x \, dx = \arctan x \, d\left(\frac{1}{2} x^2\right)$，若将被积表达式中的 $\arctan x$ 理解为公式 (4.6) 中的 u，$\frac{1}{2} x^2$ 理解为公式 (4.6) 中的 v. 则

$$I = \int \arctan x \, d\left(\frac{1}{2} x^2\right)$$

$$= \frac{1}{2} x^2 \arctan x - \frac{1}{2} \int x^2 \, d\arctan x$$

$$= \frac{1}{2} x^2 \arctan x - \frac{1}{2} \int \frac{x^2}{1 + x^2} \, dx$$

$$= \frac{1}{2} x^2 \arctan x - \frac{1}{2} \int \left(1 - \frac{1}{1 + x^2}\right) dx$$

$$= \frac{1}{2} x^2 \arctan x - \frac{1}{2} (x - \arctan x) + C.$$

例 6 求 $\int \arcsin x \, dx$.

解 用分部积分法公式 (4.5)

$$I = x \arcsin x - \int x \cdot \frac{1}{\sqrt{1 - x^2}} \, dx$$

$$= x \arcsin x + \frac{1}{2} \int \frac{1}{\sqrt{1 - x^2}} \, d(1 - x^2)$$

$$= x \arcsin x + \sqrt{1 - x^2} + C.$$

由例 4，例 5 和例 6 知，下述类型的不定积分适用于分部积分法：

254

$$\int x^n \ln x \mathrm{d}x, \quad \int x^n \arcsin x \mathrm{d}x, \quad \int x^n \arctan x \mathrm{d}x,$$

其中 $n \neq -1$ 的整数,应将 $\ln x, \arcsin x, \arctan x$ 理解为 $u(x)$,x^n 理解为 $v'(x)$.

例 7 求 $\int \mathrm{e}^x \sin x \mathrm{d}x$.

解 用公式 (4.6),则

$$I = \int \sin x \mathrm{d}\mathrm{e}^x = \mathrm{e}^x \sin x - \int \mathrm{e}^x \mathrm{d}\sin x$$

$$= \mathrm{e}^x \sin x - \int \mathrm{e}^x \cos x \mathrm{d}x$$

$$= \mathrm{e}^x \sin x - \int \cos x \mathrm{d}\mathrm{e}^x$$

$$= \mathrm{e}^x \sin x - \mathrm{e}^x \cos x - \int \mathrm{e}^x \sin x \mathrm{d}x.$$

可以看到,连续两次用分部积分法,出现了"循环"现象. 正因为如此,我们的问题解决了. 上式可视为关于积分 $\int \mathrm{e}^x \sin x \mathrm{d}x$ 的方程. 移项,得

$$2\int \mathrm{e}^x \sin x \mathrm{d}x = \mathrm{e}^x \sin x - \mathrm{e}^x \cos x + C_1,$$

故 $\qquad \int \mathrm{e}^x \sin x \mathrm{d}x = \frac{1}{2}\mathrm{e}^x(\sin x - \cos x) + C.$

例 8 求 $\int \sin \sqrt{x}\, \mathrm{d}x$.

解 被积函数中含有根号 $\sqrt{x}$. 先用第二换元积分法去掉 $\sqrt{x}$.

设 $x = t^2$,则 $\mathrm{d}x = 2t\mathrm{d}t$. 于是

$$I = 2\int t \sin t \mathrm{d}t = -2\int t \mathrm{d}\cos t$$

$$= -2t\cos t + 2\int \cos t \mathrm{d}t$$

$$= -2t\cos t + 2\sin t + C$$

$$= -2\sqrt{x}\,\cos\sqrt{x} + 2\sin\sqrt{x} + C.$$

习 题 4.3

1. 填空

(1) $\displaystyle\int xf''(x)\mathrm{d}x = \underline{\hspace{2cm}}$；

(2) 设 $f(x)$ 的一个原函数是 $\dfrac{\ln x}{x}$，则 $\displaystyle\int xf'(x)\mathrm{d}x = \underline{\hspace{2cm}}$；

(3) 已知等式 $\displaystyle\int xf(x)\mathrm{d}x = x\cdot\sin x - \int\sin x\mathrm{d}x$，则 $f(x) = \underline{\hspace{2cm}}$；

(4) 设 $f(x)$ 可导，且 $f'(x)\neq 0$，若下式成立

$$\int\sin f(x)\mathrm{d}x = x\cdot\sin f(x) - \int\cos f(x)\mathrm{d}x,$$

则 $f(x) = \underline{\hspace{2cm}}$.

2. 单项选择题

(1) 设 e^{-x} 是 $f(x)$ 的一个原函数，则 $\displaystyle\int xf(x)\mathrm{d}x = ($ 　 $)$.

(A) $\mathrm{e}^{-x}(1-x)+C$；　　　　(B) $\mathrm{e}^{-x}(1+x)+C$；

(C) $\mathrm{e}^{-x}(x-1)+C$；　　　　(D) $-\mathrm{e}^{-x}(x+1)+C$.

(2) $\displaystyle\int \mathrm{e}^{\sin\theta}\sin\theta\cos\theta\mathrm{d}\theta = ($ 　 $)$.

(A) $\mathrm{e}^{\sin\theta}+C$；　　　　　(B) $\mathrm{e}^{\sin\theta}\sin\theta+C$；

(C) $\mathrm{e}^{\sin\theta}\cos\theta+C$；　　　(D) $\mathrm{e}^{\sin\theta}(\sin\theta-1)+C$.

3. 求下列不定积分：

(1) $\displaystyle\int x\cos 4x\mathrm{d}x$；　　　(2) $\displaystyle\int x^2\cos x\mathrm{d}x$；

(3) $\displaystyle\int x\mathrm{e}^{-4x}\mathrm{d}x$；　　　(4) $\displaystyle\int x^2\mathrm{e}^x\mathrm{d}x$；

(5) $\displaystyle\int \ln x\mathrm{d}x$；　　　　(6) $\displaystyle\int x^3\ln x\mathrm{d}x$；

(7) $\displaystyle\int \sqrt{x}\,\ln x\mathrm{d}x$；　　(8) $\displaystyle\int x\ln(x-1)\mathrm{d}x$；

(9) $\displaystyle\int \ln(1+x^2)\mathrm{d}x$；　　(10) $\displaystyle\int \dfrac{\ln x}{x^3}\mathrm{d}x$；

(11) $\displaystyle\int (\arcsin x)^2 \mathrm{d}x$;

(12) $\displaystyle\int \arctan x \mathrm{d}x$;

(13) $\displaystyle\int \mathrm{e}^x \cos nx \mathrm{d}x$;

(14) $\displaystyle\int \mathrm{e}^{-x} \sin nx \mathrm{d}x$;

(15) $\displaystyle\int \cos(\ln x) \mathrm{d}x$;

(16) $\displaystyle\int x\sec^2 x \mathrm{d}x$;

(17) $\displaystyle\int \sec^3 x \mathrm{d}x$;

(18) $\displaystyle\int \dfrac{\ln\sin x}{\cos^2 x} \mathrm{d}x$;

(19) $\displaystyle\int \sin x \cdot \ln\tan x \mathrm{d}x$;

(20) $\displaystyle\int x \cdot \ln \dfrac{1+x}{1-x} \mathrm{d}x$.

4. 求下列不定积分：

(1) $\displaystyle\int x^3 \mathrm{e}^{x^2} \mathrm{d}x$;

(2) $\displaystyle\int \dfrac{\ln\ln x}{x} \mathrm{d}x$;

(3) $\displaystyle\int \cos\sqrt{x}\,\mathrm{d}x$;

(4) $\displaystyle\int \ln(1-\sqrt{x}) \mathrm{d}x$;

(5) $\displaystyle\int \mathrm{e}^{x^{1/3}} \mathrm{d}x$;

(6) $\displaystyle\int \dfrac{\ln(1+x)}{\sqrt{x}}\,\mathrm{d}x$;

(7) $\displaystyle\int \dfrac{x^2}{1+x^2} \arctan x \mathrm{d}x$;

(8) $\displaystyle\int \ln(x+\sqrt{1+x^2}) \mathrm{d}x$;

(9) $\displaystyle\int \dfrac{\ln x-1}{x^2}\,\mathrm{d}x$;

(10) $\displaystyle\int \mathrm{e}^{2x}(\tan x+1)^2 \mathrm{d}x$.

第五章　定积分及其应用

定积分是高等数学的重要概念之一. 它是从几何、物理等学科的某些具体问题中抽象出来的, 因而在各个领域中有着广泛的应用. 本章讲述定积分定义与性质；介绍揭示积分法与微分法之间关系的微积分学基本定理, 从而引出计算定积分的一般方法；并在此基础上讨论定积分的应用；最后简要讲述广义积分.

§5.1　定积分概念与性质

一、两个实例

我们从几何上的面积问题和物理上的路程问题引进定积分概念.

1. 曲边梯形的面积

由连续曲线 $y=f(x)(\geqslant 0)$, 直线 $x=a,x=b(a<b)$ 和 $y=0$ (即 x 轴)所围成的平面图形 $aABb$ 称为**曲边梯形**. 如图 5-1 所示.

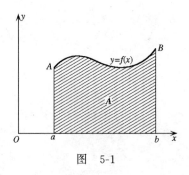

图　5-1

这个四边形, 由于有一条边为曲边 $y=f(x)$, 所以不能用初等

258

数学方法计算面积. 按下述程序计算曲边梯形的面积 A.

(1) **分割**——分曲边梯形为 n 个小曲边梯形.

任意选取分点
$$a = x_0 < x_1 < x_2 < \cdots < x_{n-1} < x_n = b,$$
把区间 $[a,b]$ 分成 n 个小区间 $[x_0,x_1]$, $[x_1,x_2]$, $\cdots$, $[x_{n-1},x_n]$, 简记作
$$[x_{i-1}, x_i], \quad i = 1, 2, \cdots, n.$$
每个小区间的长度是
$$\Delta x_i = x_i - x_{i-1}, \quad i = 1, 2, \cdots, n,$$
其中最长的记作 Δx, 即
$$\Delta x = \max_{1 \leqslant i \leqslant n} \{\Delta x_i\}.$$

过各分点作 x 轴的垂线, 这样, 原曲边梯形就被分成 n 个小曲边梯形 (图 5-2). 第 i 个小曲边梯形的面积记作
$$\Delta A_i, \quad i = 1, 2, \cdots, n.$$

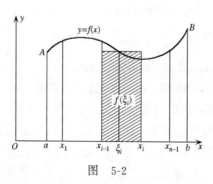

图 5-2

(2) **近似代替**——用小矩形的面积代替小曲边梯形的面积.

在每一个小区间 $[x_{i-1}, x_i]$ $(i = 1, 2, \cdots, n)$ 上任选一点 ξ_i, 用与小曲边梯形同底, 以 $f(\xi_i)$ 为高的小矩形的面积 $f(\xi_i)\Delta x_i$ 近似代替小曲边梯形的面积. 这时有 (图 5-2)
$$\Delta A_i \approx f(\xi_i)\Delta x_i, \quad i = 1, 2, \cdots, n.$$

(3) **求和**——求 n 个小矩形面积之和.

n 个小矩形构成的阶梯形的面积 $\sum\limits_{i=1}^{n} f(\xi_i)\Delta x_i$，是原曲边梯形面积的一个近似值(图 5-2)，即有

$$A = \sum_{i=1}^{n} \Delta A_i \approx \sum_{i=1}^{n} f(\xi_i)\Delta x_i.$$

（4）**取极限**——由近似值过渡到精确值.

分割区间 $[a,b]$ 的点数越多，即 n 越大，且每个小区间的长度 Δx_i 越短，即分割越细，阶梯形的面积，即和数 $\sum\limits_{i=1}^{n} f(\xi_i)\Delta x_i$ 与曲边梯形面积 A 的误差越小. 但不管 n 多大，只要取定为有限数，上述和数都只能是面积 A 的近似值. 现将区间 $[a,b]$ 无限地细分下去，并使每个小区间的长度 Δx_i 都趋于零，这时，和数的极限就是原曲边梯形面积的精确值：

$$A = \lim_{\Delta x \to 0} \sum_{i=1}^{n} f(\xi_i)\Delta x_i.$$

这就得到了曲边梯形的面积. 我们看到，曲边梯形的面积是用一个和式的极限 $\lim\limits_{\Delta x \to 0} \sum\limits_{i=1}^{n} f(\xi_i)\Delta x_i$ 来表达的，这是无限项相加. 计算方法是：分割取近似，求和取极限，即

先求阶梯形的面积：在局部范围内，**以直代曲**，即以直线段代替曲线段，求得阶梯形的面积，它是曲边梯形面积的近似值；

再求曲边梯形的面积：通过取极限，**由有限过渡到无限**，即对区间 $[a,b]$ 由有限分割过渡到无限细分，阶梯形变为曲边梯形，从而得到曲边梯形的面积.

2. 变速直线运动的路程

若物体作匀速直线运动，它所走过的路程，我们会计算，即

路程 $s =$ 速度 $\times$ 所经历的时间.

现物体作变速直线运动，其速度 v 是时间 t 的函数 $v=v(t)$，试确定物体由时刻 $t=a$ 到时刻 $t=b$ 这一段时间内，即在时间区间 $[a,b]$ 内所走过的路程.

由于物体作变速直线运动,不能直接求得路程,按下述程序计算路程 S.

(1) **分割**——分整个路程为 n 个小段路程.

任意选取分点(图 5-3)

$$a = t_0 < t_1 < \cdots < t_{n-1} < t_n = b,$$

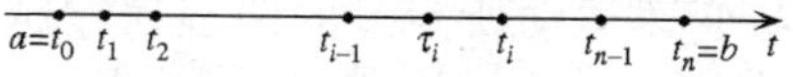

图 5-3

把时间区间 $[a, b]$ 分成 n 个小时间区间 $[t_0, t_1], [t_1, t_2], \cdots, [t_{n-1}, t_n]$,简记作

$$[t_{i-1}, t_i], \quad i = 1, 2, \cdots, n.$$

每个小时间区间的长度是

$$\Delta t_i = t_i - t_{i-1}, \quad i = 1, 2, \cdots, n,$$

其中最长的记作 Δt,即

$$\Delta t = \max_{1 \leqslant i \leqslant n} \{\Delta t_i\}.$$

在第 i 个小时间区间所走过的路程记作

$$\Delta s_i, \quad i = 1, 2, \cdots, n.$$

(2) **近似代替**——以匀速直线运动的路程代替变速直线运动的路程.

在每一个小时间区间 $[t_{i-1}, t_i] (i = 1, 2, \cdots, n)$ 上任取一时刻 τ_i,假设以该点的速度 $v(\tau_i)$ 作匀速运动,在相应的小时间区间上所走过的路程 $v(\tau_i)\Delta t_i$ 近似代替变速运动在该小时间区间上所走过的路程,即

$$\Delta S_i \approx v(\tau_i)\Delta t_i, \quad i = 1, 2, \cdots, n.$$

(3) **求和**——求 n 个匀速运动小段路程之和.

n 个匀速运动小段路程加到一起所得到的路程 $\sum\limits_{i=1}^{n} v(\tau_i)\Delta t_i$ 作为变速运动在时间区间 $[a, b]$ 上所走过路程的近似值

$$S = \sum_{i=1}^{n} \Delta S_i \approx \sum_{i=1}^{n} v(\tau_i) \Delta t_i.$$

（4）**取极限**——由近似值过渡到精确值.

分割时间区间 $[a,b]$ 的点数越多,即 n 越大,且每个小时间区间的长度 Δt_i 越短,即分割越细,n 个匀速运动小段路程之和,即和数 $\sum_{i=1}^{n} v(\tau_i) \Delta t_i$ 与变速运动所走过的路程误差越小. 但不管 n 多大,只要取定为有限数,上述和数都只是路程 s 的近似值. 现将时间区间 $[a,b]$ 无限地细分下去,并使每一个小时间区间的长度 Δt_i 都趋于零,这时,和数的极限就是作变速直线运动的物体所走过路程 s 的精确值,则

$$S = \lim_{\Delta t \to 0} \sum_{i=1}^{n} v(\tau_i) \Delta t_i,$$

这就得到了变速直线运动的路程.

变速直线运动的路程也是一个和式的极限 $\lim_{\Delta t \to 0} \sum_{i=1}^{n} v(\tau_i) \Delta t_i$,这是无限项相加. 以上计算方法,也是通过分割取近似,求和取极限得到的,即

先求匀速运动所走过的路程:在局部范围内,以不变代变,即以匀速运动代替变速运动,求得匀速运动所走过的路程,它是变速运动所走过路程的近似值.

再求变速运动所走过的路程:通过取极限,由有限过渡到无限,即对时间区间 $[a,b]$ 由有限分割过渡到无限细分,匀速运动所走过的路程就成为变速运动所走过的路程,从而得到物体作变速直线运动所走过的路程.

以上两个实际问题,其一是几何问题:求曲边梯形的面积,其二是物理问题:求变速直线运动的路程,这两个问题的内容虽然不同,但解决问题的方法却完全相同:都是采取分割、近似代替、求和、取极限的方法. 而最后都归结为同一种结构的和式的极限. 事实上,很多实际问题的解决都采取这种方法,并且都归结为这种

结构和式的极限. 现抛开问题的实际内容, 只从数量关系上的共性加以概括和抽象, 便得到了定积分概念.

二、定积分概念

1. 定积分定义

定义 5.1　设函数 $f(x)$ 在闭区间 $[a,b]$ 上有定义, 用分点

$$a = x_0 < x_1 < x_2 < \cdots < x_{n-1} < x_n = b$$

把区间 $[a,b]$ 任意分割成 n 个小区间

$$[x_{i-1}, x_i] \quad (i = 1, 2, \cdots, n),$$

其长度

$$\Delta x_i = x_i - x_{i-1} \quad (i = 1, 2, \cdots, n),$$

并记

$$\Delta x = \max_{1 \leqslant i \leqslant n} \{\Delta x_i\}.$$

在每个小区间 $[x_{i-1}, x_i]$ 上任取一点 ξ_i, 作乘积的和式

$$\sum_{i=1}^{n} f(\xi_i) \Delta x_i.$$

当 $\Delta x \to 0$ 时, 若上述和式的极限存在, 且这极限与区间 $[a,b]$ 的分法无关, 与点 ξ_i 的取法无关, 则称函数 $f(x)$ 在 $[a,b]$ 上**是可积的**, 并称**此极限值**为函数 $f(x)$ 在 $[a,b]$ 上的**定积分**, 记作

$$\int_a^b f(x) \mathrm{d}x,$$

即

$$\int_a^b f(x) \mathrm{d}x = \lim_{\Delta x \to 0} \sum_{i=1}^{n} f(\xi_i) \Delta x_i,$$

其中 $f(x)$ 称为**被积函数**, $f(x)\mathrm{d}x$ 称为**被积表达式**, x 称为**积分变量**, a 称为**积分下限**, b 称为**积分上限**, $[a,b]$ 称为**积分区间**.

由上述定义知, 定积分 $\int_a^b f(x) \mathrm{d}x$ 表示一个数值, 这个值取决于被积函数 $f(x)$ 和积分区间 $[a,b]$. 而与积分变量用什么字母**无关**, 即

$$\int_a^b f(x)\mathrm{d}x = \int_a^b f(t)\mathrm{d}t.$$

还有,在定积分记号 $\int_a^b f(x)\mathrm{d}x$ 中,是假设 $a<b$,但实际上,定积分的上下限的大小是不受限制的,不过在颠倒积分上下限时,必须改变定积分的**符号**:

$$\int_a^b f(x)\mathrm{d}x = -\int_b^a f(x)\mathrm{d}x.$$

特别的,有

$$\int_a^a f(x)\mathrm{d}x = 0.$$

当函数 $f(x)$ 在区间 $[a,b]$ 上的定积分存在时,则称 $f(x)$ 在 $[a,b]$ 上是**可积的**. 关于可积这个问题有如下**结论**:

(1) 若函数 $f(x)$ 在闭区间 $[a,b]$ 上可积,则 $f(x)$ 在 $[a,b]$ 上**有界**.

这表明函数有界是可积的必要条件;无界函数一定不可积.

(2) 若函数 $f(x)$ 在闭区间 $[a,b]$ 上连续,则 $f(x)$ 在 $[a,b]$ 上**可积**.

在有限区间上,函数连续是可积的充分条件,但不是必要条件.

在闭区间 $[a,b]$ 上,只有有限个间断点的有界函数 $f(x)$,在该区间上可积.

2. **定积分的几何意义**

按定积分的定义,由连续曲线 $y=f(x)\geqslant 0$,直线 $x=a,x=b$ $(a<b)$ 和 x 轴所围成的曲边梯形,其面积 A 是作为曲边的函数 $y=f(x)$ 在区间 $[a,b]$ 上的定积分

$$A = \int_a^b f(x)\mathrm{d}x.$$

特别的,在区间 $[a,b]$ 上,若 $f(x)\equiv 1$,则

$$\int_a^b f(x)\mathrm{d}x = \int_a^b \mathrm{d}x = b - a.$$

从几何上看,上述积分表示以区间$[a,b]$为底,高为 1 的矩形的面积(图 5-4). 显然,在数值上它等于区间长度.

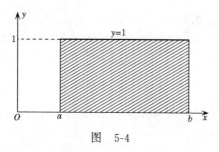

图 5-4

当 $f(x) \leqslant 0$ 时,由曲线 $y=f(x)$,直线 $x=a$,$x=b$ 和 x 轴所围成的平面图形是倒挂在 x 轴上的曲边梯形(图 5-5). 这时,定积分 $\int_a^b f(x)\mathrm{d}x$ 在几何上表示曲边梯形面积的负值. 若以 A 记曲边梯形的面积,则

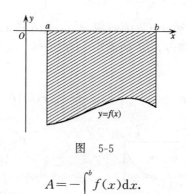

图 5-5

$$A=-\int_a^b f(x)\mathrm{d}x.$$

当 $f(x)$ 在区间$[a,b]$上有正有负时,如图 5-6 所示,定积分 $\int_a^b f(x)\mathrm{d}x$ 在几何上表示,有阴影各个部分面积的代数和. 若以 A 记有阴影部分的面积,则

$$A=\int_a^c f(x)\mathrm{d}x-\int_c^d f(x)\mathrm{d}x+\int_d^b f(x)\mathrm{d}x.$$

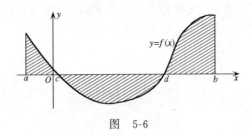

图 5-6

例 1 在区间 $[a,b]$ 上,若 $f(x)>0, f'(x)>0$,试用几何图形说明下不等式成立:

$$f(a)(b-a)<\int_a^b f(x)\mathrm{d}x<f(b)(b-a).$$

解 在区间 $[a,b]$ 上,因 $f(x)>0, f'(x)>0$,所以曲线 $y=f(x)$ 在 x 轴上方且单调上升,如图 5-7 所示.

曲边梯形 $aABb$ 的面积 $=\int_a^b f(x)\mathrm{d}x$,

矩形 $aACb$ 的面积 $=f(a)(b-a)$,

矩形 $aDBb$ 的面积 $=f(b)(b-a)$,

显然,有

$$f(a)(b-a)<\int_a^b f(x)\mathrm{d}x<f(b)(b-a).$$

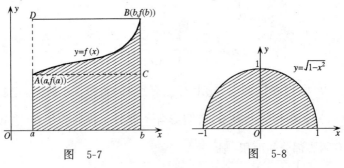

图 5-7   图 5-8

例 2 用几何图形说明等式 $\int_{-1}^1 \sqrt{1-x^2}\mathrm{d}x=\dfrac{\pi}{2}$ 成立.

解 曲线 $y=\sqrt{1-x^2}, x\in[-1,1]$ 是单位圆在 x 轴上方的部分(图 5-8). 按定积分的几何意义,上半圆的面积正是作为曲边的函数 $y=\sqrt{1-x^2}$ 在区间 $[-1,1]$ 上的定积分;而上半圆的面积是 $\dfrac{\pi}{2}$. 故有等式

$$\int_{-1}^{1}\sqrt{1-x^2}\mathrm{d}x = \frac{\pi}{2}.$$

最后,回到我们开始提出的变速直线运动的路程问题. 按定积分的定义,变速直线运动从时刻 $t=a$ 到时刻 $t=b$ 所走过的路程 S,应是作为速度的函数 $v=v(t)$,在时间区间 $[a,b]$ 上的定积分

$$S = \int_{a}^{b}v(t)\mathrm{d}t.$$

三、定积分的性质

以下总假设所讨论的函数在给定的区间上是可积的;在作几何说明时,又假设所给函数是非负的.

性质 1 常数因子 k 可提到积分符号前

$$\int_{a}^{b}kf(x)\mathrm{d}x = k\int_{a}^{b}f(x)\mathrm{d}x.$$

证 由定积分的定义和极限的性质可推出:

$$\int_{a}^{b}kf(x)\mathrm{d}x = \lim_{\Delta x\to 0}\sum_{i=1}^{n}kf(\xi_i)\Delta x_i$$

$$= k\lim_{\Delta x\to 0}\sum_{i=1}^{n}f(\xi_i)\Delta x_i = k\int_{a}^{b}f(x)\mathrm{d}x.$$

性质 2 代数和的积分等于积分的代数和

$$\int_{a}^{b}[f(x)\pm g(x)]\mathrm{d}x = \int_{a}^{b}f(x)\mathrm{d}x \pm \int_{a}^{b}g(x)\mathrm{d}x.$$

用证明性质 1 的方法同样可证.

性质 3(定积分对积分区间的可加性) 对任意三个数 a,b,c,总有

$$\int_a^b f(x)\,\mathrm{d}x = \int_a^c f(x)\,\mathrm{d}x + \int_c^b f(x)\,\mathrm{d}x. \qquad (5.1)$$

对(5.1)式我们作几何说明.

(1) 当 $a<c<b$ 时,由定积分的几何意义(图 5-9)可知

曲边梯形 $aABb$ 的面积$=aACc$ 的面积$+cCBb$ 的面积,

即
$$\int_a^b f(x)\,\mathrm{d}x = \int_a^c f(x)\,\mathrm{d}x + \int_c^b f(x)\,\mathrm{d}x.$$

(2) 当 $a<b<c$ 时,由前一种情形,应有

$$\int_a^c f(x)\,\mathrm{d}x = \int_a^b f(x)\,\mathrm{d}x + \int_b^c f(x)\,\mathrm{d}x,$$

移项,有
$$\int_a^b f(x)\,\mathrm{d}x = \int_a^c f(x)\,\mathrm{d}x - \int_b^c f(x)\,\mathrm{d}x.$$

对等式右端的第二个积分,交换上、下限,有

$$\int_a^b f(x)\,\mathrm{d}x = \int_a^c f(x)\,\mathrm{d}x + \int_c^b f(x)\,\mathrm{d}x.$$

其他情形可类似推出.

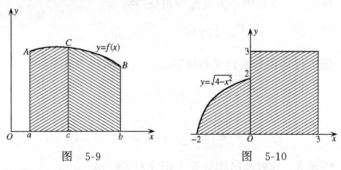

图 5-9　　　　　　　　图 5-10

例 3　设 $f(x)=\begin{cases}\sqrt{4-x^2}, & -2\leqslant x\leqslant 0, \\ 3, & 0<x\leqslant 3,\end{cases}$ 求 $\displaystyle\int_{-2}^{3} f(x)\,\mathrm{d}x.$

解　函数 $f(x)$ 在区间$[-2,3]$上的定积分,按几何意义如图 5-10 所示.

由定积分对积分区间的可加性,再根据定积分的几何意义,有

$$\int_{-2}^{3} f(x)\mathrm{d}x = \int_{-2}^{0} f(x)\mathrm{d}x + \int_{0}^{3} f(x)\mathrm{d}x$$

$$= \int_{-2}^{0} \sqrt{4 - x^2}\,\mathrm{d}x + \int_{0}^{3} 3\mathrm{d}x$$

$$= \frac{\pi \cdot 2^2}{4} + 3 \times 3 = \pi + 9$$

$$= \frac{1}{4}\,\text{圆面积} + \text{正方形的面积}.$$

性质 4(比较性质) 若函数 $f(x)$ 和 $g(x)$ 在区间 $[a,b]$ 上总有 $f(x) \leqslant g(x)$，则

$$\int_{a}^{b} f(x)\mathrm{d}x \leqslant \int_{a}^{b} g(x)\mathrm{d}x.$$

由图 5-11 知，两个曲边梯形的面积有关系：

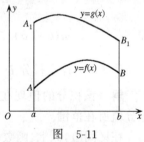

图 5-11

$aABb$ 的面积 $\leqslant aA_1B_1b$ 的面积，

即 $$\int_{a}^{b} f(x)\mathrm{d}x \leqslant \int_{a}^{b} g(x)\mathrm{d}x.$$

例 4 比较下列积分的大小：

(1) $\int_{1}^{2} \ln x\mathrm{d}x$ 与 $\int_{1}^{2} \ln^2 x\mathrm{d}x$；

(2) $\int_{0}^{1} \mathrm{e}^x\,\mathrm{d}x$ 与 $\int_{0}^{1} \mathrm{e}^{x^2}\mathrm{d}x$.

解 (1) 在区间 $[1,2]$ 上，因 $0 \leqslant \ln x < 1$，所以，$\ln x \geqslant \ln^2 x$，故

$$\int_{1}^{2} \ln x\mathrm{d}x \geqslant \int_{1}^{2} \ln^2 x\mathrm{d}x.$$

(2) 在区间 $[0,1]$ 上，因 $x \geqslant x^2$，而 e^x 是增函数，即 $\mathrm{e}^x \geqslant \mathrm{e}^{x^2}$，故

$$\int_{0}^{1} \mathrm{e}^x\mathrm{d}x \geqslant \int_{0}^{1} \mathrm{e}^{x^2}\mathrm{d}x.$$

性质 5(估值定理) 若函数 $f(x)$ 在区间 $[a,b]$ 上的最大值与最小值分别为 M 与 m，则

$$m(b - a) \leqslant \int_{a}^{b} f(x)\mathrm{d}x \leqslant M(b - a).$$

269

从定积分的几何意义看,如图 5-12 所示,这是显然的:

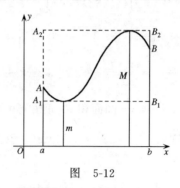

图　5-12

矩形 aA_1B_1b 的面积≤曲边梯形 $aABb$ 的面积

≤矩形 aA_2B_2b 的面积,

即　　　　$m(b-a) \leqslant \int_a^b f(x)\mathrm{d}x \leqslant M(b-a)$.

例 5　估计定积分 $I = \int_1^3 (x^2+1)\mathrm{d}x$ 的值.

解　该积分的值现在我们尚计算不出来,但用性质 5 可估计积分值所在范围.

在区间 $[1,3]$ 上,函数 $f(x) = x^2+1$ 单调增加,于是 $f(x)$ 在该区间上的最大值为 $f(3) = 10$;最小值为 $f(1) = 2$. 所以,有

$$2(3-1) \leqslant \int_1^3 (x^2+1)\mathrm{d}x \leqslant 10(3-1).$$

即积分值 I 在 4 与 20 之间.

性质 6(积分中值定理)　若函数 $f(x)$ 在区间 $[a,b]$ 上连续,则至少存在一点 $\xi \in [a,b]$,使得

$$\int_a^b f(x)\mathrm{d}x = f(\xi)(b-a). \tag{5.2}$$

证　由于函数 $f(x)$ 在 $[a,b]$ 上连续,根据闭区间上连续函数的性质,$f(x)$ 在 $[a,b]$ 上有最大值 M 与最小值 m. 于是有不等式

$$m(b-a) \leqslant \int_a^b f(x)\mathrm{d}x \leqslant M(b-a),$$

270

或写成

$$m \leqslant \frac{1}{b-a} \int_a^b f(x)\mathrm{d}x \leqslant M.$$

再由闭区间上连续函数的介值定理,在$[a,b]$上至少存在一点ξ,使得

$$f(\xi) = \frac{1}{b-a} \int_a^b f(x)\mathrm{d}x,$$

即

$$\int_a^b f(x)\mathrm{d}x = f(\xi)(b-a). \quad \square$$

该定理的**几何意义**是(图 5-13),以区间$[a,b]$为底,$f(\xi)$为高的矩形 $aCDb$ 的面积等于同底的曲边梯形 $aABb$ 的面积. 这样,可以把 $f(\xi)$ 看作是曲边梯形的平均高度.

(5.2)式可改写为

$$f(\xi) = \frac{1}{b-a} \int_a^b f(x)\mathrm{d}x,$$

通常称 $f(\xi)$ 为函数 $f(x)$ 在闭区间$[a,b]$上的**积分平均值**,简称为函数 $f(x)$ 在区间$[a,b]$上的**平均值**.

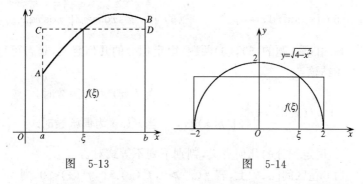

图 5-13   图 5-14

例 6 由定积分的几何意义,确定函数 $f(x) = \sqrt{4-x^2}$ 在区间$[-2,2]$上的平均值.

解 由图 5-14 看出,函数 $f(x)$ 在区间$[-2,2]$上的平均值为

$$f(\xi) = \frac{1}{2-(-2)} \int_{-2}^2 \sqrt{4-x^2}\mathrm{d}x = \frac{1}{4} \cdot \frac{\pi \cdot 2^2}{2} = \frac{\pi}{2}.$$

271

习 题 5.1

1. 用定积分表示下列问题：

(1) 一质点作圆周运动,在时刻 t 的角速度为 $\omega=\omega(t)$,试用定积分表示该质点从时刻 T_1 到 T_2 所转过的角度 φ.

(2) 设一质量非均匀的细棒,长度为 l,取棒的一端为原点,假设细棒上任一点 x 处的线密度为 $\rho(x)$,试用定积分表示细棒的质量 M.

2. 若函数 $f(x)$ 在区间 $[a,b]$ 上连续,$x_0 \in [a,b]$,则定积分 $\int_a^{x_0} f(x)\mathrm{d}x$ 存在,对否?

3. 用几何图形说明下列各式对否：

(1) $\int_0^\pi \sin x \mathrm{d}x > 0$；

(2) $\int_0^\pi \cos x \mathrm{d}x > 0$；

(3) $\int_0^1 x \mathrm{d}x = \dfrac{1}{2}$；

(4) $\int_0^a \sqrt{a^2-x^2} \mathrm{d}x = \dfrac{\pi a^2}{4}$；

(5) $\int_{-\frac{\pi}{2}}^{\frac{\pi}{2}} \sin x \mathrm{d}x = 0$；

(6) $\int_{-\frac{\pi}{2}}^{\frac{\pi}{2}} \cos x \mathrm{d}x = 2\int_0^{\frac{\pi}{2}} \cos x \mathrm{d}x$.

4. 由第 3 题的 (5),(6) 两题,由定积分的几何意义,是否可得出下述结论：

$$\int_{-a}^a f(x)\mathrm{d}x = \begin{cases} 0, & \text{当 } f(x) \text{ 为奇函数时,} \\ 2\int_0^a f(x)\mathrm{d}x, & \text{当 } f(x) \text{ 为偶函数时.} \end{cases}$$

5. 用定积分的几何意义,判别下列不等式对否：

(1) 在区间 $[a,b]$ 上,若 $f(x)>0, f'(x)>0, f''(x)<0$,则

$$(b-a)\frac{f(a)+f(b)}{2} < \int_a^b f(x)\mathrm{d}x < (b-a)f(b).$$

(2) 在区间 $[a,b]$ 上,若 $f(x)>0, f'(x)<0, f''(x)>0$,则

$$(b-a)f(b) < \int_a^b f(x)\mathrm{d}x < (b-a)\frac{f(a)+f(b)}{2}.$$

(3) 在区间 $[a,b]$ 上，若 $f(x)>0,f'(x)<0,f''(x)<0$，则

$$(b-a)\frac{f(a)+f(b)}{2}<\int_a^b f(x)\mathrm{d}x<(b-a)f(a).$$

6. 利用定积分的性质，判别下列各式对否：

(1) $\int_0^1 x\mathrm{d}x \leqslant \int_0^1 x^2\mathrm{d}x$；　(2) $\int_0^{\frac{\pi}{2}} x\mathrm{d}x \leqslant \int_0^{\frac{\pi}{2}} \sin x\mathrm{d}x$；

(3) $\int_1^2 x^2\mathrm{d}x \leqslant \int_1^2 x^3\mathrm{d}x$；　(4) $\int_0^{\frac{\pi}{4}} \sin x\mathrm{d}x \leqslant \int_0^{\frac{\pi}{4}} \cos x\mathrm{d}x$；

(5) $\int_3^4 \ln x\mathrm{d}x \leqslant \int_3^4 \ln^2 x\mathrm{d}x$；　(6) $\int_0^1 x\mathrm{d}x \leqslant \int_0^1 \ln(1+x)\mathrm{d}x$.

7. 估计下列各积分值的范围：

(1) $\int_2^3 x^2\mathrm{d}x$；　(2) $\int_{-1}^1 \mathrm{e}^{-x^2}\mathrm{d}x$.

8. 证明下列不等式：

(1) $\dfrac{1}{2}<\int_{\frac{\pi}{4}}^{\frac{\pi}{2}} \dfrac{\sin x}{x}\mathrm{d}x<\dfrac{\sqrt{2}}{2}$；　(2) $\dfrac{\pi}{2}<\int_0^{\frac{\pi}{2}} \mathrm{e}^{\sin x}\mathrm{d}x<\dfrac{\pi}{2}\mathrm{e}$.

9. 单项选择题：

(1) 函数 $f(x)$ 在闭区间 $[a,b]$ 上可积的必要条件是 $f(x)$ 在 $[a,b]$ 上（　　）.

(A) 有界；　(B) 无界；　(C) 单调；　(D) 连续.

(2) 函数 $f(x)$ 在闭区间 $[a,b]$ 上连续是 $f(x)$ 在 $[a,b]$ 上可积的（　　）.

(A) 必要条件非充分条件；　(B) 充分条件非必要条件；

(C) 充分必要条件；　(D) 无关条件.

(3) 设函数 $f(x)$ 在闭区间 $[a,b]$ 上连续，则曲线 $y=f(x)$，直线 $x=a,x=b,y=0$ 所围成的平面图形的面积等于（　　）.

(A) $\int_a^b f(x)\mathrm{d}x$；　(B) $-\int_a^b f(x)\mathrm{d}x$；

(C) $\left|\int_a^b f(x)\mathrm{d}x\right|$；　(D) $\int_a^b |f(x)|\mathrm{d}x$.

(4) 初等函数 $f(x)$ 在其有定义的区间 $[a,b]$ 上一定（　　）.

(A) 可导；   (B) 可微分；

(C) 可积；   (D) (A),(B),(C)均不成立.

§5.2　定积分的计算

计算函数 $f(x)$ 在区间 $[a,b]$ 上的定积分，我们可以从定积分的定义出发，用求和式极限的方法. 但这种方法只能求出极少数函数的定积分，而且对于不同的被积函数要用不同的技巧. 因此，这种方法远不能解决定积分的计算问题.

本节通过揭示导数与定积分的关系，引出计算定积分的基本公式：把求定积分的问题转化为求被积函数的原函数问题，从而可把求不定积分的方法移植到计算定积分的方法中来.

一、微积分学基本定理

1. 微积分学基本定理

设函数 $f(x)$ 在区间 $[a,b]$ 上连续，若 $x\in[a,b]$，则定积分 $\int_a^x f(x)\mathrm{d}x$ 存在. 该式中，x 既表示积分变量，又表示积分上限，为区别起见，把积分变量换成字母 t，改写作

$$\int_a^x f(t)\mathrm{d}t, \quad x\in[a,b]. \tag{5.3}$$

由于定积分 $\int_a^b f(x)\mathrm{d}x$ 表示一个数值，这个值只取决于被积函数 $f(x)$ 和积分区间 $[a,b]$. 由此，给定积分区间 $[a,b]$ 上的一个 x 值，按(5.3)式就有一个积分值与之对应，因此，(5.3)式可看作是积分上限 x 的函数，其定义域是区间 $[a,b]$，记作 $F(x)$，即

$$F(x)=\int_a^x f(t)\mathrm{d}t, \quad x\in[a,b]. \tag{5.4}$$

通常称上式为**变上限的定积分**.

函数 $F(x)$ 的几何意义　$F(x)$ 表示右侧一边可以变动的曲边

梯形 $aACx$ 的面积. 它的面积随右侧一边的位置 x 而改变. 当 x 给定后, 这条边也就确定了, 面积 $F(x)$ 也随之而定, 因而 $F(x)$ 是 x 的函数 (图 5-15).

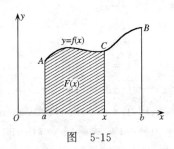

图 5-15

定理 5.1(微积分学基本定理)　若函数 $f(x)$ 在区间 $[a,b]$ 上连续, 则函数

$$F(x) = \int_a^x f(t)\mathrm{d}t, \quad x \in [a,b]$$

是函数 $f(x)$ 在区间 $[a,b]$ 上的一个原函数, 即

$$F'(x) = \left(\int_a^x f(t)\mathrm{d}t \right)' = f(x). \tag{5.5}$$

证　由导数定义, 只需证

$$\lim_{\Delta x \to 0} \frac{F(x + \Delta x) - F(x)}{\Delta x} = f(x), \quad x \in [a,b].$$

若 $\Delta x \neq 0$, 且 $x + \Delta x \in [a,b]$, 由函数 $F(x)$ 的定义及定积分对积分区间的可加性, 有

$$\begin{aligned}
F(x + \Delta x) - F(x) &= \int_a^{x+\Delta x} f(t)\mathrm{d}t - \int_a^x f(t)\mathrm{d}t \\
&= \int_a^x f(t)\mathrm{d}t + \int_x^{x+\Delta x} f(t)\mathrm{d}t - \int_a^x f(t)\mathrm{d}t \\
&= \int_x^{x+\Delta x} f(t)\mathrm{d}t
\end{aligned}$$

对等式右端应用积分中值定理, 则

$$F(x + \Delta x) - F(x) = f(\xi)\Delta x,$$

275

其中 ξ 介于 x 与 $x+\Delta x$ 之间. 上式两端除以 Δx, 令 $\Delta x \to 0$, 取极限

$$\lim_{\Delta x \to 0} \frac{F(x+\Delta x)-F(x)}{\Delta x} = \lim_{\Delta x \to 0} f(\xi).$$

当 $\Delta x \to 0$ 时, $(x+\Delta x) \to x$, 从而 $\xi \to x$; 由于 $f(x)$ 在 $[a,b]$ 上连续, 故

$$\lim_{\Delta x \to 0} f(\xi) = \lim_{\xi \to x} f(\xi) = f(x),$$

因此　　　　$F'(x) = f(x), \quad x \in [a,b]. \quad \square$

按原函数定义, 该定理又告诉我们: 连续函数 $f(x)$ 一定有原函数, 并以变上限定积分(5.4)式给出了 $f(x)$ 的一个原函数. 这就回答了在 §4.1 节中, 关于连续函数存在原函数的结论.

(5.5)式揭示了导数与定积分之间的内在联系: 求导数运算恰是求可变上限定积分运算的逆运算.

例 1　求下列函数 $F(x)$ 的导数:

(1) $F(x) = \displaystyle\int_2^x \sqrt{1+t^2}\,\mathrm{d}t$;　　　(2) $F(x) = \displaystyle\int_x^5 \frac{2t}{3+2t+t^2}\,\mathrm{d}t$.

解　(1) 按(5.5)式

$$F'(x) = \left(\int_2^x \sqrt{1+t^2}\,\mathrm{d}t \right)' = \sqrt{1+x^2}.$$

(2) 因(5.5)式是对积分上限求导数, 先交换积分上、下限, 再求导数. 由于

$$F(x) = \int_x^5 \frac{2t}{3+2t+t^2}\,\mathrm{d}t = -\int_5^x \frac{2t}{3+2t+t^2}\,\mathrm{d}t,$$

故　　　$\begin{aligned} F'(x) &= \left(-\int_5^x \frac{2t}{3+2t+t^2}\,\mathrm{d}t \right)' \\ &= -\left(\int_5^x \frac{2t}{3+2t+t^2}\,\mathrm{d}t \right)' \\ &= -\frac{2x}{3+2x+x^2}. \end{aligned}$

例 2　设 $F(x) = \displaystyle\int_a^{x^2} \frac{1}{1+t^3}\,\mathrm{d}t$, 求 $\dfrac{\mathrm{d}F(x)}{\mathrm{d}x}$.

解 注意到该例变上限的定积分的上限是 x^2，即是 x 的函数，若设 $u = x^2$，则函数 $\int_a^{x^2} \dfrac{1}{1+t^3}\,\mathrm{d}t$ 可看成是由函数

$$\int_a^u \frac{1}{1+t^3}\,\mathrm{d}t \text{ 和函数 } u = x^2$$

复合而成. 因此，根据复合函数的导数法则及(5.5)式，得

$$\frac{\mathrm{d}}{\mathrm{d}x}\int_a^{x^2} \frac{1}{1+t^3}\,\mathrm{d}t = \frac{\mathrm{d}}{\mathrm{d}u}\int_a^u \frac{1}{1+t^3}\,\mathrm{d}t \cdot \frac{\mathrm{d}u}{\mathrm{d}x}$$

$$= \frac{1}{1+u^3} \cdot (x^2)' = \frac{1}{1+(x^2)^3} \cdot 2x = \frac{2x}{1+x^6}.$$

由该例，我们可以得到如下一般结论：

若函数 $\varphi(x)$ 可微，函数 $f(x)$ 连续时，则

$$\frac{\mathrm{d}}{\mathrm{d}x}\left(\int_a^{\varphi(x)} f(t)\,\mathrm{d}t\right) = f(\varphi(x))\varphi'(x).$$

2. 牛顿-莱布尼兹公式

定理 5.2（微积分基本公式） 若函数 $f(x)$ 在区间 $[a,b]$ 上连续，$F(x)$ 是 $f(x)$ 在 $[a,b]$ 上的一个原函数，则

$$\int_a^b f(x)\,\mathrm{d}x = F(b) - F(a). \tag{5.6}$$

证 已知 $F(x)$ 是函数 $f(x)$ 的一个原函数；由定理 5.1 知，$\int_a^x f(x)\,\mathrm{d}x$ 也是 $f(x)$ 的一个原函数，因此，它们之间仅相差一个常数 C：

$$\int_a^x f(x)\,\mathrm{d}t = F(x) + C.$$

在上式中，令 $x=a$ 便可确定常数 C

$$0 = F(a) + C, \quad 即 \quad C = -F(a),$$

于是

$$\int_a^x f(t)\,\mathrm{d}t = F(x) - F(a).$$

若在该式中，再令 $x=b$，则有

$$\int_a^b f(t)\mathrm{d}t = F(b) - F(a),$$

即
$$\int_a^b f(x)\mathrm{d}x = F(b) - F(a).$$

这个公式称为**牛顿-莱布尼兹公式**,它是微积分学中的一个基本公式.通常以 $F(x)\Big|_a^b$ 表示 $F(b)-F(a)$,故公式(5.6)式可写作

$$\int_a^b f(x)\mathrm{d}x = F(x)\Big|_a^b. \qquad (5.7)$$

公式(5.7)式阐明了定积分与原函数之间的关系:定积分的值等于被积函数的任一个原函数在积分上限与积分下限的函数值之差.这样,就把求定积分的问题转化为求被积函数的原函数的问题.

例 3 求 $\int_0^1 \dfrac{1}{1+x^2}\mathrm{d}x$.

解 因 $\dfrac{1}{1+x^2}$ 的一个原函数是 $\arctan x$,由牛顿-莱布尼兹公式

$$\int_0^1 \frac{1}{1+x^2}\mathrm{d}x = \arctan x\Big|_0^1 = \arctan 1 - \arctan 0 = \frac{\pi}{4}.$$

例 4 求 $\int_0^\pi |\cos x|\mathrm{d}x$.

解 先去掉被积函数绝对值的符号.因

$$|\cos x| = \begin{cases} \cos x, & 0 \leqslant x \leqslant \dfrac{\pi}{2}, \\[2mm] -\cos x, & \dfrac{\pi}{2} < x \leqslant \pi, \end{cases}$$

由定积分对区间的可加性和(5.6)式

$$\int_0^\pi |\cos x|\mathrm{d}x = \int_0^{\frac{\pi}{2}} \cos x\,\mathrm{d}x - \int_{\frac{\pi}{2}}^\pi \cos x\,\mathrm{d}x$$

$$= \sin x\Big|_0^{\frac{\pi}{2}} - \sin x\Big|_{\frac{\pi}{2}}^\pi = 1 - (-1) = 2.$$

例 5 我们已经知道,$x(\ln x - 1)$ 是函数 $f(x) = \ln x$ 的一个原

278

函数,所以,由牛顿-莱布尼兹公式

$$\int_1^e \ln x \mathrm{d}x = x(\ln x - 1) \Big|_1^e = e(\ln e - 1) + 1 = 1.$$

二、定积分的换元积分法

由于牛顿-莱布尼兹公式,已把计算定积分的问题归结为求原函数(或不定积分)的问题. 这样,计算定积分仍然可以用第四章已学过的求不定积分的换元积分法和分部积分法,而且思路基本一致. 但读者须注意计算定积分与计算不定积分的区别.

从例题讲起.

例 6 求 $\int_0^4 \dfrac{1}{1+\sqrt{x}}\mathrm{d}x$.

分析 若用牛顿-莱布尼兹公式计算该定积分,首先需要求出被积函数的一个原函数. 由不定积分的换元积分法知,为了去掉被积函数中的 $\sqrt{x}$,须作变量替换 $x = t^2$.

解 变量换元:设 $x = t^2 (t > 0)$,则 $\mathrm{d}x = 2t\mathrm{d}t$.
被积表达式 $\dfrac{\mathrm{d}x}{1+\sqrt{x}}$ 化为 $\dfrac{2t}{1+t}\mathrm{d}t$.

换积分限:已知定积分的积分区间 $[0,4]$,这是积分变量 x 的变化范围. 由于已通过关系式 $x = t^2$ 把积分变量化为 t,因此,我们仍须由该关系式出发,由积分变量 x 的变化范围,确定积分变量 t 的变化范围,由关系式 $x = t^2$ 知:x 从 0 变到 4,相应的 t 从 0 变到 2,即:

当 $x = 0$ 时,$t = 0$;当 $x = 4$ 时,$t = 2$. 于是

$$\int_0^4 \frac{1}{1+\sqrt{x}}\mathrm{d}x = \int_0^2 \frac{2t}{1+t}\mathrm{d}t.$$

上述等式,从左到右,由关系式 $x = t^2$ 换元,同时也利用这一关系式进行换限,把左端的定积分转化为右端的定积分.

下面计算右端的定积分

$$\int_0^2 \frac{2t}{1+t}dt \xrightarrow{\text{恒等变形}} 2\int_0^2\left(1-\frac{1}{1+t}\right)dt$$

$$\xrightarrow{\text{用公式}} 2\left[t-\ln(1+t)\right]\Big|_0^2$$

$$= 2(2-\ln3).$$

在不定积分的换元积分法中,最后须要有变量还原的过程.由于用定积分的换元积分法,在变量换元的同时,也相应地换了积分限,因此,最后无须变量还原这一过程.

例 7 求 $\int_0^{\frac{1}{2}} \frac{x^2}{\sqrt{1-x^2}}dx$.

解 由不定积分的换元积分法,为了去掉被积函数的根号 $\sqrt{1-x^2}$,须作变量替换 $x=\sin t$.

设 $x=\sin t$,则 $dx=\cos t dt$.

由关系式 $x=\sin t$ 知,当 x 从 0 变到 $\frac{1}{2}$ 时,相应的 t 则从 0 变到 $\frac{\pi}{6}$,即:

当 $x=0$ 时,$t=0$;当 $x=\frac{1}{2}$ 时,$t=\frac{\pi}{6}$. 于是[①]

$$I = \int_0^{\frac{\pi}{6}} \frac{\sin^2 t}{\cos t}\cos t dt = \int_0^{\frac{\pi}{6}} \frac{1-\cos 2t}{2}dt$$

$$= \left[\frac{t}{2} - \frac{1}{4}\sin 2t\right]\Big|_0^{\frac{\pi}{6}} = \frac{\pi}{12} - \frac{\sqrt{3}}{8}.$$

一般,欲计算定积分 $\int_a^b f(x)dx$,有如下的**换元积分法公式**:

定理 5.3 若函数 $f(x)$ 在区间 $[a,b]$ 上连续,设 $x=\varphi(t)$,使之满足:

(1) $\varphi(t)$ 是区间 $[\alpha,\beta]$ 上的单调连续函数;

(2) $\varphi(\alpha)=a,\varphi(\beta)=b$;

---

① 用 I 表示原积分,以下同.

(3) $\varphi(t)$ 在区间 $[\alpha,\beta]$ 上有连续的导数 $\varphi'(t)$,

则

$$\int_a^b f(x)\mathrm{d}x \xrightarrow{\ x=\varphi(t)\ } \int_\alpha^\beta f(\varphi(t))\varphi'(t)\mathrm{d}t. \qquad (5.8)$$

例 8　求 $\displaystyle\int_0^{\ln2}\sqrt{\mathrm{e}^x-1}\,\mathrm{d}x.$

解　为去掉被积函数中的根号 $\sqrt{\mathrm{e}^x-1}$,设 $x=\ln(1+t^2)$,则

$$\mathrm{d}x=\frac{2t}{1+t^2}\mathrm{d}t.$$

当 $x=0$ 时,$t=0$;当 $x=\ln2$ 时,$t=1$. 于是

$$I=\int_0^1 t\,\frac{2t}{1+t^2}\,\mathrm{d}t=2\int_0^1\frac{1+t^2-1}{1+t^2}\,\mathrm{d}t$$

$$=2(t-\arctan t)\Big|_0^1=2\Big(1-\frac{\pi}{4}\Big).$$

例 9　求 $\displaystyle\int_0^1\frac{x}{1+x^2}\,\mathrm{d}x.$

解　按不定积分的第一换元积分法.应设 $u=1+x^2$,则 $\mathrm{d}u=2x\mathrm{d}x$. 当 $x=0$ 时,$u=1$;当 $x=1$ 时,$u=2$. 于是

$$I=\frac{1}{2}\int_1^2\frac{1}{u}\mathrm{d}u=\frac{1}{2}\ln u\Big|_1^2=\frac{1}{2}\ln2.$$

例 9 这类题目要用换元积分法,但可以不写出新的积分变量. 若不写出新的积分变量,也就无须换限. 可按下面方式书写:

$$\int_0^1\frac{x}{1+x^2}\,\mathrm{d}x=\frac{1}{2}\int_0^1\frac{1}{1+x^2}\,\mathrm{d}(1+x^2)$$

$$=\frac{1}{2}\ln(1+x^2)\Big|_0^1=\frac{1}{2}\ln2.$$

例 10　求 $\displaystyle\int_{\frac{1}{\pi}}^{\frac{2}{\pi}}\frac{1}{x^2}\sin\frac{1}{x}\,\mathrm{d}x.$

解　按不定积分的第一换元积分法

$$I=-\int_{\frac{1}{\pi}}^{\frac{2}{\pi}}\sin\frac{1}{x}\,\mathrm{d}\Big(\frac{1}{x}\Big)=\cos\frac{1}{x}\Big|_{\frac{1}{\pi}}^{\frac{2}{\pi}}$$

$$= \cos\frac{\pi}{2} - \cos\pi = 1.$$

按定积分的几何意义,由习题 5.1 中的第 4 题,我们已得到下述结论:

在区间 $[-a, a]$ 上,

(1) 若 $f(x)$ 是偶函数,即 $f(-x) = f(x)$,则

$$\int_{-a}^{a} f(x)\mathrm{d}x = 2\int_{0}^{a} f(x)\mathrm{d}x.$$

(2) 若 $f(x)$ 是奇函数,即 $f(-x) = -f(x)$,则

$$\int_{-a}^{a} f(x)\mathrm{d}x = 0.$$

现在,可用定积分的换元积分法证明该结论.

证 由定积分对积分区间的可加性

$$\int_{-a}^{a} f(x)\mathrm{d}x = \int_{-a}^{0} f(x)\mathrm{d}x + \int_{0}^{a} f(x)\mathrm{d}x.$$

为了把上式右端中第一个积分的下限 $-a$ 换为 a,须用变量换元. 为此设 $x = -t$,则 $\mathrm{d}x = -\mathrm{d}t$.

当 $x = -a$ 时,$t = a$;当 $x = 0$ 时,$t = 0$. 于是

$$\int_{-a}^{0} f(x)\mathrm{d}x = -\int_{a}^{0} f(-t)\mathrm{d}t = \int_{0}^{a} f(-t)\mathrm{d}t.$$

因为定积分的值与积分变量用什么字母无关,故

$$\int_{0}^{a} f(-t)\mathrm{d}t = \int_{0}^{a} f(-x)\mathrm{d}x.$$

(1) 当 $f(x)$ 为偶函数时,

$$\int_{0}^{a} f(-x)\mathrm{d}x = \int_{0}^{a} f(x)\mathrm{d}x,$$

由此

$$\int_{-a}^{a} f(x)\mathrm{d}x = \int_{-a}^{0} f(x)\mathrm{d}x + \int_{0}^{a} f(x)\mathrm{d}x$$

$$= \int_{0}^{a} f(x)\mathrm{d}x + \int_{0}^{a} f(x)\mathrm{d}x = 2\int_{0}^{a} f(x)\mathrm{d}x.$$

(2) 当 $f(x)$ 为奇函数时,

$$\int_0^a f(-x)\mathrm{d}x = -\int_0^a f(x)\mathrm{d}x,$$

由此

$$\int_{-a}^a f(x)\mathrm{d}x = \int_{-a}^0 f(x)\mathrm{d}x + \int_0^a f(x)\mathrm{d}x$$

$$= -\int_0^a f(x)\mathrm{d}x + \int_0^a f(x)\mathrm{d}x = 0.$$

例 11 计算下列定积分:

(1) $\int_{-\frac{\pi}{2}}^{\frac{\pi}{2}} x^3 \sin^4 x\mathrm{d}x$;   (2) $\int_{-1}^1 \dfrac{\sin^3 x + (\arctan x)^2}{1+x^2}\mathrm{d}x.$

解 (1) 积分区间 $\left[-\dfrac{\pi}{2}, \dfrac{\pi}{2}\right]$ 以坐标原点对称,被积函数

$f(x) = x^3 \sin^4 x$ 在该区间上是奇函数,所以 $\int_{-\frac{\pi}{2}}^{\frac{\pi}{2}} x^3 \sin^4 x\mathrm{d}x = 0.$

(2) 积分区间 $[-1,1]$ 以坐标原点对称.

$$\int_{-1}^1 \dfrac{\sin^3 x + (\arctan x)^2}{1+x^2}\mathrm{d}x$$

$$= \int_{-1}^1 \dfrac{\sin^3 x}{1+x^2}\mathrm{d}x + \int_{-1}^1 \dfrac{(\arctan x)^2}{1+x^2}\mathrm{d}x.$$

因为 $\dfrac{\sin^3 x}{1+x^2}$ 是奇函数,$\dfrac{(\arctan x)^2}{1+x^2}$ 是偶函数,所以

$$I = 2\int_0^1 \dfrac{(\arctan x)^2}{1+x^2}\mathrm{d}x = 2\int_0^1 (\arctan x)^2 \mathrm{d}(\arctan x)$$

$$= \dfrac{2}{3}(\arctan x)^3 \Big|_0^1 = \dfrac{2}{3}\left(\dfrac{\pi}{4}\right)^3 = \dfrac{\pi^3}{96}.$$

例 12 设函数 $f(x)$ 在区间 $[a,b]$ 上连续,试证明

$$\int_a^b f(x)\mathrm{d}x = (b-a)\int_0^1 f(a + (b-a)x)\mathrm{d}x.$$

分析 观察等式两端的被积函数,左端为 $f(x)$,而右端为 $f(a+(b-a)x)$. 若从左端推证到右端. 设 $x = a + (b-a)t$,便可将

左端的被积函数推到右端的被积函数.

证 设 $x=a+(b-a)t$, 则 $\mathrm{d}x=(b-a)\mathrm{d}t$.

当 $x=a$ 时, $t=0$; 当 $x=b$ 时, $t=1$. 于是

$$\int_a^b f(x)\mathrm{d}x = \int_0^1 f(a+(b-a)t)(b-a)\mathrm{d}t$$

$$= (b-a)\int_0^1 f(a+(b-a)x)\mathrm{d}x.$$

例 13 设 n 是正整数, 试证:

$$\int_0^{\frac{\pi}{2}} \sin^n x\mathrm{d}x = \int_0^{\frac{\pi}{2}} \cos^n x\mathrm{d}x.$$

分析 比较等式两端的被积函数, 并注意到 $\sin\left(\dfrac{\pi}{2}-x\right)=\cos x$, 若从左端向右端推证. 应设 $x=\dfrac{\pi}{2}-t$.

证 设 $x=\dfrac{\pi}{2}-t$, 则 $\mathrm{d}x=-\mathrm{d}t$.

当 $x=0$ 时, $t=\dfrac{\pi}{2}$; 当 $x=\dfrac{\pi}{2}$ 时, $t=0$. 于是

$$\int_0^{\frac{\pi}{2}} \sin^n x\mathrm{d}x = -\int_{\frac{\pi}{2}}^0 \sin^n\left(\frac{\pi}{2}-t\right)\mathrm{d}t = \int_0^{\frac{\pi}{2}} \cos^n t\mathrm{d}t = \int_0^{\frac{\pi}{2}} \cos^n x\mathrm{d}x.$$

三、定积分的分部积分法

定积分的分部积分法与不定积分的分部积分法有类似的公式.

设函数 $u=u(x)$, $v=v(x)$ 在区间 $[a,b]$ 上有连续的导数, 则

$$\int_a^b uv'\mathrm{d}x = uv\Big|_a^b - \int_a^b u'v\mathrm{d}x, \tag{5.9}$$

或

$$\int_a^b u\mathrm{d}v = uv\Big|_a^b - \int_a^b v\mathrm{d}u. \tag{5.10}$$

这就是定积分的**分部积分法公式**.

284

例 14 求 $\int_0^1 x\mathrm{e}^{2x}\mathrm{d}x$.

解 用公式(5.10),有

$$I = \int_0^1 x\mathrm{d}\left(\frac{1}{2}\mathrm{e}^{2x}\right) = x \cdot \frac{1}{2}\,\mathrm{e}^{2x}\Big|_0^1 - \int_0^1 \frac{1}{2}\,\mathrm{e}^{2x}\,\mathrm{d}x$$

$$= \frac{1}{2}\mathrm{e}^2 - \frac{1}{4}\mathrm{e}^{2x}\Big|_0^1 = \frac{1}{2}\mathrm{e}^2 - \frac{1}{4}\big[\mathrm{e}^2 - 1\big]$$

$$= \frac{1}{4}(\mathrm{e}^2 + 1).$$

例 15 求 $\int_0^{\frac{1}{\sqrt{2}}} \arccos x\,\mathrm{d}x$.

解 用公式(5.10),有

$$I = x\arccos x\,\Big|_0^{\frac{1}{\sqrt{2}}} - \int_0^{\frac{1}{\sqrt{2}}} x\mathrm{d}\arccos x$$

$$= \frac{1}{\sqrt{2}} \cdot \frac{\pi}{4} + \int_0^{\frac{1}{\sqrt{2}}} \frac{x}{\sqrt{1-x^2}}\,\mathrm{d}x$$

$$= \frac{\pi}{4\sqrt{2}} - \sqrt{1-x^2}\,\Big|_0^{\frac{1}{\sqrt{2}}}$$

$$= \frac{\pi}{4\sqrt{2}} - \frac{1}{\sqrt{2}} + 1.$$

例 16 求 $\int_0^{\sqrt{\ln 2}} x^3\,\mathrm{e}^{x^2}\,\mathrm{d}x$.

解 注意到 $2x\mathrm{e}^{x^2}\,\mathrm{d}x = \mathrm{d}\mathrm{e}^{x^2}$,于是

$$I = \frac{1}{2}\int_0^{\sqrt{\ln 2}} x^2\,\mathrm{d}\mathrm{e}^{x^2} = \frac{1}{2}\,x^2\,\mathrm{e}^{x^2}\,\Big|_0^{\sqrt{\ln 2}} - \frac{1}{2}\int_0^{\ln 2} \mathrm{e}^{x^2}\,\mathrm{d}x^2$$

$$= \ln 2 - \frac{1}{2}\mathrm{e}^{x^2}\,\Big|_0^{\sqrt{\ln 2}} = \ln 2 - \frac{1}{2}.$$

*例 17 计算 $I_n = \int_0^{\frac{\pi}{2}} \sin^n x\,\mathrm{d}x$ (n 为正整数).

解 用分部积分法:

$$I_n = \int_0^{\frac{\pi}{2}} \sin^{n-1} x \sin x \mathrm{d}x = -\int_0^{\frac{\pi}{2}} \sin^{n-1} x \mathrm{d}\cos x$$

$$= -\left.(\cos x \sin^{n-1} x)\right|_0^{\frac{\pi}{2}} + \int_0^{\frac{\pi}{2}} \cos x \mathrm{d}\sin^{n-1} x$$

$$= 0 + (n-1)\int_0^{\frac{\pi}{2}} \sin^{n-2} x \cos^2 x \mathrm{d}x$$

$$= (n-1)\int_0^{\frac{\pi}{2}} \sin^{n-2} x (1 - \sin^2 x)\mathrm{d}x$$

$$= (n-1)\int_0^{\frac{\pi}{2}} \sin^{n-2} x \mathrm{d}x - (n-1)\int_0^{\frac{\pi}{2}} \sin^n x \mathrm{d}x$$

$$= (n-1)I_{n-2} - (n-1)I_n.$$

由上等式中,解出 I_n,得

$$I_n = \frac{n-1}{n} I_{n-2},$$

这是 $I_n = \int_0^{\frac{\pi}{2}} \sin^n x \mathrm{d}x$ 的递推公式.

继续使用上述递推公式,便有

当 n 为偶数时,有

$$I_n = \frac{n-1}{n} \cdot \frac{n-3}{n-2} \cdot \cdots \cdot \frac{3}{4} \cdot \frac{1}{2} I_0;$$

当 n 为奇数时,有

$$I_n = \frac{n-1}{n} \cdot \frac{n-3}{n-2} \cdot \cdots \cdot \frac{4}{5} \cdot \frac{2}{3} I_1,$$

其中
$$I_0 = \int_0^{\frac{\pi}{2}} \sin^0 x \mathrm{d}x = \int_0^{\frac{\pi}{2}} \mathrm{d}x = \frac{\pi}{2},$$

$$I_1 = \int_0^{\frac{\pi}{2}} \sin x \mathrm{d}x = 1.$$

由此结果,并注意例 13,有

286

$$I_n = \int_0^{\frac{\pi}{2}} \sin^n x \, \mathrm{d}x = \int_0^{\frac{\pi}{2}} \cos^n x \, \mathrm{d}x$$

$$= \begin{cases} \dfrac{n-1}{n} \cdot \dfrac{n-3}{n-2} \cdots \dfrac{3}{4} \cdot \dfrac{1}{2} \cdot \dfrac{\pi}{2}, & \text{当 } n \text{ 为正偶数,} \\[3mm] \dfrac{n-1}{n} \cdot \dfrac{n-3}{n-2} \cdots \dfrac{4}{5} \cdot \dfrac{2}{3} \cdot 1, & \text{当 } n \text{ 为大于 1 的正奇数.} \end{cases}$$

习 题 5.2

1. 填空题：

(1) 设 $F(x) = \displaystyle\int_0^x \sin t \, \mathrm{d}t$，则 $F(0) =$ _____ ，$F\left(\dfrac{\pi}{2}\right) =$ _____ ，$F'(0) =$ _____ ，$F''(\pi) =$ _____ ；

(2) 设 $F(x) = \displaystyle\int_0^x t^2 \sqrt{1+t} \, \mathrm{d}t$，则 $F'(x) =$ _____ ；

(3) 设 $F(x) = \displaystyle\int_x^{-1} t \mathrm{e}^{-t} \, \mathrm{d}t$，则 $F'(x) =$ _____ ；

(4) 设 $F(x) = \displaystyle\int_0^{\sqrt{x}} \sin t^2 \, \mathrm{d}t$，则 $F'(x) =$ _____ ；

(5) 设 $F(x) = \displaystyle\int_{x^2}^{x^3} \mathrm{e}^t \, \mathrm{d}t$，则 $F'(x) =$ _____ ；

(6) 设 $F(x) = \displaystyle\int_{\sin x}^2 \dfrac{1}{1+t^2} \, \mathrm{d}t$，则 $F'\left(\dfrac{\pi}{6}\right) =$ _____ ；

(7) 设 $\displaystyle\int_a^x f(t) \mathrm{d}t = \mathrm{e}^x - 1$，则 $a =$ _____ ；

(8) 设 $\displaystyle\int_0^1 x(a-x) \mathrm{d}x = 1$，则 $a =$ _____ ；

(9) $\displaystyle\int_{-1}^1 \dfrac{\sin x}{1+x^2} \, \mathrm{d}x =$ _____ ；

(10) $\displaystyle\int_{-\frac{1}{2}}^{\frac{1}{2}} \dfrac{\arcsin x}{\sqrt{1-x^2}} \, \mathrm{d}x =$ _____ ；

(11) 若 $\displaystyle\int_0^1 x \arctan x \, \mathrm{d}x = \dfrac{\pi}{4} - \dfrac{1}{2}$，则 $\displaystyle\int_{-1}^1 x \arctan x \, \mathrm{d}x =$ _____ ；

(12) $\displaystyle\int_{-\frac{\pi}{2}}^{\frac{\pi}{2}} \sqrt{1-\cos^2 x}\,\mathrm{d}x =$ _____;

(13) 设 $f(x)=\mathrm{e}^{|x|}$,则 $\displaystyle\int_{-1}^{1} f(x)\mathrm{d}x=$ _____;

(14) 若 $\displaystyle\int_{0}^{\frac{\pi}{2}} x^2 \sin x\mathrm{d}x=\pi-2$,则 $\displaystyle\int_{-\frac{\pi}{2}}^{\frac{\pi}{2}} x^2 \sin x\mathrm{d}x=$ _____.

2. 设由 $\displaystyle\int_{0}^{y} \mathrm{e}^t\,\mathrm{d}t+\int_{0}^{x}\cos t\mathrm{d}t=0$ 确定 y 为 x 的函数,求 $\dfrac{\mathrm{d}y}{\mathrm{d}x}$.

3. 求下列极限:

(1) $\displaystyle\lim_{x\to 0}\frac{1}{x^2}\int_{0}^{x}\arctan t\mathrm{d}t$;　　　(2) $\displaystyle\lim_{x\to 0}\frac{1}{2x}\int_{0}^{x}\cos t^2\,\mathrm{d}t$.

4. 设函数 $f(x)=\begin{cases}1+x^2, & 0\leqslant x\leqslant 1,\\ 2-x, & 1<x\leqslant 2,\end{cases}$ 求 $\displaystyle\int_{0}^{2} f(x)\mathrm{d}x$.

5. 已知 $\displaystyle\int_{a}^{x} f(t)\mathrm{d}t=5x^3+40$,求 $f(x)$ 和 a.

6. 设 $f(x)=\dfrac{1}{1+x^2}+\sqrt{1-x^2}\displaystyle\int_{0}^{1} f(x)\mathrm{d}x$,求 $\displaystyle\int_{0}^{1} f(x)\mathrm{d}x$.

7. 试求满足下列各式的二次函数 $f(x)$:

$$\int_{-1}^{0} f(x)\mathrm{d}x = 1,\quad \int_{-1}^{1} xf(x)\mathrm{d}x = 0,\quad \int_{-1}^{1} x^2 f(x)\mathrm{d}x = 1.$$

8. 求函数 $F(x)=\displaystyle\int_{x}^{x+1}(4t^3-12t^2+8t+1)\mathrm{d}t$ 在区间 $[0,2]$ 上的最大值与最小值.

9. 求函数 $F(x)=\displaystyle\int_{0}^{x} t\mathrm{e}^{-t^2}\mathrm{d}t$ 的极值.

10. 用牛顿-莱布尼兹公式计算下列定积分:

(1) $\displaystyle\int_{a}^{b} x^n\,\mathrm{d}x\ (n\neq -1)$;　　　(2) $\displaystyle\int_{0}^{\frac{\pi}{4}}\tan^2 x\mathrm{d}x$;

(3) $\displaystyle\int_{0}^{\sqrt{3}\,a}\frac{1}{a^2+x^2}\,\mathrm{d}x$;　　　(4) $\displaystyle\int_{0}^{1}\frac{1}{\sqrt{4-x^2}}\mathrm{d}x$;

(5) $\displaystyle\int_{0}^{2} x|x-1|\mathrm{d}x$;　　　(6) $\displaystyle\int_{0}^{2\pi}|\sin x|\mathrm{d}x$.

11. 计算下列定积分：

(1) $\displaystyle\int_0^1 \sqrt{1+x}\,\mathrm{d}x$；

(2) $\displaystyle\int_0^{\frac{\pi}{2}} \sin x\cos^2 x\,\mathrm{d}x$；

(3) $\displaystyle\int_0^{\frac{\pi}{4}} \frac{\sin x}{\sqrt{\cos x}}\,\mathrm{d}x$；

(4) $\displaystyle\int_1^{e^3} \frac{1}{x\,\sqrt{1+\ln x}}\,\mathrm{d}x$；

(5) $\displaystyle\int_1^e \frac{1+\ln x}{x}\,\mathrm{d}x$；

(6) $\displaystyle\int_{\frac{\pi}{12}}^{\frac{\pi}{4}} \sin^2 x\,\mathrm{d}x$；

(7) $\displaystyle\int_0^2 \frac{e^x}{e^{2x}+1}\,\mathrm{d}x$；

(8) $\displaystyle\int_{\frac{1}{2}}^1 \frac{1}{x^2}\,e^{-\frac{1}{x}}\,\mathrm{d}x$；

(9) $\displaystyle\int_0^1 (e^x-1)^4\,e^x\,\mathrm{d}x$；

(10) $\displaystyle\int_0^{\pi} \sqrt{\sin x - \sin^3 x}\,\mathrm{d}x$.

12. 计算下列定积分：

(1) $\displaystyle\int_0^1 \frac{\sqrt{x}}{1+x}\,\mathrm{d}x$；

(2) $\displaystyle\int_0^4 \frac{x+2}{\sqrt{2x+1}}\,\mathrm{d}x$；

(3) $\displaystyle\int_0^2 \frac{1}{\sqrt{x+1}+\sqrt{(x+1)^3}}\,\mathrm{d}x$；

(4) $\displaystyle\int_1^2 \frac{1}{x\,\sqrt{x^2+1}}\,\mathrm{d}x$；

(5) $\displaystyle\int_1^2 \frac{\sqrt{x^2-1}}{x}\,\mathrm{d}x$；

(6) $\displaystyle\int_{\frac{1}{\sqrt{2}}}^1 \frac{\sqrt{1-x^2}}{x^2}\,\mathrm{d}x$；

(7) $\displaystyle\int_{-1}^1 (x^2-x)\,\sqrt{1-x^2}\,\mathrm{d}x$；

(8) $\displaystyle\int_{-\sqrt{3}}^{\sqrt{3}} \frac{1}{\sqrt{x^2+1}}\,\mathrm{d}x$.

13. 设 $f(x)=\begin{cases} x+1, & x\leqslant 1, \\ \dfrac{1}{2}x^2, & x>1, \end{cases}$ 求 $\displaystyle\int_1^3 f(x-1)\,\mathrm{d}x$.

14. 设 $f(x)$ 是连续函数，$F(x)=\displaystyle\int_0^x f(t)\,\mathrm{d}t$. 证明：

(1) 若 $f(x)$ 是奇函数，则 $F(x)$ 是偶函数；

(2) 若 $f(x)$ 是偶函数，则 $F(x)$ 是奇函数.

15. 设函数 $f(x)$ 在区间 $[a,b]$ 上连续，试证明：

$$\int_a^b f(x)\mathrm{d}x = \int_a^b f(a+b-x)\mathrm{d}x.$$

16. 证明下列各式：

(1) $\displaystyle\int_0^1 x^m(1-x)^n\,\mathrm{d}x = \int_0^1 x^n(1-x)^m\,\mathrm{d}x$；

(2) $\displaystyle\int_{-a}^a f(x^2)\mathrm{d}x = 2\int_0^a f(x^2)\mathrm{d}x$；

(3) $\displaystyle\int_0^a x^5 f(x^3)\mathrm{d}x = \frac{1}{3}\int_0^{a^3} x f(x)\mathrm{d}x$；

(4) $\displaystyle\int_x^1 \frac{1}{1+x^2}\,\mathrm{d}x = \int_1^{\frac{1}{x}} \frac{1}{1+x^2}\,\mathrm{d}x \ (x>0)$.

17. 证明下列各式：

(1) $\displaystyle\int_{-\pi}^{\pi} \cos mx \sin nx\,\mathrm{d}x = 0$；

(2) $\displaystyle\int_{-\pi}^{\pi} \cos mx \cos nx\,\mathrm{d}x = \begin{cases} 0, & m \neq n, \\ \pi, & m = n; \end{cases}$

(3) $\displaystyle\int_{-\pi}^{\pi} \sin mx \sin nx\,\mathrm{d}x = \begin{cases} 0, & m \neq n, \\ \pi, & m = n; \end{cases}$

(4) $\displaystyle\int_0^{\pi} \sin mx \sin nx\,\mathrm{d}x = \int_0^{\pi} \cos mx \cos nx\,\mathrm{d}x = \begin{cases} 0, & m \neq n, \\ \dfrac{\pi}{2}, & m = n. \end{cases}$

18. 计算下列定积分：

(1) $\displaystyle\int_0^1 x e^{-x}\,\mathrm{d}x$；
(2) $\displaystyle\int_0^{\frac{\pi}{2}} x \sin x\,\mathrm{d}x$；

(3) $\displaystyle\int_0^{\frac{\pi}{2}} x^2 \sin x\,\mathrm{d}x$；
(4) $\displaystyle\int_0^{\frac{\pi}{4}} x \sec^2 x\,\mathrm{d}x$；

(5) $\displaystyle\int_0^{e-1} \ln(x+1)\mathrm{d}x$；
(6) $\displaystyle\int_0^{\frac{\pi}{2}} e^x \sin x\,\mathrm{d}x$；

(7) $\displaystyle\int_0^{\frac{\pi}{2}} e^{2x} \cos x\,\mathrm{d}x$；
(8) $\displaystyle\int_{\frac{1}{e}}^{e} |\ln x|\,\mathrm{d}x$.

19. 设 $f(0)=1, f(2)=3, f'(2)=5$，求 $\displaystyle\int_0^2 x f''(x)\mathrm{d}x$.

20. 设 $f(2x+1)=x\mathrm{e}^x$，求 $\displaystyle\int_3^5 f(x)\mathrm{d}x$.

21. 设 $f(x)=\displaystyle\int_1^{x^2} \mathrm{e}^{-t^2}\,\mathrm{d}t$，求 $\displaystyle\int_0^1 xf(x)\mathrm{d}x$.

22. 单项选择题：

(1) 设 $\displaystyle\int_0^2 xf(x)\mathrm{d}x=k\int_0^1 xf(2x)\mathrm{d}x$，则 $k=($).

(A) 1；   (B) 2；   (C) 3；   (D) 4.

(2) $\dfrac{\mathrm{d}}{\mathrm{d}x}\displaystyle\int_a^b \arctan x\mathrm{d}x=($).

(A) $\arctan x$；   (B) $\arctan b-\arctan a$；

(C) 0；   (D) $\dfrac{1}{1+x^2}$.

(3) 设 $\varphi'(x)$ 在 $[a,b]$ 上连续，且 $\varphi(b)=a$，$\varphi(a)=b$，则

$$\int_a^b \varphi(x)\varphi'(x)\mathrm{d}x=(\quad\quad).$$

(A) $a-b$；   (B) $\dfrac{1}{2}(a-b)$；

(C) a^2-b^2；   (D) $\dfrac{1}{2}(a^2-b^2)$.

(4) 设 $f(x)$ 在 $[a,b]$ 上连续，则 $\displaystyle\int_a^b f(x)\mathrm{d}x=($).

(A) $\dfrac{1}{k}\displaystyle\int_a^b f\left(\dfrac{x}{k}\right)\mathrm{d}x$；   (B) $k\displaystyle\int_{ka}^{kb} f\left(\dfrac{x}{k}\right)\mathrm{d}x$；

(C) $\dfrac{1}{k}\displaystyle\int_{ka}^{kb} f\left(\dfrac{x}{k}\right)\mathrm{d}x$；   (D) $k\displaystyle\int_{\frac{a}{k}}^{\frac{b}{k}} f\left(\dfrac{x}{k}\right)\mathrm{d}x$.

(5) 设 $N=\displaystyle\int_{-a}^a x^2\sin^3 x\mathrm{d}x$，$P=\displaystyle\int_{-a}^a (x^3\mathrm{e}^{x^2}-1)\mathrm{d}x$，

$Q=\displaystyle\int_{-a}^a \cos^2 x^3\,\mathrm{d}x\ (a>0)$，则(   ).

(A) $P\leqslant N\leqslant Q$；   (B) $N\leqslant P\leqslant Q$；

(C) $N\leqslant Q\leqslant P$；   (D) $Q\leqslant P\leqslant N$.

(6) 设 $f(x)=\displaystyle\int_0^x (t-1)\mathrm{e}^t\,\mathrm{d}t$，则 $f(x)$ 有(   ).

(A) 极小值 $2-e$；　　　　　(B) 极小值 $e-2$；

(C) 极大值 $2-e$；　　　　　(D) 极大值 $e-2$.

§5.3　广　义　积　分

在讲定积分时,我们假设函数 $f(x)$ 在闭区间 $[a,b]$ 上有界,即积分区间是有限的,被积函数是有界的.现从两方面推广定积分概念.

(1) 有界函数在无限区间上的积分.

被积函数 $f(x)$ 有界,特别 $f(x)$ 为连续函数；而积分区间为 $[a,+\infty),(-\infty,b],(-\infty,+\infty)$.

(2) 无界函数在有限区间上的积分.

被积函数在积分区间 $[a,b]$ 上无界.

以上这两种积分就是所谓的**广义积分**.

一、无限区间上的积分

先看例题.

例 1　计算由曲线 $y=\dfrac{1}{x^2}$,直线 $x=1,y=0$ 所围成的图形的面积.

解　由图 5-16 看出,该图形有一边是开口的. 由于直线 $y=0$ 是曲线 $y=\dfrac{1}{x^2}$ 的水平渐近线,图形向右无限延伸,且愈向右开口愈

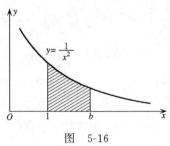

图　5-16

小,可以认为曲线 $y = \dfrac{1}{x^2}$ 在无穷远点与 x 轴相交.

为了求得该图形的面积,取 $b > 1$,先作直线 $x = b$. 由定积分的几何意义,图中有阴影部分(曲边梯形)的面积是

$$\int_1^b \frac{1}{x^2} \, dx = -\frac{1}{x} \bigg|_1^b = 1 - \frac{1}{b}.$$

显然,当直线 $x = b$ 愈向右移动,有阴影部分的图形愈向右延伸,从而愈接近我们所求的面积. 按我们对极限概念的理解,自然应认为所求的面积是:

$$\lim_{b \to +\infty} \int_1^b \frac{1}{x^2} \, dx = \lim_{b \to +\infty} \left(1 - \frac{1}{b} \right) = 1.$$

这里,先求定积分,再求极限得到了结果. 仿照定积分的记法,所求面积可形式地记作 $\int_1^{+\infty} \dfrac{1}{x^2} \, dx$. 这就是无穷区间上的广义积分.

定义 5.2 设函数 $f(x)$ 在无穷区间 $[a, +\infty)$ 上连续,则称记号

$$\int_a^{+\infty} f(x) \mathrm{d}x \tag{5.11}$$

为无限区间上的广义积分. 取 $b > a$,若极限

$$\lim_{b \to +\infty} \int_a^b f(x) \mathrm{d}x$$

存在,则称广义积分(5.11)式**收敛**,并以这一极限值为(5.11)式的**值**,即

$$\int_a^{+\infty} f(x) \mathrm{d}x = \lim_{b \to +\infty} \int_a^b f(x) \mathrm{d}x.$$

若上述极限不存在,则称广义积分(5.11)式**发散**.

类似的,函数 $f(x)$ 在无限区间 $(-\infty, b]$ 上的广义积分 $\int_{-\infty}^b f(x) \mathrm{d}x$,用极限

$$\lim_{a \to -\infty} \int_a^b f(x) \mathrm{d}x \quad (a < b)$$

来定义它的敛散性.

函数 $f(x)$ 在无限区间 $(-\infty, +\infty)$ 的广义积分 $\int_{-\infty}^{+\infty} f(x)\mathrm{d}x$,
则定义为

$$\int_{-\infty}^{+\infty} f(x)\mathrm{d}x = \int_{-\infty}^{c} f(x)\mathrm{d}x + \int_{c}^{+\infty} f(x)\mathrm{d}x,$$

其中 c 是任一有限数,仅当等式右端的两个广义积分都收敛时,左端的广义积分才收敛;否则,左端的广义积分是发散的.

例 2　计算广义积分 $\int_{0}^{+\infty} \frac{\arctan x}{1+x^2}\mathrm{d}x$.

解　按广义积分敛散性定义,取 $b>0$,则

$$I = \lim_{b \to +\infty} \int_{0}^{b} \frac{\arctan x}{1+x^2}\mathrm{d}x = \lim_{b \to +\infty} \frac{1}{2}(\arctan x)^2 \Big|_{0}^{b}$$

$$= \lim_{b \to +\infty} \frac{1}{2}(\arctan b)^2$$

$$= \frac{1}{2} \cdot \left(\frac{\pi}{2}\right)^2 = \frac{\pi^2}{8}.$$

该广义积分收敛,其值为 $\dfrac{\pi^2}{8}$.

例 3　计算广义积分 $\int_{-\infty}^{0} \cos x \mathrm{d}x$.

解　取 $a<0$,则

$$I = \lim_{a \to -\infty} \int_{a}^{0} \cos x \mathrm{d}x = \lim_{a \to -\infty} \sin x \Big|_{a}^{0} = \lim_{a \to -\infty} (-\sin a).$$

显然,上述极限不存在,所以 $\int_{-\infty}^{0} \cos x \mathrm{d}x$ 发散.

为了书写方便,计算广义积分时,也采取牛顿-莱布尼兹的记法. 即,若 $F(x)$ 是函数 $f(x)$ 的一个原函数,则

$$\int_{a}^{+\infty} f(x)\mathrm{d}x = F(x) \Big|_{a}^{+\infty} = F(+\infty) - F(a).$$

这里,$F(+\infty)$ 要理解为极限记号,即

$$F(+\infty) = \lim_{x \to +\infty} F(x).$$

例 4 计算广义积分 $\int_{-\infty}^{+\infty} \dfrac{1}{1+x^2}\,\mathrm{d}x$.

解 按无限区间 $(-\infty,+\infty)$ 上广义积分敛散性的定义,取 $c=0$,则

$$\int_{-\infty}^{+\infty} \frac{1}{1+x^2}\,\mathrm{d}x = \int_{-\infty}^{0} \frac{1}{1+x^2}\,\mathrm{d}x + \int_{0}^{+\infty} \frac{1}{1+x^2}\,\mathrm{d}x$$

$$= \arctan x\,\Big|_{-\infty}^{0} + \arctan x\,\Big|_{0}^{+\infty}$$

$$= -\left(-\frac{\pi}{2}\right) + \frac{\pi}{2} = \pi.$$

例 5 讨论广义积分 $\int_{1}^{+\infty} \dfrac{1}{x^\alpha}\,\mathrm{d}x$,$\alpha$ 取何值时收敛,取何值时发散?

解 当 $\alpha=1$ 时,

$$\int_{1}^{+\infty} \frac{1}{x}\,\mathrm{d}x = \ln x\,\Big|_{1}^{+\infty} = +\infty;$$

当 $\alpha \neq 1$ 时,取 $b>1$,因

$$\int_{1}^{b} \frac{1}{x^\alpha}\,\mathrm{d}x = \frac{1}{1-\alpha}x^{1-\alpha}\,\Big|_{1}^{b} = \frac{1}{1-\alpha}(b^{1-\alpha}-1),$$

故

$$\int_{1}^{+\infty} \frac{1}{x^\alpha}\,\mathrm{d}x = \lim_{b\to+\infty} \frac{1}{1-\alpha}(b^{1-\alpha}-1)$$

$$= \begin{cases} +\infty, & \text{若 } \alpha < 1, \\ \dfrac{1}{\alpha-1}, & \text{若 } \alpha > 1. \end{cases}$$

综上,所给广义积分,当 $\alpha>1$ 时收敛,且其值为 $\dfrac{1}{\alpha-1}$;当 $\alpha\leqslant 1$ 时发散.

*二、无界函数的积分

例 6 试确定由曲线 $y=\dfrac{1}{\sqrt{1-x}}$,直线 $x=0$,$x=1$ 和 $y=0$ 所围成的图形的面积.

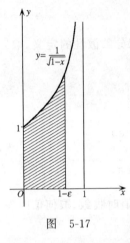

由图 5-17 看到,该图形有一边开口,这是由于当 $x \to 1^-$ 时,函数 $\dfrac{1}{\sqrt{1-x}} \to +\infty$,即 $f(x) = \dfrac{1}{\sqrt{1-x}}$ 在区间 $[0,1]$ 上无界.

注意到曲线 $y = \dfrac{1}{\sqrt{1-x}}$ 以直线 $x=1$ 为铅垂渐近线. 我们可以按下述方法求面积.

任取 $\varepsilon > 0$,则 $\dfrac{1}{\sqrt{1-x}}$ 在区间 $[0,1-\varepsilon]$ 上连续,按定积分的几何意义,图形中有阴影部分的面积是

$$\int_0^{1-\varepsilon} \frac{1}{\sqrt{1-x}} \, \mathrm{d}x = -\int_0^{1-\varepsilon} \frac{1}{\sqrt{1-x}} \, \mathrm{d}(1-x)$$

$$= -2\sqrt{1-x} \,\Big|_0^{1-\varepsilon}$$

$$= 2 - 2\sqrt{\varepsilon}.$$

当 $\varepsilon \to 0$ 时,直线 $x=1-\varepsilon$ 趋向直线 $x=1$,自然可以认为我们所求的面积是下述极限

$$\lim_{\varepsilon \to 0} \int_0^{1-\varepsilon} \frac{1}{\sqrt{1-x}} \, \mathrm{d}x = \lim_{\varepsilon \to 0} (2 - 2\sqrt{\varepsilon}) = 2.$$

如果把上述先求定积分,再取极限的写法,记作

$$\int_0^1 \frac{1}{\sqrt{1-x}} \mathrm{d}x.$$

这在形式上与定积分并无区别,但这不是定积分,因为被积函数在 $x=1$ 处无界,这是无界函数的广义积分,有时也称 $x=1$ 是函数 $\dfrac{1}{\sqrt{1-x}}$ 的**瑕点**,因而这种广义积分也称为**瑕积分**.

定义 5.3 设函数 $f(x)$ 在区间 $[a,b)$ 上连续,当 $x \rightarrow b^-$ 时, $f(x) \rightarrow \infty$,则称记号

$$\int_a^b f(x)\mathrm{d}x \tag{5.12}$$

为**无界函数的广义积分**. 取 $\varepsilon > 0$,若极限

$$\lim_{\varepsilon \to 0} \int_a^{b-\varepsilon} f(x)\mathrm{d}x$$

存在,则称广义积分(5.12)式**收敛**,并以这极限值为(5.12)式的**值**,即

$$\int_a^b f(x)\mathrm{d}x = \lim_{\varepsilon \to 0} \int_a^{b-\varepsilon} f(x)\mathrm{d}x.$$

若上述极限不存在,则称广义积分(5.12)式**发散**.

类似地,有下述定义:

若函数在区间 $(a,b]$ 上连续,当 $x \rightarrow a^+$ 时,$f(x) \rightarrow \infty$,则对广义积分 $\int_a^b f(x)\mathrm{d}x$,取 $\varepsilon > 0$,用极限

$$\lim_{\varepsilon \to 0} \int_{a+\varepsilon}^b f(x)\mathrm{d}x$$

来定义它的敛散性.

若函数 $f(x)$ 在区间 $[a,b]$ 上除 $x=c$ $(a<c<b)$ 外连续,当 $x \rightarrow c$ 时,$f(x) \rightarrow \infty$. 对广义积分 $\int_a^b f(x)\mathrm{d}x$,定义为

$$\int_a^b f(x)\mathrm{d}x = \int_a^c f(x)\mathrm{d}x + \int_c^b f(x)\mathrm{d}x,$$

仅当等式右端的两个广义积分都收敛时,左端的广义积分才收敛;否则,左端的广义积分发散.

例 7 计算广义积分 $\int_1^2 \dfrac{1}{x\ln x}\mathrm{d}x$.

解 被积函数 $\dfrac{1}{x\ln x}$ 在区间 $(1,2]$ 上连续,当 $x \rightarrow 1^+$ 时,$\dfrac{1}{x\ln x} \rightarrow \infty$,这是无界函数的广义积分.

取 $\varepsilon > 0$,则

$$\int_{1+\varepsilon}^{2}\frac{1}{x\ln x}\mathrm{d}x=\int_{1+\varepsilon}^{2}\frac{1}{\ln x}\,\mathrm{d}\ln x=\ln\ln x\,\Big|_{1+\varepsilon}^{2}$$
$$=\ln\ln 2-\ln\ln(1+\varepsilon).$$

由于
$$\lim_{\varepsilon\to 0}[\ln\ln 2-\ln\ln(1+\varepsilon)]=\infty,$$

所以,广义积分 $\int_{1}^{2}\frac{1}{x\ln x}\,\mathrm{d}x$ 发散.

例 8 证明广义积分 $\int_{0}^{1}\frac{1}{x^{p}}\,\mathrm{d}x\ (p>0)$,当 $p<1$ 时收敛;当 $p\geqslant 1$ 时发散.

证 $x=0$ 是被积函数的瑕点.

当 $p=1$ 时,取 $\varepsilon>0$,则
$$\int_{0}^{1}\frac{1}{x}\,\mathrm{d}x=\lim_{\varepsilon\to 0}\int_{0+\varepsilon}^{1}\frac{1}{x}\,\mathrm{d}x=\lim_{\varepsilon\to 0}\ln x\,\Big|_{\varepsilon}^{1}=-\lim_{\varepsilon\to 0}\ln\varepsilon$$
$$=+\infty.$$

当 $p\neq 1$ 时,取 $\varepsilon>0$,则
$$\int_{0}^{1}\frac{1}{x^{p}}\,\mathrm{d}x=\lim_{\varepsilon\to 0}\int_{0+\varepsilon}^{1}\frac{1}{x^{p}}\,\mathrm{d}x=\lim_{\varepsilon\to 0}\frac{1}{1-p}\,x^{1-p}\,\Big|_{\varepsilon}^{1}$$
$$=\lim_{\varepsilon\to 0}\frac{1}{1-p}(1-\varepsilon^{1-p})$$
$$=\begin{cases}\dfrac{1}{1-p}, & \text{当 } p<1,\\[2mm] +\infty, & \text{当 } p>1.\end{cases}$$

综上,该广义积分,当 $p<1$ 时收敛,其值为 $\dfrac{1}{1-p}$;当 $p\geqslant 1$ 时发散.

习 题 5.3

1. 计算下列广义积分:

(1) $\int_{-\infty}^{0}\mathrm{e}^{2x}\,\mathrm{d}x$;

(2) $\int_{1}^{+\infty}\frac{1}{x(1+x^{2})}\,\mathrm{d}x$;

(3) $\int_{-\infty}^{+\infty}\frac{1}{x^{2}+2x+2}\,\mathrm{d}x$;

(4) $\int_{0}^{+\infty}x\mathrm{e}^{-x}\,\mathrm{d}x$;

(5) $\int_1^{+\infty} \dfrac{1}{x\sqrt{2x^2-1}}\,\mathrm{d}x$； (6) $\int_1^{+\infty} xe^{-x^2}\,\mathrm{d}x$.

2. 判断下列广义积分发散：

(1) $\int_0^{+\infty} \sin x\mathrm{d}x$； (2) $\int_e^{+\infty} \dfrac{\ln x}{x}\,\mathrm{d}x$.

3. 讨论广义积分 $\int_2^{+\infty} \dfrac{1}{x(\ln x)^p}\mathrm{d}x$，$p$ 取何值时收敛；p 取何值时发散.

4. 单项选择题：

(1) $\int_0^{+\infty} e^{ax}\mathrm{d}x = \dfrac{1}{2}$，则 $a=($ $)$.

(A) 2；   (B) -2；   (C) $\dfrac{1}{2}$；   (D) $-\dfrac{1}{2}$.

(2) $\int_2^{+\infty} \dfrac{1}{x^2+x-2}\mathrm{d}x\ ($ $)$.

(A) 收敛于 $\dfrac{2}{3}\ln 2$； (B) 收敛于 $\dfrac{3}{2}\ln 2$；

(C) 收敛于 $\dfrac{1}{3}\ln\dfrac{1}{4}$； (D) 发散.

*5. 计算下列广义积分：

(1) $\int_1^2 \dfrac{x}{\sqrt{x-1}}\,\mathrm{d}x$； (2) $\int_{-1}^1 \dfrac{1}{\sqrt{1-x^2}}\,\mathrm{d}x$；

(3) $\int_0^1 \dfrac{x}{\sqrt{1-x^2}}\,\mathrm{d}x$； (4) $\int_0^1 \ln x\mathrm{d}x$；

(5) $\int_1^e \dfrac{1}{x\sqrt{1-\ln^2 x}}\mathrm{d}x$； (6) $\int_0^3 \dfrac{1}{(x-1)^{\frac{2}{3}}}\mathrm{d}x$.

*6. 判定广义积分 $\int_{-1}^1 \dfrac{1}{x^2}\,\mathrm{d}x$ 发散.

§5.4 定积分的应用

定积分的应用很广泛,本节介绍定积分在几何、物理和经济各领域中的应用.

一、微元法

1. 定积分是无限积累

通常的加法是有限项相加,加法是一种积累.回忆引出定积分概念的两个问题——曲边梯形的面积和变速直线运动的路程,从解决这两个问题的基本思想和步骤来考察,我们会体会到,定积分也是一种积累,曲边梯形的面积是由"小窄条面积"积累而得:无限多个底边长趋于零的小矩形的面积相加而得;变速直线运动的路程是由"小段路程"积累而得,无限多个时间间隔趋于零的小段路程相加而成为全路程.不过,用定积分所表示的积累与通常意义下的积累不同.这里要以无限细分区间$[a,b]$而经历一个取极限的过程.也就是说,定积分是无限积累.

2. 能用定积分表示的量所具有的特点

(1)设所求的量是S,它是不均匀地分布在一个有限区间$[a,b]$上,或者说,它与自变量x的一个区间有关,当区间$[a,b]$给定后,S就是一确定的量,而且量S对该区间具有可加性,即如果将$[a,b]$分成n个部分区间$[x_{i-1},x_i](i=1,2,\cdots,n)$,那么,量$S$就是对应于各个部分区间上的部分量$\Delta S_i$的总和

$$S = \sum_{i=1}^{n} \Delta S_i.$$

(2)由于量S在区间$[a,b]$上的分布是不均匀的,一般说来,部分量ΔS_i在部分区间$[x_{i-1},x_i]$上的分布也是不均匀的,但我们能用"以直代曲"或"以不变代变"的方法写出ΔS_i的近似表示式

$$\Delta S_i \approx f(\xi_i)\Delta x_i,$$

$i=1,2,\cdots,n,x_{i-1}\leqslant\xi_i\leqslant x_i$,这里$f(x)(x\in[a,b])$是根据具体问题所得到的函数.

量S具有的第一个特点,是它能用定积分表示的前提;量S具有第二个特点,是它能用定积分表示的关键,这是因为有了部分量的近似表示式,只要通过求和取极限的手续就过渡为定积分的

表示式

$$S = \lim_{\Delta x \to 0} \sum_{i=1}^{n} f(\xi_i) \Delta x_i = \int_a^b f(x) \mathrm{d}x.$$

3. 用定积分表示具体问题的简化步骤

用定积分解决实际问题时,根据上述分析,可把"分割、近似代替、求和数、取极限"的四个步骤简化为两步:

(1) 写出部分量的近似表示式

在区间 $[a,b]$ 上任取一个部分区间 $[x,x+\Delta x]$,或记作 $[x,x+\mathrm{d}x]$,设法写出所求量 S 在 $[x,x+\mathrm{d}x]$ 上的部分量 ΔS 的近似表示式

$$\Delta S \approx f(x)\mathrm{d}x,$$

它称为量 S 的微分元素(简称微元).

(2) 定限求积分

当 $\Delta x \to 0$ 时,所有的微元无限相加,就是在区间 $[a,b]$ 上的定积分:

$$S = \int_a^b f(x)\mathrm{d}x.$$

用定积分表示具体问题的简化步骤通常称为**微元法**.

下面介绍积分学的应用.

二、定积分的几何应用

1. 平面图形的面积

(1) 直角坐标系中平面图形的面积

由定积分的几何意义,我们已经知道:由连续曲线 $y=f(x)$ $(\geqslant 0)$,直线 $x=a,x=b$ $(a<b)$ 和 x 轴所围成的曲边梯形的面积为

$$A = \int_a^b f(x)\mathrm{d}x = \int_a^b y\mathrm{d}x, \qquad (5.13)$$

若 $y=f(x)$ 在区间 $[a,b]$ 上不具有非负的条件,则所围成的面积为

$$A = \int_a^b |f(x)| \, \mathrm{d}x = \int_a^b |y| \, \mathrm{d}x. \qquad (5.14)$$

一般地,由两条连续曲线 $y=g(x)$, $y=f(x)$ 及两条直线 $x=a$, $x=b$ ($a<b$) 所围成的平面图形(图 5-18)的面积按如下方法求得:

在区间 $[a,b]$ 上,若有 $g(x) \leqslant f(x)$,则面积的计算公式是

$$A = \int_a^b [f(x) - g(x)] \mathrm{d}x. \qquad (5.15)$$

在区间 $[a,b]$ 上,若不具有条件 $g(x) \leqslant f(x)$,则面积的计算公式是

$$A = \int_a^b |f(x) - g(x)| \mathrm{d}x. \qquad (5.16)$$

由两条连续曲线 $x=\varphi(y)$, $x=\psi(y)$ 及两条直线 $y=c$, $y=d$ ($c<d$) 所围成的平面图形的面积为(图 5-19)

$$A = \int_c^d |\varphi(y) - \psi(y)| \mathrm{d}y. \qquad (5.17)$$

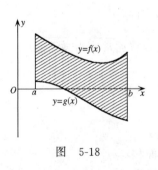

图 5-18

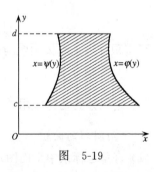

图 5-19

例 1 求由曲线 $xy=1$,直线 $y=x$ 和 $x=2$ 所围图形的面积.

解 首先,画草图(图 5-20).

其次,由草图知,应选 x 作积分变量;为确定积分限,求曲线 $xy=1$ 和直线 $y=x$ 交点 P 的横坐标,可得 $x=1$. 于是积分限由 $x=1$ 到 $x=2$.

最后,用公式(5.15)求面积

302

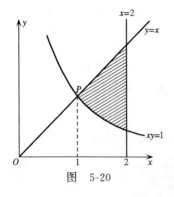

图 5-20

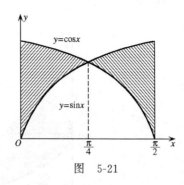

图 5-21

$$A = \int_1^2 \left(x - \frac{1}{x} \right) \mathrm{d}x = \left(\frac{x^2}{2} - \ln x \right) \Big|_1^2 = \frac{3}{2} - \ln 2.$$

例 2 求由曲线 $y = \sin x, y = \cos x$ 及直线 $x = 0, x = \frac{\pi}{2}$ 所围成图形的面积.

解 先画草图如图 5-21.

其次,若选 x 为积分变量,积分下限为 $x = 0$,上限为 $x = \frac{\pi}{2}$.

最后,由图形可知,应用公式(5.16)求面积,用直线 $x = \frac{\pi}{4}$ 把图形分成两块.

$$\begin{aligned}
A &= \int_0^{\frac{\pi}{2}} |\sin x - \cos x| \mathrm{d}x \\
&= \int_0^{\frac{\pi}{4}} (\cos x - \sin x) \mathrm{d}x + \int_{\frac{\pi}{4}}^{\frac{\pi}{2}} (\sin x - \cos x) \mathrm{d}x \\
&= (\sin x + \cos x) \Big|_0^{\frac{\pi}{4}} + (- \cos x - \sin x) \Big|_{\frac{\pi}{4}}^{\frac{\pi}{2}} \\
&= 2(\sqrt{2} - 1).
\end{aligned}$$

例 3 求由抛物线 $y^2 = x$ 及直线 $x + y - 2 = 0$ 所围成图形的面积.

解　先画草图如图 5-22 所示.抛物线开口向右且过坐标原点.

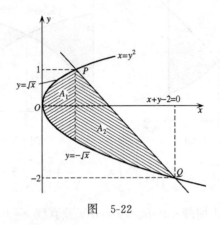

图　5-22

为了确定积分限,解方程组 $\begin{cases} y^2=x, \\ y=2-x, \end{cases}$ 得两组解 $x_1=1, y_1=1$；$x_2=4, y=-2$,即交点 $P(1,1), Q(4,-2)$.

若选取 x 为积分变量,显然,图形介于直线 $x=0$ 和 $x=4$ 之间；而在这两条直线之间不是有两条曲线,而是有三条曲线 $y=\sqrt{x}, y=-\sqrt{x}$ 和 $y=2-x$,因此,图形必须分块.若以直线 $x=1$ 将图形分块,便可用面积公式(5.15)计算面积.这时

$$A=A_1+A_2$$
$$=\int_0^1[\sqrt{x}-(-\sqrt{x})]\mathrm{d}x$$
$$+\int_1^4[(2-x)-(-\sqrt{x})]\mathrm{d}x$$
$$=2\cdot\frac{2}{3}x^{\frac{3}{2}}\Big|_0^1+\left(2x-\frac{x^2}{2}+\frac{2}{3}x^{\frac{3}{2}}\right)\Big|_1^4$$
$$=\frac{4}{3}+\frac{19}{6}=\frac{9}{2}.$$

若选取 y 为积分变量,则图形介于直线 $y=-2$ 和 $y=1$ 之间,

304

在这两条直线之间有两条曲线 $x=y^2$ 和 $x=2-y$. 由面积公式 (5.17)，有

$$A = \int_{-2}^{1} [(2-y) - y^2] \mathrm{d}y$$

$$= \left(2y - \frac{y^2}{2} - \frac{y^3}{3} \right) \Big|_{-2}^{1} = \frac{9}{2}.$$

说明 用定积分求几何图形的面积，可选取 x 为积分变量，用公式 (5.16)，也可选取 y 为积分变量，用公式 (5.17). 由例 3 看，选取 y 为积分变量较好. 一般地，用定积分求面积时，应恰当地选取积分变量，尽量使图形不分块和少分块（必须分块时）为好.

*(2) 由参数方程所表示的曲线的面积

若平面曲线由参数方程表示：

$$\begin{cases} x = \varphi(t), \\ y = \psi(t), \end{cases} \quad \alpha \leqslant t \leqslant \beta,$$

其中 $\varphi(t), \psi(t)$ 在 $[\alpha, \beta]$ 上连续，$\varphi'(t) > 0$，且 $\varphi(\alpha) = a, \varphi(\beta) = b$. 则由上述曲线及直线 $x=a, x=b$ $(a<b)$ 和 x 轴所围图形的面积 A，只要把 $x=\varphi(t), y=\psi(t)$ 代入面积公式 (5.14) 式，并相应地变换积分限，可得其计算公式

$$A = \int_{a}^{b} |y| \mathrm{d}x = \int_{\alpha}^{\beta} |\psi(t)| \varphi'(t) \mathrm{d}t. \tag{5.18}$$

例 4 设椭圆的参数方程为

$$\begin{cases} x = a\cos t, \\ y = b\sin t, \end{cases}$$

求椭圆的面积.

解 所给椭圆如图 5-23 所示. 由于椭圆关于 x 轴，y 轴的对称性，只要计算第一象限部分的面积，便可得到所求面积. 由公式 (5.18)，椭圆面积

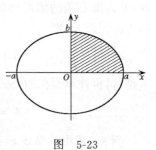

图 5-23

$$A = 4\int_{\frac{\pi}{2}}^{0} b\sin t \, (-a\sin t) \mathrm{d}t = 4ab\int_{0}^{\frac{\pi}{2}} \sin^2 t \, \mathrm{d}t$$

$$= 4ab \left(\frac{t}{2} - \frac{\sin 2t}{4} \right) \Big|_0^{\frac{\pi}{2}} = \pi ab.$$

*(3) 极坐标系中平面图形的面积

若围成平面图形的曲线由极坐标方程给出：
$$r = r(\theta), \quad \alpha \leqslant \theta \leqslant \beta,$$
其中 $r=r(\theta)$ 在区间 $[\alpha,\beta]$ 上连续，$\beta-\alpha\leqslant 2\pi$. 这实际上是由曲线 $r=r(\theta)$ 和两条射线 $\theta=\alpha, \theta=\beta$ 所围成的平面图形，通常称为扇形. 试求扇形的面积 A（图 5-24）.

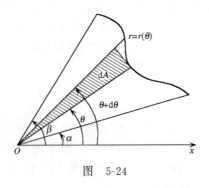

图 5-24

用微元法. 先确定面积 A 的微元 dA. 取 θ 为积分变量，在区间 $[\alpha,\beta]$ 上任取一个小区间 $[\theta,\theta+d\theta]$，用 θ 处的极径 $r(\theta)$ 为半径，以 $d\theta$ 为圆心角的圆扇形的面积，即图 5-24 中有阴影部分的面积作为面积微元，则
$$dA = \frac{1}{2}[r(\theta)]^2 d\theta,$$
于是，可得计算面积的公式为
$$A = \frac{1}{2}\int_\alpha^\beta [r(\theta)]^2 \, d\theta. \tag{5.19}$$

例 5 求由心形线 $r=a(1+\cos\theta)$（$a>0$）所围图形的面积.

解 心形线如图 5-25 所示. 由于曲线关于极轴 x 对称. 位于极轴上方的图形，θ 由 0 变到 π. 于是，由公式(5.19)，所求面积

306

$$A = 2 \cdot \frac{1}{2} \int_0^\pi [a(1+\cos\theta)]^2 \, \mathrm{d}\theta$$

$$= a^2 \int_0^\pi (1 + 2\cos\theta + \cos^2\theta)\mathrm{d}\theta$$

$$= a^2 \left[\theta + 2\sin\theta + \frac{1}{2}\left(\theta + \frac{1}{2}\sin2\theta \right) \right] \Big|_0^\pi$$

$$= \frac{3}{2}\pi a^2.$$

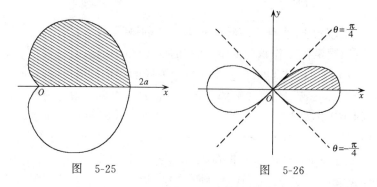

图 5-25   图 5-26

例 6 求由双纽线 $r^2 = a^2\cos2\theta$ $(a>0)$ 所围图形的面积.

解 双纽线如图 5-26 所示. 由双纽线方程及 $r^2 \geqslant 0$ 可知 θ 的取值范围是 $\left[-\dfrac{\pi}{4}, \dfrac{\pi}{4} \right]$ 和 $\left[\dfrac{3}{4}\pi, \dfrac{5}{4}\pi \right]$. 于是,由图形的对称性,用公式(5.19)可得所求面积

$$A = 4 \cdot \frac{1}{2} \int_0^{\frac{\pi}{4}} a^2 \cos2\theta \mathrm{d}\theta = 2a^2 \cdot \frac{1}{2} \sin2\theta \Big|_0^{\frac{\pi}{4}} = a^2.$$

2. 旋转体的体积

一个平面图形绕这平面上的一条直线旋转一周而生成的空间立体称为**旋转体**；这条直线称为**旋转轴**.

我们现在来求由曲线 $y=f(x)$ $(f(x)\geqslant0)$,直线 $x=a, x=b$ $(a<b)$ 和 x 轴所围的曲边梯形 $aABb$(图 5-27)绕 x 轴旋转一周而生成的旋转体的体积(图 5-28).

307

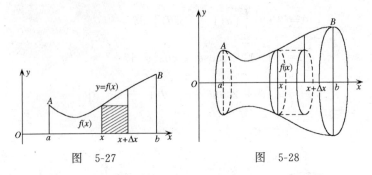

图 5-27   图 5-28

用微元法.先确定旋转体的体积 V 的微元 $\mathrm{d}V$.

取横坐标 x 作积分变量,在它的变化区间 $[a,b]$ 上任取一个小区间 $[x,x+\mathrm{d}x]$,以区间 $[x,x+\mathrm{d}x]$ 为底的小曲边梯形绕 x 轴旋转一周可生成一个薄片形的旋转体.它的体积可以用一个与它同底的小矩形(图 5-27 中有阴影的部分)绕 x 轴旋转一周而生成的薄片形的圆柱体的体积近似代替.这个圆柱体以 $f(x)$ 为底半径,$\mathrm{d}x$ 为高.由此,得体积 V 的微元

$$\mathrm{d}V = \pi[f(x)]^2\,\mathrm{d}x,$$

于是,所求旋转体的体积

$$V_x = \pi\int_a^b [f(x)]^2\,\mathrm{d}x = \pi\int_a^b y^2\mathrm{d}x. \tag{5.20}$$

用同样的方法可以推得,由曲线 $x=\varphi(y)(\varphi(y)\geqslant 0)$,直线 $y=c$,$y=d(c<d)$ 和 y 轴所围成的曲边梯形绕 y 轴旋转一周而生成的旋转体的体积(图 5-29).

$$V_y = \pi\int_c^d [\varphi(y)]^2\,\mathrm{d}y = \pi\int_c^d x^2\,\mathrm{d}y. \tag{5.21}$$

例 7 求由直线 $x+y=4$ 与曲线 $xy=3$ 所围成的平面图形绕 x 轴旋转一周而生成的旋转体的体积.

解 平面图形是图 5-30 中有阴影的部分.该平面图形绕 x 轴旋转而成的旋转体,应该是两个旋转体的体积之差.由于直线 $y=$

$4-x$ 与曲线 $y=\dfrac{3}{x}$ 的交点为 $A(1,3)$ 和 $B(3,1)$，所以，由公式 (5.20) 所求旋转体的体积

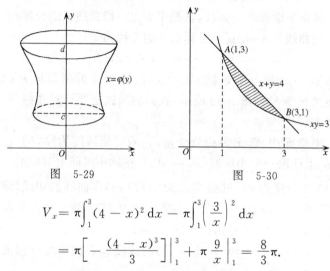

图 5-29   图 5-30

$$V_x = \pi \int_1^3 (4-x)^2 \,dx - \pi \int_1^3 \left(\frac{3}{x}\right)^2 \,dx$$

$$= \pi \left[-\frac{(4-x)^3}{3} \right] \Big|_1^3 + \pi \frac{9}{x} \Big|_1^3 = \frac{8}{3}\pi.$$

例 8　求由直线段 $y=\dfrac{R}{h}x, x \in [0,h]$ 和直线 $x=h, x$ 轴所围成平面图形绕 x 轴旋转一周所成旋转体的体积.

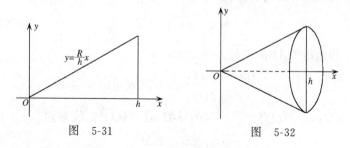

图 5-31   图 5-32

解　平面图形如图 5-31 所示，所得旋转体是一个锥体 (图 5-32)．由公式(5.20)，所求旋转体的体积

$$V_x = \pi \int_0^h \left(\frac{R}{h}x\right)^2 \,dx = \frac{1}{3}\pi R^2 h.$$

这就是初等数学中,底半径为 R,高为 h 的圆锥体的体积公式.

*3. 平面曲线的弧长

所谓平面曲线的弧长,就是平面上一段曲线弧的长度.

设曲线弧 $\overparen{AB}$ 在直角坐标系下的方程为

$$y = f(x), \quad x \in [a, b].$$

若函数 $f(x)$ 的一阶导数 $f'(x)$ 连续,且点 A 的横坐标为 a,点 B 的横坐标为 b. 如图 5-33 所示,我们的问题是要计算曲线弧 $\overparen{AB}$ 的长度 l.

用微元法. 选 x 为积分变量,它的变化区间为 $[a, b]$. 在区间 $[a, b]$ 上任取一个小区间 $[x, x+\mathrm{d}x]$,在此小区间上对应的一段短弧 $\overparen{MN}$ 的长度为 Δl. 过曲线点 $M(x, f(x))$ 作曲线的切线,该切线在小区间 $[x, x+\mathrm{d}x]$ 上的一小段长度为 MT(图 5-33). 根据微分的几何意义,PT 正是函数 $f(x)$ 在点 x 的微分 $\mathrm{d}y$. 于是,小切线段 MT 的长度为 $\sqrt{(\mathrm{d}x)^2 + (\mathrm{d}y)^2}$. 用切线段 MT 的长度近似曲线段 $\overparen{MN}$ 的长度,便得到弧长的微元

$$\mathrm{d}l = \sqrt{(\mathrm{d}x)^2 + (\mathrm{d}y)^2} = \sqrt{1 + y'^2}\,\mathrm{d}x.$$

从而,曲线弧 $\overparen{AB}$ 的长度为

$$l = \int_a^b \sqrt{1 + y'^2}\,\mathrm{d}x. \tag{5.22}$$

若曲线弧 $\overparen{AB}$ 由参数方程表示:

$$\begin{cases} x = \varphi(t), \\ y = \psi(t), \end{cases} \quad \alpha \leqslant t \leqslant \beta,$$

$x = \varphi(t), y = \psi(t)$ 有一阶连续的导数,且 $\varphi'(t) \neq 0$. 注意到

$$y' = \frac{\mathrm{d}y}{\mathrm{d}x} = \frac{\psi'(t)}{\varphi'(t)},$$

则由 (5.22) 式便可得到由参数方程所表示的平面曲线的弧长公式

$$l = \int_\alpha^\beta \sqrt{1 + \left[\frac{\psi'(t)}{\varphi'(t)}\right]^2}\,\varphi'(t)\mathrm{d}t,$$

310

即

$$l = \int_{\alpha}^{\beta} \sqrt{[\phi'(t)]^2 + [\psi'(t)]^2} \mathrm{d}t. \qquad (5.23)$$

若曲线弧$\overparen{AB}$由极坐标方程表示：

$$r = r(\theta), \quad \alpha \leqslant \theta \leqslant \beta,$$

其中$r(\theta)$在$[\alpha,\beta]$上有连续的导数. 曲线的方程由极坐标系转换成直角坐标系时, 以θ为参数的曲线方程是

$$\begin{cases} x = r(\theta)\cos\theta, \\ y = r(\theta)\sin\theta, \end{cases} \quad \alpha \leqslant \theta \leqslant \beta.$$

由于

$$\begin{cases} x' = r'(\theta)\cos\theta - r(\theta)\sin\theta, \\ y' = r'(\theta)\sin\theta + r(\theta)\cos\theta, \end{cases}$$

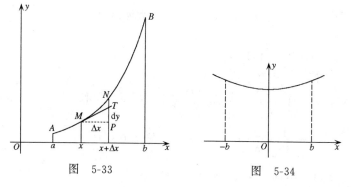

图 5-33　　　　　图 5-34

将它们代入(5.23)式, 就有由极坐标方程表示的曲线的弧长公式

$$l = \int_{\alpha}^{\beta} \sqrt{[r(\theta)]^2 + [r'(\theta)]^2} \mathrm{d}\theta. \qquad (5.24)$$

例 9　两根电线杆之间的电线, 由于其自身的重量下垂呈曲线, 如图 5-34 所示, 称为悬链线. 在选取坐标系如图 5-34 时, 其方程为

$$y = a\, \frac{\mathrm{e}^{\frac{x}{a}} + \mathrm{e}^{-\frac{x}{a}}}{2},$$

试计算从 $x=-b$ 到 $x=b$ 这段弧的长度.

解 因

$$y' = \frac{1}{2}(e^{\frac{x}{a}} - e^{-\frac{x}{a}}),$$

由公式(5.22),所求弧长

$$l = \int_{-b}^{b} \sqrt{1 + \frac{1}{4}(e^{\frac{x}{a}} - e^{-\frac{x}{a}})^2}\,\mathrm{d}x$$

$$= 2\int_{0}^{b} \sqrt{\frac{1}{4}(e^{\frac{x}{a}} + e^{-\frac{x}{a}})^2}\,\mathrm{d}x = \int_{0}^{b}(e^{\frac{x}{a}} + e^{-\frac{x}{a}})\mathrm{d}x$$

$$= a(e^{\frac{x}{a}} - e^{-\frac{x}{a}})\Big|_{0}^{b} = a(e^{\frac{b}{a}} - e^{-\frac{b}{a}}).$$

例 10 求曲线 $y=x^{\frac{3}{2}}$ 在区间$[0,4]$上一段的弧长.

解 因 $y'=\frac{3}{2}x^{\frac{1}{2}}$,由公式(5.22),所求弧长

$$l = \int_{0}^{4} \sqrt{1 + \left(\frac{3}{2}x^{\frac{1}{2}}\right)^2}\,\mathrm{d}x$$

$$= \int_{0}^{4} \sqrt{1 + \frac{9}{4}x}\,\mathrm{d}x = \frac{1}{2}\int_{0}^{4} \sqrt{4 + 9x}\,\mathrm{d}x$$

$$= \frac{1}{18} \cdot \frac{2}{3}(4 + 9x)^{\frac{3}{2}}\Big|_{0}^{4} = \frac{8}{27}(10\sqrt{10} - 1).$$

例 11 求曲线 $x=e^t \sin t, y=e^t \cos t$ 相应于 $0 \leqslant t \leqslant \frac{\pi}{2}$ 的一段的弧长.

解 用公式(5.23).由于

$$\frac{\mathrm{d}x}{\mathrm{d}t} = e^t \sin t + e^t \cos t, \qquad \frac{\mathrm{d}y}{\mathrm{d}t} = e^t \cos t - e^t \sin t,$$

$$\left(\frac{\mathrm{d}x}{\mathrm{d}t}\right)^2 + \left(\frac{\mathrm{d}y}{\mathrm{d}t}\right)^2 = (e^t \sin t + e^t \cos t)^2 + (e^t \cos t - e^t \sin t)^2$$

$$= 2e^{2t}.$$

故所求弧长

$$l = \int_0^{\frac{\pi}{2}} \sqrt{2e^{2t}}\,dt = \sqrt{2} \int_0^{\frac{\pi}{2}} e^t\,dt$$

$$= \sqrt{2}\,e^t \Big|_0^{\frac{\pi}{2}} = \sqrt{2}\,(e^{\frac{\pi}{2}} - 1).$$

例 12 求心形线 $r = a(1 + \cos\theta)\,(a > 0)$ 的全长.

解 心形线见图 5-25. 由于 $r'(\theta) = -a\sin\theta$,由公式(5.24)并根据对称性得

$$l = 2\int_0^{\pi} \sqrt{a^2(1 + \cos\theta)^2 + a^2\sin^2\theta}\,d\theta$$

$$= 2a\int_0^{\pi} \sqrt{2(1 + \cos\theta)}\,d\theta = 4a\int_0^{\pi} \cos\frac{\theta}{2}\,d\theta$$

$$= 8a\sin\frac{\theta}{2}\Big|_0^{\pi} = 8a.$$

*三、定积分的物理应用

1. **变力沿直线所作的功**

一个物体作直线运动,若在运动过程中受一与运动方向一致的常力 F 的作用,当物体有位移 s 时,则力 F 所作的功为

$$W = F \cdot s.$$

现设一物体沿 x 轴正向运动,且在从点 a 移动到点 b 的过程中,受与 x 轴正向一致的变力 F 的作用. 由于物体位于 x 轴上不同的位置时,所受力的大小不同,力 F 可看作是 x 的函数 $F = F(x)$. 试确定变力 F 的区间 $[a,b]$ 上所作的功(图 5-35).

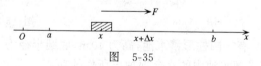

图 5-35

在区间 $[a,b]$ 上任取一个小区间 $[x, x+dx]$,物体由点 x 移动到点 $x+dx$ 时,变力 F 所作功的近似值就是功的微元

$$dW = F(x)dx,$$

于是,物体从点 a 移动到点 b 所作的功为

$$W = \int_a^b F(x)\mathrm{d}x. \tag{5.25}$$

例 13 设有一水平放置的弹簧,已知它被拉长 0.01 米时,需 6 牛的力,求出弹簧拉长 0.1 米时,克服弹性力所作的功.

解 由物理学知道,弹簧在弹性限度内,在外力作用下伸长时,力与伸长的量成正比.

现设弹簧的平衡位置为坐标原点(图 5-36),弹簧被拉长到点 x 时,外力为 $F(x) = kx$(其中 k 为比例系数,$k > 0$).

由已知条件,当 $x = 0.01\,\mathrm{m}$ 时,$F_1 = 6\,\mathrm{N}$,所以

$$6 = k \cdot 0.01 \quad 得 \quad k = 600,$$

于是

$$F(x) = 600x(\mathrm{N}).$$

当弹簧被拉长 $0.1\,\mathrm{m}$ 时,外力所作的功,由(5.25)式,

$$W = \int_0^{0.1} F(x)\mathrm{d}x = 600 \int_0^{0.1} x\mathrm{d}x = 3(\mathrm{J}).$$

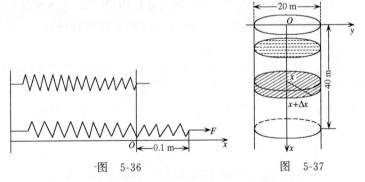

图 5-36　　　　　　图 5-37

例 14 有一圆柱形蓄水池,高为 $40\,\mathrm{m}$,底圆半径为 $10\,\mathrm{m}$,池内盛满水,试求把水池内的水全部抽出所作的功.

解 建立坐标系如图 5-37 所示,在小区间 $[x, x+\Delta x]$ 上的薄水层,到水池顶部 O 的距离可视为 x,由于水的密度 ρ 为 $1\,\mathrm{t/m^3}$,水的重力为 $\rho g = 9.8\,\mathrm{kg/m^3}$,抽出这薄水层所作的功为功的微元

314

$$dW = \pi r^2 \rho g x dx = \pi \cdot 10^2 \cdot 9.8 x dx,$$

于是,抽出全部水所作的功

$$W = \int_0^{40} 9.8 \cdot 10^2 \pi x dx = 9.8 \cdot 10^2 \pi \frac{x^2}{2} \Big|_0^{40}$$

$$= 246.2 \times 10^4 (\text{kJ}).$$

2. 液体的压力

由物理学可知,在稳定状态的液体中的任一点,在任何方向所受的压强均相同:在液体深为 h 处的压强为

$$p = \gamma h,$$

其中 $\gamma = \rho \cdot g$,ρ 为液体密度,$g = 9.8 \, \text{m/s}^2$.

若一面积为 A 的平板,水平地放置在液体深度为 h 处(板面与液面平行),则平板一侧所受的压力为

$$P = pA = \gamma h A.$$

现将一平板垂直地置放在液体中(板面垂直于液面),由于深度不同处,其压强不同,试问应如何计算平板一侧所受的压力.

选取坐标系如图 5-38,沿液面取 y 轴,且形状为曲边梯形的平板位于液体中的位置为 $aABb$(图 5-38),其中曲边 $y = f(x) \geqslant 0$. 取平板的一个与 y 轴平行的窄条(图 5-38 中有阴影的部分),该窄条在液体中的深度为 x,其面积可视为是 $y dx$. 于是这一窄条平板所受的压力,就是平板在液体中所受压力的微元,即

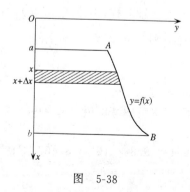

图 5-38

$$dP = \gamma x y \, dx = \gamma x f(x) \, dx,$$

从而,位于液体中,深为 $x=a$ 到 $x=b$ 这一平板所受的压力就是

$$P = \gamma \int_a^b x f(x) \, dx. \qquad (5.26)$$

例 15 有一梯形水闸如图 5-39 所示. 它的顶宽为 20 m,底宽为 8 m,高为 12 m. 当水面与闸门顶齐平时,试求闸门所受的压力.

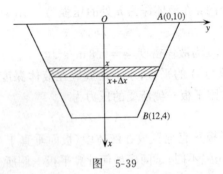

图 5-39

解 选取坐标系如图 5-39 所示. 由题设知:点 $A(0, 10)$,$B(12, 4)$;过点 A 与 B 的直线方程为

$$y = -\frac{x}{2} + 10,$$

这是闸门右侧一边的方程.

注意到闸门关于 x 轴对称,由公式(5.26),闸门所受的压力

$$P = 2\gamma \int_0^{12} x \left(-\frac{x}{2} + 10 \right) dx$$

$$= 2\gamma \left(-\frac{x^3}{6} + 5x^2 \right) \Big|_0^{12} = 864\gamma,$$

其中水的重力 $\gamma = \rho \cdot g = 10^3 \, \text{kg/m}^3 \times 9.8 \, \text{m/s}^2 = 9.8 \times 10^3 \, \text{N/m}^3$.
于是

$$P = 864 \times 9.8 \times 10^3 = 8.467 \times 10^6 (\text{N}).$$

316

四、积分学在经济中的应用

1. 已知边际函数求总函数

已知总成本函数 $C=C(Q)$，总收益函数 $R=R(Q)$（统称总函数），由微分法可得到边际成本函数、边际收益函数（统称边际函数）

$$MC = \frac{\mathrm{d}C}{\mathrm{d}Q}, \quad MR = \frac{\mathrm{d}R}{\mathrm{d}Q}.$$

由于积分法是微分法的逆运算，因此，积分法能使我们由边际函数推得总函数，即已知边际成本函数 MC，边际收益函数 MR，可得总成本函数，总收益函数. 即总成本函数为

$$C(Q) = \int (MC)\mathrm{d}Q. \tag{5.27}$$

总收益函数为

$$R(Q) = \int (MR)\mathrm{d}Q. \tag{5.28}$$

因不定积分中含有一个任意常数，为了得到所要求的总函数，用公式(5.27)或公式(5.28)时，尚需知道一个确定积分常数的条件：一般情况求总成本函数时，题设中给出固定成本 C_0，即 $C(0)=C_0$；求总收益函数时，确定任意常数的条件是 $R(0)=0$，即尚没销售产品时，总收益为零. 不过这个条件往往题设中不给出.

我们知道，变上限的定积分是被积函数的一个原函数，因此，已知边际成本函数 MC，边际收益函数 MR，也可用变上限的定积分来表示总成本函数，总收益函数：

$$C(Q) = \int_0^Q (MC)\mathrm{d}Q + C_0, \tag{5.29}$$

$$R(Q) = \int_0^Q (MR)\mathrm{d}Q, \tag{5.30}$$

其中，公式(5.29)中的 $C_0=C(0)$ 是固定成本. 由(5.29)式和(5.30)式可得到总利润函数

$$\pi(Q) = \int_0^Q (MR - MC)\mathrm{d}Q - C_0. \tag{5.31}$$

容易理解,产量由 a 个单位改变到 b 个单位时,总成本的改变量,总收益的改变量分别用下式计算

$$\int_a^b (MC)\mathrm{d}Q, \tag{5.32}$$

$$\int_a^b (MR)\mathrm{d}Q. \tag{5.33}$$

例 16 设生产某产品的固定成本为 1 万元,边际收益和边际成本分别为(单位:万元/百台)

$$R'(Q) = 8 - Q, \quad C'(Q) = 4 + \frac{Q}{4}.$$

(1) 求产量由 1 百台增加到 5 百台时,总成本和总收益各增加多少?

(2) 求产量为多少时,总利润最大;

(3) 求利润最大时的总利润、总成本和总收益.

解 (1) 由公式(5.32)可得总成本的增加量为

$$\int_1^5 C'(Q)\mathrm{d}Q = \int_1^5 \left(4 + \frac{Q}{4}\right)\mathrm{d}Q = \left(4Q + \frac{Q^2}{8}\right)\Big|_1^5$$
$$= 19(万元).$$

由公式(5.33)可得总收益的增加量为

$$\int_1^5 R'(Q)\mathrm{d}Q = \int_1^5 (8 - Q)\mathrm{d}Q = \left(8Q - \frac{Q^2}{2}\right)\Big|_1^5$$
$$= 20(万元).$$

(2) 由公式(5.31)可得总利润函数

$$\pi(Q) = \int_0^Q \left[(8 - x) - \left(4 + \frac{x}{4}\right)\right]\mathrm{d}x - 1$$
$$= \left(4x - \frac{5}{8}x^2\right)\Big|_0^Q - 1 = 4Q - \frac{5}{8}Q^2 - 1.$$

由 $\pi'(Q) = 4 - \frac{5}{4}Q = 0$ 得 $Q = 3.2$(百台).

又 $\pi''(Q)=-\dfrac{5}{4}<0$ （对任何 Q 都成立），

故产量 $Q=3.2$ 百台时,利润最大.

(3) 将 $Q=3.2$ 代入利润函数中,可得最大利润为

$$\pi(3.2)=4\cdot3.2-\frac{5}{8}\cdot(3.2)^2-1=5.4(万元).$$

由公式(5.29),可得利润最大时总成本为

$$C=\int_0^{3.2}\left(4+\frac{Q}{4}\right)\mathrm{d}Q+1$$

$$=\left(4Q+\frac{Q^2}{8}\right)\Big|_0^{3.2}+1=15.08(万元).$$

由公式(5.30),可得利润最大时的总收益为

$$R=\int_0^{3.2}(8-Q)\mathrm{d}Q=\left(8Q-\frac{Q^2}{2}\right)\Big|_0^{3.2}=20.48(万元).$$

例 17 一煤矿投资 2000 万元建成,开工采煤后,在时刻 t 的追加成本和追加收益分别为(单位:百万元/年)

$$G(t)=5+2t^{\frac{2}{3}},\quad \Phi(t)=17-t^{\frac{2}{3}},$$

试确定该矿在何时停止生产可获最大利润?最大利润是多少?

分析 这里,追加成本就是总成本对时间 t 的变化率,追加收益就是总收益对时间 t 的变化率. 而 $\Phi(t)-G(t)$ 应该是追加利润,或者说是利润对时间 t 的变化率. 投资 2000 万元建煤矿,这是固定成本.

显然,$G(t)$ 是增函数,$\Phi(t)$ 是减函数,这意味着生产费用逐年增加,而所得收益逐年减少. 从图 5-40 看,煤矿所获利润应是曲边三角形 ABC 面积的数值.

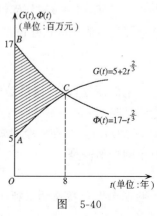

图 5-40

解 由极值存在的必要条件: $G(t)=\Phi(t)$,即

319

$$5 + 2t^{\frac{2}{3}} = 17 - t^{\frac{2}{3}},$$

可解得 $t=8$. 又因

$$G'(t) = \frac{4}{3}t^{-\frac{1}{3}}, \quad \Phi'(t) = -\frac{2}{3}t^{-\frac{1}{3}},$$

显然 $\Phi'(8) < G'(8)$，即 $t=8$ 时，满足极值存在的充分条件. 所以，煤矿生产 8 年可获最大利润，其值是

$$
\begin{aligned}
\pi &= \int_0^8 [\Phi(t) - G(t)]\mathrm{d}t - 20 \\
&= \int_0^8 [(17 - t^{\frac{2}{3}}) - (5 + 2t^{\frac{2}{3}})]\mathrm{d}t - 20 \\
&= \left(12t - \frac{9}{5}t^{\frac{5}{3}}\right)\Big|_0^8 - 20 \\
&= 38.4 - 20 = 18.4(\text{百万元}).
\end{aligned}
$$

2. 现金流量的现在值

如果收益(或支出)不是单一数额，而是在每单位时间内，比如说在每一年末都有收益(或支出)，这称为现金流量. 现设第 1 年末，第 2 年末，$\cdots$，第 n 年末的未来收益流量是

$$R_1, R_2, \cdots, R_n,$$

若贴现率为 r，则 $R_i(i=1, 2, \cdots, n)$ 的现在值分别是

$$R_1(1+r)^{-1}, R_2(1+r)^{-2}, \cdots, R_n(1+r)^{-n},$$

这全部收益流量的现在值是和

$$R = \sum_{i=1}^n \frac{R_i}{(1+r)^i}.$$

上面所述，现金流量是离散的情况. 若它是连续的，则现金流量将是时间 t 的函数 $R(t)$：若 t 以年为单位，在时间点 t 每年的流量是 $R(t)$. 这样，在一个很短的时间间隔 $[t, t+\mathrm{d}t]$ 内，现金流量的总量的近似值是

$$R(t)\mathrm{d}t,$$

当贴现率为 r，按连续复利计算，其现在值应是

$$R(t)\mathrm{e}^{-rt}\mathrm{d}t,$$

那么,到 n 年末收益流量的总量的现在值就是如下的定积分

$$R = \int_0^n R(t) \mathrm{e}^{-rt} \mathrm{d}t.$$

特别地,当 $R(t)$ 是常量 A(每年的收益不变,都是 A,这称为均匀流),则

$$R = A \int_0^n \mathrm{e}^{-rt}\, \mathrm{d}t = \frac{A}{r}(1 - \mathrm{e}^{-rn}).$$

例如,连续收益流量每年按 6000 元的不变比率持续两年,且贴现率为 6%,其现在值

$$R = 6000 \int_0^2 \mathrm{e}^{-0.06t}\mathrm{d}t = \frac{6000}{0.06}(1 - \mathrm{e}^{-0.06 \times 2})$$

$$= 100000(1 - 0.8869) = 11310(\text{元}).$$

例 18 若某物品现售价 5000 万元,分期付款购买,10 年付清,每年付款数相同.若贴现率为 4%,按连续复利计算,每年应付款多少万元?

解 每年付款数相同,共付 10 年,这是均匀现金流量,设每年付款 A 万元.

全部付款的总现在值是已知的,即现售价 5000 万元. 于是根据均匀流量的贴现公式,有

$$5000 = A \int_0^{10} \mathrm{e}^{-0.04t}\mathrm{d}t = \frac{A}{0.04}(1 - \mathrm{e}^{-0.04 \times 10}),$$

即 $\qquad 200 = A(1 - 0.6703), \quad A = 606.61(\text{万元}).$

每年应付款 606.61 万元.

例 19 某一机器使用寿命为 10 年. 如购进此机器需 35000 元,如租用此机器每月租金为 600 元. 设资金的年利率为 14%,按连续复利计算,问购进机器与租用机器哪一种方式合算.

解 计算租金流量总值的现在值,然后与购价相比较.

每月租金 600 元,每年租金为 7200 元. 租金流量总值的现在值

$$P = 7200 \int_0^{10} \mathrm{e}^{-0.14t}\mathrm{d}t = \frac{7200}{0.14}(1 - \mathrm{e}^{-0.14 \times 10})$$

$$= 51428.5 \times (1 - 0.2466)\text{元} = 38756 \text{元}.$$

因购进机器只需 35000 元,显然,购进机器合算.

本题也可将购进机器的费用折算成按租用付款,然后与实际租用费比较.

假若收益流量 $R(t)$ 长久持续下去,则这种流量的总现在值是广义积分

$$R = \int_0^{+\infty} R(t)\mathrm{e}^{-rt}\mathrm{d}t,$$

其中 r 是贴现率. 特别地,当 $R(t) = A$(常量)时,则

$$R = \int_0^{+\infty} A\mathrm{e}^{-rt}\mathrm{d}t = A \lim_{n \to +\infty} \int_0^n \mathrm{e}^{-rt}\mathrm{d}t = \frac{A}{r}.$$

例如,设持久现金流量每年 240 元,按年利率 6% 贴现,其总现在值是

$$R = \frac{A}{r} = \frac{240}{0.06} = 4000(\text{元}).$$

习　题　5.4

1. 求由下列曲线所围成图形的面积:

(1) $y = \mathrm{e}^x, y = 0, x = 0, x = 1$;　　(2) $y = \ln x, y = 0, x = \mathrm{e}$;

(3) $y = x^2, y = 3x + 4$;　　　　(4) $y = 1 - x^2, y = \frac{3}{2}x$;

(5) $y = x^2 - 2x + 2, y = x + 6$;　　(6) $y = x^3, y = x$;

(7) $y = x^2, y = x, y = 2x$;　　(8) $y = \ln x, y = 0, y = 1, x = 0$;

(9) $y^2 = x, x - y - 2 = 0$;　　(10) $y^2 = 2x + 1, x - y - 1 = 0$;

(11) $xy = 3, x + y = 4$;　　　(12) $y = 2x, y = \frac{x}{2}, x + y = 2$;

(13) $xy = 1, y = 4x, x = 2, y = 0$;　(14) $y = x^3 - 6x, y = x^2$.

2. 求由抛物线 $y^2 = 4x$ 及其在点 $M(1, 2)$ 处的法线所围图形的面积.

3. 求曲线 $y=\ln x$ 在区间 $(2,6)$ 内的一点,使该点的切线与直线 $x=2,x=6$ 以及 $y=\ln x$ 所围成的平面图形面积最小.

4. 现有曲线 $y=qx^n$(q 非零常数,n 为自然数),试在 a 与 b 之间找一点 c,使得在直线 $x=c$ 两边有阴影部分的面积相等(图 5-41).

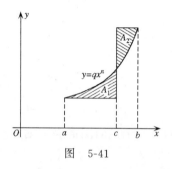

图 5-41

5. 求曲线 $y=\dfrac{1}{2}x^3+\dfrac{3}{4}x^2-3x$ 与 x 轴及该曲线两个极值点纵线间所围成图形的面积.

*6. 求摆线的一拱

$$\begin{cases} x=a(t-\sin t), \\ y=a(1-\cos t) \end{cases} \quad (0\leqslant t<2\pi)$$

与 x 轴所围图形的面积.

*7. 求星形线与圆,即由曲线

$$\begin{cases} x=a\cos^3 t, \\ y=a\sin^3 t, \end{cases} \text{与} \begin{cases} x=a\cos t, \\ y=a\sin t \end{cases} \quad (0\leqslant t\leqslant 2\pi,a>0)$$

所围图形的面积(图 5-42).

*8. 求由下列极坐标方程所表示的曲线围成图形的面积:

(1) $r=4\sin 3\theta$(三叶玫瑰线,见附录三);

(2) $r=4\cos 2\theta$(四叶玫瑰线,见附录三);

(3) $r=a(1-\cos\theta)$(心形线,见附录三);

(4) $r=a\theta,0\leqslant\theta\leqslant 2\pi$(阿基米德螺线,见附录三);

(5) 圆 $r=\sqrt{2}\sin\theta$ 与双纽线 $r^2=\cos2\theta$ 的公共部分 (图 5-43).

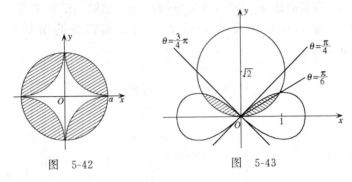

图　5-42　　　　　　　　图　5-43

9. 求由下列曲线所围成的图形绕 x 轴旋转所成旋转体的体积：

(1) $y=x^2,y=0,x=1,x=2$；

(2) $xy=a^2,y=0,x=a,x=2a$；

(3) $y=x^2,x=y^2$；　　　(4) $y=x^2,y=x$；

(5) $y=\dfrac{1}{x},y=4x,y=0,x=2$；

(6) $y=\sin x\ (0\leqslant x\leqslant\pi),y=0$.

10. 求下列曲线所围成的图形绕 x 轴，绕 y 轴旋转所成旋转体的体积：

(1) 椭圆 $\dfrac{x^2}{a^2}+\dfrac{y^2}{b^2}=1$；　　　(2) 圆 $(x-5)^2+y^2=16$；

(3) 抛物线 $y=2x-x^2,y=0$；

(4) $y=e^{-x}(0\leqslant x<+\infty),y=0$.

11. 求曲线 $y=\ln x$ 及过曲线上点 $(e,1)$ 的切线和 x 轴所围成的图形绕 x 轴旋转所成旋转体的体积.

*12. 求下列曲线的弧长：

(1) $y=\ln x\ (1\leqslant x\leqslant 3)$；　　　(2) $y^2=4(x-1)\ (1\leqslant x\leqslant 2)$.

*13. 求星形线 $x=a\cos^3 t,y=a\sin^3 t$ 的全长 (见附录三).

*14. 求摆线第一拱的全长：$x=a(t-\sin t), y=a(1-\cos t)$，$0 \leqslant t \leqslant 2\pi$（见附录三）.

*15. 求圆的渐伸线（见附录三）

$$\begin{cases} x = a\cos t + at\sin t, \\ y = a\sin t - at\cos t \end{cases} \quad (a > 0, 0 \leqslant t \leqslant 2\pi)$$

的全长.

*16. 求曲线

$$\begin{cases} x = \displaystyle\int_1^t \frac{\cos u}{u}\mathrm{d}u, \\ y = \displaystyle\int_1^t \frac{\sin u}{u}\mathrm{d}u \end{cases} \quad (t \geqslant 1)$$

自原点到参数 $t=t_0$ 的点的一段弧长.

*17. 一弹簧原长为 1 米, 把它压缩 1 厘米所用的力为 5 克. 求把它从 80 厘米压缩到 60 厘米所作的功.

*18. 求阿基米德螺线 $r=a\theta(a>0)$ 从 $\theta=0$ 到 $\theta=2\pi$ 的一段的弧长.

*19. 求曲线 $r=a\sin^3 \dfrac{\theta}{3}(a>0)$ 的全长（$0 \leqslant \theta \leqslant 3\pi$）.

*20. 有一圆锥形蓄水池, 内贮满水, 池口直径为 $2R$, 高为 H, 欲将池内的水全部抽到池外, 需作多少功（图 5-44）.

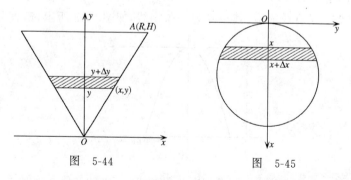

图 5-44   图 5-45

*21. 一半径为 R 的球沉入水中, 它与水面相切, 球的单位体

积重为 1 N. 现将球从水中取出,问要作多少功(图 5-45).

*22. 一物体按规律 $x=ct^3$ 作直线运动,媒体的阻力与速度的平方成正比,计算物体由 $x=0$ 移到 $x=a$ 时,克服阻力所作的功.

*23. 有一垂直于水平的梯形闸门(图 5-46),上底为 a,下底为

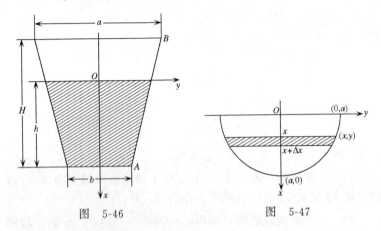

图 5-46   图 5-47

b,高为 H,水面距闸底为 $h(h<H)$. 假设水的密度为 $1\,\mathrm{t/m^3}$,$g=10\,\mathrm{m/s^2}$,求水对闸门的压力.

*24. 有一垂直于水平的半圆形闸门,半径为 a 且其直径位于水的表面上(图 5-47),求水对闸门的压力(设水的密度为 $1\,\mathrm{t/m^3}$,$g=10\,\mathrm{m/s^2}$).

*25. 设有一簿板,其边缘为一抛物线,如图 5-48 所示,铅直沉

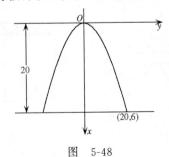

图 5-48

入水中. 若抛物线的顶点恰在水平面上. 试求薄板所受的压力(设水的密度为 $1\,t/m^3, g=10\,m/s^2$).

*26. 某可控硅控制线路中, 流过负载 R 的电流

$$i(t) = \begin{cases} 0, & 0 \leqslant t \leqslant t_0, \\ 5\sin\omega t, & t_0 < t \leqslant T/2, \end{cases}$$

其中 t_0 称为触发时间. 若 $T=0.02$ 秒, $\omega = \dfrac{2\pi}{T} = 100\pi$, 求 $\left[0, \dfrac{T}{2}\right]$ 内电流的平均值.

27. 已知生产某产品的固定成本为 2000, 边际成本函数为

$$MC = 3Q^2 - 118Q + 1315,$$

试确定总成本函数.

28. 生产某产品, 其边际收益函数

$$MR = 200 - \frac{Q}{50},$$

(1) 求总收益函数;

(2) 求生产 200 个单位时的总收益;

(3) 若已经生产了 200 个单位, 求再生产 200 个单位时的总收益.

29. 每天生产某产品的固定成本为 20 万元, 边际成本函数

$$MC = 0.4Q + 2(万元 / 吨),$$

商品的销售价格 $P=18$(万元/吨).

(1) 求总成本函数;

(2) 求总利润函数;

(3) 每天生产多少吨产品可获最大利润? 最大利润是多少?

30. 生产某产品的固定成本为 6, 而边际成本函数和边际收益函数分别是

$$MC = 3Q^2 - 18Q + 36, \quad MR = 33 - 8Q,$$

试求获最大利润的产量和最大利润.

31. 某厂购置一台机器, 该机器在时刻 t 所生产出的产品, 其追加盈利(追加收益减去追加生产成本)为

$$E(t) = 225 - \frac{1}{4}t^2 (\text{万元 / 年}).$$

而在时刻 t 机器的追加维修成本为 $F(t) = 2t^2$(万元/年). 假设在任意时刻处理掉这台机器,它没有残留价值. 在不计购机器成本的情况下,使用这台机器可获得的最大利润是多少?

32. 设某产品的总产量 Q 对时间的变化率为
$$f(t) = 100 + 10t - 0.45t^2 (\text{吨 / 小时}),$$
(1) 将总产量 Q 表示为时间 t 的函数;
(2) 求从时刻 $t=4$ 到 $t=8$ 小时这段时间内总产量的增量.

33. 连续收益流量每年 500 元,设年利率为 8%,按连续复利计算为期 10 年,求总值为多少? 现值为多少?

34. 年利率 9%,抵押借债 35000 元,为期 25 年,按连续复利计算,每月应还债多少才能付清.

35. 购买某耐用品现价为 250 万元,若分期付款,要求 10 年付清,年利率为 6%,按连续复利计算,问每年应付款多少?

36. 某一机器使用寿命为 10 年,如购进机器需要 40000 元,如租用此机器每月租金 500 元,设投资年利率为 14%,按连续复利计算,问购进与租用哪一种方式合算?

附录一 初等数学中的常用公式

（一）代 数

1. 乘法和因式分解

(1) $(a \pm b)^2 = a^2 \pm 2ab + b^2$；

(2) $(a \pm b)^3 = a^3 \pm 3a^2b + 3ab^2 \pm b^3$；

(3) $a^2 - b^2 = (a+b)(a-b)$；

(4) $a^3 \pm b^3 = (a \pm b)(a^2 \mp ab + b^2)$；

(5) $(a+b)^n = a^n + na^{n-1}b + \dfrac{n(n-1)}{2!}a^{n-2}b^2 + \dfrac{n(n-1)(n-2)}{3!}a^{n-3}b^3$

$\qquad + \cdots + \dfrac{n(n-1)(n-2)\cdots(n-k+1)}{k!}a^{n-k}b^k + \cdots + nab^{n-1} + b^n$；

(6) $a^n - b^n = (a-b)(a^{n-1} + a^{n-2}b + \cdots + ab^{n-2} + b^{n-1})$.

2. 指数

(1) $a^0 = 1$；　　　　　　(2) $a^{-m} = \dfrac{1}{a^m}$；

(3) $a^m \cdot a^n = a^{m+n}$；　　(4) $\dfrac{a^m}{a^n} = a^{m-n}$；

(5) $(a^m)^n = a^{mn}$；　　　(6) $a^{\frac{m}{n}} = \sqrt[n]{a^m} = (\sqrt[n]{a})^m$，

其中 a, b 是正实数，m, n 是任意实数.

3. 对数 ($a > 0, a \neq 1$)

(1) $\log_a 1 = 0$；　　　(2) $\log_a a = 1$；

(3) 恒等式 $a^{\log_a x} = x$；

(4) 换底公式 $\log_a x = \dfrac{\log_b x}{\log_b a}$ $(b > 0, b \neq 1)$；

(5) $\log_a(xy) = \log_a x + \log_a y$；

(6) $\log_a \dfrac{x}{y} = \log_a x - \log_a y$；

(7) $\log_a x^\alpha = \alpha \log_a x$；

4. 阶乘

(1) $n! = 1 \cdot 2 \cdot 3 \cdots (n-1) \cdot n$；

329

(2) $(2n-1)!! = 1 \cdot 3 \cdot 5 \cdots \cdot (2n-1)$,

$(2n)!! = 2 \cdot 4 \cdot 6 \cdots \cdot (2n)$.

5. 级数和

(1) $a + aq + aq^2 + \cdots + aq^{n-1} = \dfrac{a(1-q^n)}{1-q}$, $\quad |q| \neq 1$;

(2) $1 + 2 + 3 + \cdots + n = \dfrac{1}{2}n(n+1)$;

(3) $1^2 + 2^2 + 3^2 + \cdots + n^2 = \dfrac{1}{6}n(n+1)(2n+1)$;

(4) $1^3 + 2^3 + 3^3 + \cdots + n^3 = \left[\dfrac{1}{2}n(n+1)\right]^2$;

(5) $1 + 3 + 5 + \cdots + (2n-1) = n^2$.

(二) 几　何

1. 平面图形的基本公式

(1) 梯形面积 $S = \dfrac{1}{2}(a+b)h$(其中 a, b 为二底, h 为高);

(2) 圆面积 $S = \pi R^2$(R 是圆半径),

圆周长 $l = 2\pi R$(R 是圆半径);

(3) 圆扇形面积 $S = \dfrac{1}{2}R^2\theta$,

圆扇形弧长 $l = R\theta$

(R 是圆的半径, θ 为圆心角, 单位为弧度).

2. 立体图形的基本公式

(1) 圆柱体体积 $V = \pi R^2 H$,

圆柱体侧面积 $S = 2\pi RH$ (其中 R 是底半径, H 是高);

(2) 正圆锥体体积 $V = \dfrac{1}{3}\pi R^2 H$,

侧面积 $S = \pi Rl$(其中 l 为斜高, 即 $l = \sqrt{R^2 + H^2}$);

(3) 棱柱体体积 $V = SH$ (S 为底面积, H 为高);

(4) 棱锥体体积 $V = \dfrac{1}{3}SH$ (S 为底面积, H 为高);

(5) 球体积 $V = \dfrac{4}{3}\pi R^3$;

(6) 球面积 $S = 4\pi R^2$(R 为球的半径).

(三) 三　角

1. 度与弧度

$$1 \text{ 度} = \frac{\pi}{180} \text{ 弧度}, \quad 1 \text{ 弧度} = \frac{180}{\pi} \text{ 度}.$$

2. 基本公式

(1) $\sin^2\alpha + \cos^2\alpha = 1$；　　　(2) $1 + \tan^2\alpha = \sec^2\alpha$；

(3) $1 + \cot^2\alpha = \csc^2\alpha$；　　　(4) $\dfrac{\sin\alpha}{\cos\alpha} = \tan\alpha$；

(5) $\dfrac{\cos\alpha}{\sin\alpha} = \cot\alpha$；　　　(6) $\cot\alpha = \dfrac{1}{\tan\alpha}$；

(7) $\csc\alpha = \dfrac{1}{\sin\alpha}$；　　　(8) $\sec\alpha = \dfrac{1}{\cos\alpha}$.

3. 和差公式

(1) $\sin(\alpha \pm \beta) = \sin\alpha\cos\beta \pm \cos\alpha\sin\beta$；

(2) $\cos(\alpha \pm \beta) = \cos\alpha\cos\beta \mp \sin\alpha\sin\beta$；

(3) $\tan(\alpha \pm \beta) = \dfrac{\tan\alpha \pm \tan\beta}{1 \mp \tan\alpha\tan\beta}$；　　　(4) $\cot(\alpha \pm \beta) = \dfrac{\cot\alpha\cot\beta \mp 1}{\cot\beta \pm \cot\alpha}$.

4. 倍角和半角公式

(1) $\sin 2\alpha = 2\sin\alpha\cos\alpha$；

(2) $\cos 2\alpha = \cos^2\alpha - \sin^2\alpha = 1 - 2\sin^2\alpha = 2\cos^2\alpha - 1$；

(3) $\tan 2\alpha = \dfrac{2\tan\alpha}{1 - \tan^2\alpha}$；　　　(4) $\cot 2\alpha = \dfrac{\cot^2\alpha - 1}{2\cot\alpha}$；

(5) $\sin\dfrac{\alpha}{2} = \pm\sqrt{\dfrac{1 - \cos\alpha}{2}}$；　　　(6) $\cos\dfrac{\alpha}{2} = \pm\sqrt{\dfrac{1 + \cos\alpha}{2}}$；

(7) $\tan\dfrac{\alpha}{2} = \pm\sqrt{\dfrac{1 - \cos\alpha}{1 + \cos\alpha}} = \dfrac{1 - \cos\alpha}{\sin\alpha} = \dfrac{\sin\alpha}{1 + \cos\alpha}$；

(8) $\cot\dfrac{\alpha}{2} = \pm\sqrt{\dfrac{1 + \cos\alpha}{1 - \cos\alpha}} = \dfrac{\sin\alpha}{1 - \cos\alpha} = \dfrac{1 + \cos\alpha}{\sin\alpha}$.

5. 和差化积公式

(1) $\sin A + \sin B = 2\sin\dfrac{A + B}{2}\cos\dfrac{A - B}{2}$；

(2) $\sin A - \sin B = 2\cos\dfrac{A + B}{2}\sin\dfrac{A - B}{2}$；

(3) $\cos A + \cos B = 2\cos\dfrac{A + B}{2}\cos\dfrac{A - B}{2}$；

(4) $\cos A - \cos B = -2\sin\dfrac{A + B}{2}\sin\dfrac{A - B}{2}$.

6. 积化和差公式

(1) $\cos A\cos B = \dfrac{1}{2}\left[\cos(A - B) + \cos(A + B)\right]$；

(2) $\sin A\sin B = \dfrac{1}{2}\left[\cos(A - B) - \cos(A + B)\right]$；

(3) $\sin A \cos B = \dfrac{1}{2}[\sin(A-B)+\sin(A+B)]$.

7. 特殊角的三角函数值

α	$\sin\alpha$	$\cos\alpha$	$\tan\alpha$	$\cot\alpha$	$\sec\alpha$	$\csc\alpha$
0	0	1	0	∞	1	∞
$\dfrac{\pi}{6}$	$\dfrac{1}{2}$	$\dfrac{\sqrt{3}}{2}$	$\dfrac{\sqrt{3}}{3}$	$\sqrt{3}$	$\dfrac{2}{3}\sqrt{3}$	2
$\dfrac{\pi}{4}$	$\dfrac{\sqrt{2}}{2}$	$\dfrac{\sqrt{2}}{2}$	1	1	$\sqrt{2}$	$\sqrt{2}$
$\dfrac{\pi}{3}$	$\dfrac{\sqrt{3}}{2}$	$\dfrac{1}{2}$	$\sqrt{3}$	$\dfrac{\sqrt{3}}{3}$	2	$\dfrac{2}{3}\sqrt{3}$
$\dfrac{\pi}{2}$	1	0	∞	0	∞	1
π	0	-1	0	∞	-1	∞
$\dfrac{3}{2}\pi$	-1	0	∞	0	∞	-1
2π	0	1	0	∞	1	∞

（四）平面解析几何

1. 距离、斜率、分点坐标

已知两点 $P_1(x_1,y_1)$ 与 $P_2(x_2,y_2)$，则

(1) 两点间距离　　　　$d=\sqrt{(x_2-x_1)^2+(y_2-y_1)^2}$；

(2) 线段 P_1P_2 的斜率　　$k=\dfrac{y_2-y_1}{x_2-x_1}$；

(3) 设 $\dfrac{P_1P}{PP_2}=\lambda$，则分点 $P(x,y)$ 的坐标　$x=\dfrac{x_1+\lambda x_2}{1+\lambda}$，　$y=\dfrac{y_1+\lambda y_2}{1+\lambda}$.

2. 直线方程

(1) 点斜式　$y-y_0=k(x-x_0)$；　　(2) 斜截式　$y=kx+b$；

(3) 两点式　$\dfrac{y-y_1}{y_2-y_1}=\dfrac{x-x_1}{x_2-x_1}$；　　(4) 截距式　$\dfrac{x}{a}+\dfrac{y}{b}=1$；

(5) 一般式　$Ax+By+C=0$ $(A,B$ 不同时为零$)$；

(6) 参数式　$\begin{cases} x=x_0+t\cos\alpha, \\ y=y_0+t\sin\alpha, \end{cases}$ 或 $\begin{cases} x=x_0+lt, \\ y=y_0+mt. \end{cases}$

3. 点 $P_0(x_0,y_0)$ 到直线 $Ax+By+C=0$ 的距离

$$d = \frac{|Ax_0 + By_0 + C|}{\sqrt{A^2 + B^2}}.$$

4. 两直线的交角

设两直线的斜率分别为 k_1 与 k_2，交角为 θ，则

$$\tan\theta = \frac{k_1 - k_2}{1 + k_1 \cdot k_2}.$$

5. 圆的方程

标准式 $(x-a)^2 + (y-b)^2 = R^2$；

参数式 $\begin{cases} x = a + R\cos t, \\ y = b + R\sin t, \end{cases}$ 圆心 $G(a,b)$，半径 $r = R$，

其中参数方程 t 为动径 GM 与 x 轴正方向的夹角.

6. 抛物线

$$y^2 = 2px, \quad 焦点 \left(\frac{p}{2}, 0 \right), \quad 准线 \ x = -\frac{p}{2},$$

$$x^2 = 2py, \quad 焦点 \left(0, \frac{p}{2} \right), \quad 准线 \ y = -\frac{p}{2}.$$

7. 椭圆

$$\frac{x^2}{a^2} + \frac{y^2}{b^2} = 1 \ (a > b)，焦点在 \ x \ 轴上.$$

8. 双曲线

$$\frac{x^2}{a^2} - \frac{y^2}{b^2} = 1，焦点在 \ x \ 轴上.$$

9. 等轴双曲线

$$xy = k(常数).$$

10. 圆锥曲线的极坐标方程

$$\rho = \frac{ep}{1 - e\cos\theta},$$

其中 θ 为极角，p 为极点到准线的距离，e 为离心率，当 $e = 1$ 时为抛物线；$e < 1$ 时为椭圆；$e > 1$ 时为双曲线.

11. 直角坐标与极坐标之间的关系（见右图）

$$\begin{cases} x = \rho\cos\theta, \\ y = \rho\sin\theta, \end{cases} \begin{cases} \rho = \sqrt{x^2 + y^2}, \\ \theta = \arctan\dfrac{y}{x}. \end{cases}$$

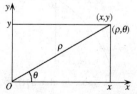

附录二　双曲函数和反双曲函数

双曲正弦函数　$\text{sh}x = \dfrac{e^x - e^{-x}}{2}, x \in (-\infty, +\infty), y \in (-\infty, +\infty)$;

双曲余弦函数　$\text{ch}x = \dfrac{e^x + e^{-x}}{2}, x \in (-\infty, +\infty), y \in [1, +\infty)$;

双曲正切函数　$\text{th}x = \dfrac{e^x - e^{-x}}{e^x + e^{-x}} = \dfrac{\text{sh}x}{\text{ch}x}, x \in (-\infty, +\infty), y \in (-1, 1)$;

反双曲正弦　$y = \text{arsh}x = \ln(x + \sqrt{x^2 + 1}), x \in (-\infty, +\infty), y \in (-\infty, +\infty)$;

反双曲余弦　$y = \text{arch}x = \ln(x + \sqrt{x^2 - 1}), x \in [1, +\infty), y \in (0, +\infty)$;

反双曲正切　$y = \text{arth}x = \dfrac{1}{2} \ln \dfrac{1+x}{1-x}, x \in (-1, 1), y \in (-\infty, +\infty)$.

双曲函数的基本公式

$$\text{ch}^2 x - \text{sh}^2 x = 1; \qquad\qquad \text{sh}2x = 2\text{sh}x\text{ch}x;$$

$$\text{ch}2x = \text{sh}^2 x + \text{ch}^2 x; \qquad\qquad \text{th}2x = \frac{2\text{th}x}{1 + \text{th}^2 x};$$

$$\text{sh}(x \pm y) = \text{sh}x\text{ch}y \pm \text{ch}x\text{sh}y;$$

$$\text{ch}(x \pm y) = \text{ch}x\text{ch}y \pm \text{sh}x\text{sh}y;$$

$$\text{th}(x \pm y) = \frac{\text{th}x \pm \text{th}y}{1 \pm \text{th}x\text{th}y}.$$

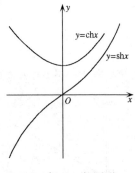

shx 与 chx 的图形

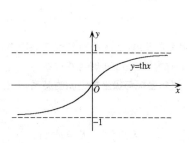

thx 的图形

附录三　常见的一些曲线的图形

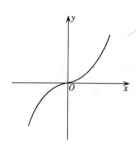

立方抛物线

$y = x^3$

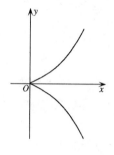

半立方抛物线

$y^2 = ax^3$

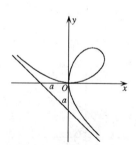

笛卡儿叶形线

$x^3 + y^3 - 3axy = 0$

$x = \dfrac{3at}{1+t^3}, \ y = \dfrac{3at^2}{1+t^3}.$

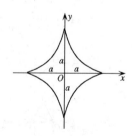

星形线

$x^{\frac{2}{3}} + y^{\frac{2}{3}} = a^{\frac{2}{3}}$

$x = a\cos^3 t, \ y = a\sin^3 t.$

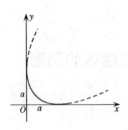

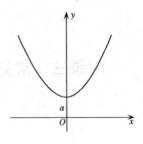

抛物线

$$\sqrt{x}+\sqrt{y}=\sqrt{a}$$

悬链线

$$y=a\operatorname{ch}\frac{x}{a}=\frac{a}{2}(\mathrm{e}^{\frac{x}{a}}+\mathrm{e}^{-\frac{x}{a}})$$

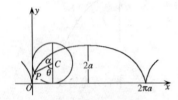

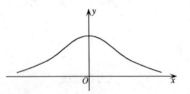

摆线

$$x=a(\theta-\sin\theta)$$
$$y=a(1-\cos\theta)$$

高斯曲线

$$y=\mathrm{e}^{-x^2}.$$

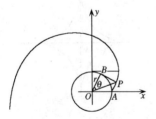

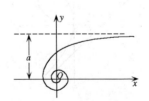

圆的渐伸线

$$x=r\cos\theta+r\theta\sin\theta.$$
$$y=r\sin\theta-r\theta\cos\theta.$$

双曲螺线或倒数螺线

$$\rho\theta=a.$$

336

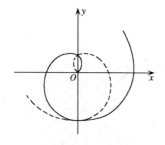

阿基米德螺线

$\rho = a\theta\,(a > 0)$.

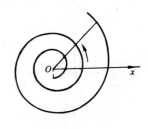

对数螺线或等角螺线

$\rho = e^{a\theta}\,(a > 0)$.

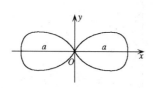

双纽线

$\rho^2 = a^2\cos 2\theta$.

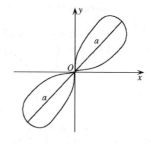

两叶玫瑰线(双纽线)

$\rho^2 = a^2\sin 2\theta$.

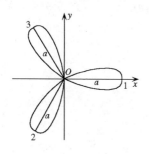

三叶玫瑰线

$\rho = a\cos 3\theta$.

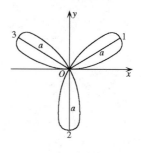

三叶玫瑰线

$\rho = a\sin 3\theta$.

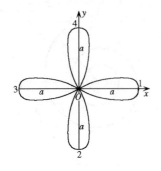

四叶玫瑰线

$\rho = a\cos 2\theta.$

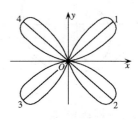

四叶玫瑰线

$\rho = a\sin 2\theta.$

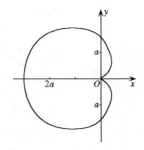

心形线

$\rho = a(1 - \cos\theta).$

338

习题参考答案与提示

第一章 函数・极限・连续

习 题 1.1

1. (1) $-2<x<1$，$(-2,1)$；

(2) $x\leqslant-2$ 或 $x\geqslant1$，$(-\infty,-2]\cup[1,+\infty)$；

(3) $x<-4$ 或 $x>2$，$(-\infty,-4)\cup(2,+\infty)$；

(4) $-1<x<2$，$(-1,2)$；

(5) $1.9<x<2$ 或 $2<x<2.1$，$(1.9,2)\cup(2,2.1)$；

(6) $-1<x<1$ 或 $3<x<+\infty$，$(-1,1)\cup(3,5)$.

(7) $0<x<2$ 或 $2<x<4$，$(0,2)\cup(2,4)$.

(8) $1<x<2$，$(1,2)$. **提示** $x^2-3x+2<0$.

2. (1) $(-\infty,-3)\cup(-3,0)\cup(0,+\infty)$；   (2) $(-\infty,-3]\cup[3,+\infty)$；

(3) $(-\infty,-1]\cup[2,+\infty)$；   (4) $(-\infty,-1)\cup(1,+\infty)$；

(5) $[-1,7]$；   (6) $(5,6)\cup(6,+\infty)$；

(7) $[-1,3]$；   (8) $[1,4]$；

(9) $[-10,1)\cup(1,2)$；   (10) $[-1,1)$.

3. (2)，(4)，(6)相同；(1)，(3)，(5)不相同.

4. (1) $-1,-1,x^2-2x-1,\dfrac{1}{x^2}+\dfrac{2}{x}-1,x^2-2$；

(2) $0,\dfrac{1}{3},-\dfrac{1}{3},\dfrac{2^{\frac{1}{x}}-1}{2^{\frac{1}{x}}+1},\dfrac{2^x-2}{2^x+2}$.

5. (1) ah；   (2) h^2+2hx.

6. $f(x)=\dfrac{7}{3}x-2$， $f(1)=\dfrac{1}{3}$， $f(2)=\dfrac{8}{3}$.

8. (1) $[0,+\infty)$；   (2) $1,1,\dfrac{5}{4},3$.

9. (1) $(0,2)\cup(2,+\infty)$；   (2) $4,1,1,\dfrac{25}{4}$；   (3) $(0,+\infty)$.

10. (1) $y=\begin{cases} -1, & x<0, \\ 1, & x>0, \end{cases}$ $(-\infty,0)\bigcup(0,+\infty)$;

(2) $y=\begin{cases} 4+2x, & x<\dfrac{1}{2}, \\[2mm] 6-2x, & x\geqslant\dfrac{1}{2}, \end{cases}$ $(-\infty,+\infty)$.

11. (1) 偶函数;　　(2) 奇函数;　　(3) 奇函数;

(4) 奇函数;　　(5) 奇函数;　　(6) 偶函数.

13. (1) 单调减少;　　(2) 单调增加;　　(3) 单调减少;

(4) $0<a<1$ 时,单调减少,$a>1$ 时,单调增加.

14. (1) π;　(2) 4π;　(3) π;　(4) $\dfrac{\pi}{3}$.

15. (1) 有界;　　(2) 有界;　　(3) 有界;　　(4) 无界.

16. (1) $y=\dfrac{1-x}{1+x}$;

(2) $y=\ln(x+\sqrt{1+x^2})$ **提示** 由原式得 $ye^x=\dfrac{1}{2}(e^{2x}-1)$ 即 $e^{2x}-2ye^x-1=0$;

(3) $y=e^{x-3}-1$;　　　　　　　　(4) $y=\dfrac{1}{2}(1+x^3)$;

(5) $y=\begin{cases} \sqrt{x}, & 0\leqslant x\leqslant 1, \\ \sqrt[3]{x}, & x>1; \end{cases}$ 　(6) $y=\begin{cases} 2x, & -1<x<\dfrac{1}{2}, \\ \sqrt{x}, & 1\leqslant x\leqslant 4, \\ \log_2 x, & 4<x\leqslant 16. \end{cases}$

17. (1) $(0,1)\bigcup(1,+\infty)$;　(2) $(0,1)$;　(3) $[0,+\infty)$;　(4) $(-1,1]$.

18. (1) (C);　　(2) (D);

(3) (A)　**提示** $f(2x)$ 与 $f(x-2)$ 两个函数的定义域无公共部分;

(4) (B);　(5) (D);　(6) (A);　(7) (A);

(8) (B)　**提示** 由 $3=\dfrac{4x}{x-1}$ 得 $x=f^{-1}(3)=-3$.

习 题 1.2

1. (1) $y=\sqrt{x-x^2}$,定义域 $D=[0,1]$;

(2) $y=\sin e^x$,定义域 $D=(-\infty,+\infty)$;　　(3) 不能;　(4) 不能.

2. (1) $y=\sqrt{1+\sin^2(\log_a x)}$;　　(2) $y=e^{\sin^2\frac{1}{x}}$;

(3) $y=\arctan\sqrt{x^2+1}$;　　　　(4) $y=\ln\arcsin(x+e^x)$;

3. (1) $y=\sin u, u=x^3$;　　　　　　(2) $y=\cos u, u=\dfrac{1}{x}$;

(3) $y=\sqrt{u}, u=\ln x$;　　　　　　(4) $y=e^u, u=\sqrt{x}$;

(5) $y=e^u, u=\tan v, v=\dfrac{1}{x}$;　　(6) $y=e^u, u=e^v, v=x^2$;

(7) $y=\ln u, u=\ln v, v=\sin x$;　　(8) $y=\ln u, u=\tan v, v=\dfrac{1}{x^2}$;

(9) $y=u^2, u=\arcsin v, v=e^x$;　　(10) $y=u^2, u=\sin v, v=\ln x$.

4. (1) $y=\sqrt[3]{u}, u=3+2x$;　　　　(2) $y=u^3, u=3+x+2x^2$;

(3) $y=2^u, u=2x^2+1$;　　　　　(4) $y=u^{-1}, u=x+\tan x$;

(5) $y=\ln u, u=\dfrac{1+\sqrt{x}}{1-\sqrt{x}}$;

(6) $y=u^2, u=\arcsin v, v=\sqrt{t}, t=1-x^2$;

(7) $y=u^2, u=\arctan v, v=\dfrac{2x}{1-x^2}$;

(8) $y=\log_a u, u=e^v, v=\sqrt{t}, t=x^2+1$;

(9) $y=u^{-3}, u=v\cdot w, v=a^x, w=\sin t, t=\dfrac{1}{x}$;

(10) $y=\ln u, u=v^2, v=\ln w, w=\ln t, t=3x$.

5. 内层函数为 $y=f(x)$，外层函数(1) y^2;　(2) $\cos y$;　(3) $\ln y$;　(4) e^y.

6. x^6+1; $(x^3+1)^2$; $(x^3+1)^3+1$; $\left(\dfrac{1}{x^3+1}\right)^3+1$.　　**7.** x^4; 2^{2x}; 2^{x^2}.

8. (1) $x(x+1)$;　(2) $\dfrac{1}{1+x}$;　(3) x^3+3x^2+3x;　(4) x^2+1.

9. (1) $f(x)=\dfrac{1}{2}\log_a(x-1)$;　　(2) $f(x)=\dfrac{a}{a^2-1}(a^x-a^{-x})$.

10. (1) $(-\infty, 0]$;　(2) $(-1,1)$;　(3) $\left(-\dfrac{1}{4}, \dfrac{3}{4}\right]$;　(4) $\left(\dfrac{1}{4}, \dfrac{3}{4}\right]$.

11. (1) $y=e^{g(x)\ln f(x)}$;　　(2) $y=e^{\cos x\ln\sin x}$.

12. (1) (C);　　(2) (B);　　(3) (D);　　(4) (D);

(5) (D)　**提示**　在 $\left(0, \dfrac{\pi}{2}\right)$ 内，2^x 是增函数，而 $\cos x$ 是减函数；$\left(\dfrac{1}{2}\right)^x$ 是减函数，而 $\sin x$ 是增函数.

习　题　1.3

1. (1) 发散；　(2) 收敛于1；　(3) 收敛于1；

(4) 收敛于 1. **提示** $\dfrac{1}{n(n+1)}=\dfrac{1}{n}-\dfrac{1}{n+1}$.

2. (1) $y_n=\dfrac{1}{3^{n-1}}$，收敛于 0；　　(2) $y_n=\dfrac{1+(-1)^n}{n}$，收敛于 0；

(3) $y_n=(-1)^{n+1}\dfrac{1}{n}$，收敛于 0；　　(4) $y_n=\dfrac{n-1}{n+1}$，收敛于 1.

3. (1) 不收敛；　　　　　　　　(2) 有极限；极限仍是 A；

(3) 不一定；有界；　　　　　(4) 一定发散；不一定无界.

4. (1) 函数不相同，极限相同；　(2) 函数不同，极限相同.

5. $a=0$.

6. (1) $0,0,0$；　　　　　　　　(2) $-1,1$，不存在；

(3) $0,-\infty$，不存在；　　　(4) $1,1,1$.

7. (1) $x\to 2$ 或 $x\to\infty$；　　　(2) $x\to 2$；

(3) $x\to 0^+$；　　　　　　　(4) $x\to 0$.

8. (1) $x\to -2$ 或 $x\to 2$；　　(2) $x\to 1^-$ 或 $x\to -\infty$；

(3) $x\to 0^-$；　　　　　　　(4) $x\to +\infty$.

9. (1) $1+\dfrac{1}{x-1}$；　　　　　(2) $-1+\dfrac{2}{1+x^2}$.

10. (1) (D)；　(2) (D)；　(3) (D)；　(4) (B)　(5) (B)；

(6) (C). **提示** 见定理 1.4.

习　题　1.4

1. (1) 0；　(2) 0；　(3) 0；　(4) 0；　(5) 0；　(6) 0.

2. (1) 17；　(2) $-\dfrac{1}{2}$；　(3) ∞；　(4) 4；　(5) 1；　(6) $\dfrac{2}{3}$；

(7) 32；　(8) 6；　(9) -2；　(10) $\dfrac{1}{2\sqrt{2}}$；　(11) $2x$；

(12) $\dfrac{1}{2\sqrt{x}}$；　(13) $-\dfrac{1}{2}$；　(14) -1.

3. $a=-7,b=6$. **提示** $1^2+a+b=0$ 且 $x^2+ax+b=(x-1)(x-k)$.

4. (1) $\dfrac{1}{3}$；　　　(2) 0；　　　(3) ∞；

(4) $\left(\dfrac{3}{4}\right)^{20}$；　(5) $\sqrt[3]{2}$；　(6) 0；　(7) $\dfrac{2}{3}$；　(8) 0；

(9) $-\dfrac{1}{2}$　**提示** 分母理解成是 1，分母、分子同乘 $(\sqrt{x^2-1}+x)$；

(10) 0；　(11) 1.

5. (1) $\dfrac{1}{2}$　**提示**　$1+2+3+\cdots+n=\dfrac{n(n+1)}{2}$；　(2) $\dfrac{4}{3}$；　(3) $\dfrac{1}{5}$.

6. (1) $a=1,b=-1$　**提示**　将 $\dfrac{x^2+1}{x+1}-ax-b$ 化成一个分式；

(2) $a=1,b=-\dfrac{1}{2}$.　**提示**　原式 $=\lim\limits_{x\to+\infty}x\left(\sqrt{1-\dfrac{1}{x}+\dfrac{1}{x^2}}-a-\dfrac{b}{x}\right)=0$.

7. (1) 0；　(2) $\dfrac{4}{7}$；　(3) ∞；　(4) $\dfrac{1}{3}$.

8. (1) 3；　(2) $\dfrac{3}{2}$；　(3) 3；

(4) 1　**提示**　令 $t=\pi-x$；

(5) 1；　(6) -2；　(7) 2　**提示**　设 $t=\arctan x$；

(8) 1；　　　　(9) 2；　　(10) 1.

9. $a=4,b=-5$.　**提示**　$\dfrac{x^2+ax+b}{\sin(x^2-1)}=\dfrac{x^2-1}{\sin(x^2-1)}\cdot\dfrac{x^2+ax+b}{x^2-1}$.

10. (1) e；　　　(2) e^x；　　(3) e^{-1}；

(4) e^{-4}；　　(5) e^{-2}；　(6) e^{-1}；

(7) e^{-2}；　　(8) e；　　(9) 1；

(10) 1；　　　(11) e^{-3}；　(12) e^3；

(13) $\ln a$；　　(14) $\dfrac{1}{2}$.

11. (1) 低阶；　(2) 同阶；　(3) 高阶；　(4) 等价.

13. (1) 1；　(2) 2；　(3) 1；

(4) 2　**提示**　当 $x\to0$ 时，$\sqrt{1+x}-1\sim\dfrac{x}{2}$，$\ln(1+x\mathrm{e}^x)\sim x\,\mathrm{e}^x$.

14. 3320.1 元.　　　**15.** 350 万元.

16. (1) (B)；　(2) (B)；　(3) (D)；

(4) (C)　**提示**　$n^3\tan\dfrac{x}{n^3}=\dfrac{\tan\dfrac{x}{n^3}}{\dfrac{x}{n^3}}x$；　(5) (D)；　(6) (C).

习　题　1.5

1. (1) 连续；　(2) 不连续；　(3) 连续；　(4) 连续.

2. (1) $k=2$；　(2) $k=4$.

3. $a=1,b=0$.

4. 在 $x=\dfrac{1}{2}$，$x=2$ 处连续；在 $x=1$ 处不连续.　**5.** (1) 连续；　(2) 连续.

6. (1) $x=-3$,无穷间断点;

(2) $x=0$,可去间断点,补充定义 $f(0)=0$;

(3) $x=0$,可去间断点,补充定义 $f(0)=e$;

(4) $x=-1,x=1,x=-1$ 为无穷间断点,$x=1$ 为可去间断点,补充定义

$f(1)=\dfrac{1}{2}$;

(5) $x=1$,改变在 $x=1$ 处的定义,令 $f(1)=2$;

(6) $x=0$ 为跳跃间断点　**提示**　$f(0-0)=1,f(0+0)=0$.

7. (1) 连续;　　(2) 连续.　　**8.** $a=2,b=3$.

11. (1) (A);　(2) (A);　(3) (D);　(4) (B);　(5) (D).

习　题　1.6

1. (1) 直线 $y=1$ 为水平渐近线;直线 $x=0$ 为铅垂渐近线;

(2) 直线 $y=1$ 为水平渐近线;直线 $x=0$ 为铅垂渐近线;

(3) 直线 $x=2$ 为铅垂渐近线;

(4) 直线 $y=0$ 和 $y=\pi$ 为水平渐近线;

(5) 直线 $y=0$ 为水平渐近线,直线 $x=-2$ 为铅垂渐近线;

(6) 直线 $x=-3$ 为铅垂渐近线,$y=1$ 为水平渐近线;

(7) 直线 $y=0$ 为水平渐近线;直线 $x=1$ 为铅垂渐近线;

(8) 直线 $y=0$ 为水平渐近线.

2. (1) 正确　**提示**　$\lim\limits_{x\to 0^+}|\ln x|=+\infty$;

(2) 不正确,向下延伸以直线 $x=0$ 为铅垂渐近线.

提示　$x>0$ 时,$\lim\limits_{x\to 0^+}\ln x=-\infty$;$x<0$ 时,$\lim\limits_{x\to 0^-}=\ln(-x)=-\infty$.

3. (1) (B);　　(2) (D).

第二章　导数与微分

习　题　2.1

1. (1) (i) 2.1,　(ii) 2.01;　　(2) 2.

2. (1) 25,20.5,20.05,20.005;　　(2) 20 厘米/秒;　　(3) 20 厘米/秒.

3. (1) 95 克/厘米;　(2) 35 克/厘米;　(3) 185 克/厘米.

4. (1) $f'(4)=8;f'(x)=2x$;　(2) $f'(4)=\dfrac{1}{4};f'(x)=\dfrac{1}{2\sqrt{x}}$.

5. (1) 连续且可导，$f'(0)=0$；　　(2) 连续但不可导；

(3) 连续且可导，$f'(0)=1$；　　(4) 连续且可导，$f'(0)=0$.

6. $a=2,b=-1$.　**7.** (1) $4x^3$；　(2) $\dfrac{1}{3\sqrt[3]{x^2}}$；　(3) $-\dfrac{3}{x^4}$；　(4) $-\dfrac{1}{2\sqrt{x^3}}$.

8. (1) $\dfrac{\sqrt{2}}{2},-1$；　(2) $0,-1$；　(3) $\dfrac{1}{\ln 2},\dfrac{2}{\ln 2}$；　(4) $3,\dfrac{1}{e}$.

9. (1) $y-4=-4(x+2),y-4=\dfrac{1}{4}(x+2)$；　　(2) $y=1,x=0$；

(3) $y=x,y=-x,y=1,x=\dfrac{\pi}{2}$；

(4) $y=x-1,y=1-x$；　　(5) $y=2-x,y=x$.

10. (1) $-f'(x_0)$；　　(2) $-f'(x_0)$；　　(3) $2f'(x_0)$；

(4) $2f'(x_0)$　**提示**　原式$=\lim\limits_{h\to 0}\left[\dfrac{f(x_0+h)-f(x_0)}{h}+\dfrac{f(x_0-h)-f(x_0)}{-h}\right]$.

11. (1) $f'(0)$；　(2) $tf'(0)$；　(3) $\dfrac{f'(0)}{g'(0)}$；　(4) $-f'(2)$.

12. (1) (D)；　　(2) (D)　**提示**

$$f'_+(0)=\lim\limits_{x\to 1^+}\frac{f(x)-f(0)}{x-1}=\lim\limits_{x\to 1^+}\frac{\ln x}{x-1}\xlongequal{t=\ln x}\lim\limits_{t\to 0^+}\frac{t}{e^t-1}=1;$$

(3) (B)；　　(4) (A).

<h2 style="text-align:center">习　题　2.2</h2>

1. (1) $9x^2+3^x\ln 3+\dfrac{1}{x\ln 3}$；　　(2) $\dfrac{1}{5}-\dfrac{4}{x^2}+\dfrac{1}{\sqrt{x}}+\dfrac{1}{\sqrt[3]{x^4}}$；

(3) $\dfrac{a}{a+b}$；　(4) 0；　(5) $\sec x+\dfrac{x\sin x}{\cos^2 x}+\dfrac{\cos x}{\sin^2 x}$；

(6) $e^x(\cos x-\sin x)$；　(7) $2x\ln x+x+\dfrac{1}{x}$；

(8) $\sqrt{2}\,x^{\sqrt{2}-1}+\arcsin x+\dfrac{x}{\sqrt{1-x^2}}$；

(9) $(2x-1)\sin x+x^2\cos x$；　(10) $\tan x+x\sec^2 x+\csc^2 x$；

(11) $3x^2-1+\dfrac{1}{x^2}-\dfrac{3}{x^4}$；　(12) $2e^x\sin x$；

(13) $2x\arctan x-\dfrac{2}{1+x^2}+2x\ln a$；　(14) $x^2\sin x$；

(15) $-2x\tan x\ln x+(1-x^2)\sec^2 x\ln x+\dfrac{1-x^2}{x}\tan x$；

(16) $2\cos x+\cos x\csc^2 x-x\sin x$；

(17) $e^x(x^2-4)$;　　(18) $e^x\ln x+xe^x\ln x+e^x$;

(19) $(a^2+b^2)e^x \cdot x^2\left[(x+3)\arctan x+\dfrac{x}{1+x^2}\right]$;

(20) $a^x e^x(1+\ln a)-\dfrac{\ln x-1}{\ln^2 x}$;　　(21) $1+\ln x+\dfrac{1-\ln x}{x^2}$;

(22) $\dfrac{1}{(x+2)^2}$;　　(23) $\dfrac{2x-x^2+1}{(x^2+1)^2}$;　　(24) $-\dfrac{3x^2+2x-3}{(x^2+1)^2}$;

(25) $\dfrac{2}{x(1-\ln x)^2}$;　　(26) $\dfrac{(1-x^2)\tan x+x(1+x^2)\sec^2 x}{(1+x^2)^2}$;

(27) $\dfrac{-1}{\sqrt{x}\,(\sqrt{x}-1)^2}$;　　(28) $\dfrac{1-2\ln x-x}{x^3}$;　　(29) $\dfrac{1}{1+\cos x}$;

(30) $\dfrac{x+(\ln x)^2}{(x+\ln x)^2}$;　　(31) $\dfrac{(x^2+2x-1)\arctan x+x+1}{(1+x)^2}$;

(32) $-\dfrac{1}{1+\sin 2x}$;　　(33) $-\dfrac{1}{(\arcsin x)^2\sqrt{1-x^2}}$;

(34) $\dfrac{2x-(1+x^2)\arctan x}{2x^{\frac{3}{2}}(1+x^2)}$;　　(35) $\dfrac{(x+1)(e^x+x)-x(x+\ln x)(e^x+1)}{x(e^x+x)^2}$;

(36) $\dfrac{\sin x-x\cos x}{\sin^2 x}+\dfrac{x\cos x-\sin x}{x^2}$;　　(37) $\dfrac{x^2}{e^x}\left[(3-x)\arctan x+\dfrac{x}{1+x^2}\right]$;

(38) $\dfrac{(\sin x+x\cos x)(1+\tan x)-x\sin x\sec^2 x}{(1+\tan x)^2}$;　　(39) $\dfrac{x^2}{(\cos x+x\sin x)^2}$;

(40) $\dfrac{1}{(\sin x+\cos x)^2}\left[\left(2x\ln x+\dfrac{1+x^2}{x}\right)(\sin x+\cos x)\right.$

$\left.-(1+x^2)\ln x(\cos x-\sin x)\right]$.

2. (1) $-\dfrac{\sqrt{2}}{4}+1+\dfrac{\pi}{2}$;　　(2) $\dfrac{4}{9}$;　　(3) $-\dfrac{2}{\pi^2+6}$;

　(4) 1;　　(5) $\dfrac{1-\ln 4}{4}$;　　(6) $-\dfrac{1}{e^2}$.

3. (1) $\dfrac{2\ln x}{x}$;　　　　　(2) $-\dfrac{2x}{a^2-x^2}$;

(3) $\dfrac{1}{x\ln x}$;　　　　　(4) $-2xe^{-x^2}$;

(5) $3\cos(3x-5)$;　　　　(6) $-2x\sin(x^2+1)$;

(7) $\dfrac{1}{\sqrt{4-x^2}}$;　　　　(8) $\dfrac{2x}{1+x^4}$;

(9) $\dfrac{1}{1+x^2}$;　　　　　(10) $-\dfrac{1}{1+x^2}$;

(11) $-\dfrac{2}{x\sqrt{x^2-1}}\arcsin\dfrac{1}{x}$;   (12) $-2x\tan x^2$;

(13) $4\csc 4x$;   (14) $-\dfrac{e^{-x}}{1+e^{-2x}}$;

(15) $-12\cos^2 4x\cdot\sin 4x$;   (16) $2^{\sin^2 x}\ln 2\cdot\sin 2x$;

(17) $\dfrac{2}{\sqrt{1-4x^2}\cdot\arcsin 2x}$;   (18) $-2(x+1)e^{x^2+2x+2}\sin e^{x^2+2x+2}$;

(19) $\dfrac{2}{x\ln 3x\cdot\ln\ln 3x}$;   (20) $-\dfrac{1}{2\sqrt{x(1-x)}(1+x)}$;

(21) $\dfrac{xe^{\sqrt{x^2+1}}}{\sqrt{x^2+1}}$;   (22) $\cos x\cdot\cos(\sin x)\cdot\cos[\sin(\sin x)]$;

(23) $2x\cos x^2+\sin 2x$;   (24) $a^x e^{\sin\tan x}(\ln a+\sec^2 x\cdot\cos\tan x)$;

(25) $\dfrac{x}{\sqrt{1+x^2}}\left[\arctan x^3+\dfrac{3x(1+x^2)}{1+x^6}\right]$;   (26) $-\sin 2x\cdot\cos(\cos 2x)$;

(27) $\dfrac{2}{x^3}\sin\dfrac{1}{x^2}\,e^{\cos\frac{1}{x^2}}\left[1+\cos\dfrac{1}{x^2}\right]$;

(28) $2\left(\dfrac{1}{a^2}\sec^2\dfrac{x}{a^2}\tan\dfrac{x}{a^2}+\dfrac{1}{b^2}\sec^2\dfrac{x}{b^2}\tan\dfrac{x}{b^2}\right)$;   (29) $\dfrac{e^x}{\sqrt{1+e^{2x}}}$;

(30) $-\dfrac{1}{\cos x}$ **提示** $y=\dfrac{1}{2}[\ln(1-\sin x)-\ln(1+\sin x)]$;

(31) $\dfrac{1}{2}$;   (32) $\dfrac{4\sqrt{x}\sqrt{x+\sqrt{x}}+2\sqrt{x}+1}{8\sqrt{x}\sqrt{x+\sqrt{x}}\sqrt{x+\sqrt{x+\sqrt{x}}}}$;

(33) $\dfrac{x+2}{2\sqrt{x+3}\sqrt[3]{(1+x\sqrt{x+3})^2}}$;   (34) $\dfrac{1}{\sqrt{2x+x^2}}$;

(35) $-\dfrac{2}{1+x^2}$;   (36) $\dfrac{2}{e^x+e^{-x}}$;   (37) $-\dfrac{1}{(x^2+2x+2)\arctan\frac{1}{1+x}}$;

(38) $\dfrac{6}{4+5\sin 2x}$;   (39) $-\dfrac{\arccos x}{x^2}$;

(40) $(\arcsin x)^{m-1}(\arccos x)^{n-1}\cdot\dfrac{m\arccos x-n\arcsin x}{\sqrt{1-x^2}}$.

4. (1) $f'(x)=\dfrac{1}{4}\sec^2\dfrac{x}{2}\sqrt{\cot\dfrac{x}{2}}$, $f'\left(\dfrac{\pi}{2}\right)=\dfrac{1}{2}$;

(2) $f'(x)=\dfrac{1}{\sqrt{x^2-a^2}}$, $f'(2a)=\dfrac{1}{a\sqrt{3}}$;

(3) $f'(x)=\dfrac{2}{1+x^2}$, $f'(1)=1$;　(4) $f'(x)=-\dfrac{x-\mu}{\sqrt{2\pi}\,\sigma^3}\,\mathrm{e}^{-\frac{(x-\mu)^2}{2\sigma^2}}$, $f'(\mu)=0$.

5. (1) $2xf'(x^2)$;　　(2) $(\mathrm{e}^x+\mathrm{e}x^{\mathrm{e}-1})f'(\mathrm{e}^x+x^{\mathrm{e}})$;

(3) $\sin 2x[f'(\sin^2 x)-f'(\cos^2 x)]$;

(4) $-\dfrac{1}{|x|\sqrt{x^2-1}}f'\left(\arcsin\dfrac{1}{x}\right)$;

(5) $-\sin x f'(\cos x)\cdot f'(f(\cos x))$;

(6) $\mathrm{e}^{f(x)}[\mathrm{e}^x f'(\mathrm{e}^x)+f(\mathrm{e}^x)f'(x)]$.

7. (1) **提示** 将 $f(-x)=f(x)$ 两端求导.

(3) **提示** 若函数 $f(x)$ 的周期是 T, 由 $f(x+T)=f(x)$ 求导.

8. 提示 由 $f'(-x)=-f'(x)$ 可得 $f'(0)=0$.

9. (1) 切线方程 $y-3=\dfrac{1}{2}(x-2)$;法线方程 $y-3=-2(x-2)$.

(2) 点 A 处,切线方程 $2x+3y-3=0$;法线方程 $3x-2y+2=0$,点 B 处,切线方程 $x=-1$;$y=0$. **提示** 点 B 处,$y'|_{x=-1}=\infty$.

(3) 点 A 处,切线方程 $y+\sqrt[3]{4}=\dfrac{10}{3\sqrt[3]{2}}(x-2)$,法线方程 $y+\sqrt[3]{4}=$

$-\dfrac{3\sqrt[3]{2}}{10}(x-2)$;点 B 处,切线方程 $y=-3$,法线方程 $x=1$;点 C 处,切线方程 $x=0$,法线方程 $y=0$.

10. 点 $(-1,-4)$ 和点 $(1,0)$.

11. $a=2,b=-3$ **提示** 由 $y'|_{x=1}=\dfrac{1}{x}\Big|_{x=1}=1$ 与 $y'|_{x=1}=(2ax+b)|_{x=1}=2a+b$ 得等式 $2a+b=1$;由 $y|_{x=1}=\ln\dfrac{x}{\mathrm{e}}\Big|_{x=1}=-1$ 和 $y|_{x=1}=(ax^2+b)|_{x=1}=a+b$ 得等式 $a+b=-1$.

12. (1) $2|x|$;　　(2) $y'=\begin{cases}1, & x>-1,\\ -1, & x<-1;\end{cases}$

(3) $y'=\begin{cases}\left(1+\dfrac{1}{x}\right)\mathrm{e}^{-\frac{1}{x}}, & x>0,\\[2mm] \dfrac{1}{1+x}, & -1<x<0;\end{cases}$　　(4) $\sin\dfrac{1}{x}-\dfrac{1}{x}\cos\dfrac{1}{x}$ $(x\neq 0)$.

13. (1) $\dfrac{\mathrm{e}^{\sqrt{x}}}{4x}-\dfrac{\mathrm{e}^{\sqrt{x}}}{4x\sqrt{x}}$;　　(2) $\mathrm{e}^{-x^2}(4x^2-2)$;　　(3) $2\cos 2x$;

(4) $\dfrac{2(\sqrt{1-x^2}+x\arcsin x)}{\sqrt{(1-x^2)^3}}$；   (5) $-\dfrac{2(1+x^2)}{(1-x^2)^2}$；   (6) $-\dfrac{x}{\sqrt{(x^2-1)^3}}$；

(7) $30x^4+12x$；   (8) $2\arctan x+\dfrac{2x}{1+x^2}$；

(9) $e^{-x}(4\sin2x-3\cos2x)$；   (10) $\dfrac{2-x^2}{\sqrt{(1+x^2)^5}}$.

14. (1) 0；   (2) $-\dfrac{3}{4e^4}$.

15. (1) $\dfrac{1}{x^2}[f''(\ln x)-f'(\ln x)]$；

(2) $e^x[f'(e^x)+f''(e^x)e^x]$；   (3) $2[f'(x^2)+2x^2f''(x^2)]$；

(4) $(e^x+1)^2 f''(e^x+x)+e^x f'(e^x+x)$.

17. (1) $a^n e^{ax}$；   (2) $a^x(\ln a)^n$；

(3) $(-1)^{n-1}\dfrac{(n-1)!}{x^n}$；   (4) $(n+1)!\;(x-a)$；

(5) $2^n\sin\left(2x+\dfrac{n\pi}{2}\right)$；   (6) $\dfrac{(-1)^n(n-2)!}{x^{n-1}}$ $(n>1)$.

18. 0；4；8.   **19.** $-\dfrac{\sqrt{3}}{2}\pi^2$米/秒^2.

20. (1) (C)；   (2) (A)；

(3) (C)   **提示** 当 $f(x)>0$ 时，$[\ln f(x)]'=\dfrac{f'(x)}{f(x)}$；当 $f(x)<0$ 时，

$$[\ln(-f(x))]'=\dfrac{f'(x)}{f(x)}.$$

(4) (B)   **提示** $f'(-x)=f'(x)$.

(5) (D)   **提示** 先由 $f'(x_0)=2$ 确定 x_0，再求 $f(x_0)$.

(6) (B)   **提示** $f'(x)$为奇函数.   (7) (B).

(8) (B)   **提示** 由 $\dfrac{\mathrm{d}}{\mathrm{d}x}\left[f\left(\dfrac{1}{x^2}\right)\right]=\dfrac{1}{x}$，得 $f'\left(\dfrac{1}{x^2}\right)=-\dfrac{x^2}{2}$.

(9) (C)   **提示** $f'(x)=-\dfrac{1}{x\ln^2 x}$，而

$$\lim_{x\to e}\dfrac{f(x)-1}{2(e-x)}=-\dfrac{1}{2}\lim_{x\to e}\dfrac{f(x)-f(e)}{x-e}=-\dfrac{1}{2}f'(e).$$

(10) (D)   **提示** 先求极限，$f(t)=te^{2t}$.

习 题 2.3

1. (1) $-\dfrac{ax}{by}$；   (2) $\dfrac{ay}{y-ax}$；   (3) $\dfrac{\cos(x+y)}{e^y-\cos(x+y)}$；

(4) $\dfrac{\sin y}{1-x\cos y}$;　　(5) $\dfrac{e^{x+y}-y}{x-e^{x+y}}$;　　(6) $\dfrac{2x\cos 2x-y-xye^{xy}}{x^2e^{xy}+x\ln x}$.

2. 当 $x=0$ 时,$y=1$,$\dfrac{\mathrm{d}y}{\mathrm{d}x}\Big|_{\substack{x=0\\y=1}}=-2$. **提示** $\dfrac{\mathrm{d}y}{\mathrm{d}x}=-\dfrac{y^2+y^4}{1+2xy+2xy^3}$.

3. $\dfrac{\mathrm{d}y}{\mathrm{d}x}\Big|_{\substack{x=0\\y=\frac{\pi}{2}}}=1-\dfrac{\pi}{2}$.　　4. (1) $-\dfrac{1}{y^3}$;　　(2) $\dfrac{e^y(3-y)}{(2-y)^3}$.

5. (1) $x+y-\dfrac{\sqrt{2}}{2}a=0$;　　(2) $y=1$.

6. (1) $x^{x^2+1}(2\ln x+1)$;　　(2) $x^{\frac{1}{x}-2}(1-\ln x)$;

(3) $(1+\cos x)^{\frac{1}{x}}\left[-\dfrac{\sin x}{x(1+\cos x)}-\dfrac{\ln(1+\cos x)}{x^2}\right]$;

(4) $e^x(\ln x)^{e^x}\left(\dfrac{1}{x\ln x}+\ln\ln x\right)$;　　(5) $(\tan x)^x(x\cot x+x\tan x+\ln\tan x)$;

(6) $x^{\sin x}\left(\dfrac{\sin x}{x}+\cos x\ln x\right)$;　　(7) $f(x)^{g(x)}\left[g'(x)\cdot\ln f(x)+g(x)\dfrac{f'(x)}{f(x)}\right]$;

(8) $2^x\cdot x^{2^x}\left(\ln 2\cdot\ln x+\dfrac{1}{x}\right)+2^{2^x+x}\ln^2 2$;

(9) $\dfrac{\sqrt{x+1}}{\sqrt[3]{x-2}(x+3)^2}\left[\dfrac{1}{2(x+1)}-\dfrac{1}{3(x-2)}-\dfrac{2}{x+3}\right]$;

(10) $\dfrac{1}{3}\sqrt[3]{\dfrac{x(x^2+1)}{(x-1)^2}}\left(\dfrac{1}{x}+\dfrac{2x}{x^2+1}-\dfrac{2}{x-1}\right)$;　　(11) $\dfrac{1}{\cos x}\sqrt{\dfrac{1+\sin x}{1-\sin x}}$;

(12) $\sqrt{\dfrac{e^{3x}}{x^3}}\left[\dfrac{3(x-1)}{2x}\arcsin x+\dfrac{1}{\sqrt{1-x^2}}\right]$.

7. (1) (A);　　(2) (C).

8. (1) $4t$;　　(2) $\dfrac{e^{2t}}{1-t}$;　　(3) $\dfrac{2t}{t^2-1}$;

(4) $-\dfrac{b}{a}\tan t$;　　(5) $\dfrac{\sin at+\cos bt}{\cos at-\sin bt}$;　　(6) $\dfrac{\cos t-t\sin t}{1-\sin t-t\cos t}$.

9. $\sqrt{3}-2$.

10. (1) 切线方程 $x+2y-4=0$,法线方程 $2x-y-3=0$;

(2) 切线方程 $x=0$,法线方程 $y=0$.

11. (1) $\dfrac{1}{t^3}$;　　(2) $\dfrac{1}{3a\cos^4 t\sin t}$;　　(3) $-\dfrac{2}{(1-t)^{\frac{3}{2}}}$;　　(4) $\dfrac{2+t^2}{a(\cos t-t\sin t)^3}$.

习 题 2.4

1. (1) $\Delta y=17\,\mathrm{cm}^2$,$\mathrm{d}y=16\,\mathrm{cm}^2$;　　(2) $\Delta y=8.25\,\mathrm{cm}^2$,$\mathrm{d}y=8\,\mathrm{cm}^2$;

(3) $\Delta y = 1.61\,\mathrm{cm^2}, \mathrm{d}y = 1.6\,\mathrm{cm^2}$.

2. $\Delta y = 130;4;0.31;0.0301;$ $\mathrm{d}y = 30;3;0.3;0.03;$ $\Delta y - \mathrm{d}y \to 0(\Delta x \to 0)$.

3. (1) $(\cos x - \sin x)\mathrm{d}x$;　　　(2) $(\sin 2x + 2x\cos 2x)\mathrm{d}x$;

(3) $\dfrac{2x\cos x - (1-x^2)\sin x}{(1-x^2)^2}\mathrm{d}x$;　(4) $(x^2+1)^{-\frac{3}{2}}\mathrm{d}x$;

(5) $\mathrm{e}^x(\cos 5x - 5\sin 5x)\mathrm{d}x$;　　(6) $2(\mathrm{e}^{2x} - \mathrm{e}^{-2x})\mathrm{d}x$;

(7) $6\tan 3x \cdot \sec^2 3x\,\mathrm{d}x$;　　(8) $\dfrac{2 \cdot 3^{\mathrm{lntan}x}\ln 3}{\sin 2x}\mathrm{d}x$;

(9) $-\dfrac{x}{1-x^2}\mathrm{d}x$;　　　　(10) $-\dfrac{\sin 2\sqrt{x}}{2\sqrt{x}}\mathrm{d}x$.

4. (1) $-\dfrac{b^2 x}{a^2 y}\mathrm{d}x$;　　　　(2) $\dfrac{\sqrt{1-y^2}}{1+2y\sqrt{1-y^2}}\mathrm{d}x$;

(3) $-\dfrac{y}{x+\mathrm{e}^y}\mathrm{d}x$;　　　(4) $\dfrac{\sin(x-y)+y\cos x}{\sin(x-y)-\sin x}\mathrm{d}x$.

5. (1) $ax+C$;　(2) $b \cdot \dfrac{x^2}{2}+C$;　(3) $\sqrt{x}+C$;

(4) $\ln x + C$;　(5) $\arctan x + C$;　(6) $\arcsin x + C$;

(7) $-\dfrac{1}{2}\cos 2x + C$;　(8) $\dfrac{1}{a}\sin ax + C$;　(9) $-\dfrac{1}{3}\mathrm{e}^{-3x}+C$;

(10) $\sec x + C$.

其中各式中的 C 均为任意常数.

6. **提示** 用近似公式 $f(x) \approx f(0) + f'(0)x$.

7. (1) 0.99　**提示** 用公式 $(1+x)^\alpha \approx 1 + \alpha x$, 取 $x = -0.05$;

(2) 0.95　**提示** 用公式 $\mathrm{e}^x \approx 1 + x$, 取 $x = -0.05$;

(3) -0.03　**提示** 用公式 $\ln(1+x) \approx x$, 取 $x = -0.03$;

(4) 0.495　**提示** 设 $f(x) = \cos x, x_0 = 30° = \dfrac{\pi}{6}, \Delta x = 20' = \dfrac{\pi}{540}$;

(5) 0.7954　**提示** 设 $f(x) = \arctan x, x_0 = 1, \Delta x = 0.02$;

(6) 3.0048　**提示** $\sqrt[5]{245} = (243+2)^{\frac{1}{5}} = \left[243\left(1+\dfrac{2}{243}\right)\right]^{\frac{1}{5}} = 3\left(1+\dfrac{2}{243}\right)^{\frac{1}{5}}$.

$\left(1+\dfrac{2}{243}\right)^{\frac{1}{5}}$ 用公式 $(1+x)^\alpha \approx 1 + \alpha x$.

8. $\Delta S = 4.04\pi\,\mathrm{m^2}; \mathrm{d}S = 4\pi\,\mathrm{m^2}$.　**提示** $S = \pi r^2, r = 10\,\mathrm{m}, \Delta r = 0.2\,\mathrm{m}$.

9. (1) (C)　**提示** $\mathrm{d}y = f'(x)\Delta x$;　(2) (C);　(3) (B).

1. $C=a+bQ$；$AC=\dfrac{a}{Q}+b$.

2. $R=\begin{cases}200Q, & 0\leqslant Q\leqslant 500,\\ 100000+(200-20)\times(Q-500), & 500<Q\leqslant 700,\\ 136000, & 700<Q.\end{cases}$

3. (1) $R=10Q$(元)； (2) $\pi=8(Q-100)$(元)；$Q=100$ 件.

4. (1) $AC=\dfrac{100}{Q}+\dfrac{2}{\sqrt{Q}}$；$AC\big|_{Q=100}=1.2$；

(2) $MC=\dfrac{1}{\sqrt{Q}}$；$MC\big|_{Q=100}=0.1$.

5. $R=9975$；　$AR=199.5$；　$MR=199$.　　**6.** -32.

7. (1) $\dfrac{3x}{3x+5}$；　(2) 2；　(3) $\dfrac{\sqrt{x}}{2(\sqrt{x}-4)}$；　(4) αx.

8. -1；$-\dfrac{5}{3}$；-2.　　**9. 提示** 用函数弹性的定义.

10. $E_d=-bP$；价格提高(或降低)1%时,需求将减少(或增加)bP%.

11. $E_d=-0.25$.　　**12.** $E_d\big|_{P=2}=-\dfrac{2}{3}$；$E_d\big|_{P=3}=-\dfrac{3}{2}$.

13. $E_m=-\dfrac{b}{M}$.　　**14.** $E_s=\dfrac{P}{-1+P}$；$P=2$ 时,$E_s=2$.

第三章　中值定理　导数应用

习　题　3.1

1. (1) 不满足 $f(x)$ 在[0,1]上连续；　(2) 不满足 $f(x)$ 在$(-1,1)$内可导；

(3) 不满足 $f(0)=f(1)$；　(4) 满足,$\xi=1$；　(5) 满足,$\xi=\dfrac{\pi}{2}$；

(6) 满足,$\xi=2$.

2. (1) 满足,$\xi=\sqrt{\dfrac{4}{\pi}-1}$；　　(2) 满足,$\xi=\dfrac{2}{\sqrt{3}}$.

3. 有三个实根,分别在区间(1,2),(2,3),(3,4)内部.

4. 提示 设 $f(x)=a_0x^n+a_1x^{n-1}+\cdots+a_{n-1}x$,在闭区间 $[0,x_1]$ 上应用罗尔定理.

5. 提示 用反证法证根的惟一性.

6. (1) **提示** 设 $f(x)=\arcsin x+\arccos x$,在 $(-1,1)$ 内有 $f'(x)=0$.用 $f(x)$ 在定义域 $[-1,1]$ 上的连续性,推出要证的结论.

7. (1) **提示** 设 $f(t)=\arctan t$,在区间 $[y,x]$ 上用拉格朗日定理;

(2) **提示** 设 $f(x)=\tan x$,在区间 $[0,x]\left(x\in\left(0,\dfrac{\pi}{2}\right)\right)$ 上用拉格朗日定理.

8. (C).

习　题　3.2

1. (1) -1;　　(2) 1;　　(3) $\dfrac{1}{2}$;　　(4) $\dfrac{1}{6}$;　　(5) $8\ln 2$;

(6) 2;　　(7) 2;　　(8) $-\dfrac{1}{2}$;　　(9) 2;　　(10) $\dfrac{1}{3}$;　　(11) $+\infty$;

(12) 1;　　(13) $+\infty$;　　(14) 3;　　(15) 1;　　(16) ∞.

2. (1) $\dfrac{1}{3}$;　　(2) 1;　　(3) $+\infty$;　　(4) $\dfrac{1}{2}$;　　(5) 0;　　(6) $\dfrac{1}{2}$.

3. (1) (B);　　(2) (A).

4. (1) 1;　　(2) e^2;　　(3) e^{-1};　　(4) 1.

5. 1.　　　　**6.** $a=g'(0)$.

7. **提示**　本题均不能用洛必达法则.

(1) 1;　　(2) 1;　　(3) 1.

习　题　3.3

1. (1) 在 $(-\infty,-1)$,$(0,1)$ 内单调减少;在 $(-1,0)$,$(1,+\infty)$ 内单调增加;

(2) 在 $(-1,0)$ 内单调减少,在 $(0,+\infty)$ 内单调增加;

(3) 在 $\left(0,\dfrac{1}{2}\right)$ 内单调减少,在 $\left(\dfrac{1}{2},+\infty\right)$ 内单调增加;

(4) 在 $(-\infty,-2)$,$(0,+\infty)$ 内单调增加,在 $(-2,-1)$,$(-1,0)$ 内单调减少;

(5) 在 $(-\infty,-\sqrt{2})$,$(\sqrt{2},+\infty)$ 内单调增加;在 $(-\sqrt{2},\sqrt{2})$ 内单调减少;

(6) 在 $(0,1)$ 内单调增加;在 $(1,2)$ 内单调减少;

3. (1) $f(-1)=2$ 是极大值;$f(1)=-2$ 是极小值;

(2) $f(0)=0$ 是极小值;

(3) $f(0)=0$ 是极大值;$f(1)=-\dfrac{1}{2}$ 是极小值;

(4) $f(0)=0$ 是极大值; $f\left(\dfrac{2}{5}\right)=-\dfrac{3}{5}\sqrt[3]{\dfrac{4}{25}}$ 是极小值;

(5) $f(-1)=-\dfrac{1}{2}$ 是极小值; $f(1)=\dfrac{1}{2}$ 是极大值;

(6) $f(0)=0,f(1)=1$ 是极小值; $f(2)=0$ 是极大值;

(7) $f(1)=2-4\ln 2$ 是极小值;

(8) $f\left(-\dfrac{1}{2}\ln 2\right)=2\sqrt{2}$ 是极小值;

(9) $f(\mathrm{e}^{-\frac{1}{2}})=-\dfrac{1}{2\mathrm{e}}$ 是极小值; (10) 没有极值.

4. (1) 在 $\left(-\infty,\dfrac{3}{4}\right)$ 内单调增加; 在 $\left(\dfrac{3}{4},+\infty\right)$ 内单调减少; $f\left(\dfrac{3}{4}\right)=\dfrac{27}{256}$
是极大值;

(2) 在 $\left(-\infty,\dfrac{1}{3}\right)$, $(1,+\infty)$ 内单调增加; 在 $\left(\dfrac{1}{3},1\right)$ 内单调减少; $f\left(\dfrac{1}{3}\right)=$
$\dfrac{\sqrt[3]{4}}{3}$ 是极大值; $f(1)=0$ 是极小值;

(3) 在 $(-\infty,-1)$, $(1,+\infty)$ 内单调增加; 在 $(-1,1)$ 内单调减少; $f(-1)=$
$\dfrac{2}{15}$ 是极大值; $f(1)=-\dfrac{2}{15}$ 是极小值;

(4) 在 $(-\infty,-1)$, $(0,1)$ 内单调减少; 在 $(-1,0)$, $(1,+\infty)$ 内单调增加;
$f(-1)=-\dfrac{9}{8}$, $f(1)=-\dfrac{9}{8}$ 是极小值; $f(0)=0$ 是极大值.

5. $\dfrac{1}{2}$. **提示** 由 $f'(1)=0,f'(2)=0$ 可得 $a=-\dfrac{3}{2},b=2$.

6. $f(x)=4x^3-3x$. **提示** $f(x)$ 为奇函数, 由 $f(-x)=f(x)$ 可得 $b=d=$
0; 由 $f\left(\dfrac{1}{2}\right)=-1,f'\left(\dfrac{1}{2}\right)=0$ 可得 $a=4,c=-3$.

7. (1) **提示** 设 $F(x)=x-\arctan x$, 则 $F(0)=0,F'(x)>0$, 可推得: 当 $x>$
0 时, $F(x)>F(0)=0$;

(3) **提示** 设 $F(x)=\mathrm{e}^{ax}-(1+ax)$, 则 $F(0)=0,F'(0)=0,F''(0)>0$, 可推
得: 在 $(-\infty,+\infty)$ 内, $x=0$ 是 $F(x)$ 的惟一驻点, 且是最小值点, 从而,
当 $x\neq 0$ 时, $F(x)>0$;

8. (1) (B);

(2) (D) **提示** 根据极值存在的第一充分条件, 题干没给出函数 $f(x)$ 在 x_0
连续这一条件, 不能选 (B). 例如, 函数 $f(x)=\dfrac{1}{(x-1)^2}$ 在 $x=1$ 处就如
此;

(3)（B）；　（4）（D）　**提示**　$y=\sqrt{2+x-x^2}$ 的极大值点也是 $x=\dfrac{1}{2}$.

习　题　3.4

1.（1）在 $(-\infty,+\infty)$ 内上凹；无拐点；

（2）在 $\left(-\infty,-\dfrac{1}{\sqrt{3}}\right)$，$\left(\dfrac{1}{\sqrt{3}},+\infty\right)$ 内上凹，在 $\left(-\dfrac{1}{\sqrt{3}},\dfrac{1}{\sqrt{3}}\right)$ 内下

凹；拐点是 $\left(-\dfrac{1}{\sqrt{3}},\dfrac{3}{4}\right)$，$\left(\dfrac{1}{\sqrt{3}},\dfrac{3}{4}\right)$；

（3）在 $(0,1)$，$(e^2,+\infty)$ 内下凹，在 $(1,e^2)$ 内上凹；拐点是 (e^2,e^2)；

（4）在 $(-\infty,1)$，$(2,+\infty)$ 内上凹，在 $(1,2)$ 内下凹；拐点是 $(1,-3)$，$(2,6)$；

（5）在 $(0,e^{\frac{3}{2}})$ 内下凹，在 $(e^{\frac{3}{2}},+\infty)$ 内上凹；拐点是 $\left(e^{\frac{3}{2}},\dfrac{3}{2}e^{-\frac{3}{2}}\right)$；

（6）在 $(-1,0)$，$(\sqrt[3]{2},+\infty)$ 内下凹，在 $(0,\sqrt[3]{2})$ 上凹；拐点是 $(0,0)$，

$(\sqrt[3]{2},\ln3)$；

（7）在 $(-\infty,0)$ 内下凹，在 $(0,+\infty)$ 内上凹；拐点是 $(0,0)$；

（8）在 $(-\infty,4)$ 内上凹，在 $(4,+\infty)$ 内下凹；拐点是 $(4,2)$.

2. $a=-3,b=3,c=-2.$　**提示**　因 $(1,-1)$ 是拐点，有 $y|_{x=1}=-1,y''|_{x=1}=0$；因在 $x=1$ 处有极大值 $y'|_{x=1}=0$.

3. $a=-1,b=0,c=3,d=0,y=-x^3+3x.$　**提示**　因在点 $(1,2)$ 处有水平切线，有 $y|_{x=1}=2,y'|_{x=1}=0$；因点 $(0,0)$ 是拐点，有 $y|_{x=0}=0,y''|_{x=0}=0$.

4.（1）定义域是 $(-\infty,0)$，$(0,+\infty)$，$x=0$ 是间断点；

（2）无奇偶性及周期性；

（3）直线 $x=0$ 是铅垂渐近线，无水平渐近线；

（4）在 $(-\infty,0)$，$\left(0,\dfrac{1}{2}\right)$ 内单调减少，在 $\left(\dfrac{1}{2},+\infty\right)$ 内单调增加；$y|_{x=\frac{1}{2}}=3$ 是极小值；

（5）在 $\left(-\infty,-\dfrac{1}{\sqrt[3]{4}}\right)$，$(0,+\infty)$ 内上凹，在 $\left(-\dfrac{1}{\sqrt[3]{4}},0\right)$ 内下凹；拐点是 $\left(-\dfrac{1}{\sqrt[3]{4}},0\right)$.

5.（1）定义域 $(-\infty,+\infty)$；偶函数；直线 $y=0$ 是水平渐近线；在 $(-\infty,0)$ 内单调增加，在 $(0,+\infty)$ 内单调减少；极大值是 $y|_{x=0}=1$；在

$\left(-\infty,-\dfrac{1}{\sqrt{2}}\right)$，$\left(\dfrac{1}{\sqrt{2}},+\infty\right)$ 内上凹，在 $\left(-\dfrac{1}{\sqrt{2}},0\right)$，$\left(0,\dfrac{1}{\sqrt{2}}\right)$ 内

下凹;拐点是$\left(-\dfrac{1}{\sqrt{2}},\mathrm{e}^{-\frac{1}{2}}\right),\left(\dfrac{1}{\sqrt{2}},\mathrm{e}^{-\frac{1}{2}}\right)$.

(2) 定义域是$(-\infty,+\infty)$;在$(-\infty,0),(1,+\infty)$内单调增加,在$(0,1)$内单调减少;极大值是$y|_{x=0}=0$,极小值是$y|_{x=1}=-1$;在$\left(-\infty,\dfrac{1}{2}\right)$内下凹,在$\left(\dfrac{1}{2},+\infty\right)$内上凹;拐点是$\left(\dfrac{1}{2},-\dfrac{1}{2}\right)$;

(3) 定义域是$(-\infty,+\infty)$;奇函数;直线$y=0$是水平渐近线;在$(-\infty,-1),(1,+\infty)$内单调减少,在$(-1,1)$内单调增加;极小值是$y|_{x=-1}=-\dfrac{1}{2}$,极大值是$y|_{x=1}=\dfrac{1}{2}$;在$(-\infty,-\sqrt{3}),(0,\sqrt{3})$内下凹,在$(-\sqrt{3},0),(\sqrt{3},+\infty)$内上凹;拐点是$\left(-\sqrt{3},-\dfrac{\sqrt{3}}{4}\right),(0,0),\left(\sqrt{3},\dfrac{\sqrt{3}}{4}\right)$.

(4) 定义域是$(-\infty,1),(1,+\infty)$,间断点是$x=1$;直线$x=1$是铅垂渐近线;在$(-\infty,0),(2,+\infty)$内单调增加,在$(0,1),(1,2)$内单调减少;极大值是$y|_{x=0}=-2$,极小值是$y|_{x=2}=2$;在$(-\infty,1)$内下凹,在$(1,+\infty)$内上凹;

(5) 定义域是$(-\infty,0),(0,+\infty)$,$x=0$是间断点;直线$y=1$是水平渐近线,直线$x=0$是铅垂渐近线;在$(-\infty,0),(0,+\infty)$内单调减少;在$\left(-\infty,-\dfrac{1}{2}\right)$内下凹,在$\left(-\dfrac{1}{2},0\right),(0,+\infty)$内上凹;拐点是$\left(-\dfrac{1}{2},\mathrm{e}^{-2}\right)$.

(6) 略.

6. 略.

7. (1) (C);   (2) (B);

(3) (D)   **提示** 题干没有给出函数$f(x)$在点x_0连续的条件.

(4) (D)   **提示** 画出图形判定.(图略)

习 题 3.5

1. (1) 最大值$f(4)=142$,最小值$f(1)=7$;

(2) 最大值$f(3)=18-\ln3$,最小值$f\left(\dfrac{1}{2}\right)=\dfrac{1}{2}+\ln2$;

(3) 最大值$f(1)=0$,最小值$f\left(\dfrac{1}{4}\right)=-\ln2$;

(4) 最大值 $f\left(-\dfrac{1}{2}\right)=f(1)=\dfrac{1}{2}$，最小值 $f(0)=0$；

(5) 最大值 $f(4)=\dfrac{3}{5}$；最小值 $f(0)=-1$；

(6) 最大值 $f(2)=1$；最小值 $f(0)=1-\dfrac{2}{3}\sqrt[3]{4}$．

3. 宽为 2 m，长为 4 m；总长度为 8 m.　　**4.** 162 米^2.

5. 长为 1.5 米，宽为 1 米，面积 $\dfrac{3}{2}$ 米^2.　　**提示**　设宽为 x 米，长为 y 米，面积为 A，则 $A=3x-\dfrac{3}{2}x^2$，$x\in(0,2)$.

6. 底边长为 6 cm，宽为 3 cm，箱子高为 4 cm.　　**提示**　设宽为 $x$cm，长为 $2x$ cm，高为 h cm，表面积为 A，则 $A=4x^2+\dfrac{216}{x}$，$x\in(0,+\infty)$.

7. $r=\sqrt[3]{\dfrac{bV}{2\pi a}}$，$h=\sqrt[3]{\dfrac{4a^2V}{b^2\pi}}$.　　**提示**　设底半径为 r，高为 h，总造价为 C，则 $C=2\pi r^2a+\dfrac{2Vb}{r}$，$r\in(0,+\infty)$.

8. 截去小正方形的边长为 $\dfrac{a}{12}$；最大容积 $V=\dfrac{25}{1728}a^3$.

　　提示　设小正方形的边长为 x，容积为 V，则
$$V(x)=x(a-2x)\left(\dfrac{3}{8}a-2x\right).$$

9. r 是底半径，h 是高，则 $\dfrac{h}{r}=\dfrac{8}{\pi}$.　　**提示**　以 A 表示面积，则 $A=(2r)^2+(2r)^2+2\pi rh$，又 $h=\dfrac{V}{\pi r^2}$，可得
$$A(r)=8r^2+\dfrac{2V}{r},\quad r\in(0,+\infty).$$

10. 在距 O 为 12 千米处上岸.　　**提示**　设送信人在距 O 处 x 千米处上岸，所费时间为 t 小时，则 $t=\dfrac{\sqrt{x^2+9^2}}{4}+\dfrac{15-x}{5}$.

11. $AD=15$ 千米.　　**提示**　设 $AD=x$ 千米，铁路上每千米运费为 $3k$，公路上每千米运费为 $5k$（k 是某常数），总费用为 y，则
$$y=5k\cdot CD+3k\cdot DB$$
$$=5k\cdot\sqrt{20^2+x^2}+3k(100-x),\quad x\in[0,100].$$

12. $h:b=\sqrt{2}$ 时强度最大.　　**提示**　若以 S 表示强度，则 $S=kbh^2$，其中 $k>0$ 为比例常数. 由于 $h^2+b^2=d^2$，有

$$S(b) = kb(d^2 - b^2), \quad b \in (0, d).$$

13. $Q = 250, \pi(250) = 425.$ **14.** $Q = 200, \pi(200) = 300.$

15. $Q = 3; P = 21; \pi(3) = 3.$

16. 进货 600 件；单价 4.6 元/件；$\pi = 360$ 元.

     提示 设 Q 为因降价多卖出的件数，则销售件数为 $200+Q$，每件售价为

$$\left(5 - \frac{0.02}{20}Q\right) \text{元，每件利润为} \left(5 - \frac{0.02}{20}Q - 4\right) \text{元，利润函数为}$$

$$\pi = \left(1 - \frac{0.02}{20}Q\right)(200 + Q).$$

17. $P = 3.8$ 元；$\pi = 128$ 元.   **18.** $P = 5; Q = 50.$ **19.** $Q = 3; P = \dfrac{15}{e}; R = \dfrac{45}{e}.$

20. (1) $Q = 10; P = 10; R = 100; \pi = 61\dfrac{2}{3};$ (2) 允许取.

21. $Q = 14$ 万件；$AC = 0.176$ 元/件.

22. (1) $MC = 2 + 0.002Q; MC|_{Q=1000} = 4;$

(2) $AC = \dfrac{1000}{Q} + 2 + 0.001Q; AC|_{Q=1000} = 4;$ (3) $Q = 1000; AC = 4.$

23. (1) (i) $Q = 20$, (ii) $Q = 10$, (iii) $Q = 10.$

(2) (i) $Q = 10.$ **提示** 总成本函数 $C = 0.3Q^2 + 9Q + 30 + 10;$

(ii) $Q = 6.$ **提示** 总成本函数 $C = 0.3Q^2 + 9Q + 30 + 8.4Q$ (8.4 为税率)；

(iii) $Q = 12.$ **提示** 总利润函数增加 $4.2Q$ (4.2 是单位产品的补贴，利润函数为 $\pi = -1.05Q^2 + 21Q - 30 + 4.2Q.$

24. 批量 $Q = 800$ 件；最小费用 $E = 600$ 元.

25. 批量 $Q = 1000$；全年总费用 $C = 2.008 \times 10^7.$ **提示** 全年总费用 $C =$ 生产成本＋库存费用＋生产准备费用.

习 题 3.6

1. (1) $\dfrac{2}{27};$ (2) $\dfrac{3}{5\sqrt{10}};$ (3) 2； (4) $\dfrac{e}{(e^2+1)^{3/2}};$ (5) $\dfrac{1}{2\sqrt{2}};$ (6) 1.

2. (1) $\dfrac{b}{a^2};$ (2) $\dfrac{1}{4a}$ **提示** $K = \dfrac{1}{4a\sin\dfrac{t}{2}}.$

3. 点 $(2, -1)$，曲率半径 $R = \dfrac{1}{2}.$

4. $R = 6.$

第四章 不定积分

习 题 4.1

1. (1) $\sin x + \cos x + C, -\cos x + \sin x + C$; (2) $x^2 e^x$;

(3) $e^{-x} + C, -e^{-x} + C, x + C$; (4) $e^x + C$.

2. (1) 不正确; (2) 不正确 **提示** $G(x) = F(x) + C$;

(3) 不正确; (4) 正确.

3. (1) $3x + \dfrac{x^4}{4} - \dfrac{1}{2x^2} + \dfrac{3^x}{\ln 3} + C$; (2) $4\sqrt{x} + \dfrac{1}{5}x^2\sqrt{x} - 6\sqrt[3]{x} + C$;

(3) $-\cos x + 2\arcsin x + C$; (4) $\dfrac{1}{1 + 2\ln 3}3^{2x}e^x + C$;

(5) $\dfrac{8}{5}x^2\sqrt{x} - 8x\sqrt{x} + 18\sqrt{x} + C$; (6) $\dfrac{2}{3}x^3 - 2x + 2\arctan x + C$;

(7) $-\dfrac{1}{x} - \arctan x + C$; (8) $-\dfrac{2}{x} - \arctan x + C$;

(9) $\arcsin x + C$; (10) $\dfrac{2}{3}x\sqrt{x} - 3x + C$;

(11) $\dfrac{1}{2}(x - \sin x) + C$; (12) $-\cot x - x + C$;

(13) $\tan x - \sec x + C$; (14) $\sin x + \cos x + C$;

(15) $-\cot x - \tan x + C$;

(16) $\tan x + \sec x + C$ **提示** $\dfrac{1}{1 - \sin x} = \dfrac{1 + \sin x}{\cos^2 x} = \sec^2 x + \sec x \cdot \tan x$;

(17) $-\cot x + \csc x + C$ **提示** $\dfrac{1}{1 + \cos x} = \dfrac{1 - \cos x}{\sin^2 x} = \csc^2 x - \csc x \cdot \cot x$;

(18) $\dfrac{1}{2}\tan x + \dfrac{x}{2} + C$ **提示** $1 + \cos 2x = 2\cos^2 x$.

4. (1) $x - \dfrac{1}{2}x^2$. **提示** 由 $f'(\sin^2 x) = \cos^2 x = 1 - \sin^2 x$ 得 $f'(x) = 1 - x$;

(2) $x^3 - 6x^2 - 15x + 2$ **提示** 由已知条件可设 $f'(x) = a(x + 1)(x - 5)$.

5. (1) $y = \sqrt{x} + 1$;

(2) $y = -x^4 + 7$ **提示** 由题设 $f'(x) = kx^3$,其中 k 是比例系数.

6. $S = \dfrac{3}{2}t^2 - 2t + 5$. **7.** (1) (D); (2) (B); (3) (C); (4) (C).

习 题 4.2

1. 全部都错.

(1) $\int \cos 2x \mathrm{d}x = \dfrac{1}{2}\int \cos 2x \mathrm{d}(2x) = \dfrac{1}{2}\sin 2x + C$;

(2) $\int \mathrm{e}^{-x}\mathrm{d}x = -\int \mathrm{e}^{-x}\mathrm{d}(-x) = -\mathrm{e}^{-x} + C$;

(3) $\displaystyle\int \dfrac{1+\sin x}{\sin^2 x}\mathrm{d}x = \int \dfrac{1}{\sin^2 x}\mathrm{d}x + \int \dfrac{\mathrm{d}x}{\sin x}$
$$= -\cot x + \ln|\csc x - \cot x| + C;$$

(4) $\int (1-\sin x)\cos x \mathrm{d}x = \int (1-\sin x)\mathrm{d}\sin x = \sin x - \dfrac{1}{2}(\sin x)^2 + C.$

2. (1) $\dfrac{1}{a}f(ax+b)+C$;   (2) $\dfrac{1}{2a}f(ax^2+b)+C$;

(3) $\dfrac{1}{a+1}[f(x)]^{a+1}+C$;   (4) $\ln|f(x)|+C$;

(5) $\arcsin f(x)+C$;   (6) $\arctan f(x)+C$;

(7) $\mathrm{e}^{f(x)}+C$;   (8) $\dfrac{1}{\ln a}a^{f(x)}+C$;

(9) $\sqrt{f(x)}+C.$

3. (1) (B);   (2) (D);   (3) (D);   (4) (C).

4. (1) $\dfrac{1}{22}(2x+1)^{11}+C$;   (2) $\dfrac{1}{18}\dfrac{1}{(1-2x)^9}+C$;

(3) $-\dfrac{2}{7}(2-x)^{\frac{7}{2}}+C$;   (4) $-2\mathrm{e}^{-\frac{1}{2}x}+C$;

(5) $\dfrac{1}{3}\cos(1-3x)+C$;   (6) $\dfrac{1}{3}\dfrac{10^{3x}}{\ln 10}+C$;

(7) $\dfrac{1}{2}\ln(x^2+4)+C$;   (8) $\dfrac{1}{2}\ln|x^2-4x-5|+C$;

(9) $\ln(\mathrm{e}^x+1)+C$;   (10) $-2\ln|\cos\sqrt{x}\,|+C$;

(11) $-\sqrt{1-x^2}+C$;   (12) $\dfrac{1}{12}(4x^2-1)^{\frac{3}{2}}+C$;

(13) $\dfrac{1}{2}\sin x^2+C$;   (14) $-\dfrac{1}{4}\cos(2x^2+1)+C$;

(15) $\dfrac{1}{2}\mathrm{e}^{x^2-2x+1}+C$;   (16) $\dfrac{1}{4}\mathrm{e}^{2x^2}+C$ **提示** $\mathrm{e}^{2x^2+\ln x}=x\mathrm{e}^{2x^2}$;

(17) $\cos\dfrac{1}{x}+C$;   (18) $\dfrac{4}{15}(1+x^3)^{\frac{5}{4}}+C$;

(19) $2\sin\sqrt{x}+C$;   (20) $\dfrac{1}{10}\dfrac{1}{(1-x^5)^2}+C$;

(21) $\dfrac{1}{6}\arctan\dfrac{3}{2}x+C$;   (22) $\dfrac{1}{4}\arctan\dfrac{x^2}{2}+C$;

(23) $2\arctan\sqrt{x}+C$;   (24) $\dfrac{1}{3}\arcsin\dfrac{3}{2}x+C$;

(25) $\arcsin \dfrac{x+1}{\sqrt{6}}+C$; **提示** $\displaystyle\int \dfrac{1}{\sqrt{5-2x-x^2}}dx=\int \dfrac{1}{\sqrt{6-(x+1)^2}}d(x+1)$;

(26) $\dfrac{1}{4}\ln\left|\dfrac{x+1}{x+5}\right|+C$;　　(27) $\dfrac{1}{18}\ln\left|\dfrac{3x-2}{3x+4}\right|+C$;

(28) $\dfrac{1}{2}\arctan\dfrac{x+2}{2}+C$;　　(29) $\dfrac{1}{6}\arctan\dfrac{2x+1}{3}+C$;

(30) $\ln|x^2+2x+10|+\arctan\dfrac{x+1}{3}+C$

提示 $\displaystyle\int\dfrac{2x+5}{x^2+2x+10}dx=\int\dfrac{2x+2+3}{x^2+2x+10}dx$;

(31) $\dfrac{1}{12}\ln\left|\dfrac{2+3x}{2-3x}\right|+C$;

(32) $-\ln|8-2x-x^2|+\dfrac{1}{3}\ln\left|\dfrac{x+4}{2-x}\right|+C$

提示 $\displaystyle\int\dfrac{4+2x}{8-2x-x^2}dx=-\int\dfrac{-2-2x}{8-2x-x^2}dx+\int\dfrac{2}{9-(x+1)^2}dx$;

(33) $-\dfrac{1}{2}(4-\ln x)^2+C$;　　(34) $\dfrac{2}{3}(1+\ln x)^{\frac{3}{2}}+C$;

(35) $-\cos e^x+C$;　　(36) $\dfrac{1}{3}(\arctan x)^3+C$;

(37) $\dfrac{1}{2}\tan^2 x+C$;　　(38) $\dfrac{1}{3}\ln(1+\sin^3 x)+C$;

(39) $\arctan e^x+C$;　　(40) $\dfrac{1}{2}x+\dfrac{1}{8}\sin 4x+C$;

(41) $\sin x-\dfrac{1}{3}\sin^3 x+C$;　　(42) $\dfrac{1}{5}\sin^5 x+C$;

(43) $\dfrac{3}{8}x-\dfrac{1}{4}\sin 2x+\dfrac{1}{32}\sin 4x+C$　**提示**　$\sin^4 x=\left(\dfrac{1-\cos 2x}{2}\right)^2$;

(44) $\dfrac{1}{4}\sin 2x-\dfrac{1}{16}\sin 8x+C$　**提示**　$\sin 3x\sin 5x=\dfrac{1}{2}(\cos 2x-\cos 8x)$;

(45) $\dfrac{1}{2}\cos x-\dfrac{1}{10}\cos 5x+C$　**提示**　$\sin 2x\cos 3x=\dfrac{1}{2}[\sin(-x)+\sin 5x]$;

(46) $3\sin\dfrac{x}{6}+\dfrac{3}{5}\sin\dfrac{5x}{6}+C$　**提示**　$\cos\dfrac{x}{2}\cos\dfrac{x}{3}=\dfrac{1}{2}\left(\cos\dfrac{x}{6}+\cos\dfrac{5x}{6}\right)$;

(47) $\dfrac{2}{3}(\arcsin x)^{\frac{3}{2}}+C$;　　(48) $\dfrac{1}{6}\ln\left|\dfrac{3+\sin x}{3-\sin x}\right|+C$;

(49) $2\arcsin\sqrt{x}+C$

提示 $\displaystyle\int\dfrac{1}{\sqrt{x-x^2}}dx=\int\dfrac{1}{\sqrt{1-(\sqrt{x})^2}}\dfrac{1}{\sqrt{x}}dx$;

(50) $\dfrac{1}{2}(\ln\tan x)^2+C$ **提示** $\dfrac{1}{\sin x\cos x}\,\mathrm{d}x=\mathrm{d}(\ln\tan x)$.

5. (1) $\sqrt{2x}-\ln(1+\sqrt{2x})+C$; (2) $\dfrac{3}{2}x^{\frac{1}{3}}-3x^{\frac{1}{3}}+3\ln|1+x^{\frac{1}{3}}|+C$;

(3) $\dfrac{2}{45}(5x-6)(2x+3)^{\frac{5}{4}}+C$; (4) $x+2-2\sqrt{x+2}+\ln(1+\sqrt{x+2})^2+C$;

(5) $2\sqrt{x}-4\sqrt[4]{x}+4\ln(\sqrt[4]{x}+1)+C$ **提示** 设 $x=t^4$;

(6) $-2\sqrt{\dfrac{x+1}{x}}-\ln\left|\dfrac{\sqrt{\dfrac{x+1}{x}}-1}{\sqrt{\dfrac{x+1}{x}}+1}\right|+C$ **提示** 由 $\sqrt{\dfrac{x+1}{x}}=t$, 设 $x=\dfrac{1}{t^2-1}$.

6. (1) $\arcsin\dfrac{x}{\sqrt{2}}-\dfrac{x}{2}\sqrt{2-x^2}+C$; (2) $\dfrac{1}{3}\ln\left|\dfrac{x}{3+\sqrt{9-x^2}}\right|+C$;

(3) $\sqrt{x^2-a^2}-a\arccos\dfrac{a}{x}+C$; (4) $\dfrac{1}{2}\ln\left|\dfrac{x}{\sqrt{x^2+4}+2}\right|+C$;

(5) $\dfrac{x}{a^2\sqrt{x^2+a^2}}+C$;

(6) $\dfrac{1}{4}\arcsin 2x+\dfrac{x}{2}\sqrt{1-4x^2}+C$ **提示** $1-4x^2=1-(2x)^2$,设 $x=\dfrac{1}{2}\sin t$;

(7) $\dfrac{1}{3}\ln|3x+1+\sqrt{9x^2+6x-1}|+C$ **提示** $9x^2+6x-1=(3x+1)^2-2$;

(8) $\ln|x+2+\sqrt{x^2+4x+5}|+C$ **提示** $x^2+4x+5=(x+2)^2+1$;

(9) $\dfrac{1}{4}\sqrt{4x^2+9}+\dfrac{1}{2}\ln(2x+\sqrt{4x^2+9})+C$

提示 原式 $=\dfrac{1}{8}\displaystyle\int\dfrac{1}{\sqrt{4x^2+9}}\,\mathrm{d}(4x^2+9)+\dfrac{1}{2}\displaystyle\int\dfrac{1}{\sqrt{(2x)^2+3^2}}\,\mathrm{d}(2x)$;

(10) $x-2\ln(\sqrt{\mathrm{e}^x+1}+1)$ **提示** 由 $\sqrt{\mathrm{e}^x+1}=t$,设 $x=\ln(t^2-1)$.

习　题　4.3

1. (1) $xf'(x)-f(x)+C$; (2) $\dfrac{1-2\ln x}{x}+C$;

(3) $\cos x$; (4) $\ln x$,

2. (1) (B); (2) (D) **提示** $\displaystyle\int\mathrm{e}^{\sin\theta}\sin\theta\cos\theta\mathrm{d}\theta=\displaystyle\int\mathrm{e}^{\sin\theta}\sin\theta\mathrm{d}\sin\theta$.

3. (1) $\dfrac{1}{4}x\sin 4x+\dfrac{1}{16}\cos 4x+C$; (2) $x^2\sin x+2x\cos x-2\sin x+C$;

(3) $-\dfrac{1}{4}x\mathrm{e}^{-4x}-\dfrac{1}{16}\mathrm{e}^{-4x}+C$; (4) $(x^2-2x+2)\mathrm{e}^x+C$;

(5) $x\ln x - x + C$;　　　　　　(6) $\dfrac{1}{4}x^4\ln x - \dfrac{1}{16}x^4 + C$;

(7) $\dfrac{2}{3}x^{\frac{3}{2}}\ln x - \dfrac{4}{9}x^{\frac{3}{2}} + C$;　　(8) $\dfrac{x^2}{2}\ln(x-1) - \dfrac{x^2}{4} - \dfrac{x}{2} - \dfrac{1}{2}\ln(x-1) + C$;

(9) $x\ln(1+x^2) - 2x + 2\arctan x + C$;　　　　(10) $-\dfrac{1}{2x^2}\left(\ln x + \dfrac{1}{2}\right) + C$;

(11) $x(\arcsin x)^2 + 2\sqrt{1-x^2}\arcsin x - 2x + C$;

(12) $x\arctan x - \dfrac{1}{2}\ln(1+x^2) + C$;　　(13) $\dfrac{1}{1+n^2}e^x(n\sin nx + \cos nx) + C$;

(14) $\dfrac{1}{1+n^2}e^{-x}(-\sin nx - n\cos nx) + C$;　(15) $\dfrac{x}{2}[\sin(\ln x) + \cos(\ln x)] + C$;

(16) $x\tan x + \ln|\cos x| + C$　**提示**　设 $u=x, v'=\sec^2 x$;

(17) $\dfrac{1}{2}(\sec x \cdot \tan x + \ln|\sec x + \tan x|) + C$

提示　$\sec^3 x = \sec x \cdot \sec^2 x$. 设 $u=\sec x, v'=\sec^2 x$;

(18) $\tan x \cdot \ln\sin x - x + C$　**提示**　设 $u=\ln\sin x, v'=\sec^2 x$;

(19) $-\cos x \cdot \ln\tan x + \ln|\csc x - \cot x| + C$

提示　设 $u=\ln\tan x, v'=\sin x$;

(20) $\dfrac{1}{2}x^2\ln\dfrac{1+x}{1-x} + x - \dfrac{1}{2}\ln\dfrac{1+x}{1-x} + C$

提示　设 $u=\ln\dfrac{1+x}{1-x}=\ln(1+x)-\ln(1-x), v'=x$.

4. (1) $\dfrac{1}{2}x^2e^{x^2} - \dfrac{1}{2}e^{x^2} + C$;　　(2) $\ln x \cdot \ln\ln x - \ln x + C$;

(3) $2\sqrt{x}\sin\sqrt{x} + 2\cos\sqrt{x} + C$　**提示**　设 $x=t^2$;

(4) $(x-1)\ln(1-\sqrt{x}) - \left(\dfrac{1}{2}x + \sqrt{x}\right) + C$　**提示**　设 $x=t^2$;

(5) $3(x^{\frac{2}{3}} - 2x^{1/3} + 2)e^{x^{1/3}} + C$　**提示**　设 $x=t^3$;

(6) $2\sqrt{x}\ln(1+x) - 4(\sqrt{x} - \arctan\sqrt{x}) + C$

提示　$I = 2\displaystyle\int\ln(1+x)\mathrm{d}\sqrt{x}$;

(7) $x\arctan x - \dfrac{1}{2}\ln(1+x^2) - \dfrac{1}{2}(\arctan x)^2 + C$

提示　$\displaystyle\int\dfrac{x^2}{1+x^2}\arctan x\,\mathrm{d}x = \int\dfrac{1+x^2-1}{1+x^2}\arctan x\,\mathrm{d}x$;

(8) $x\ln(x+\sqrt{1+x^2}) - \sqrt{1+x^2} + C$;　　(9) $-\dfrac{\ln x}{x} + C$;

(10) $e^{2x}\tan x + C$　**提示**　$(\tan x+1)^2 = \tan^2 x + 2\tan x + 1 = \sec^2 x + 2\tan x$.

第五章　定积分及其应用

习　题　5.1

1. (1) $\varphi=\int_{T_1}^{T_2} w(t)\mathrm{d}t$;　　(2) $M=\int_0^l \rho(x)\mathrm{d}x$.

2. 对.　函数 $f(x)$ 在区间 $[a,x_0]$ 上一定连续,定积分存在.

当 $x_0=a$ 时,$\int_a^{x_0} f(x)\mathrm{d}x=0$;　当 $x_0=b$ 时,$\int_a^{x_0} f(x)\mathrm{d}x=\int_a^b f(x)\mathrm{d}x$;

当 $x_0\in(a,b)$ 时,$\int_a^{x_0} f(x)\mathrm{d}x$ 存在.

3. (1) 对;　(2) 否;　(3) 对;　(4) 对;　(5) 对;　(6) 对.

4. 可得.　**5.** (1),(2),(3) 均对.

6. (1) 否;　　(2) 否;　　(3) 对;　　(4) 对;　　(5) 对;

(6) 否　**提示**　在 $[0,1]$ 上,设 $f(x)=x-\ln(1+x)$,则 $f(x)\geqslant f(0)=0$.

7. (1) $4\leqslant\int_2^3 x^2\,\mathrm{d}x\leqslant 9$;

(2) $\dfrac{2}{\mathrm{e}}\leqslant\int_{-1}^1 \mathrm{e}^{-x^2}\,\mathrm{d}x\leqslant 2$.

8. (1) **提示**　设 $f(x)=\dfrac{\sin x}{x}$,则 $f'(x)<0,x\in\left[\dfrac{\pi}{4},\dfrac{\pi}{2}\right]$;

(2) **提示**　设 $f(x)=\mathrm{e}^{\sin x}$,则 $f'(x)>0,x\in\left[0,\dfrac{\pi}{2}\right]$.

9. (1) (A);　(2) (B);　(3) (D);

(4) (C)　**提示**　初等函数在其有定义的区间 $[a,b]$ 上一定连续,所以可积.

习　题　5.2

1. (1) $0;1;0;-1$;　　(2) $x^2\sqrt{1+x}$;　　(3) $-x\mathrm{e}^{-x}$;

(4) $\dfrac{\sin x}{2\sqrt{x}}$;　　(5) $3x^2\,\mathrm{e}^{x^3}-2x\mathrm{e}^{x^2}$;　　(6) $-\dfrac{2\sqrt{3}}{5}$;

(7) 0;　(8) $\dfrac{8}{3}$;　　(9) 0;　　(10) 0;　　(11) $\dfrac{\pi}{2}-1$;

(12) 2　**提示**　$\sqrt{1-\cos^2 x}=|\sin x|$;　　(13) $2(\mathrm{e}-1)$;　　(14) 0.

2. $-\dfrac{\cos x}{\mathrm{e}^y}$　**提示**　等式两端对 x 求导,并注意到 $\dfrac{\mathrm{d}}{\mathrm{d}x}\left(\int_0^y \mathrm{e}^t\,\mathrm{d}t\right)=\mathrm{e}^y\,y'$.

3. (1) $\dfrac{1}{2}$;　　(2) $\dfrac{1}{2}$　**提示**　$\dfrac{0}{0}$ 型未定式,洛必达法则.　　**4.** $\dfrac{11}{6}$.

5. $f(x)=15x^2$; $a=-2$. **提示** 等式两端求导,得 $f(x)=15x^2$,再由 $\int_a^x 15t^2\,\mathrm{d}t=5x^3+40$ 确定 a.

6. $\dfrac{\pi}{4-\pi}$. **提示** 设 $a=\int_0^1 f(x)\mathrm{d}x$,已知等式两端从 0 到 1 求积分.

7. $f(x)=\dfrac{15}{8}x^2+\dfrac{3}{8}$. **提示** 设 $f(x)=ax^2+bx+c(a\neq0)$,由已知条件可求出 a,b,c.

8. 最大值 $F(2)=10$,最小值 $F(1)=0$. **提示** $F'(x)=12x(x-1)$.

9. 极小值 $F(0)=0$.

10. (1) $\dfrac{b^{n+1}-a^{n+1}}{n+1}$;   (2) $1-\dfrac{\pi}{4}$;   (3) $\dfrac{\pi}{3a}$;

(4) $\dfrac{\pi}{6}$;   (5) 1;   (6) 4.

11. (1) $\dfrac{2}{3}(\sqrt{8}-1)$;   (2) $\dfrac{1}{3}$;   (3) $2-\sqrt[4]{8}$;

(4) 2;   (5) $\dfrac{3}{2}$;   (6) $\dfrac{\pi}{12}-\dfrac{1}{8}$;

(7) $\arctan\mathrm{e}^2-\dfrac{\pi}{4}$;   (8) $\mathrm{e}^{-1}-\mathrm{e}^{-2}$;   (9) $\dfrac{1}{5}(\mathrm{e}-1)^5$;

(10) $\dfrac{4}{3}$ **提示** $\sqrt{\sin x-\sin^3 x}=\sqrt{\sin x}\,|\cos x|$.

12. (1) $2-\dfrac{\pi}{2}$;   (2) $7\dfrac{1}{3}$;   (3) $\dfrac{\pi}{6}$;

(4) $\ln\dfrac{2+2\sqrt{2}}{1+\sqrt{5}}$;   (5) $\sqrt{3}-\dfrac{\pi}{3}$;   (6) $1-\dfrac{\pi}{4}$;

(7) $\dfrac{\pi}{8}$ **提示** $x\sqrt{1-x^2}$ 为奇函数,$x^2\sqrt{1-x^2}$ 为偶函数;

(8) $2\ln(2+\sqrt{3})$ **提示** $\dfrac{1}{\sqrt{x^2+1}}$ 为偶函数.

13. $\dfrac{8}{3}$ **提示** 设 $t=x-1$,则 $\int_1^3 f(x-1)\mathrm{d}x=\int_0^2 f(t)\mathrm{d}t$;

14. **提示** $F(-x)=\int_0^{-x} f(t)\mathrm{d}t$,设 $t=-u$.

15. **提示** 设 $x=a+b-t$.

16. (1) **提示** 设 $x=1-t$;   (4) **提示** 设 $x=\dfrac{1}{t}$.

18. (1) $1-\dfrac{2}{\mathrm{e}}$;   (2) 1;   (3) $\pi-2$;

(4) $\dfrac{\pi}{4}-\dfrac{1}{2}\ln 2$;　　　(5) 1;　　　(6) $\dfrac{1}{2}(1+\mathrm{e}^{\frac{\pi}{2}})$;

(7) $\dfrac{1}{5}(\mathrm{e}^{\pi}-2)$;　　　(8) $2-\dfrac{2}{\mathrm{e}}$.

19. 8.　**20.** $2\mathrm{e}^2$.

21. $\dfrac{1}{4}\left(\dfrac{1}{\mathrm{e}}-1\right)$　**提示**　用分部积分法.

22. (1) (D);　　(2) (C);　　(3) (D);　　(4) (C)　**提示**　设 $x=\dfrac{t}{k}$;

(5) (A)　**提示**　$N=0,P<0,Q>0$;　　　(6) (A).

<h2 align="center">习　题　5.3</h2>

1. (1) $\dfrac{1}{2}$;　　(2) $\dfrac{1}{2}\ln 2$　**提示**　$\dfrac{1}{x(1+x^2)}=\dfrac{1}{x}-\dfrac{x}{1+x^2}$;

(3) π　**提示**　$\dfrac{1}{x^2+2x+2}=\dfrac{1}{(x+1)^2+1}$;　　(4) 1;　　(5) $\dfrac{\pi}{4}$;　　(6) $\dfrac{1}{2\mathrm{e}}$.

3. $p>1$ 时收敛,其值为 $\dfrac{1}{p-1}(\ln 2)^{1-p}$;当 $p\leqslant 1$ 时发散.

4. (1) (B);　　(2) (A).

5. (1) $\dfrac{8}{3}$;　　(2) π;　　(3) 1;

(4) -1;　　(5) $\dfrac{\pi}{2}$;　　(6) $3(1+\sqrt[3]{2})$.

<h2 align="center">习　题　5.4</h2>

1. (1) $\mathrm{e}-1$;　　(2) 1;　　(3) $20\dfrac{5}{6}$;　　(4) $2\dfrac{29}{48}$;　　(5) $20\dfrac{5}{6}$;

(6) $\dfrac{1}{2}$;　　(7) $\dfrac{7}{6}$;　　(8) $\mathrm{e}-1$;　　(9) $4\dfrac{1}{2}$;　　(10) $\dfrac{16}{3}$;

(11) $4-3\ln 3$;　　(12) $\dfrac{2}{3}$;　　(13) $\dfrac{1}{2}+2\ln 2$;　　(14) $21\dfrac{1}{12}$.

2. $21\dfrac{1}{3}$　**提示**　由 $y'=\dfrac{2}{y}$ 知过点 M 处的法线斜率为 -1.

3. 点 $(4,\ln 4)$　**提示**　设所求点为 (x_0,y_0),则对该点的切线方程为 $y=\dfrac{1}{x_0}x$
$+\ln x_0-1$,所求面积

$$A=\int_2^6\left(\dfrac{1}{x_0}x+\ln x_0-1-\ln x\right)\mathrm{d}x,\text{再由}\dfrac{\mathrm{d}A}{\mathrm{d}x_0}=0\text{ 确定 }x_0.$$

4. $c=\dfrac{n}{n+1}\dfrac{b^{n+1}-a^{n+1}}{b^n-a^n}$.　**提示**　$A_1=\int_a^c(qx^n-qa^n)\mathrm{d}x$, $A_2=\int_c^b(qb^n-qx^n)\mathrm{d}x$.

5. $7\dfrac{1}{8}$ **提示** $y|_{x=-2}=5$ 为极大值，$y|_{x=1}=-\dfrac{7}{4}$ 为极小值.

6. $3\pi a^2$ **提示** $A=\displaystyle\int_0^{2\pi}a(1-\cos t)[a(t-\sin t)]'\mathrm{d}t.$

7. $\dfrac{5}{8}\pi a^2$ **提示** $A=4\displaystyle\int_{\frac{\pi}{2}}^0 a\sin t(a\cos t)'\mathrm{d}t-4\int_{\frac{\pi}{2}}^0 a\sin^3 t(a\cos^3 t)'\mathrm{d}t.$

8. (1) 4π **提示** $A=6\cdot\dfrac{1}{2}\displaystyle\int_0^{\frac{\pi}{6}}r^2\,\mathrm{d}\theta$;   (2) 8π **提示** $A=8\cdot\dfrac{1}{2}\displaystyle\int_0^{\frac{\pi}{4}}r^2\,\mathrm{d}\theta$;

(3) $\dfrac{3}{2}\pi a^2$ **提示** $A=2\cdot\dfrac{1}{2}\displaystyle\int_0^{\pi}r^2\,\mathrm{d}\theta$;   (4) $\dfrac{4}{3}\pi^3 a^2$ **提示** $A=\dfrac{1}{2}\displaystyle\int_0^{2\pi}r^2\,\mathrm{d}\theta$;

(5) $\dfrac{\pi}{6}+\dfrac{1-\sqrt{3}}{2}$ **提示** $A=2\left(\dfrac{1}{2}\displaystyle\int_0^{\frac{\pi}{6}}(\sqrt{2}\,\sin\theta)^2\,\mathrm{d}\theta+\dfrac{1}{2}\int_{\frac{\pi}{6}}^{\frac{\pi}{4}}\cos 2\theta\,\mathrm{d}\theta\right).$

9. (1) $6\dfrac{1}{5}\pi$ **提示** $\pi\displaystyle\int_1^2 x^4\,\mathrm{d}x$;   (2) $\dfrac{1}{2}a^3\pi$ **提示** $\pi\displaystyle\int_a^{2a}\left(\dfrac{a^2}{r}\right)^2\,\mathrm{d}x$;

(3) $\dfrac{3}{10}\pi$ **提示** $\pi\displaystyle\int_0^1(x-x^4)\,\mathrm{d}x$;   (4) $\dfrac{2}{15}\pi$ **提示** $\pi\displaystyle\int_0^1(x^2-x^4)\,\mathrm{d}x$;

(5) $\dfrac{13}{6}\pi$ **提示** $\pi\displaystyle\int_0^{\frac{1}{2}}(4x)^2\,\mathrm{d}x+\pi\int_{\frac{1}{2}}^2\dfrac{1}{x^2}\,\mathrm{d}x$;   (6) $\dfrac{\pi^2}{2}$ **提示** $\pi\displaystyle\int_0^{\pi}y^2\,\mathrm{d}x.$

10. (1) $V_x=\dfrac{4}{3}\pi ab^2$; $V_y=\dfrac{4}{3}\pi a^2 b$;

(2) $V_x=\dfrac{256}{3}\pi$; $V_y=160\pi^2$ **提示** $V_x=\pi\displaystyle\int_1^9 y^2\,\mathrm{d}x$;

        $V_y=\pi\displaystyle\int_{-4}^4[(5+\sqrt{16-y^2})^2-(5-\sqrt{16-y^2})^2]\,\mathrm{d}y$;

(3) $V_x=\dfrac{16}{15}\pi$; $V_y=\dfrac{8}{3}\pi$ **提示** $V_x=\pi\displaystyle\int_0^2 y^2\,\mathrm{d}x$;

        $V_y=\pi\displaystyle\int_0^1[(1+\sqrt{1-y})^2-(1-\sqrt{1-y})^2]\,\mathrm{d}y$;

(4) $V_x=\dfrac{\pi}{2}$; $V_y=2\pi$ **提示** $V_x=\pi\displaystyle\int_0^{+\infty}y^2\,\mathrm{d}x$;

        $V_y=\pi\displaystyle\int_0^1 x^2\,\mathrm{d}y=\pi\int_{+\infty}^0 x^2(-\mathrm{e}^{-x})\,\mathrm{d}x.$

11. $\left(2-\dfrac{2}{3}\mathrm{e}\right)\pi$ **提示** $\pi\displaystyle\int_0^{\mathrm{e}}\dfrac{x^2}{\mathrm{e}^2}\,\mathrm{d}x-\pi\int_1^{\mathrm{e}}\ln^2 x\,\mathrm{d}x.$

12. (1) $\sqrt{10}-\sqrt{2}+\ln\dfrac{(\sqrt{2}+1)(\sqrt{10}-1)}{3}$;

(2) $2\sqrt{2}+2\ln(1+\sqrt{2}\,).$

367

13. $6a$ **提示** $S=4\int_0^{\frac{\pi}{2}}\sqrt{[x'(t)]^2+[y'(t)]^2}\,\mathrm{d}t.$

14. $8a.$ **15.** $2\pi^2 a.$ **16.** $\ln t_0$ **提示** $l=\int_1^{t_0}\sqrt{[x'(t)]^2+[y'(t)]^2}\,\mathrm{d}t.$

17. $0.686(焦).$

18. $a\left\{\pi\sqrt{1+4\pi^2}+\dfrac{1}{2}\ln(2\pi+\sqrt{1+4\pi^2})\right\}.$ **提示** $l=\int_0^{2\pi}\sqrt{a^2\theta^2+a^2}\,\mathrm{d}\theta.$

19. $\dfrac{3\pi a}{2}.$ **提示** $l=\int_0^{3\pi}a\sin^2\dfrac{\theta}{3}\,\mathrm{d}\theta.$

20. $\dfrac{9800}{12}\pi R^2 H^2(焦)$ **提示** 直线 OA 的方程为 $x=\dfrac{R}{H}y,$

$$\mathrm{d}W=9800\pi\left(\dfrac{R}{H}y\right)^2(H-y)\mathrm{d}y.$$

21. $\dfrac{4}{3}\pi R^4$ **提示** 球面在 xOy 平面上的投影方程为

$$(x-R)^2+y^2=R^2,\quad \mathrm{d}W=(2R-x)\pi y^2\mathrm{d}x.$$

22. $\dfrac{27}{7}kc^{\frac{2}{3}}a^{\frac{7}{3}}(k\text{ 是比例系数})$ **提示** 速度 $\dfrac{\mathrm{d}x}{\mathrm{d}t}=3ct^2,$

$$阻力 = k(3ct^2)^2 = 3kc^2t^4 = 3kc^2\left(\dfrac{x}{c}\right)^{\frac{4}{3}}.$$

23. $\left(\dfrac{bh^2}{2}-\dfrac{h^3(b-a)}{6H}\right)\times10^4(\mathrm{N})$ **提示** 直线 AB 的方程为

$$y=\dfrac{b-a}{2H}(x-h)+\dfrac{b}{2},\quad \mathrm{d}P=2\cdot1\cdot\rho\cdot xy\mathrm{d}x.$$

24. $\dfrac{2}{3}a^3\times10^4(\mathrm{N})$ **提示** 圆周的方程为

$$x^2+y^2=a^2,\quad \mathrm{d}P=2\cdot1\cdot\rho\cdot xy\mathrm{d}x.$$

25. $1920\times10^4(\mathrm{N})$ **提示** 抛物线方程为 $y^2=\dfrac{9}{5}x, \mathrm{d}P=2\cdot1\cdot\rho\cdot xy\mathrm{d}x.$

26. $\dfrac{5}{\pi}(1+\cos100\pi t_0)(安).$ **提示** 考虑

$$\bar{i}=\dfrac{1}{T/2}\int_0^{T/2}i(t)\mathrm{d}t=\dfrac{1}{0.01}\int_{t_0}^{0.01}5\sin100\pi t\mathrm{d}t.$$

27. $C=Q^3-59Q^2+1315Q+2000.$

28. (1) $200Q-\dfrac{Q^2}{100};$ (2) $39600;$ (3) $38800.$

29. (1) $0.2Q^2+2Q+20(万元);$

(2) $-0.2Q^2+16Q-20(万元);$ (3) 40 吨;300 万元.

30. $3;3.$ **31.** 1500 万元.

368

32. (1) $Q=Q(t)=100t+5t^2-0.15t^3$(吨)； (2) 572.8 吨.

33. 7659.38 元；3441.88 元.

34. 293.43 元 **提示** 先把年利率折算成月利率.

35. 33.25 万元.

36. 租用为好；全部租金的现在值是 32289元；购进相当于每年付出 7433元.